苹果自花结实性理论与实践

李天忠 著

科学出版社
北京

内 容 简 介

本书以苹果自花结实性基础理论与生产实践为主旨，重点介绍了苹果自花授粉结实性理论研究与实践应用历程；系统介绍了苹果雌雄性分化发育、开花传粉、授粉受精、种子发育和果实形成的全过程；从遗传学和分子生物学角度系统阐释了苹果自花和异花授粉中花柱和花粉相互识别的机制；最后，介绍了自花结实性的精准鉴定和评价技术，以及苹果自花结实种质的创制和高效育种体系的建立等。

本书适合作为高等院校和科研院所从事果树栽培、育种等研究人员，以及果树行业相关技术人员的参考书，也可作为高等院校果树学相关专业研究生的教学参考书。

图书在版编目（CIP）数据

苹果自花结实性理论与实践/李天忠著. —北京：科学出版社，2024.6
ISBN 978-7-03-077569-6

Ⅰ.①苹… Ⅱ.①李… Ⅲ.①苹果–单性结实 Ⅳ.①Q944.47

中国国家版本馆 CIP 数据核字（2023）第 253278 号

责任编辑：李秀伟 刘晓静 / 责任校对：宁辉彩
责任印制：肖 兴 / 封面设计：无极书装

科 学 出 版 社 出版
北京东黄城根北街 16 号
邮政编码: 100717
http://www.sciencep.com
北京九州迅驰传媒文化有限公司印刷
科学出版社发行 各地新华书店经销
*
2024 年 6 月第 一 版 开本：787 × 1092 1/16
2025 年 2 月第二次印刷 印张：17
字数：403 000
定价：268.00 元
(如有印装质量问题，我社负责调换)

作者简介

李天忠　博士，中国农业大学二级教授，博士生导师。享受国务院政府特殊津贴，国家现代农业产业技术体系岗位科学家，兼任《园艺学报》《中国果树》等期刊编委和北京果树学会副理事长、全国果茶经济作物种苗繁育技术协作组顾问等。

自20世纪80年代起，一直从事果树遗传育种与绿色栽培生产的教学、科研与推广工作。主持完成国家自然科学基金重点和面上项目、国家重点研发计划等科研项目或课题40余项。系统揭示了苹果自花结实性机制，建立了苹果S基因型高效精准鉴定技术，构建了苹果授粉品种选择的S基因型数据库及查询平台；首创苹果自花结实性综合评价体系，发掘出苹果自花结实珍稀种质，开发了苹果自花结实等重要性状快速预选分子标记，选育出自花结实优质多抗苹果品种；基于梨自花结实突变纯合系导入苹果设计育种，创制出大量苹果自花结实新种质，在世界上率先实现了自花结实苹果示范应用，为我国苹果轻简化生产奠定了重要基础。近30年来，荣获2018～2019年度神农中华农业科技奖一等奖、2016年度华耐园艺科技奖特等奖等科技奖4项；主编或参编著作（含教材）10部；在国际期刊发表SCI论文70余篇，国内核心期刊发表论文90余篇；获得国家发明专利授权30余件，转让5件；制定地方标准1项；审定新品种和认证植物新品种权12个。

序　一

我国是世界上的苹果生产大国，苹果是产区果农增收、实现乡村振兴、推动共同富裕的重要抓手。近 30 年来，我国苹果产业发展迅速，由过去的“上山下滩，不与粮棉争地”，到适当的结构调整、扩大规模，截至 2022 年，我国苹果种植面积占世界苹果种植面积的 56%，产量占世界苹果产量的 52%，出口量也位居世界前列。在取得巨大成就的同时，我国苹果产业也面临着产能过剩、果园管理粗放、生产成本过高、劳力老龄化等诸多问题，这些问题严重制约着苹果产业的健康、可持续发展。实现轻简化栽培和节本增效是推动苹果产业可持续发展的重要途径。

自花结实性是植物学与园艺学界普遍关注的科学问题，也是研究的热点问题。苹果的自花不结实现象增加了果农的栽培管理环节，提高了生产成本，也带来了生产风险。因此，阐明苹果自交自花结实性的机制，创制自花结实品种，打破自花不结实屏障是减少苹果栽培管理环节、实现轻简化栽培的重要手段。该书作者针对苹果的自花结实性开展了近 30 年的科学研究，克服了果树研究试验周期长、研究体系不健全等重重困难，系统阐明了自花结实性的调控机制和苹果自花结实突变体的形成机制，提出并实践了自花结实苹果品种的选育策略，在完善自花结实性理论与创制自花结实新品种方面进行了大量探索，取得了国内外同行广泛认可的研究成果。

该书系统总结了作者近 30 年来在苹果自花结实性研究与应用中取得的成果，系统梳理了苹果自花结实性研究中的重要科学问题和产业应用前景，充分体现了作者在该领域的系统性思考和前瞻性思维，集中展现了我国优秀果树科研工作者的理论创新能力与技术研发水平。该书可作为相关专业科研工作者及研究生的参考用书，读者从中能够了解作者近 30 年来在苹果自花结实性领域的整体研究思路与研究脉络，学习科学思维方式和研究方法，提高科研与实践能力，对青年一代的果树科研工作者开展研究工作有极高的指导价值。

受邀为序，希望该书能够得到相关专业读者的认可和喜爱。

束怀瑞

束怀瑞

中国工程院院士

山东农业大学教授

2023 年 9 月 8 日

序　　二

苹果是我国北方第一大水果，与南方柑橘一起构成了我国水果产业的基本骨架，在我国经济社会发展和人民生产生活中发挥着至关重要的作用。苹果是蔷薇科果树，存在自花授粉不结实（自交不亲和性）的壁垒，给生产带来了诸多不便，故需要配置合适的授粉品种才能确保其产量和品质，这也导致了苹果栽培管理成本的增加，在一定程度上制约了轻简化栽培模式的推进。因此，弄清并掌握苹果自交不亲和性原理，进而创制自花结实优异品种是实现苹果生产技术简化的重要措施，对于苹果产业发展具有重要的理论意义和实践价值。

李天忠教授自20世纪90年代以来一直致力于苹果自花结实性研究，在这一世界鲜有研究的领域中，他从苹果授粉受精的细胞与孢粉学研究入手，建立起了苹果自花结实性研究方法和评价体系，逐步深入到自交不亲和性分子机制，进而创立苹果自交系，开展苹果/梨远缘杂交等育种工作，创制了苹果自花结实的新种质，培育出了具有较强自花结实能力的品种，朝着产业化迈出了可喜的步伐。《苹果自花结实性理论与实践》一书是李天忠教授及其团队研究工作的记录和成果凝练。

该书在系统介绍苹果自花结实性国内外研究进展和成果的基础上，重点收录了他们团队的研究结果和取得的成绩，理论联系实际，体现了研究工作的创新性。全书结构和内容具有较好的系统性、逻辑性和可读性。我相信，该书的出版对于广大同行和果树产业均具有重要意义，将助推我国果树产业高质量发展。为此，乐于作序。

邓秀新

中国工程院院士

华中农业大学教授

2023年9月12日

序　三

苹果与梨均为我国前三大果树，在推动农民共同富裕和助力乡村振兴中一同发挥重要作用。自花不结实是苹果、梨等许多蔷薇科作物的共性产业问题，必须配置授粉树或人工辅助授粉才能获得相应的产量和品质，这限制了苹果、梨等大宗果树产业的现代化发展进程。因此，解析果树自交不结实机制，突破苹果、梨等果树自花结实性资源奇缺、鉴定与创制技术尚未建立等瓶颈，创制自花结实优异品种，是实现苹果、梨等自花不结实树种种植结构优化和轻简化生产的重要路径。

李天忠教授投身于苹果自花结实性研究已近 30 年，其研究从苹果自花结实性资源发掘、机制解析、育种选种技术创新，到自花结实优良品种选育及配套栽培技术研发等方面，建立了自花结实苹果“资源-机制-技术-品种-应用”的系统理论研究与实践应用体系。《苹果自花结实性理论与实践》一书从构思到编纂成形耗时五年有余，是李天忠教授团队一线研究成果的精彩总结，囊括了其团队在苹果自花结实领域的最新前沿进展，以及产业新思考和新视野。全书深入浅出，先揭示了苹果性分化、授粉受精、种子发育到果实形成的宏观过程；继而深入微观层面总结了团队在花粉-花柱自花结实性识别因子、遗传机制和调控网络等方面的系统理论研究成果；又阐明了基因和自花授粉结实性的内在关联，将其转化为技术并广泛应用于苹果生产；最后系统阐述了苹果自花结实种质的高效选育体系创新与育种实践，最终到自花结实且综合性状优良品种的选育，以及产业化大范围应用。该书融合了当今苹果自花结实、种质创新与生产应用的最新进展，对引领、带动我国果树育种研究与产业现代化发展、做优高品质生活“果盘子”具有重要意义。特此作序。

张绍铃

中国工程院院士

南京农业大学教授

2023 年 11 月 25 日

前　　言

苹果是我国最大的落叶果树，目前种植面积约3100万亩[①]，总产量超4000万t，面积和产量均占世界苹果产业的半壁江山。我国是名副其实的苹果第一生产大国。苹果产业是富民产业，在乡村振兴和生态文明建设中具有举足轻重的地位。近些年来，各级政府出台了一系列扶持果树产业发展的政策，促进了苹果产业的大发展。然而，面对新时代国家现代化发展目标，苹果产业已进入转型升级的关键时期，这既给苹果产业发展提供了难得的机遇，也给苹果产业发展带来了巨大的挑战。

苹果轻简化生产是新时代苹果产业转型升级的重要方面之一，苹果授粉又是其轻简化生产需要解决的重要生产环节。众所周知，苹果雌蕊、雄蕊悉数共存于同花之中且相毗邻，但绝大多数苹果栽培品种同朵花或同品种间授粉不会结实，这种现象被称为自花不结实（即自交不亲和性）。早在1876年，达尔文（Darwin）就发现了植物的自花结实性，但果树自花不结实现象却是在1894年由植物学家韦特（Waite）首先发现的，他发现自花不结实品种的果园中必须种植其他品种才能丰产。同样，苹果园只栽培同一品种就会出现“只观繁花艳，难见果实丰”的现象，必须合理配置授粉品种，并依靠野生/饲养访花昆虫或人工辅助授粉等繁缛手段，才能获得稳定的产量和品质。然而，苹果在开花时期，常遇低温、大风扬沙、干旱、阴雨和环境污染等不良条件，昆虫居巢不出，甚至种群削减灭迹，难以行使传粉职责，制约授粉效率；而人工授粉又限于劳动力成本高、用工时间长、耗费花粉多、授粉效率低等因素，使得生产成本飙升、利润降低。随着我国农业现代化发展和苹果产业向优质、高效和轻简化的逐步迈进，苹果自花授粉不结实造成的产业壁垒逐渐凸显，每年授粉相关人力物力成本和低质量果品损失高达近200亿元。因此，深入系统地解析苹果自花结实机制、加快培育高产优质多抗自花结实苹果品种是苹果科研与产业中的紧迫任务。

我自幼生活在辽冀交界、长城脚下、九江河畔的山林畎亩之中，我的故乡是具有“亚洲第一果园”之称的苹果产区，果园便是我儿时的游乐场。此后考取大学，与果树结缘，从此砥志研思、苦心孤诣。大学毕业后，入政府部门从事10年技术推广与管理工作，有幸于1995年，辞官东渡，主攻苹果自花结实性相关研究。回国后，仍坚持此方向不动摇，仰之弥高、钻之弥坚，至今已近30年。

总结我近30年的研究成果，就是作苹果之“媒妁”，解决苹果“婚亲大事”（授粉结实）。自大学毕业工作时起，苹果自花不结实的产业瓶颈问题一直萦绕在脑海里，那时我心中一直心存梦想：既然苹果同一朵花上既有雄蕊又有雌蕊，那么如果能走捷径，使雄蕊花粉直授同花雌蕊而结实，岂不更好？然机缘有幸，20世纪90年代中期，我东渡日本学习期间得以从事这一领域研究，从此“实现苹果自花能结实”的念想便一发不

---

① 1亩≈666.7m^2，后文同。

可收拾。近 30 年的研究，我始终坚持理论与实践相结合的研究理念，从苹果自花结实性机制研究入手，基本阐明了苹果自花结实性的基因调控网络及花粉与花柱间相互识别的机制，建立了苹果 S 基因型和自花结实性鉴定与评价技术体系；创制和培育出了苹果自花结实性优异种质和新品种，实现了一个果园只栽种一个品种，自花授粉即可结实的规模化生产模式；探索了自花授粉苹果果实品质保障技术，从生物学角度降低劳动成本和生产风险，实现苹果生产轻简化。

经过近 30 年的探索，虽我穷尽所能，在理论研究、技术创新、资源筛选评价、品种选育等方面均取得了重要进展，但受木本果树杂合性强、生长周期长、基因功能验证难等所限，结论尚有许多不够明确、细致、成熟、全面之处。尽管如此，因人近六旬，还是想将 30 年来的科研积累、产业推广结果予以归纳总结，并将经验心得简要抒叙，目的是抛砖引玉，期望后续能人在此基础上继往开来。

《苹果自花结实性理论与实践》是一本集本人近 30 年研究成果的学术著作，试图告诉人们在苹果自花结实性方面 “已经知道了什么”、“取得了哪些进展”、“如何产业化应用” 与 “未来发展趋势”。撰写此书之目的，就是想让从事此类研究的工作者了解苹果自花结实性的最新前沿进展、新思考和新视角，以便更系统、生动和深入地理解苹果自花结实性机制和产业化应用前景，助力苹果产业高质量现代化发展。

《苹果自花结实性理论与实践》的面世，凝聚了诸多学子多年刮摩淬励、深稽博考的智识成果，是团队智慧的精粹。全书以苹果自花结实性基础理论与生产实践为主旨，共设七章。开篇是对苹果自花结实性理论研究与实践应用历程的回顾总结，以及对未来发展趋势的展望；随后在第二章阐述了苹果雌雄性分化发育、开花传粉、授粉受精、种子发育和果实形成的全过程；第三章将视角深入到微观分子世界，总结了本实验室在花粉-花柱自花结实性识别的遗传机制、识别因子和调控网络等方面的系统理论研究成果；第四章又将苹果自花结实遗传机制有机联系到授粉结实的宏观性状，明确了 S 基因型和授粉结实的决定性关系，并将这一发现转化为系统的技术体系广泛应用于苹果生产当中；最后三章则是从自花结实性资源评价和变异遗传规律出发，到苹果自花结实种质的高效选育体系系统创新与育种应用，最终到苹果自花结实且综合性状优良品种的产业化大范围应用。

本书通过通俗易懂的语言阐述科学问题，力求做到内容全面、完整、新颖，同时加强了实践技能的论述，不但适用于科研工作者，同时也适用于果农、技术人员及大中专院校相关专业师生参阅。书中名录、定义及观点虽然是团队多年研究成果所凝练，但受限于学识和水平，且多为一家之言，仍有不当或遗漏之处，敬请读者批评指正。为了本书的系统性，引用了部分相关专家的科研成果，在此深表谢忱！

30 年一路走来，得到了国内外众多先生的培养、教诲和指导，各位同事朋友的支持和帮助，各位学生不辞辛苦的通力协作。弘前大学硕士生导师浅田武典先生、博士生导师奥野智旦先生及副导师荒川修先生、宫入一夫先生，博士后合作导师山东农业大学束怀瑞院士，对我有知遇、启发、指引、培养之恩；邓秀新院士、张绍铃院士对我的研究多有鼓励、支持和指导，并为本书万析斧正、拨冗作序；辽宁省果树科学研究所以伊凯研究员、刘志研究员为带头人的苹果育种团队与我合作多年，同力协契，铭感五内；胞兄李天来，亦兄亦师，科研路上我每遇踟蹰便百强吾心，而不致我踽踽独行；与中国科学院遗传与发育生物学研究所薛勇彪研究员、名古屋大学松本省吾教授、京都大学田尾龙太郎教授、千叶大学佐佐英德教授等同领域国内外专家合作多年，我受益良多。一路走来，这些先生、朋友和家兄的无私关怀、支持与厚爱，没齿难忘，在本书付印之际，致以深深的谢意！此时此刻也要感谢我的学生，与我和衷共济、戮力前行，尤其学生兼助手李威博士为本书图文编纂不辞劳苦；还要感谢本书审稿人郭文武教授、朱元娣教授提出的弥足珍贵的建设性意见和深刻见地；鸣谢国家自然科学基金委员会累年经费之所助。

本书虽凝聚了我多年的心血，但由于水平有限，不完善的地方在所难免，望广大读者提出宝贵意见，以便再版时修正。

李天忠

2023 年 9 月于北京

目　　录

第一章　苹果自花结实性研究与应用的历程、现状和展望……1
第一节　苹果自花结实性研究与应用历程……1
一、苹果自花结实性的研究历程……1
二、苹果自花结实性的应用历程……6
第二节　苹果自花结实性研究与应用现状……7
一、苹果自花结实性研究与应用的主要成就……7
二、苹果自花结实性的经济贡献……8
三、苹果自花结实性研究与应用存在的主要问题和原因……9
第三节　苹果自花结实性研究与应用展望……10
一、苹果自花结实性研究与应用的必要性……10
二、苹果自花结实性未来的研究和应用方向……10
第二章　苹果性分化和发育与授粉结实……12
第一节　苹果雌雄性分化和发育……12
一、苹果花芽分化和发育……12
二、苹果性器官分化和发育……14
三、苹果雌雄配子分化和发育……16
第二节　苹果开花与传（授）粉……19
一、苹果开花……19
二、苹果传（授）粉……22
三、苹果花柱柱头花粉萌发与延伸……30
第三节　苹果双受精、种子发育与结实……32
一、苹果双受精……32
二、苹果种子发育与结实……33
第三章　苹果花粉-花柱自花结实性识别机制……37
第一节　苹果花粉-花柱自花结实性识别遗传机制……37
一、苹果S基因座概念、位置及组成……37
二、苹果S基因座起源与演化……42
三、苹果自花结实性识别遗传……46

第二节 苹果花粉-花柱自花结实性识别因子……50
一、苹果 S 决定因子……51
二、苹果非 S 因子……68
第三节 苹果授粉花粉-花柱自花结实性分子调控网络……80
一、自花授粉识别……80
二、异花授粉识别……89
第四节 调控苹果自花结实性小分子制剂与应用……91
一、S-RNase 靶分子虚拟筛选……91
二、S-RNase 酶活抑制鉴定……96
三、田间应用效果……97
第四章 苹果 S 基因型与授粉结实……99
第一节 苹果 S 基因型鉴定……99
一、田间授粉法……99
二、S-RNase 双向电泳法……103
三、*S-RNase* 基因序列鉴定法……106
第二节 苹果 S 基因型及其应用……115
一、苹果 S 单元型基因和 S 基因型……115
二、苹果 S 基因型数据库及使用……121
第五章 苹果自花结实性评价、变异与遗传……124
第一节 苹果自花结实性评价……124
一、苹果自花结实性评价原则与方法……124
二、苹果自花结实变异性判定……131
第二节 苹果自花结实基因与功能……136
一、S 因子基因变异与调控……136
二、非 S 因子基因变异与调控……139
第六章 苹果自花结实种质创制与应用……151
第一节 苹果自花结实品种选育……151
一、苹果自花结实及重要性状遗传规律与预选分子标记……152
二、苹果自花结实优新品种选育……166
三、苹果自花结实纯合系种质创制……177
第二节 远缘杂交苹果自花结实种质创制……183
一、属间自花结实变异导入……183

二、种间自花结实变异导入……202
第三节　苹果基因工程自花结实种质创制……203
一、苹果品种基因工程自花结实种质创制……203
二、基于苹果砧木基因工程的接穗自花结实性调控改良……212
第四节　苹果二倍体同源加倍自花结实种质创制……217
一、苹果同源四倍体创制……217
二、苹果同源四倍体自花结实评价……219
第七章　苹果自花结实品种生产应用……223
第一节　苹果自花结实品种的花果特性与果实品质……223
一、花果特性……223
二、果实品质……224
第二节　苹果自花结实品种果形调控……227
一、苹果果实种子与果形的关系……227
二、坐果与果实外观品质调控……236
第三节　苹果授粉生产成本……239
一、我国苹果授粉方式……240
二、苹果授粉成本和损耗……241
第四节　苹果自花结实品种优质高效生产技术规程……246
参考文献……251

第一章 苹果自花结实性研究与应用的历程、现状和展望

自花授粉不结实是显花植物特有的一种生殖隔离现象，对于避免自交衰退、延续物种多样性具有重要意义。被子植物中约有19目74科250属存在自花授粉不结实现象，约占被子植物的60%。栽培苹果（*Malus domestica*）为典型的配子体自花不结实类型，绝大部分品种依靠自花授粉不能满足生产所需要的产量。因此，生产中必须严格配置授粉树，依靠野生访花昆虫携带授粉树上的花粉授粉（异花授粉）才能确保产量。20世纪90年代，我国迎来了苹果大发展时期，各地一哄而上栽种'富士'等品种，但许多地区未能严格配置授粉树，导致坐果少、偏斜果多，给产业带来巨大损失。尤其近年来生态环境变化及农药等化学品增施，导致野生访花昆虫（主要为蜂类）数量日趋减少，果农不得不依赖租用蜜蜂或人工饲养壁蜂（日本引入）授粉。近年，北方苹果产区花期倒春寒、沙尘暴等极端天气频发，访花昆虫起飞授粉效率也受到影响。一些地区人工点粉为苹果生产必不可少的工序，大幅增加了苹果生产的人工成本，比较效益显著下降。

改变这种苹果生产现状的最好办法就是育成自花结实能力强的品种，不（或少）配置授粉树，自花甚至闭花授粉即结实。这就可以解决因授粉问题给生产带来的不便和困扰，实现栽培管理轻简化。事实上，人们自20世纪初就开始了苹果自花结实的探索，曾一度成为果树领域的研究热点，但进入21世纪以来，研究者逐渐减少。为厘清苹果自花结实性研究，本章重点介绍其研究历程与现状，以进一步完善苹果自花结实理论体系，为促进苹果自花结实品种选育提供依据。

第一节 苹果自花结实性研究与应用历程

一、苹果自花结实性的研究历程

（一）苹果自花结实性概念

苹果自授粉受精至果实成熟一般耗时3～6个月，其间由于自身营养供给或环境原因会出现生理落果。因此，苹果自花结实性与自交（不）亲和性相互关联又有所区别。

苹果自交（不）亲和性是指雌蕊胚珠和雄蕊花粉均能产生具有正常生殖功能且同期成熟的雌雄配子，自花授粉或相同S基因型品种间相互授粉能（或不能）受精的现象。这一概念重点强调"受精"作用，自交亲和率是根据授粉后4周左右生理落果（约6月中下旬）前的调查数据获得。目前研究结果表明苹果多数品种表现一定程度的自交亲和性，但不同年份或气候条件下自交亲和率会出现不同程度的波动。苹果自交不亲和性与自交亲和性是相对的，不同学者对其标准有不同的界定方法。

苹果自花结实性是指自花授粉或相同 S 基因型品种间相互授粉经双受精产生有籽成熟果实的能力。此概念主要是从产业出发，重点强调“结实”能力，生理落果后至果实采收前调查自花授粉坐果率。因此，苹果自交亲和率与自花授粉坐果率有一定偏差，自交亲和率稍高，但受生理落果影响，自花授粉坐果率则相对偏低。苹果“自交不亲和”一定“自花不结实”，但“自花不结实”不一定“自交不亲和”；“自交亲和”不一定“自花结实”，但“自花结实”一定“自交亲和”。苹果自花结实性涵盖自花授粉不结实与结实的能力，即坐果率为 0%～100%。自花结实是指具有自花结实能力或自花结实能力强的品种，自花授粉能满足栽培生产对坐果的需要。自花结实性概念仅适用于具有生理落果现象的果树。苹果并非严格自花不结实树种，多数品种为部分自花结实，个别品种为完全自花结实。

自花结实不同于单性结实。自花结实是经双受精结籽后形成果实的现象，含两种类型：一种为双受精后结出有育性的种子；另一种为双受精后由于某种原因胚发育中途停止而无种子，子房壁或花托依旧发育成果实。单性结实是不经双受精形成无籽果实的现象，含两种类型：一种是不给予授粉或其他任何刺激，子房或花托也能发育成果实，称为自然单性结实；另一种是授粉刺激但无双受精过程而产生无籽果实，称为刺激单性结实。值得注意的是，有性种子败育结实与刺激无籽单性结实很难区分。例如，‘寒富’‘中苹 1 号’等苹果品种不授粉则不能坐果，但自花授粉后会产生有籽或无籽果实，兼具刺激单性结实或伪单性结实特性。‘惠’等苹果品种不自花授粉亦能少量坐果，产生无籽果实，兼具自然单性结实或伪单性结实特性。

（二）苹果自花结实性现象的产生与发现

1. 苹果自花结实性现象的产生

苹果为蔷薇科（Rosaceae）植物，与梨属（*Pyrus*）同属于苹果亚科（Maloideae），是被子植物的一个分支。基因组学研究表明：苹果亚科植物起源于约 5000 万年前的一次全基因组加倍事件，之后在约 500 万～2100 万年前，苹果和梨出现了分化，进而产生了现代苹果的祖先。自交不亲和性/自交亲和性现象是在被子植物出现时就已形成，至今已分化出多个类型，但有关被子植物最初是先表现自交亲和性后进化获得自交不亲和性，还是先表现自交不亲和性后进化形成自交亲和性，尚存在较大争议。尽管对自交不亲和性/自交亲和性最初的起源存在争议，但对苹果自花结实性有着较明确的认知。苹果具有的自花结实性出现在双子叶植物中“真菊分支”与“真蔷薇分支”分化之前，经过数千万年的演化，在蔷薇科中保留了下来，并在苹果中形成了独特的自花结实性系统及内在作用机制。

2. 苹果自花结实性现象的发现

达尔文在 *The Effect of Cross- and Self-Fertilization in the Vegetable Kingdom* 一书中记载，Kölreuter 于1764年在毛蕊花属（*Verbascum*）植物中观察到自花授粉不能结籽，这可能是人类最早发现的植物自交不亲和性现象。之后 Herbert 于1837年报道了韭莲（*Zephyranthes carinata*）也表现为自花授粉不结籽。1865 年 Scott 发现文心兰（*Oncidium hybridum*）也具有自花授粉不亲和但异花授粉亲和的现象。1868 年 Munro 发现不同翅茎西番莲（*Passiflora caerulea*）品种间相互授粉存在不亲和现象。1876 年达尔文研究了花菱草（*Eschscholzia californica*）、苘麻（*Abutilon theophrasti*）、瓜叶菊（*Senecio cruentus*）、木犀草（*Reseda odorata*）和黄木犀草（*Reseda lutea*）五种植物，系统提出了自交不亲和性概念，即“植物可以被除自己花粉外的同一物种的个体授粉结籽”。但这一概念忽视了 Munro 于 1868 年发现的同一物种某些品种间相互授粉不结籽的现象。

Waite 于 1895 年首次记载了果树自花授粉不结实现象。在北美老多米农果园（Old Domminion Co.）栽植的 23 000 株洋梨品种‘Bartlett’几乎不能结实，而果园周边混植有‘Clapp's Favourite’品种的‘Bartlett’结实良好，用‘Clapp's Favourite’给‘Bartlett’人工授粉也能结实。这种现象让人认为梨具有一种特殊的“社交性”病害（social disease），即不同品种需要通过相互授粉才能结实。Ewert 于 1906 年最早发现了苹果自花授粉具有难以结实的特点；日本学者星野于 1918 年发现苹果、梨和樱桃自花授粉不结实的现象。之前学者均未发现苹果不同品种间相互授粉不能结实现象的存在，直至 1920 年 Gowen 通过大量苹果自花授粉和不同品种间异花授粉试验，发现苹果不但自花授粉结实能力弱，且某些苹果品种间（如‘Ben Davis’与‘Baldwin’、‘Duchess’与‘Baldwin’）相互授粉也不能结实，提出了果园生产需要选择授粉品种。之后近百年来，为了提高果园生产力，研究人员围绕异花结实品种授粉树配置及自花结实品种生产应用开展了系统而深入的探索。

（三）苹果自花结实性的研究阶段

苹果为多年生木本植物，遗传背景复杂，转基因困难，且一年仅春季开一次花，自花结实性研究周期长。苹果自花结实性的研究历程大致分为以下五个阶段。

1. 第一个阶段——以田间授粉和花粉培养研究为核心（20 世纪 40 年代以前）

在 Ewert 等于 1906 年发现苹果自花授粉不结实现象之后，星野、Gowen、田园、须佐等分别于 1918 年、1920 年、1932 年和 1934 年通过大量田间授粉试验，发现不同苹果品种自花授粉坐果率不同。例如，‘元帅’和‘早生旭’自花授粉坐果率为 0%，‘祝光’‘翠玉’‘国光’等品种自花授粉坐果率为 0.2%～3.75%，而‘红玉’‘甜香蕉’‘金冠’等品种自花授粉坐果率为 5%～33.16%，坐果率随不同年份有所波动。同时，Gowen 于 1920 年发现‘James Grieve’×‘Mante’品种组合具有相互授粉不亲和现象。Einset 于 1930 年发现‘Arkansas’与‘玉霰’亦存在相互授粉不亲和现象。须佐等学者于 1934 年还测试了不同苹果品种花粉的体外萌发率，观察了花粉管生长动态特征。

这一阶段，主要围绕田间的自花授粉和异花授粉、体外花粉萌发生长观测等方面开展研究，为授粉树合理配置和深入探索苹果自花结实性奠定了基础。

2. 第二个阶段——以遗传学研究为核心（20 世纪 20～40 年代）

Prell 于 1921 年最早提出了“对立因子假说”，从遗传学角度解释自交不亲和性现象，但其观点并未受到关注。East 于 1925 年调查分析了不同烟草品种间正反交和后代父本回交的坐果率，推测植物存在不同基因型的自交不亲和基因（self-incompatibility gene，S 基因），如 S1，S2，…，S*n* 等，两两组合形成二倍体 S 基因型，当基因型为 S1S2 的植株自花授粉或与同基因型植株授粉，不能完成受精。研究还发现，当基因型为 S1S2 的植株与 S3S4 的植株杂交授粉时，后代存在 S1S3、S1S4、S2S3、S2S4 四种基因型，由于它们与父母本均存在不同的基因型，因此回交之后均能亲和；但若基因型为 S1S2 的植株与 S1S3 的植株杂交授粉时，后代中仅有 S1S3 和 S2S3 两种基因型，则有近一半的后代回交父本时表现不亲和。East 的研究受到了广泛重视。日本学者菊池秋雄于 1929 年最早发现了梨存在同样的现象，称为“偏父性不亲和”。Kobel 于 1939 年发现苹果自花结实性遗传机制，鉴定出‘国光’等品种的 11 个 S 等位基因，同期开展了苹果自花授粉活体花柱中花粉生长特点研究。1945 年 Modlibowska 发现苹果‘Alkmene’自花授粉后花粉管生长缓慢，大部分在花柱中部停止生长。根据 Sears 于 1937 年划分的植物自花授粉花粉停止生长的三种类型（花粉在柱头不能萌发、花粉管不能穿过花柱、花粉管可穿过花柱但不能进入子房），苹果属于第二种。苹果自花结实性的遗传机制与梨和烟草类似，表现为由雄配子 S 等位基因单独决定的自交不亲和性。十字花科芸薹属、拟南芥属植物则不遵循这一机制，表现为自交不亲和性由产生雄配子母体的 2 个 S 等位基因共同决定。

这一阶段，主要从遗传学角度研究苹果自花结实性，为苹果授粉树配置和分离鉴定 S 等位基因连锁的遗传物质奠定了基础。

3. 第三个阶段——以生物化学研究为核心（20 世纪 50 年代至 90 年代初）

这一时期试图阐明自交不亲和性反应的物质基础，包括决定花粉与花柱间相互识别及抑制花粉管生长的物质。这类研究在矮牵牛（*Petunia hybrida*）、月见草（*Oenothera biennis*）等草本植物中开展较早，而在苹果等木本植物中相对滞后。早在 20 世纪 20 年代就有学者提出植物自交不亲和性反应与动物免疫类似，推测花柱通过类似动物免疫反应机制来识别自我和异我（非自我）花粉。Lewis 于 1952 年发现月见草不同 S 基因型花粉蛋白特异性抗体免疫自身抗原时信号最为强烈，说明花粉中存在 S 基因型特异蛋白。Nasrallah 于 1967 年在大白菜（*Brassica rapa* ssp. *pekinensis*）花柱中也鉴定出 S 基因型特异蛋白。但这些蛋白质具体是什么还不清楚，科研工作者推测过氧化物酶、磷酸酶或细胞色素氧化酶可能参与自交不亲和性反应。其间，围绕自花和异花授粉花柱蛋白质参与自交不亲和性反应的研究，均未取得明确结果。Bredemeijer 等于 1981 年通过等电点聚焦电泳在烟草中鉴定出与 S 基因座紧密相关且具有单元型多态性的蛋白质，在李（*Prunus salicina*）、欧洲甜樱桃（*Prunus avium*）、马铃薯（*Solanum tuberosum*）、番茄（*Solanum lycopersicum*）、矮牵牛等植物花柱中也陆续发现了类似蛋白质。Aderson 等于 1986 年在烟草中鉴定出 S 基因座相关蛋白质的互补 DNA（complementary DNA，cDNA）序列，与细菌中 T2 家族核酸酶高度同源，命名为 S 核酸酶（S ribonuclease，S-RNase）。Sassa 等（1997）通过双向电泳鉴定出苹果花柱 S-RNase 蛋白。此后，苹果自花结实性研究主要围绕 S-RNase 展开。

同一时期研究人员就果树自花结实能力调控也开展了研究，他们发现可通过改变授粉期间的环境温度、反复授粉、热处理花柱、外施萘乙酸（naphthalene acetic acid，NAA）等激素和外施硼（B）元素、花粉蒙导（被灭活的亲和花粉与不亲和花粉混合授粉）等方法，提高苹果和梨的自花结实能力。

这一阶段主要通过生物化学手段从花柱中寻找抑制花粉生长的物质，并分离出苹果S等位基因相关蛋白质S-RNase，为以S-RNase为核心的苹果自花结实性研究提供了方向。

4. 第四个阶段——以分子生物学研究为核心（20世纪90年代至21世纪第一个10年）

Broothaerts等（2004）基于苹果S-RNase蛋白信息，获得了cDNA全序列，开启了以分子生物学为核心的研究阶段，围绕S-RNase的分类、定位和功能等方面开展了大量研究。研究人员通过同源克隆手段获得了不同苹果品种的S-RNase序列，利用S-RNase序列间差异可区分S基因型。科研人员利用转基因技术反义沉默苹果花柱中*S-RNase*基因，沉默后植株自花授粉结实能力明显提高。这个结果证实S-RNase直接参与了苹果自交不亲和反应，可以推测S-RNase活性是抑制自我花粉管生长的必要条件，但是否通过降解RNA抑制花粉管生长仍需进一步证实。

关于S-RNase参与自交不亲和反应，人们最早提出了两种假说——“膜受体学说”和“胞内抑制学说”。“膜受体学说”认为S-RNase通过花粉侧与之对应的膜受体进入花粉管发挥功能，即仅与花粉S基因型相同的S-RNase可以抑制花粉管生长，但这种模型不能解释茄科植物花粉二倍化后自交亲和的现象。“胞内抑制学说”认为与花粉S基因型不同的S-RNase在进入花粉管后，其活性受自我花粉抑制物质抑制。相比“膜受体学说”，“胞内抑制学说”广泛受到学界认可。研究发现在蔷薇科、茄科（Solanaceae）、玄参科（Scrophulariaceae）等植物中，与S-RNase连锁的*F-box*基因即为花粉抑制物质。F-box编码蛋白是E3泛素连接酶复合体（E3 ubiquitin-protein ligase）的一部分，与Cullin、SSK（SLF-interacting Skp1-like）和Rbx1（RING box protein 1）蛋白形成SCF复合体（Skp1，Cullin，F-box proteins complex）参与自交不亲和识别机制。

这一阶段，苹果自花结实性研究成果丰硕，特别是自我/异我花粉与花柱识别机制解析、苹果自花结实种质评价、遗传规律探索等方面，为苹果自花结实品种选育奠定了理论基础。

5. 第五个阶段——以大数据人工智能靶向设计为核心（21世纪20年代初至今）

21世纪以来，基于生物信息学的大数据，苹果自花结实性研究发展迅猛。这一阶段研究者利用种质资源和性状分离杂交群体，通过全基因组关联分析（genome-wide association study，GWAS）和混合分组分析（bulked segregation analysis，BSA）等生物信息学手段，发掘自花结实变异位点和关键基因；通过转基因技术靶向改良自花结实性状，利用多代自交或基因敲除创制自交纯合系，实现苹果设计育种。同时，利用结构生物学与纳米分子耦合等技术筛选调控苹果自花结实的小分子物质，以期实现自花不结实苹果自花坐果。

二、苹果自花结实性的应用历程

（一）苹果不同品种混栽阶段（20 世纪 60 年代以前）

苹果是重要的经济果树，具有悠久的种植历史。现代苹果祖先种早在 13 世纪就于欧洲演化形成，但当时欧洲苹果一直以实生种子播种生产，未形成固定品种。17 世纪 30 年代，欧洲殖民者从带到北美的苹果实生苗中选出第一个真正的栽培苹果品种‘Yellow Sweeting’，开启了有意识的人为选种阶段。18 世纪至 20 世纪初，人们先后选育出‘翠玉’（1759 年）、‘国光’（1800 年）、‘旭’（1811 年）、‘元帅’（1880 年）、‘金冠’（1890 年）、‘红玉’（1920 年）等品种。在 1920 年 Gowen 提出苹果生产应配置授粉树前，人们对苹果自花结实性的关注不多，主要由于早期苹果园多以实生树或不同品种混栽方式生产，若花期天气正常，访花昆虫数量足够，果园可以保证一定的经济产量。但这种生产方式存在生产效率低、果园管理困难、产量不稳定等诸多问题。在诸多苹果品种中，品质优良、市场供应量大的品种占比少。以 1905 年美国纽约州的苹果市场为例，市场上出售的苹果品种主要有‘Baldwin’、‘Rhode Island Greening’和‘Northern Spy’3 种，其中‘Baldwin’和‘Rhode Island Greening’占据了苹果市场供给量的 2/3。为获得更高的经济回报，果农开始尝试只种植市场需求量高的苹果品种，但他们不知道需要配置授粉树，造成了果园减产。我国现代苹果种植起始于 1871 年，传教士约翰·倪维思夫妇将‘伏花皮’‘凤凰卵’‘翠玉’等 13 个苹果品种带到我国烟台，并创建广兴果园。但受战乱影响，我国苹果种植业发展缓慢，直至新中国成立后我国苹果园仍以不同品种混栽为主，果农缺乏配置授粉树的意识。

（二）授粉树粗放配置阶段（20 世纪 60～70 年代）

随着苹果种植业发展，人们发现不同品种混乱种植的管理难度大，也了解到种植市场需求量高的品种可以带来更大的经济回报，并逐渐意识到果园配置授粉树的重要性，但对如何选择授粉品种、与主栽品种选配比例、授粉品种排布方式均不明确。早期由于人们对苹果自花结实性机制知之甚少，授粉树配置较为粗放，仅能基本保证品种间相互授粉结实。倘若授粉品种出现花粉少、花期短、与主栽品种生理周期不一致等情况，就会严重影响果园生产，从而降低经济效益。

（三）授粉树精细配置阶段（20 世纪 80～90 年代）

随着苹果授粉结实机制研究不断深入，果园授粉树配置日趋科学合理。授粉品种需要具备如下条件：①与主栽品种花期重叠，花粉量大，萌发率高；②与主栽品种授粉亲和，管理方式和果实成熟期与主栽品种大体一致，经济价值较高；③与主栽品种同时进入结果期，二者寿命相当，无“大小年结果”现象。在选定授粉品种时，以田间授粉坐果为依据，耗时耗力，而基于品种 S 基因型判定授粉亲和性，更高效科学。此外，授粉品种配置方式与比例也直接影响授粉效率。调查发现，苹果生产中授粉树比例在 5%～10%时，坐果率为 5%～25%；在 10%～20%时，坐果率为 30%～50%；在 20%～30%时，坐果率高达60%～80%。因此，标准苹果园一般每4.5～5株主栽品种配置1株授粉树，或每3～5行主栽品种配置1行授粉树，以达到最优的产量和经济效益。这一阶段，苹果传统产区基本按照要求配置授粉树，一些新兴产区不愿种植授粉品种，授粉树配置不足。

（四）不（少）配置授粉树的省力化生产阶段（21世纪以来）

果园生产中配置授粉树存在两个基本问题：一是授粉品种与主栽品种的经济价值存在一定差距，无法使生产效益最大化；二是混栽的不同品种在整形修剪、肥水管理、病虫害防控等方面存在差异。此外，租借蜜蜂或饲养壁蜂授粉、人工辅助授粉等增加生产成本，不符合轻简化生产目标。在果园种植自花结实能力强的单一苹果品种，不配置或少配置授粉树，仅在花期辅助自花授粉，可以节约生产成本、简化果园管理，是未来苹果种植的重要方向。

目前，我国自花结实能力强的苹果品种有‘寒富’‘华红’‘岳艳’‘岳华’‘岳冠’‘黄太平’‘七月鲜’‘秋露’等，不配置授粉树，自花授粉即可正常生产。

第二节　苹果自花结实性研究与应用现状

一、苹果自花结实性研究与应用的主要成就

（一）发掘多个苹果自花结实性相关基因，初步阐明了基因调控网络及花粉与花柱间相互识别机制

基于栽培苹果‘金冠’、新疆野苹果（*Malus sieversii*）和山定子（*Malus baccata*）等基因组信息，确定了S基因座位于苹果第17号染色体端粒末端。S基因座包含花柱S决定子基因*S-RNase*和花粉S决定子基因*SFBB*。从不同品种分离出了花柱*S-RNase*序列49个、花粉*SFBB*序列58个。除S决定子基因外，还发掘出S基因座以外的自花结实性相关基因（非S因子），包括转运S-RNase的基因（*ABCF*、*HT1*）、防御S-RNase的基因（*D1*）、花粉管生长抑制基因（*MVG*）和致死基因（*PPa*）、Ca^{2+}信号储藏和转导基因（*PCHR*、*CBL*、*CIPK*、*OXI*、*PTI*、*MAPK*）及SCF复合体组分基因（*SSK*、*Cullin*、*SBP*）等。

苹果自花授粉后，存在于花柱细胞内的S-RNase蛋白在自我花粉管抵达后，分泌至花柱细胞间隙并转运至花粉管内，引起一系列Ca^{2+}信号变化，激活花粉中的防御反应，而突破防御反应的S-RNase影响花粉管内转运RNA（transfer RNA，tRNA）氨酰化和尖端微丝动态平衡，进而抑制花粉管延伸。而非自我S-RNase被花粉SFBB蛋白形成的SCF复合体选择性识别并泛素化降解，表现出“竞争性的非自我识别”机制。

（二）建立了多个研究和评价苹果自花结实的技术体系及数据库平台

建立了苹果花柱S-RNase蛋白体内纯化和体外重组技术、花粉管体外培养模拟自交不亲和生物反应技术、花粉管生长动态实时监测技术、反义寡核苷酸基因沉默技术等多

个苹果自花结实性研究技术体系，并应用于基因调控网络解析和功能验证。

建立了基于田间授粉和自花结实变异来源预判的苹果自花结实性综合评价技术体系，以及基于品种间相互授粉、双向电泳（two-dimensional electrophoresis）、特异性引物聚合酶链反应（polymerase chain reaction，PCR）扩增和基因芯片的S基因型鉴定技术体系，应用于苹果自花结实性资源的鉴别和筛选。

构建了含有1325份苹果资源的S基因型数据库，包含父母本S基因型、授粉亲和性及中英日文释义，为苹果授粉树配置和杂交育种组合选配提供了理论依据和技术支撑（李洋等，2017）。

（三）发掘出多个具有自花结实能力的苹果种质，建立了自花结实苹果创制方法，选育出多个自花结实品种

近30年来，建立了“全态分子标记预选—优异性状位点导入—基因靶向改良—位点纯合固定”的常规杂交与现代生物技术相结合的自花结实苹果种质创制方法；配置常规杂交、远缘杂交组合50余个，获得杂交后代近2万株，利用10余个自花结实等优异性状的分子标记辅助选择，创制自花结实苹果种质1000余份，选育出具有商品价值的品种和优系10余个；研制出自花结实苹果坐果和正形的生物制剂，制定了自花结实苹果轻简化生产规程，实现规模化生产。

二、苹果自花结实性的经济贡献

现阶段常规苹果生产授粉方式主要有两种：①按（3～5）∶1严格配置授粉品种，依靠野生访花昆虫自然传粉或租养蜜蜂/壁蜂授粉；②不配置或不严格配置授粉树，依靠自然授粉、租养蜜蜂/壁蜂或人工辅助授粉。与配置授粉树或人为干预授粉的果园相比，种植单一自花结实品种在节约成本和降低损耗方面具有明显优势。

（一）免去授粉树管理的冗余成本，提高比较效益和生产效率

目前，我国约有40%的苹果园严格配置授粉树，其优点是省力，缺点有二。一是生产栽培管理烦琐，由于授粉品种与主栽品种相邻或穿插栽植，且二者栽培管理上不得不“区别对待”，不符合主栽品种效益最大化的管理模式。二是由于满足授粉条件的品种可选择性有限，往往比主栽品种经济价值低，市场销量差。目前我国苹果授粉树所占面积约300万亩，由授粉品种与主栽品种价格和产量差异导致的利润流失高达60亿元左右。相比严格配置授粉品种，果园单一化种植自花结实品种，在保障产量和品质的前提下，既能免去果园品种多、杂、乱的管理冗余成本，又能规避授粉品种销量差、利润低等短板。

（二）节省租养蜂类、雇佣人工和购买花粉的成本，规避授粉风险

由于环境和人为因素的影响，野生蜂类种群锐减。为保障果园效益，我国苹果产区采用租养蜜蜂/壁蜂、人工授粉等方式逐年增多，由此产生的雇工、租养蜂类、购买花粉等授粉直接成本约为每年8亿元。此外，北方苹果产区花期平均每2～4年发生一次大

风扬沙、低温等极端天气，阻碍访花昆虫授粉，造成苹果产量锐减甚至绝收，平均每年损失约 100 亿元。单一种植苹果自花结实品种，在大风扬沙、低温等极端天气情况下仍可完成自花授粉，可以在一定程度上规避授粉风险。

（三）维持产量和果实品质，减少损耗，增加经济效益

苹果园在气候适宜条件下也会出现授粉树配置不足导致坐果少、端正果率低等问题。经调查估算，我国主要苹果产区每年因授粉受精不良造成的单位面积苹果坐果率减少 2.2%～5.6%，造成经济损失约 188.3 亿元；偏斜果率为 6%～36%，造成经济损失约 122.65 亿元。

综合多种因素，我国主要苹果产区因授粉受精不当导致的经济损失每年约 365 亿元，种植单一苹果自花结实品种势在必行。

三、苹果自花结实性研究与应用存在的主要问题和原因

自花结实性苹果的品种单一化生产模式在提质增效和产业现代化转型方面具有诸多优势，但其自花结实性研究仍存在着悬而未决的问题，导致品种推广受限。

（一）苹果基因组高度杂合，自花结实性机制研究进展缓慢

相比模式植物和大田作物，受成花和开花特性所限，苹果自花结实性研究滞后，主要表现为以下 4 个方面：一是童期长、成花晚，实生苹果树童期一般长达 5～7 年，只有度过童期花芽才能分化转入生殖阶段；二是苹果花一年只开一季，花期最多维持 10～15d，花期短且不可控，易受到气温波动、养分积累、激素水平、水分供应和栽培管理等复杂因素的影响；三是授粉受精的果实仍会受树体养分和环境胁迫等影响，出现生理落果，坐果率不能完全反映授粉结实情况；四是自花结实是由花柱与花粉所包含的雌雄配子相互识别、共同作用的结果，二者既相对独立又内在关联，解析机制时必须全面考虑到花柱和花粉两个器官间的差异与联系、雌雄配子组织学特征的异同及二者在细胞、亚细胞层面的分子互作和信号交流模式。同时，目前以苹果为材料的高效遗传转化和新型基因编辑等基因工程技术仍处于摸索熟化阶段，应用于自花结实性研究的实效性和容错率较低，难以对候选基因进行精准化、批量化的系统功能验证。加之早期苹果自花结实性资源极其匮乏且未曾得到系统发掘，造成了苹果自花结实性研究长期局限于异花授粉结实和自花授粉不结实机制的间接性探索而无从深入的局面。

（二）具有经济价值且自花结实能力强的苹果种质稀少，新品种创制难

历经多年探索与研究，目前虽已发掘出 10 余种自花结实能力强的苹果种质资源，但囿于自花授粉坐果不稳定、果实品质不佳或逆境耐受性不足等农艺性状短板，难以大面积推广。为了实现自花结实苹果的品种单一化生产模式，创制自花结实能力强且兼具优质、多抗等性状的苹果新品种势在必行。我国苹果育种仍处于常规杂交育种的初级阶段，主要依靠人力调查、筛选和评价，这种方式育种周期长、性状聚合难、选育效率低。目前苹果重要农艺性状特异分子标记缺乏，遗传转化效率不高，因此，有必要开发分子

标记辅助育种和基因工程育种等高效育种体系，快速创制自花结实种质。

（三）苹果自花结实品种配套栽培技术有待熟化

需要注意的是，苹果自花结实品种并不完全等同于不需授粉也能正常结实，而是自花授粉即可完成授粉受精并坐果良好，不必借助虫媒或人工等外力远距离搬运花粉。尽管如此，生产中为提高结实率，保证产量与品质，仍需通过一些轻简化配套栽培技术保障自花授粉效率。目前尚无以自花结实苹果为核心的配套良法，导致种植单一自花结实品种因气候波动等因素而坐果不稳定、种子过少或在心室间分布不均，进而出现果实偏斜，影响经济收益。加之长期以来形成的“苹果必须配置授粉树，只有异花授粉才能正常生产”的传统观念，使种植者对自花结实苹果持观望态度，限制了自花结实苹果大规模推广。

第三节　苹果自花结实性研究与应用展望

一、苹果自花结实性研究与应用的必要性

现阶段，我国苹果生产严重受到成本提高和售价下降等因素的制约，究其原因在于生产原材料价格上涨、城镇化大背景下农村青壮劳力流失、国内水果产能过剩，以及国外进口的冲击。因此，降低苹果生产成本、提高果品质量迫在眉睫。推广自花结实苹果，建立一果园一品种的苹果种植模式，配套轻简化栽培技术，可以从根本上减免苹果授粉成本、规避产业风险、提高生产效率。为此，有必要强化苹果自花结实性机制研究、加速品种选育、研发配套良法，从根本上解决苹果产业比较效益低的问题。

二、苹果自花结实性未来的研究和应用方向

（一）加大苹果自花结实种质资源发掘力度，丰富育种亲本资源

世界苹果资源十分丰富，但自花结实评价耗时耗力，导致迄今发现的自花结实种质资源稀少。因此，有必要持续扩大评价群体，利用自花结实评价体系进一步精准筛选和收集苹果自花结实种质资源。除栽培品种外，还可评价野生苹果、苹果近缘种等远缘种质，建立苹果自花结实变异资源库，利用全基因组关联分析（GWAS）、极端性状混池重测序（bulked-segregant analysis sequencing，BSA-seq）等手段发掘自花结实新位点，传统手段（杂交）与新兴手段［高密度芯片分子标记辅助选择、规律成簇间隔短回文重复序列（clustered regularly interspaced short palindromic repeat，CRISPR）介导的基因靶向编辑等］相结合创制自花结实种质，为自花结实新品种选育提供更多的亲本储备，也为苹果自花结实性研究提供试验材料。

（二）精准定位苹果自花结实位点，系统解析基因功能，储备基因资源

苹果自花结实性主要由花柱和花粉 S 决定子基因控制。迄今为止，无论从功能还是

调控网络来说，科研人员对苹果花柱 S 决定子基因 *S-RNase* 的研究已较为透彻；而对花粉 S 决定子基因 *SFBB*，由于其基因数量多、同源性高等因素，研究尚停留在克隆和初步互作验证上，其与花柱 *S-RNase* 具体的相互识别机制还需深入探究。此外，自花结实性是一整套生殖生物学反应，S 基因座仅控制了其中自我/非我识别这一小部分反应过程，除 S 决定子基因外，任何非 S 因子基因的变异都有可能打破自交不亲和性，形成自花结实果实。例如，部分寒地小苹果表现为自花结实，但这些小苹果中 S 基因座都完整存在，并未发生变异，这表明可能是上游的开关控制着自花结实。因此，未来还需进一步探索研究更多参与苹果自花结实的因子及其造成苹果自花结实的机制，为定向改良苹果自花结实性状提供基因储备。

（三）创建多性状聚合高效育种体系，从头设计选育自花结实超级苹果

迄今为止，世界苹果品种选育大多还停留在传统杂交的育种 2.0 阶段，仅美国、新西兰部分品种应用分子标记辅助选择育种技术，勉强跨入育种 3.0 阶段。未来自花结实苹果选育须建立“优良性状整合—群体遗传大数据选择—性状纯合自交系创建—超级苹果杂交制种”的从头设计育种体系，具体内容如下。

1）系统整合苹果属资源自花结实、品质、抗性等优异性状，开发全态化分子预选标记，精确锁定目标性状。

2）多代自交获得优良性状稳定的自交系亲本材料，固定纯化优异性状。

3）针对自交系材料自交衰退、童期长等问题，研发 CRISPR 等靶向基因编辑技术介导的劣质性状移除技术体系，获得短童期、自花结实和品质性状稳定的优良自交系单株。

4）自交系单株相互杂交，优势性状互补，实现超级苹果的可预见性杂交选育。

（四）研发自花结实苹果配套良法，实现“一果园一品种”的轻简化生产

为使自花结实苹果顺利推广种植，我们需研究配套的授粉和管理技术，在最节省人力物力的前提下使自花结实苹果品种正常自花授粉，统一管理，提高生产效率。例如，针对自花授粉果实种子较少的现象，我们需研发能使自花结实果实产生与异花授粉果实相同种子数量的生物制剂，保障自花结实果实的品质；针对自花结实品种花量大、坐果量大的现象，我们需研发省力化疏花疏果技术措施等。此外，增加自花结实苹果品种的宣传和推广也是必要的手段：首先要壮大相关研究队伍，以开展各层次研究；其次要提高果农和各级人员的认知，使其了解种植自花结实苹果品种的优势；最后要普及能自花结实的苹果品种和管理手段，增强果农种植信心。

第二章　苹果性分化和发育与授粉结实

苹果生产的最终目标是收获果实。果实形成一般需要经历花芽分化，花发育（萼片、花瓣、花药、花粉、雄配子、子房、雌配子、柱头发育），授粉受精（花粉管伸长、双受精），果实发育（胚珠、种子和果实发育）4 个阶段。苹果自花授粉和异花授粉的双受精过程大致相似，但自花授粉后自我花粉管在花柱细胞间延伸速度慢、进入胚珠数量少、心室内种子形成数量少且不均等。因此，了解苹果有性生殖过程，有利于深刻理解授粉受精过程中花粉与花柱相互识别的机制。

第一节　苹果雌雄性分化和发育

被子植物突出的进化特征是孢子体高度发达、配子体简化，具有真正的花和双受精现象。被子植物典型的花（完全花）由花萼、花冠、雄蕊和雌蕊 4 个部分组成；雌蕊由心皮组成，包括子房、花柱和柱头；胚珠包裹在子房内，受精后发育成果实。栽培苹果具有完全花，子房一般为 5 心室，双受精后形成有胚乳种子。实生繁殖的苹果树需经历几年甚至十几年才能度过童期，达到成花阶段，嫁接等无性繁殖的苹果树也需要经历一定时间的营养生长期，才能恢复树体成花能力。

一、苹果花芽分化和发育

苹果花芽是混合芽，着生在中短枝的顶端，有些品种长枝的侧芽也可形成花芽。苹果花芽分化持续时间较长，占其年生长周期的 3/4 左右，分为花芽生理分化期和形态分化期两个阶段。

（一）花芽生理分化期

苹果花芽生理分化期始于春梢停长后（华北地区短枝一般为 4 月下旬，中枝、长枝为 6 月中旬），花序原始体出现（华北地区短枝一般为 5 月中旬，中枝、长枝为 7 月上中旬），是花芽分化的第 1 个阶段。此时苹果枝条顶芽已具备形成花芽的生理基础，枝梢顶端分生组织周围陆续形成小的凸起，凸起由外而内逐渐形成鳞片和叶原基，芽分化达到一定的节数（临界节位），具备发育成花芽或叶芽的潜能。当气候环境（光周期、温度等）和营养条件适宜时，顶芽将结束叶芽分化，形成花序原始体，否则会一直保持叶芽状态。苹果花芽生理分化期的持续时间根据气候环境、品种、芽的位置、营养状况等不同而异，一般为 1～4 周（图 2-1）。尽管苹果花芽生理分化期持续时间不长，但因其是花芽诱导临界期，所以是花芽分化的最关键时期，也是雌雄配子分化的发端。

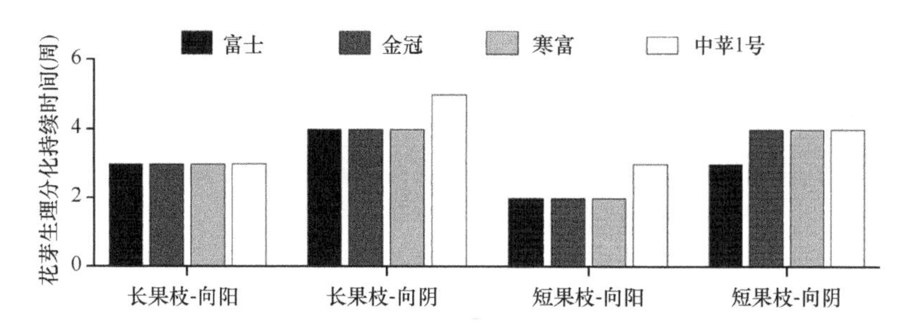

图 2-1　不同品种苹果花芽生理分化期持续时间

（二）花芽形态分化期

苹果花芽形态分化期始于花序原始体出现之后，按顺序分化出未成熟的中心花、边花、雄蕊原基、雌蕊原基等组织。苹果花芽形态分化期持续时间较长，分为以下 5 个阶段（休眠前）。

1. 花序原始体形成阶段（盛花后 35～75d）

枝条顶端分生组织由平坦逐步隆起形成半球状，且分生组织部位由窄变宽，出现花序原始体，标志着苹果花芽生理分化期结束进入形态分化期（图 2-2A、B）。

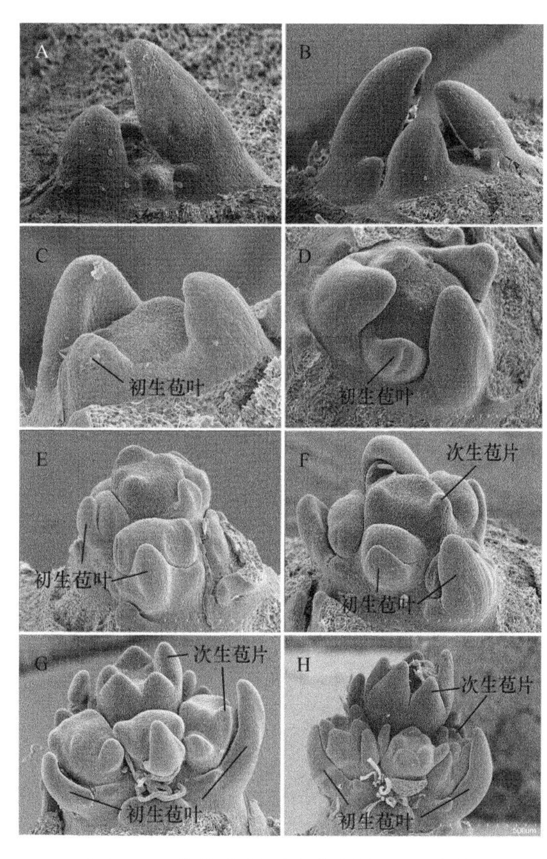

图 2-2　苹果花芽形态分化的不同阶段

红色部分代表初生花分生组织；紫色部分代表次生花分生组织

2. 初生花分生组织形成阶段（盛花后 76～105d）

枝条顶端分生组织隆起后，围绕花序原始体依次出现 3～6 片初生苞叶，前 2～3 片苞叶叶片较宽，具有托叶结构，之后产生的苞叶较窄，且不具备托叶结构。在最早出现的苞叶腋下横向伸出的凸起为初生花分生组织（图 2-2C、D）。

3. 次生花分生组织及次生苞片形成阶段（盛花后 106～135d）

初生花分生组织形成后，剩余 3～5 片初生苞叶腋下也会依次产生凸起，称为次生花分生组织（图 2-2E）。次生花分生组织发育的同时，初生花分生组织中心凸起部分出现一圈次生苞片，苞片内出现中心花分生组织（图 2-2F）。

4. 中心花萼片原始体及雄雌蕊原基形成阶段（盛花后 136～155d）

中心花分生组织形成后，次生苞片包围的中心（顶端凸起位置）向内凹陷，周围出现 5 个凸起（中心花萼片原始体），标志着中心花的花器官开始分化（图 2-2G）。此后，中心花萼片原始体不断膨大，包裹中心花花蕾，萼片内依次形成 5 个花瓣原基、16～19 个雄蕊原基、1 个雌蕊原基。

5. 边花萼片原始体及雄雌蕊原基形成阶段（盛花后 156～170d）

边花萼片原始体在中心花萼片结构形成后出现。它不断膨大形成萼片结构包裹边花花蕾，与中心花类似，边花萼片内花瓣原基、雄蕊原基、雌蕊原基依次发育（图 2-2H）。

一般苹果的花序为中心花雄雌蕊原基分化较早，边花稍晚，在自然休眠和被迫休眠前，中心花和部分边花雄雌蕊原基基本形成（图 2-3）。但受着生位置和营养状况等因素的影响，部分花芽的边花在休眠前仅分化萼片、花瓣原基，待休眠解除后才开始分化雄雌蕊原基（图 2-3）。

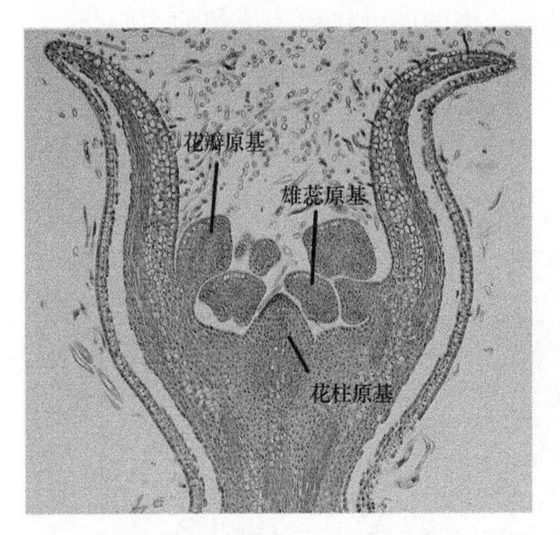

图 2-3　苹果休眠前花原基状态

二、苹果性器官分化和发育

休眠期间苹果性器官分化发育较缓慢，解除休眠后，雄雌性器官加速发育成熟，由雄蕊、雌蕊原基逐步特化出花药、花柱和胚珠等成熟的性器官。

（一）苹果雄性器官发育

雄蕊原基出现后，在适宜的环境和生理条件下继续膨大、伸长，沿长轴方向凸起伸长形成一个椭球体，随后短轴方向细胞不均等增殖和膨大，形成两端椭圆而中间近似四棱柱体或梯形体的透明白色花药前体（图 2-4A）。休眠解除后，花药前体继续沿长轴方向伸长，

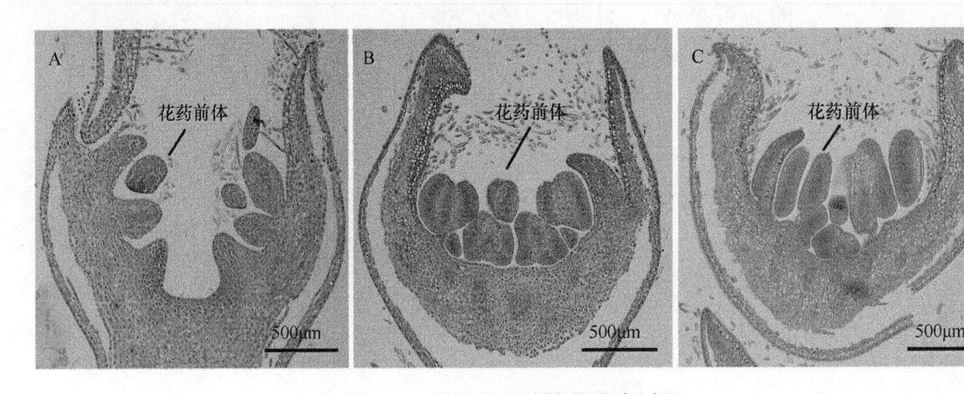

图 2-4　苹果休眠前雄蕊发育过程

A. 休眠期花芽原基（2020 年 12 月 20 日）；B. 休眠解除后萌动前花芽原基（2021 年 2 月 10 日）；C. 萌动期花芽原基（2021 年 4 月 3 日）

沿短轴方向继续不均等增殖和膨大（图 2-4B），花药形成两瓣肾形组织黏连在一起的结构（开花前 15d 左右），黏连部分的一侧与萼片内壁相连（图 2-4C），连接处细胞增殖分化形成花丝（开花前 10d 左右）。花丝随着花发育过程不断增长，在花蕾内呈弯曲状，开花后逐渐挺立（图 2-5A），花期到来时花药随开花而失水开药，释放出花粉（图 2-5B～D）。

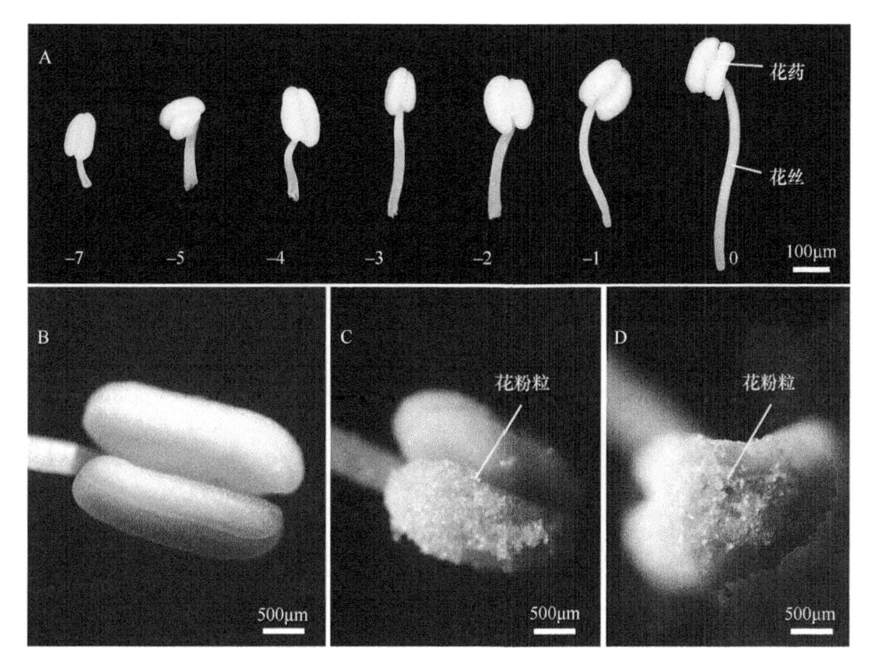

图 2-5　苹果雄蕊发育过程中花药及花丝形态变化

A. 苹果花开花前 7d 的雄蕊状态（数字表示开花前天数）；B. 散粉前成熟花药；C. 药室半开；D. 药室全开

（二）苹果雌性器官发育

苹果雌性器官发育主要分为花柱形态发育及胚珠形成两部分。

1. 苹果花柱形态发育

休眠前，苹果雌蕊原基向上出现 5 个围绕中心部位排列紧密的凸起。休眠结束后，5 个凸起开始伸长膨大，细胞组织横向增殖，在基部相互连接，纵向迅速延伸形成花柱雏形（图 2-6A、B）；顶部逐渐膨大形成柱头结构（开花前 10d 左右），柱头表面密布乳突细

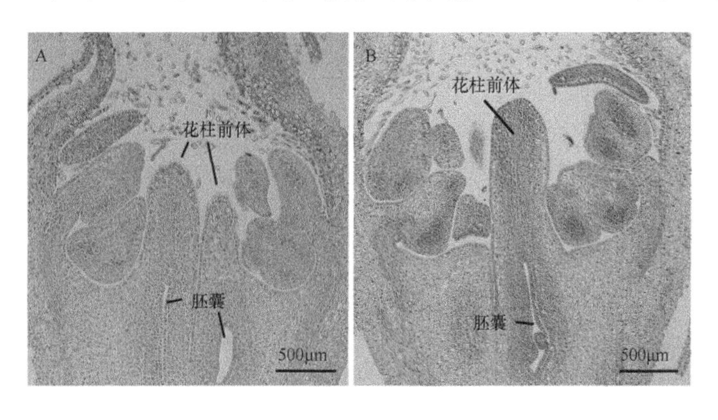

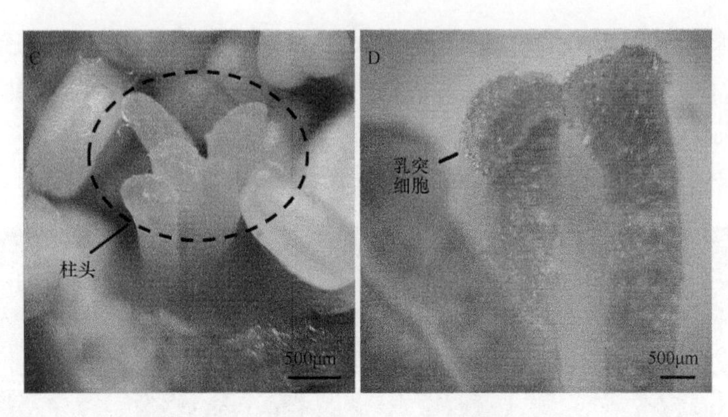

图 2-6 苹果花柱与柱头发育形态变化

A、B. 开花前 10d 花柱（石蜡切片）；C. 开花前 5d 花柱；D. 开花期花柱

胞（图 2-6C）（开花前 5d 左右）。最终形成的雌蕊形态是在 5 根花柱上部离生，但在基部合生并与子房相连，柱头上密布透明的乳突细胞，做好吸附花粉的准备（图 2-6D）。

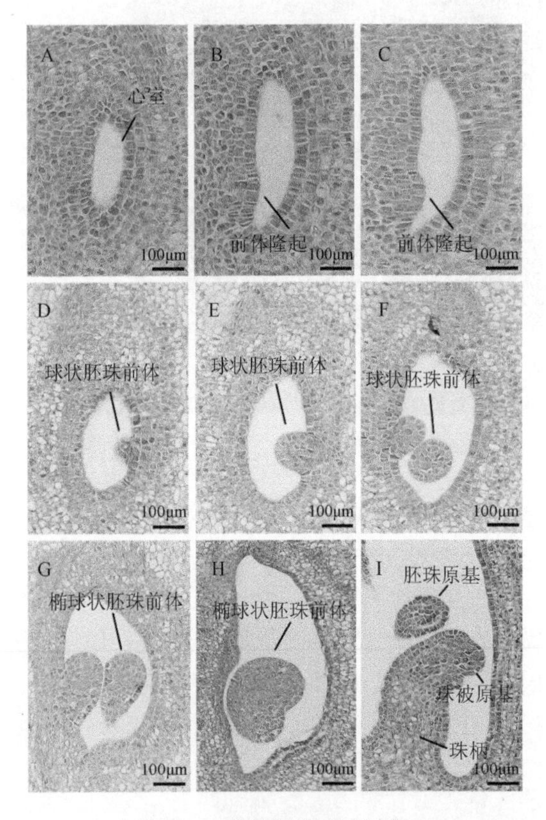

图 2-7 苹果胚珠形成过程

A. 开花前 25d 心室；B～D. 开花前 23d 心室；E、F. 开花前 20d 心室；G. 开花前 15d 心室；H、I. 开花前 10d 心室

2. 苹果胚珠形成

休眠前苹果雌蕊原基下部被萼片包裹的细胞组织排列致密，在每个凸起的下方排列成形似肾形的组织，向花蕾中轴侧内弯。休眠后肾形组织外围细胞体积逐渐增大，拉伸内部细胞产生空腔（开花前 25d 左右），形成心室（图 2-7A）；心室体积逐步增加，在靠近中轴一侧的心室壁下部细胞开始隆起（图 2-7B）、横向伸出（图 2-7C），形成球状胚珠前体（图 2-7D）（开花前 23d 左右）。球状胚珠前体继续膨大（图 2-7E、F）（开花前 20d 左右），逐渐形成不均等椭球状胚珠前体（图 2-7G）（开花前 15d 左右）；靠近中轴一侧细胞分裂速度加快，椭球状胚珠前体向外侧弯曲（图 2-7H）、顶部凸出，分化出珠被原基、胚珠原基、珠柄等结构（图 2-7I）（开花前 10d 左右），随雌配子分化、逐步发育形成倒生胚珠。

三、苹果雌雄配子分化和发育

苹果花芽解除休眠后，雌雄性细胞随雌雄性器官发育而开始分化，分别形成雌配子、雄配子，至花冠松散、初开时成熟。

（一）苹果雄配子发育

雄配子分化与发育过程始于花药内孢原细胞出现，至二核花粉成熟结束。根据转变过程中花药细胞和雄配子形态特征，雄配子发育可以细分为以下 8 个阶段。

1. 孢原细胞出现（开花前 27d 左右）

雄配子分化前，花药前体外部被一层表皮包裹，内部是一团分生组织，花芽萌动后，花药角隅表皮下分生组织中的 1 个细胞体积增大、核仁逐渐形成，为孢原细胞，是苹果雄配子开始分化的标志（图 2-8A）。

2. 造孢细胞出现（开花前 25d 左右）

孢原细胞经历一次平周分裂，其内层细胞称为造孢细胞（图 2-8B）。

3. 小孢子母细胞增殖（开花前 20d 左右）

造孢细胞通过有丝分裂持续扩增，形成大量形状不规则的小孢子母细胞，在 4 个角隅聚集（图 2-8C）。

4. 小孢子母细胞减数分裂前（开花前 16d 左右）

小孢子母细胞变为球形，排列紧密，外围出现一层由多核细胞紧密排列形成的绒毡层。此时，小孢子母细胞准备进入细胞减数分裂（图 2-8D）。

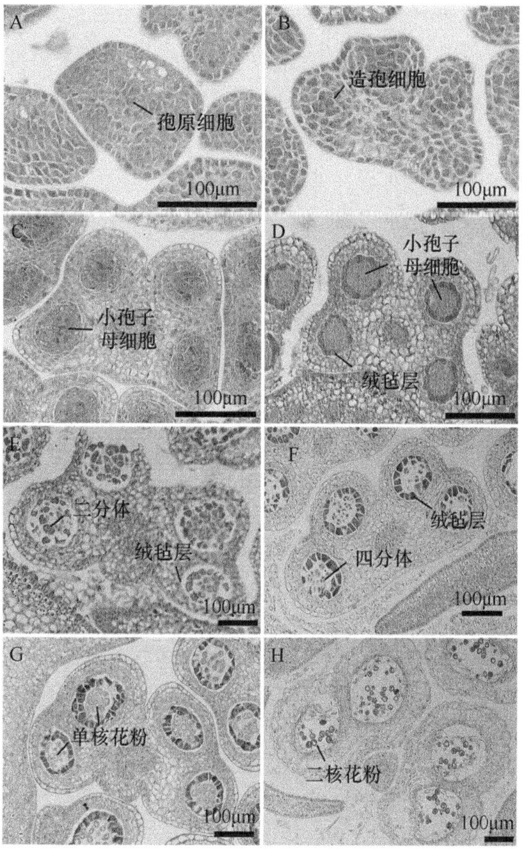

5. 二分体形成（开花前 14d 左右）

小孢子母细胞进行第一次减数分裂，形成二分体（图 2-8E）。

图 2-8　苹果雄配子发育过程

A. 开花前 27d；B. 开花前 25d；C. 开花前 20d；D. 开花前 16d；E. 开花前 14d；F. 开花前 13d；G. 开花前 10d；H. 开花前 5d

6. 四分体形成（开花前 13d 左右）

二分体进行一次 DNA 复制后立刻进行第二次减数分裂，形成四分体。4 个核之间出现细胞壁，形成四分体花粉（图 2-8F）。小孢子母细胞至四分体花粉形成所需的时间很短，一般只有 1～2d。

7. 单核花粉形成（开花前10d左右）

四分体花粉胼胝质溶解，单核花粉游离，此时绒毡层开始退化（图2-8G）。

8. 二核花粉形成（开花前5d左右）

单核花粉经过一次有丝分裂，形成体积较大的营养核和较小的生殖核，花粉外被内凹形成3个萌发孔（图2-8H），花粉成熟。

苹果雄配子体发育过程受环境温度影响较大，温度高时性细胞分裂旺盛，温度低时分裂暂缓。其中，小孢子母细胞减数分裂前至二分体花粉形成期间受温度影响尤为明显，一旦遇到低温天气，药室中处于分裂状态的小孢子母细胞就会减少，而天气好转温度升高后，分裂的小孢子母细胞立即增多。然而，当小孢子母细胞进入减数分裂后，低温不影响分裂，会出现分裂不均等或同源染色体不配对现象，在即将开裂的花粉囊中可观察到正常发育的双核大花粉粒和败育的小花粉粒（停留在单核期或双核液泡期）。北方地区，小孢子母细胞在4月上中旬进行减数分裂，单核花粉粒在4月中下旬发育为双核花粉粒，此期若出现“倒春寒”天气，则会影响小孢子母细胞发育进程，导致部分配子死亡。

（二）苹果雌配子发育

雌配子的发育过程始于心皮内孢原细胞出现，直至八核胚囊成熟，分为7个阶段（图2-9）。

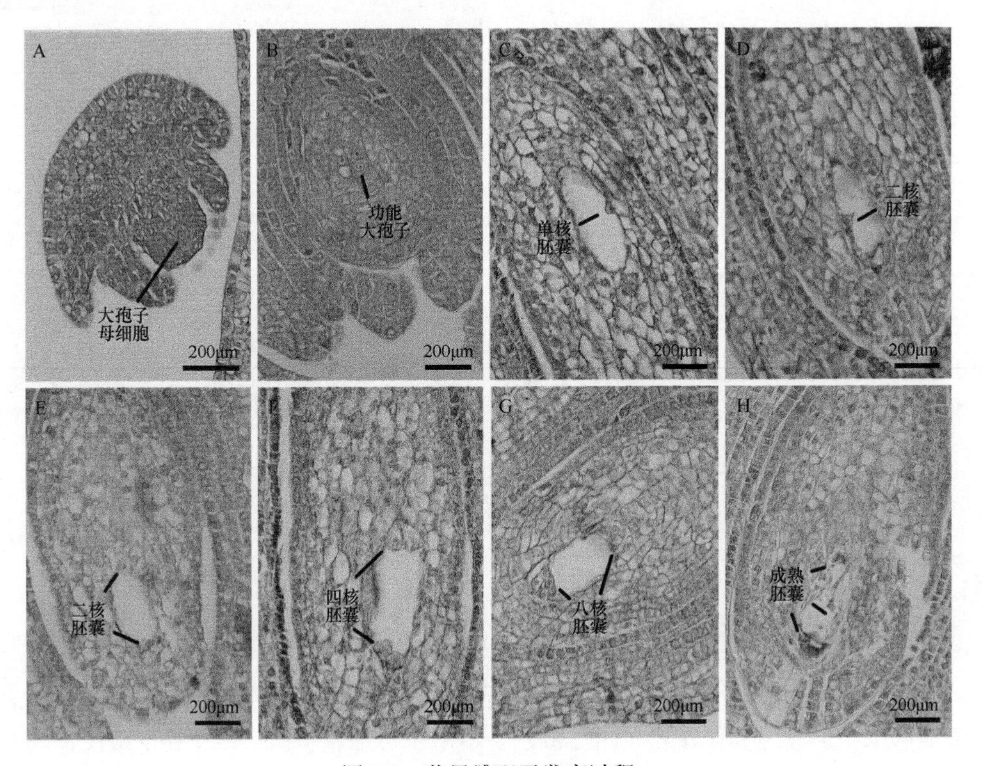

图2-9 苹果雌配子发育过程

A. 开花前12d；B. 开花前10d；C. 开花前5d；D. 开花前4d；E. 开花前3d；F. 开花前2d；G、H. 开花前1d
紫色部分代表雌配子细胞位置

1. 孢原细胞出现（开花前15～20d）

珠心顶端下表皮细胞体积迅速膨胀、核仁颜色加深，为孢原细胞。

2. 大孢子母细胞出现（开花前12d左右）

孢原细胞经历一次平周分裂后形成造孢细胞和周缘细胞，造孢细胞增大形成大孢子母细胞（图2-9A）。

3. 大孢子母细胞分裂（开花前10d左右）

大孢子母细胞经过第一次减数分裂和第二次减数分裂，形成4个单倍染色体的大孢子（图2-9B）。

4. 单核胚囊期（开花前5d左右）

除靠近合点端的大孢子形成功能大孢子外，其他3个大孢子细胞退化，胚珠进入单核胚囊期（图2-9C）。

5. 二核胚囊期（开花前3～4d）

功能大孢子经过一次有丝分裂，形成2个性细胞，胚珠进入二核胚囊期（图2-9D）；性细胞分别移动至胚囊长轴两端（图2-9E）。

6. 四核胚囊期（开花前2d左右）

位于胚囊两端的2个性细胞各经历一次有丝分裂，胚珠进入四核胚囊期（图2-9F）。

7. 八核及成熟胚囊期（开花前1d左右）

4个性细胞分别进行一次有丝分裂，胚珠进入八核胚囊期（图2-9G）；胚囊两端各有1个性细胞移至胚囊中部形成极核，胚囊成熟（图2-9H）。

苹果雌配子在开花前12～15d发育，略迟于雄配子。在胚囊成熟过程中，性细胞排列方式有所不同。四核胚囊期珠孔端及合点端的两个细胞大多呈水平排列，也存在其中一端两个细胞竖直排列的现象。八核胚囊发育成熟时，两极核多位于胚囊中央，但也有位于卵细胞或反足细胞附近的，这可能是由胚囊两端的极核相互靠近时移动速度不等所致。

第二节　苹果开花与传（授）粉

苹果是雌雄同花植物，雄蕊花粉为双受精提供雄配子。雌蕊柱头吸附自我和非自我的花粉，花粉萌发的花粉管将雄配子输送至胚珠，分别与卵细胞和极核结合，完成双受精。

一、苹果开花

苹果开花过程易受到外界环境的影响，尤其是受温度的影响最大。早春平均气温达

10～12℃时，花芽开始萌动、膨大，芽鳞微微开裂（图 2-10A），若无突发低温天气，花芽发育基本不会停滞，芽鳞进一步开绽（图 2-10B），芽鳞内侧幼叶逐步分离、散开，在花芽基部最外层的幼叶平展至近水平时（开花前 10d 左右）露出 5 个左右的花蕾；此时花冠被萼片完全包裹，花梗较短，幼叶卷曲（图 2-10C）。之后花序随着幼叶舒展逐渐分离，中心花蕾在开花前 4～5d 时已微露花冠（图 2-10D），中心花蕾和边花蕾的花萼进一步张开，花冠不断膨大，直至花瓣完全展开。依据开花过程的天数，花器官发育过程从花序分离（花冠微露）至开花通常可分为露红期、全红期、转色期、铃铛期、盛开期 5 个阶段（图 2-11）。

图 2-10　苹果花芽萌动至花序分离

A. 花芽萌动；B. 芽鳞开绽；C. 花蕾露出；D. 花冠露出

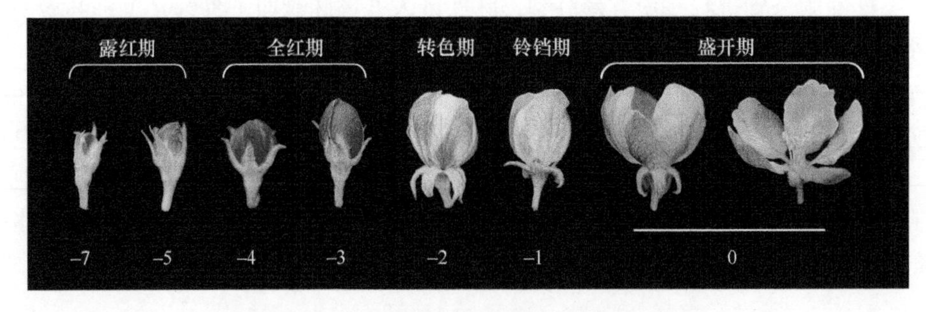

图 2-11　苹果花期不同发育阶段花器官形态

数字表示开花前天数

1. 露红期（开花前 5～7d）

萼片包裹花冠大部，与竖直方向的夹角为 0°～15°。花冠微露，花柱卷曲短小，长度为 0.3cm 左右。花药长度小于 0.1cm，颜色为淡黄偏绿。

2. 全红期（开花前 3～4d）

萼片包裹花冠下半部，与竖直方向的夹角为 15°～30°。花冠半露或露出 2/3，呈卵圆形。花柱卷曲，但长度略有增加，长度为0.3～0.5cm。花药长度为0.10～0.13cm，颜色淡黄。

3. 转色期（开花前2d）

萼片展开并开始向下弯曲，与竖直方向的夹角为30°～90°，花冠露出中上部。花柱略卷曲，长度为0.5～0.8cm。花药长度为0.13～0.16cm，颜色淡黄。

4. 铃铛期（开花前1d）

萼片趋近平展，与竖直方向的夹角为 90°～120°，花冠完全露出呈气球状。花柱基本伸直，长度为0.8～1.0cm。花药长度为0.16～0.20cm，淡黄色微微加深。

5. 盛开期（开花当日）

萼片向外弯曲，与竖直方向的夹角大于120°，花瓣展开。每朵花均露出约5个花柱和 18 个雄蕊，花柱和花丝挺立，子房中胚囊及胚珠发育完全成熟。花柱长度≥1cm，花药长度≥0.2cm，花瓣颜色较开花前1d略微变淡，因品种不同花瓣颜色变化略有差异（图2-12）。

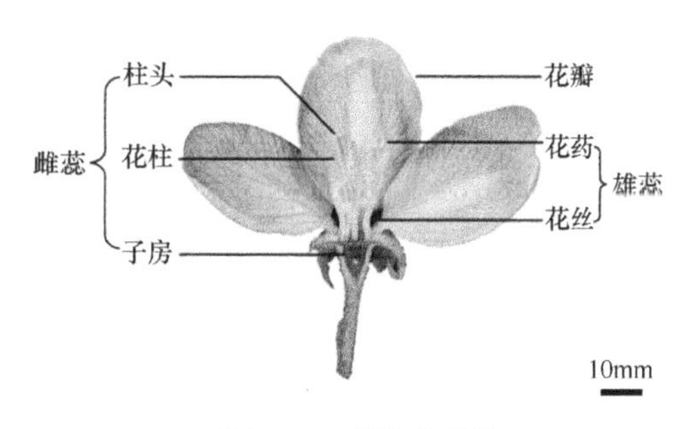

图2-12　苹果花结构

萼片与竖直方向夹角大小是判断苹果花蕾发育时期的重要指标。萼片与竖直方向夹角的测量方法是以花冠至花梗中线为纵轴，以水平方向为横轴，设定竖直方向上部为0°，则水平方向右侧与纵轴夹角为90°，水平方向左侧与纵轴夹角为–90°（图 2-13）。将量角器的竖直和水平方向与花芽重合，萼片偏转的方向与测量线重合，即可读出萼片与竖直方向的夹角。例如，开花前3d，萼片与花芽中轴线的夹角大约为30°。

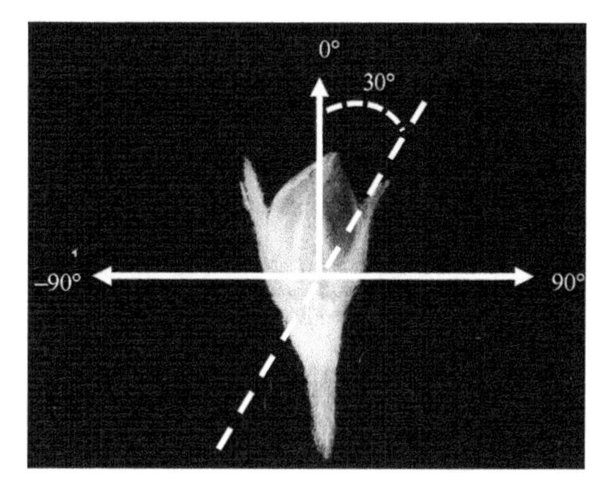

图2-13　苹果萼片与竖直夹角测量

在我国北方种植区，苹果的花通常在4～5 月完全开放。从花芽萌动至开花一般需要20～25d，每年时间略有波动。受花芽发育状态、环境温度、光照等影响，苹果花蕾开放进程并不一致。春季同一株苹果树可同时存在花冠露出（图2-14A、B）、花冠膨大（图2-14C、D）、花冠呈气球状（图2-14E）、花冠开放（图 2-14F）等多种开放状态的花。因此，生产上根据花序中心花开放数量，将苹果开花期分为初花期（＞5%）、盛花期（50%～80%）和盛花末期（＞80%）三个阶段，以盛花期（full bloom stage，FBS）为基准指导人工授粉和疏花疏果实践。

图 2-14 单株苹果树上不同花蕾形态

A、B. 花冠露出；C～E. 花冠膨大；F. 花冠开放

拍摄时间为 2022 年 4 月 22 日；拍摄地点为辽宁营口；品种为‘嘎拉’

二、苹果传（授）粉

苹果需要经过授粉受精过程才能正常结实。因此，苹果花期传（授）粉、花粉在柱头上萌发、花粉管在花柱细胞间延伸运送雄配子进入胚珠是不可或缺的环节。苹果传（授）粉是花粉从花药散出后吸附在花柱柱头表面的过程，经历花药开裂散粉、访花昆虫传粉或人工辅助授粉两个阶段。

（一）苹果花药开裂散粉

1. 散粉过程

苹果开花前，随着花药中花粉粒成熟，药室内壁绒毡层细胞和中层细胞不断退化，除表皮细胞外，药室仅保留一层内壁细胞（图 2-15A）。苹果开花后，雄蕊暴露在空气中，位于花丝顶端的花药在环境和自身作用下逐渐失水，药室内壁和表皮细胞萎缩，药隔两边两药室连接部分（裂口组织）断开，药室短暂连通（图 2-15B）；连接处断裂部分增大，暴露出花粉粒（图 2-15C），在风力作用下四散至空气中，或吸附在访花昆虫体上。此时花粉囊壁因绒毡层解体而消失，或仅存痕迹，只余留表皮及纤维层，花药不再具备药室结构（图 2-15D）。

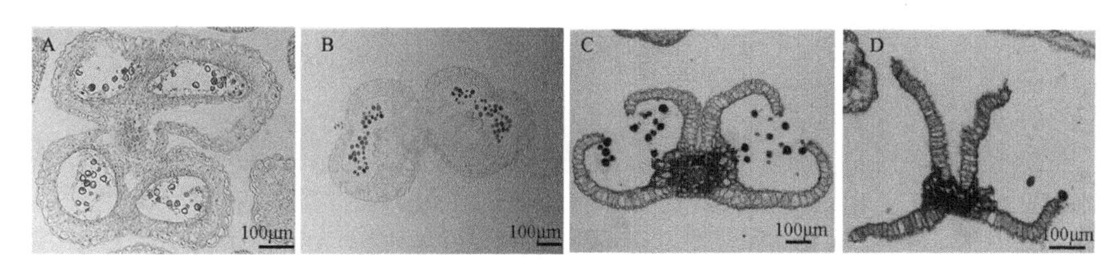

图 2-15　苹果花药散粉过程石蜡切片观察

A、B. 未开裂药室；C. 半开裂药室；D. 全开裂药室

2. 成熟花粉形态

从花药中散出的苹果花粉粒呈椭球体，围绕短轴方向均等分布着三个沿长轴方向的萌发沟，基本与长轴等长。萌发沟两侧是花粉外壁，遍布着条纹状纹饰，并分布着大小、形状有细微差异的孔穴。不同品种苹果的花粉粒在形态上没有明显差异，仅长轴和短轴长度、花粉外壁形态有细微差别。例如，‘富士’和‘嘎拉’花粉外壁上的孔穴较疏，而‘金冠’‘国光’‘华红’等品种花粉外壁上的小孔较密（图 2-16）。

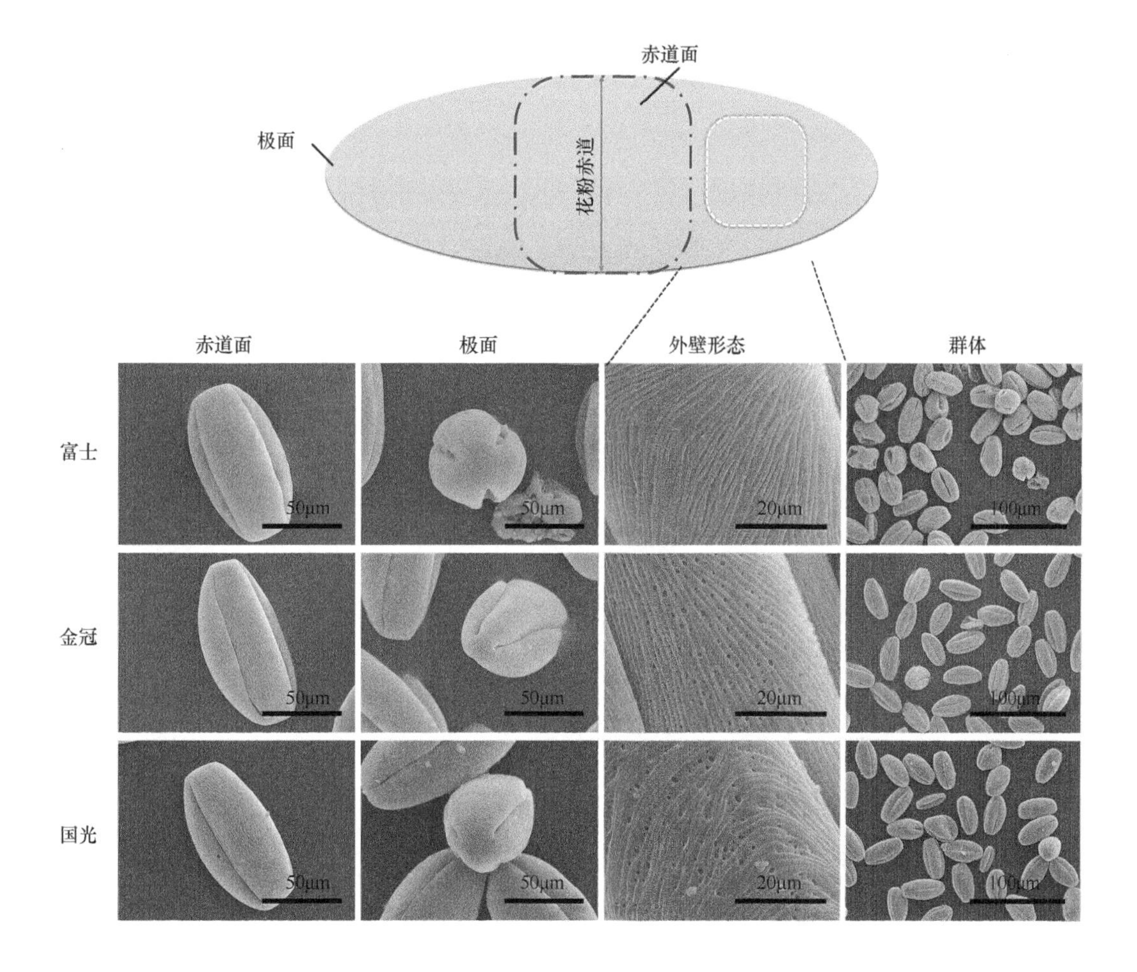

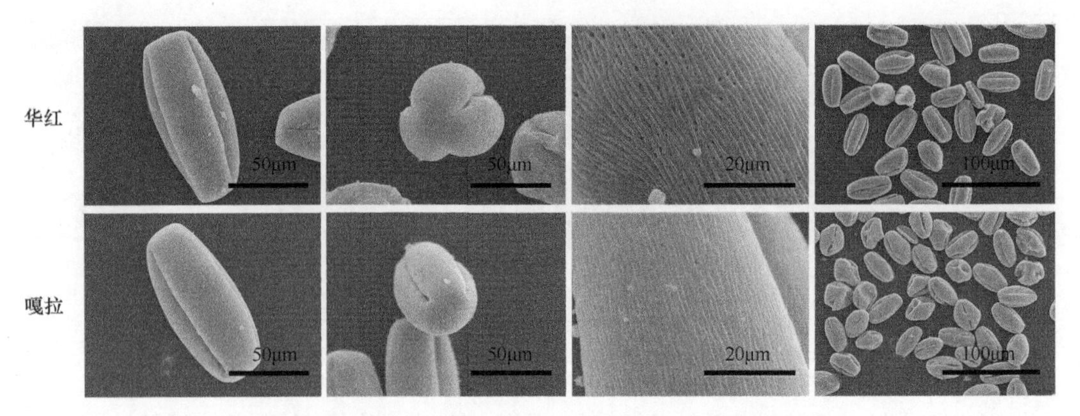

图 2-16 扫描电子显微镜下不同品种苹果的成熟花粉粒形态

3. 花粉制备

果园常规生产中，由于人工授粉的需要，会自制或购买花粉。花粉制备包括分离花药和干燥散粉两个步骤。第一步分离花药：采集铃铛期（大蕾期）花蕾，或结合疏花收集疏除的花蕾，采用花对花揉搓或用镊子拨出花药等方式人工分离花药；商业花粉生产利用电动花药分离机分离花药（图 2-17A），但机械分离花药难以避免残留部分花丝。第二步干燥散粉：将分离花药装入由表面光滑的硫酸纸、广告纸或类似材质制成的器皿中，置于阴凉通风处自然散粉，促进花药干燥和开裂，注意不能放在阳光直射的地方，以免花粉活性下降；也可借助花药烘干机（图 2-17B、C）辅助完成。将干燥的花粉收

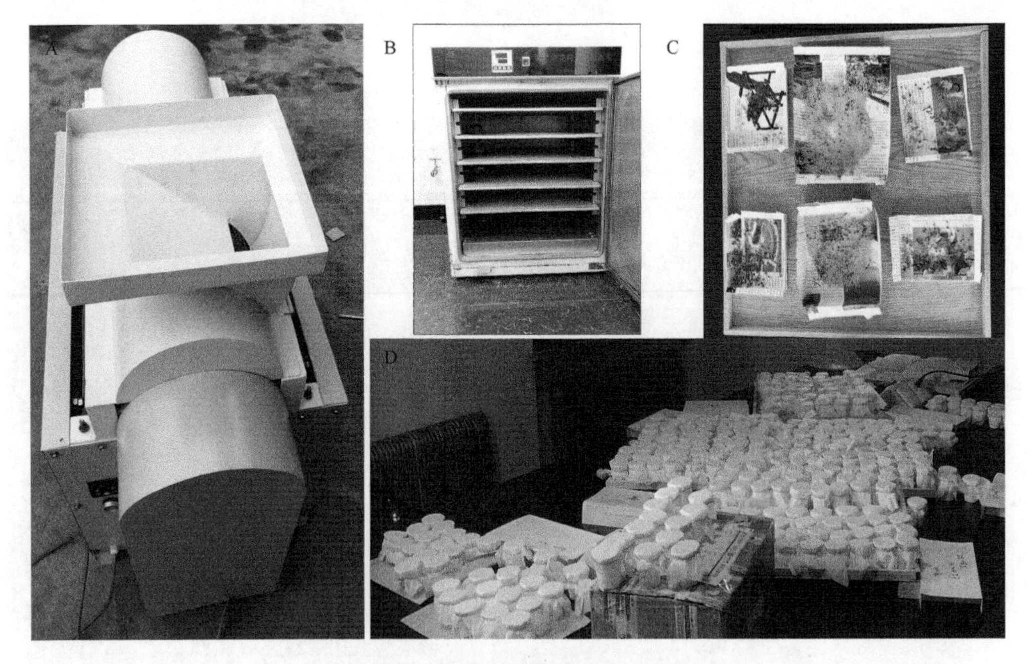

图 2-17 机械辅助散粉及人工散粉

A. 电动花药分离机；B、C. 烘干机干燥花药；D. 灯热干燥花药

集在西林瓶等器皿中低温保存，当年使用，或加入干燥剂置于–20℃冰箱密封冷冻保存，翌年使用。

果园人工授粉花粉用量较大，不同品种花粉或不同花龄的花粉均可应用。但人工杂交育种或科学试验时，须严格选择品种和花粉发育时期（大蕾期）采集花粉，花粉制备过程规范。例如，清洗花药分离机和花药烘干机，防止品种被机械混杂；采用空间隔离或覆盖500目以上的纱网（图2-17D）等物理隔离措施，防止花粉飘移。花药散粉量和花粉萌发率受品种、温湿度等外部条件影响，授粉之前需要检测花药散粉能力和花粉萌发率，以保证苹果授粉效果。

（1）花药散粉能力

将1朵花或1个花蕾的花药收集后充分阴干（约48h），置于2ml蒸馏水中，缓慢振荡将花粉从花药混匀散出，稀释100倍后取20μl稀释液滴至细胞计数板计数。若细胞计数板计数区由16个大方格组成，则每毫升花粉粒总数$=\frac{100\text{小格内花粉粒数}}{100}\times 400\times 10\,000\times 100$；若细胞计数板计数区由25个大方格组成，则每毫升花粉粒总数$=\frac{80\text{小格内花粉粒数}}{80}\times 400\times 10\,000\times 100$。

每个花药的散粉能力$=\frac{\text{花粉粒总数}}{\text{花药个粒}}$，据此，可将花药散粉能力分为优（＞500粒/花药）、良（351～500粒/花药）、中（201～350粒/花药）、差（1～200粒/花药）和无（0粒/花药）5个级别。

（2）花粉萌发率

将充分阴干后的花药置于苹果花粉体外培养基，液体［培养基：蔗糖10%（*w*/*V*）、硼酸0.1%（*w*/*V*）和$CaCl_2$ 0.15%（*w*/*V*）］缓慢振荡培养或固体（添加1.5%琼脂固化液体培养基）培养，室温避光培养2h。光学显微镜观察，在10倍物镜下选取3～5个视野，统计发芽花粉和未发芽花粉的数量（图2-18）。花粉萌发率按下式计算：

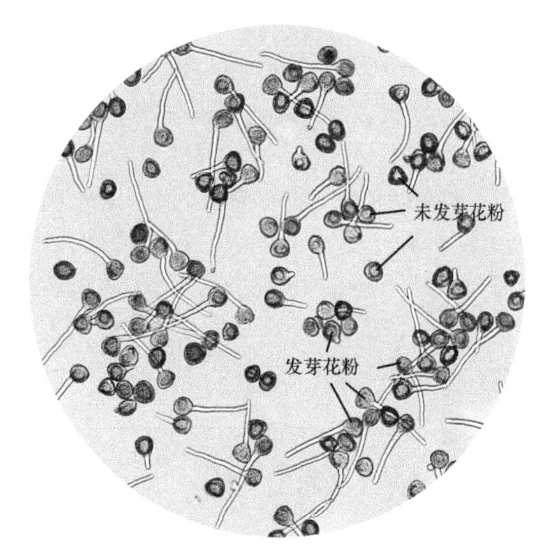

图2-18　光学显微镜200×视野观察花粉萌发
圆形代表花粉粒；管状代表花粉管

$$\text{花粉萌发率}=\left(\frac{\text{视野1发芽花粉粒数}}{\text{视野1发芽花粉粒数}+\text{视野1未发芽花粉粒数}}+\frac{\text{视野2发芽花粉粒数}}{\text{视野2发芽花粉粒数}+\text{视野2未发芽花粉粒数}}+\frac{\text{视野3发芽花粉粒数}}{\text{视野3发芽花粉粒数}+\text{视野3未发芽花粉粒数}}\right)\div 3$$。

苹果花药散粉能力和花粉萌发率受品种基因型的影响。检测新鲜花药散粉能力和花粉萌发率（表2-1），结果显示‘富士’‘嘎拉’‘夏绿’等二倍体品种花药散粉能力

表 2-1 不同苹果品种花药散粉能力及花粉萌发率

品种	花药散粉能力（花粉粒数/花药）	花粉萌发率（%）	品种	花药散粉能力（花粉粒数/花药）	花粉萌发率（%）
富士	500	88	金星	700	81
乔纳金	200	20	北斗	500	12
王林	700	45	祝光	500	87
嘎拉	500	79	东光	300	89
国光	400	91	阳光	400	85
金冠	500	90	津轻	800	78
红玉	500	80	夏绿	500	61
陆奥	600	19	红金	300	79
元帅	600	81	惠	300	70
印度	600	78	王玲	400	84
世界一	500	79	红月	300	82
千秋	400	78			

保持在每花药 500 粒左右，花粉萌发率在 60%以上，‘王林’花粉萌发率略低（45%）。‘乔纳金’、‘北斗’和‘陆奥’等三倍体品种花粉萌发率低于二倍体品种。

试验结果表明，液体或固体培养基对苹果花粉萌发率无显著影响（图 2-19A、B），可以根据需要选择。例如，花粉基因枪转化需要固着在固体培养基的花粉，花粉（花粉管）RNA 或蛋白质的提取则选用液体培养基利于收集花粉。低温可延长花粉寿命，在–20℃冰箱内保存一年后的花粉仍具有活力。‘富士’苹果花粉在–20℃保存一年后，花粉萌发率下降至 45%左右，基本满足授粉需要；保存两年后的花粉萌发率为 10%～20%（图 2-19C），不再适用于生产、育种及试验。因此，生产上应尽量使用新鲜花粉进行授粉。

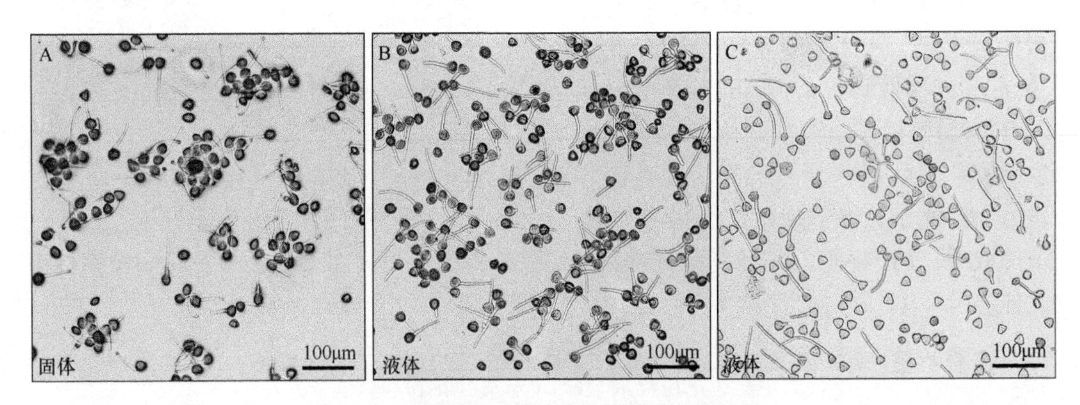

图 2-19 固体和液体培养基培养的苹果花粉

A、B. 新鲜花粉；C. –20℃保存两年后的花粉

（3）花粉管长度

花粉管长度是衡量花粉活力的指标之一。花粉管并非直线生长，而是有一定程度的弯曲，采用 ImageJ 软件可精准计量花粉管长度（图 2-20）。

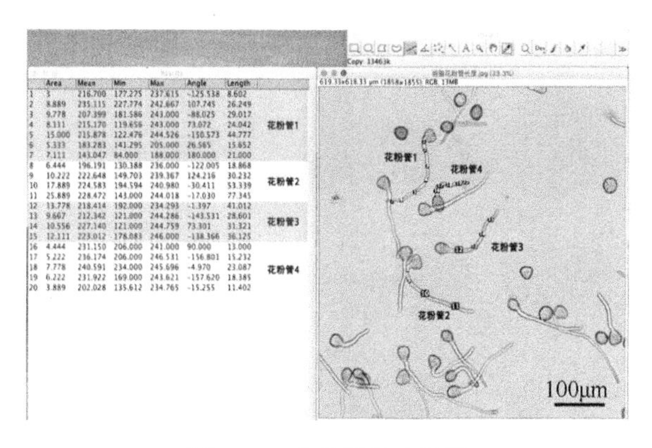

图 2-20　花粉管长度统计
左图. 数据统计；右图. 长度采集

（二）苹果传（授）粉品种与方式

苹果为虫媒花，可通过访花昆虫搬运花粉授粉结实。配置适合的授粉品种，以保证果园的果实产量，保障经济效益。

1. 授粉品种

（1）苹果授粉品种选择

多年研究和生产实践表明，作为苹果的授粉品种应具备以下几个条件。

1）授粉品种应与主栽品种花期重叠或花期长于主栽品种，否则难以达到配置授粉品种的目的。

2）授粉品种开花后的花药散粉能力强，每花药产生 500 粒花粉以上；花粉萌发率高，活力强，新鲜花粉萌发率在 80%以上。

3）授粉品种与主栽品种授粉亲和性强，授粉后花序坐果率在 70%以上。

4）授粉品种与主栽品种的果实成熟期应尽可能一致，以方便采收，且授粉品种自身具有较好的经济价值。

5）授粉品种能适应种植区的自然环境，栽植容易，对主栽品种无不良影响。例如，‘北斗’以‘富士’作授粉品种，果实霉心病发病率高，因此‘富士’不宜作为‘北斗’的授粉品种。授粉品种使用的砧木应与主栽品种类似，避免乔化砧与矮化砧混栽，增加管理成本。

果园生产中常采用栽培品种兼作授粉品种。例如，‘王林’与主栽品种‘富士’混合栽植，相互授粉，既保证授粉又有经济效益，但由于‘王林’花粉量有限，需要增加授粉树比例。近年有些果园配置专用授粉品种，如‘红艳’‘红亮’等花粉量大、花粉萌发率高的品种，有些果园配置海棠类作为授粉树，果实虽无经济价值，但授粉效果好，且授粉树配置比例低，有利于对主栽品种的栽培管理。

（2）授粉品种栽植密度与方式

苹果主要依靠访花昆虫传粉，在昆虫活动范围内栽植授粉品种和主栽品种，有利于昆虫搬运不同品种花粉传粉。因此，授粉树分布要均匀，且数量合理。

图 2-21　互为主栽品种时（5～8）：1 授粉树配置示意图

图 2-22　无经济价值授粉树配置示意图（15：1）

1）两主栽品种互为授粉品种：若两主栽品种的经济价值相近，可以选择等量式的栽植方式，即 2 行主栽品种配 2 行授粉品种；若其中 1 种的经济价值较高，可适当提高其栽植密度，主栽品种与授粉品种栽植比例为（5～8）：1，栽植时可采用 5～8 棵主栽品种围绕 1 棵授粉品种或 5～8 行主栽品种栽植 1 行授粉品种（图 2-21）。

2）海棠等无经济价值品种为授粉品种：海棠出粉量大，与主栽品种的栽植比例可减少至 1：15，栽植时可将主栽品种按 4×4 方式种植，同时将中心处 4 棵树中的 1 棵替换为海棠品种（图 2-22）。

2. 传（授）粉方式

在果园生产中，通常采用访花昆虫传粉或人工辅助授粉方式以保证产量。

（1）访花昆虫传粉

1）蜜蜂传粉。包括野生蜜蜂和人工饲养蜜蜂两种蜜蜂传粉。蜜蜂等访花昆虫受花瓣吸引会在花朵上停驻（图 2-23），位于腹部腹面上的腹毛刷会与花药接触，将花药中散出的花粉吸附在身上。当其头部向下弯伸，用喙伸入花心吸取花蜜时，柱头很容易与昆虫身体接触，花粉粒便可以转移至柱头上。蜜蜂的行动主要是采集花蜜，日访花量为 600～800 朵。如果花期访花昆虫（野蜂）数量不足，可以通过人工饲养蜜蜂辅助苹果传粉。

2）壁蜂传粉。人工饲养壁蜂传粉。当蜜蜂传粉能力不能达到生产所需时，还可以通过饲养壁蜂辅助苹果传粉。壁蜂的传粉方式和蜜蜂相同，但其传粉能力比蜜蜂强 5～6 倍，在适宜的温度等环境条件下日访花量可达

4000 朵左右。因此，很多果园通过人工饲养壁蜂进行传粉。

（2）人工辅助授粉

如果花期遇到恶劣天气（低温、风沙），那么访花昆虫的行动能力就会受到限制，传粉能力减弱，从而影响苹果产量。人工辅助授粉是保证苹果产量的有效方法之一，包括人工点粉、鸡毛掸子撒粉、机械喷粉和无人机授粉等方式。

1）人工点粉。人工点粉之前，花粉可储存在西林瓶或类似器皿中携带；点粉时，用橡胶棒、橡皮头或棉棒在器皿中搅拌以蘸取花粉，并涂抹在已开放的中心花柱头（图 2-24）。采用此方法授粉花序坐果率很高，通常在 90%以上，但用工量大，点粉耗时长，生产效率较低，目前多用于杂交育种。

2）鸡毛掸子撒粉。在苹果盛花期，采用鸡毛掸子或类似物蘸取花粉，在树冠上部抖动或直接接触花朵，进行授粉。此方法授粉用工少、花粉用量小，成本较低，花序坐果率为 30%～50%，尚可满足生产需要，但易发生因授粉不良而减产的问题。

3）机械喷粉。采用授粉枪或注射器辅助喷粉。将花粉制备成粉剂，花粉粒与石松子粉比例为 1∶9 混匀，浓度约为 1000 粒/mg。授粉时，将粉剂加入授粉枪，对准中心花位置进行喷射，即完成操作。此方法授粉花序坐果率为 70%～80%，可满足生产需要，但花粉用量较大（图 2-25）。

4）无人机授粉。利用无人机携带花粉与十二烷基硫酸钠（SDS）表面活性剂的混合制剂（1000 粒/ml），将混合制剂以气泡形式喷洒至柱头。该方法的优点在于气泡能有效附着于柱头，随着气泡破裂，花粉黏附于柱头，比机械授粉花粉利用率高，授粉效率也高（图 2-26）。

图 2-23　野生蜜蜂采集苹果花蜜

图 2-24　苹果人工点粉

图 2-25　苹果机械喷粉

A. 授粉枪装粉；B. 粉剂制备；C. 机械喷粉

图 2-26 标准果园无人机授粉

三、苹果花柱柱头花粉萌发与延伸

苹果花粉粒被柱头吸附后，花粉与柱头首先发生识别反应，拒斥远缘科属花粉，允许近缘属种花粉在柱头上萌发。花粉管穿透柱头进入花柱，在花柱上部细胞发生自我与异我识别，自我花粉管被抑制，异我花粉管可以继续延伸并输送雄配子至胚珠。花柱是苹果自交亲和性识别的核心场所。

（一）苹果柱头上花粉萌发

苹果柱头属于湿性柱头，开花后柱头表面分泌酸性黏液，包含水分、蔗糖、以盐离子形式存在的硼等微量元素等。黏液中的水分可促进花粉粒水合，而蔗糖、硼等物质可促进花粉发芽和花粉管生长。花粉粒吸附在柱头上，若环境温度合适（一般 15～20℃），花粉粒接触黏液后便开始水合、膨大，约半小时后开始萌发。

与大多数显花植物一样，苹果柱头上分布着大量排列致密的乳突细胞（图 2-27A，未授粉）。乳突细胞是由柱头表皮细胞特化发育而来，凸起部分近似球形，分布着颗粒状或不规则的角质层。乳突细胞的功能，一是吸附花粉粒使其不易脱落，提供花粉萌发的环境；二是具有辨别花粉的能力，能拒斥远缘花粉。当花粉粒散落于柱头时，吸附在乳突细胞表面。花粉萌发时，花粉管尖端从花粉粒的一个萌发沟露出（图 2-27，花粉萌发），随着花粉管伸长，花粉管尖端探出与柱头表面接触；此后花粉管不会立即穿过柱头，而是先在柱头表面延伸，寻找能进入花柱的细胞间隙。一旦花粉管达到细胞间隙表面，尖端朝向由水平逐渐变为竖直向下，花粉管进入花柱生长；当苹果花粉管穿过花柱进入子房后，柱头乳突细胞逐渐萎蔫，此时吸附的花

图 2-27 苹果柱头上花粉萌发

A. 未授粉柱头；B. 授粉 0h 柱头；C. 授粉 1h 柱头；D. 授粉 6h 柱头

粉粒不再具备萌发能力。自然条件下，受传粉昆虫访花种类多样性的影响，苹果花柱可能吸附相同或不同品种的苹果花粉，或其他植物花粉。除与苹果亲缘关系较近的物种（如梨）花粉粒可以部分在苹果柱头萌发生长外，其他植物花粉不能在苹果柱头萌发，即使有花粉萌发，花粉管也难以进入花柱。对于苹果花粉来说，不管是相同品种间授粉还是不同品种间授粉，花粉粒均能在柱头正常发芽，花粉管进入柱头生长，生长状态不存在差异。

（二）苹果花柱中花粉管延伸

苹果花粉管穿过柱头后，从花柱横截面接近圆心的部位向下延伸，这一区域细胞排布致密，自上而下贯穿花柱，称为花柱引导组织。苹果雌蕊上部离生，5 根花柱的引导组织彼此独立，在雌蕊基部合生（图 2-28），各花柱引导组织分散在基部横截面圆心周围，彼此仍不相连，但在子房内分别与 5 个心室相连。因此，在花柱引导组织中生长的花粉管只延伸至与之相连的心室及胚珠中。

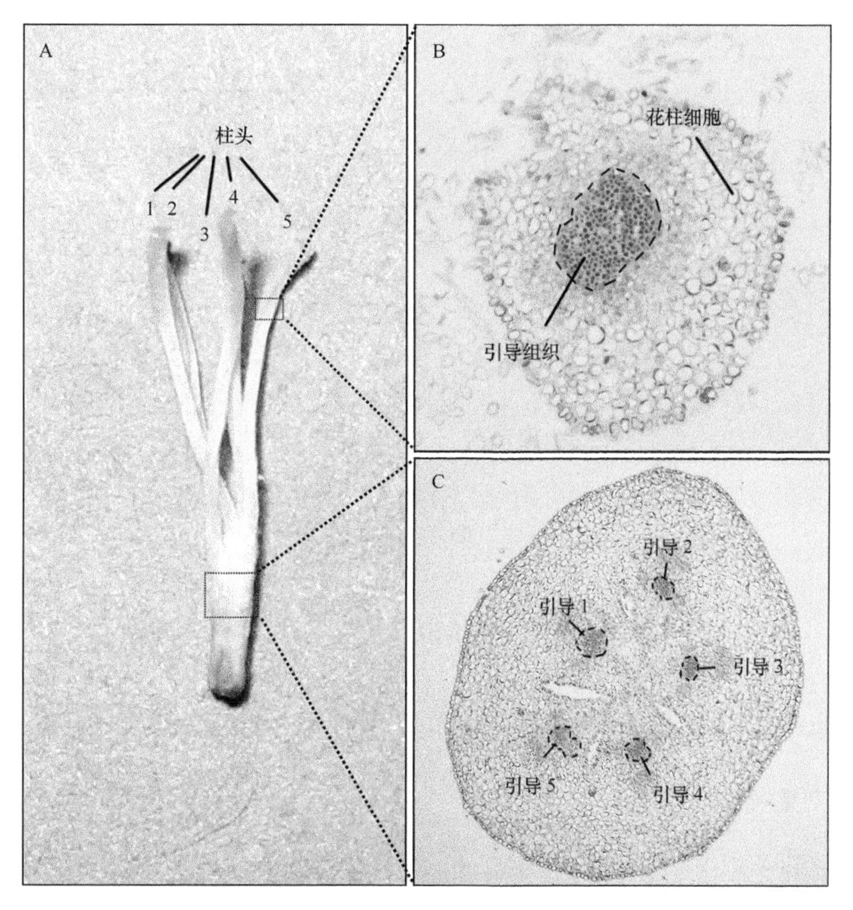

图 2-28　苹果花柱与子房连接形式

A. 5 基数花柱；B. 花柱上部横截面；C. 花柱基部横截面

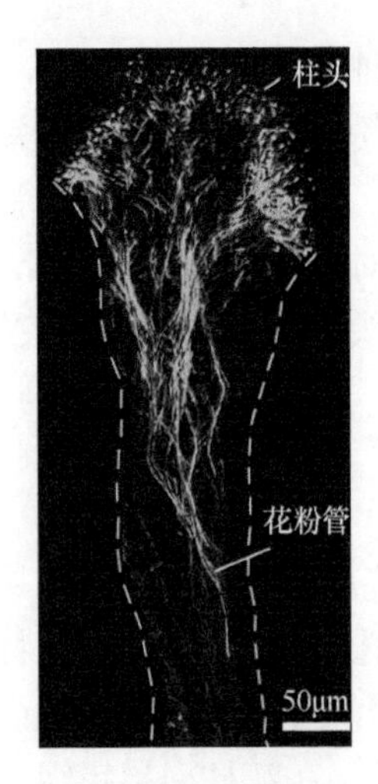

图 2-29　荧光显微镜观察苹果花柱花粉管（345nm 激发）
虚线代表花柱轮廓；蓝色荧光代表花粉管

苹果花粉管主要在引导组织细胞间隙生长，其生长状态因授粉品种不同而出现差异。当从花柱纵轴方向观察花粉管生长和形态时，自花和异花结实的花粉管生长状态相似，花粉管在花柱中生长迅速，2～3d 即可延伸至花柱基部，表现为授粉亲和（图 2-29）。

当从花柱横轴方向观察花粉管形态时，授粉亲和的花粉管在花柱虽然受引导组织细胞（图 2-30A）挤压而形态各异，但在花柱中部（图 2-30B）、下部（图 2-30C）引导组织中均能正常延伸，与沿花柱纵轴方向观测的结果一致。花粉管沿途的引导组织细胞颜色变浅、体积变小，可能是为花粉管延伸提供营养物质所致。

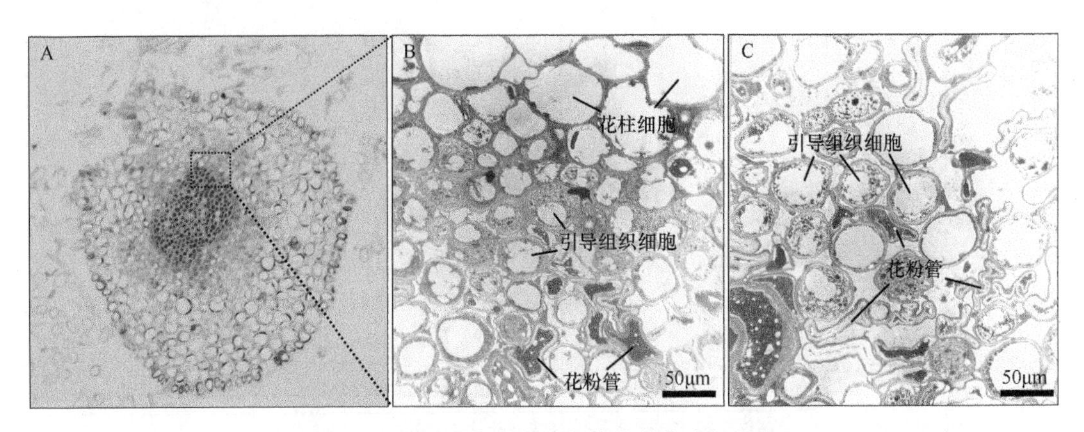

图 2-30　苹果花柱引导组织中花粉管生长状态
红棕色代表花柱细胞间隙的花粉管

第三节　苹果双受精、种子发育与结实

授粉亲和的苹果花粉管穿过柱头进入子房，将雄配子输送至胚珠时，发生双受精。

一、苹果双受精

苹果花粉管通过花柱引导组织进入胚珠，实现双受精，通常存在三种情况。一是不同苹果品种相互授粉，一般通过花柱引导组织进入胚珠的花粉管数量较多。荧光显微镜下可观察到每根花柱内有 8～10 根花粉管，雌蕊 5 根花柱均有花粉管延伸至基部进入胚珠，很少观察到花柱基部没有花粉管的现象。二是极少数具有自花结实能力的品种自花授粉，通过花柱引导组织进入胚珠的花粉管数量因自花结实能力不同而异，比异花授粉的花粉管数量少，没有花粉管的花柱增多。例如，‘惠’每根花柱内有4～6根花粉管，每个雌蕊有1.5根花柱的基部没有花粉管，而‘寒富’每根花柱内有3～4根花粉管，每个雌蕊有1.9根花柱的基部没有花粉管。三是自花不结实品种自花授粉，在极稀少的花柱中观测到花粉管进入子房，几乎所有花柱基部都观测不到花粉管（表2-2）。

表2-2　不同授粉方式下花粉管进入胚珠的情况

授粉组合	授粉方式	进入胚珠的花粉管数量（根）	基部无花粉管的花柱数量（根/雌蕊）
寒富×金冠	异花授粉	8.4	0
富士×金冠	异花授粉	9.8	0
寒富×寒富	自花授粉	3.9	1.9
惠×惠	自花授粉	4.7	1.5
金冠×金冠	自花授粉	0.2	4.6
富士×富士	自花授粉	0.1	4.8

尽管不同授粉方式影响进入子房的花粉管数量，但无论自花还是异花授粉，花粉管进入子房后的双受精过程并无差异。当花粉管进入子房后，沿引导组织继续生长至胚珠的珠孔附近，而后花粉管进入珠孔，尖端破裂释放出精核与营养核；其中精核与卵细胞融合，形成合子，发育成胚；而营养核与中央极核融合后发育成胚乳，完成双受精过程（图2-31）。

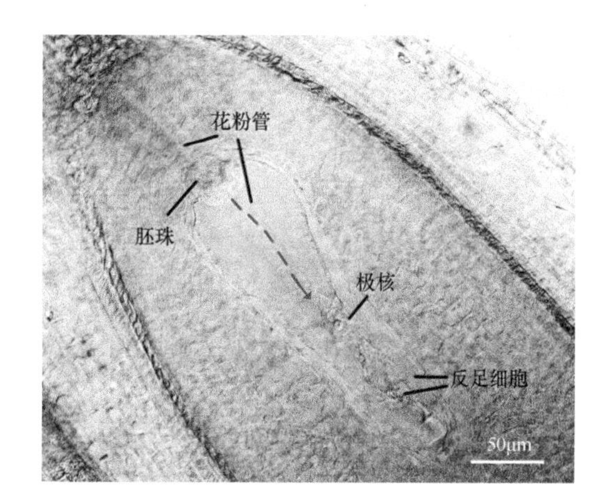

图2-31　苹果胚囊双受精
红色虚线代表胚囊中花粉管行动路径

二、苹果种子发育与结实

苹果子房双受精过程完成后，胚珠内的胚和胚乳开始发育，连同珠被共同形成种子，包裹着子房的花托开始逐渐膨大形成果实，苹果进入种子与果实的发育阶段。

（一）苹果种子发育

1. 胚发育

（1）初生胚形成阶段（0～15d）

受精成功的合子在授粉后0～6d无明显变化，6d后经有丝分裂形成基细胞和顶细胞；顶细胞继续横向分裂，授粉后12d左右形成32核胚（图2-32A～D）。

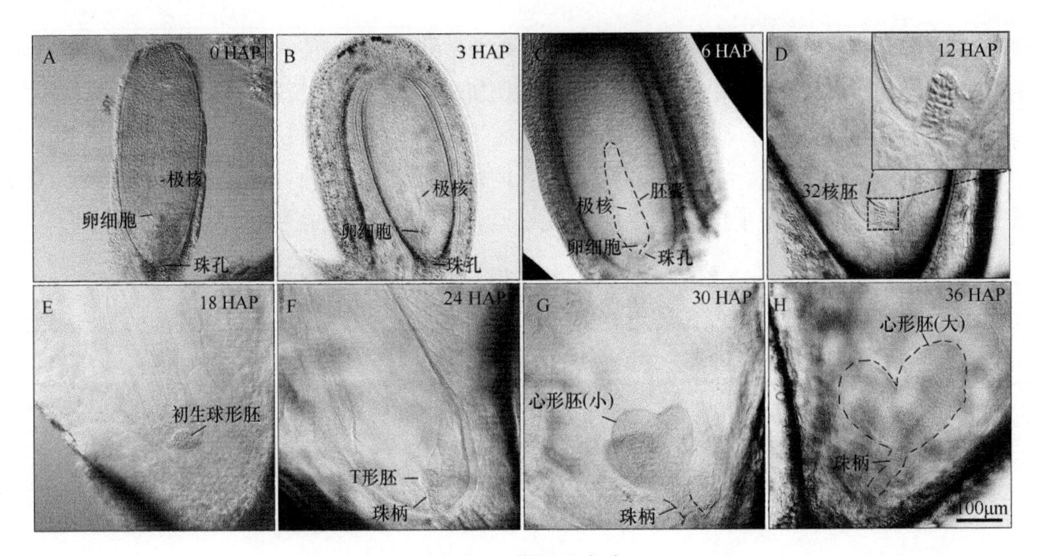

图 2-32 苹果胚发育

HAP 代表授粉后天数，0 HAP 代表授粉后 0d，类似余同

（2）球形胚（T 形胚）形成阶段（16～28d）

32 核胚不断分裂，授粉后 18d 逐渐形成球形胚的雏形，即初生球形胚，此时基细胞纵向分裂较慢。18d 后基细胞开始“纵向—横向”快速分裂，24d 逐渐形成珠柄，连接球形胚和珠孔，此时球形胚和珠柄共同组成 T 形胚（图 2-32E、F）。

（3）心形胚形成阶段（29～40d）

T 形胚继续发育，授粉后 30d 球形胚逐渐转变为心形胚，心形胚和珠柄不断变大，直至填满整个胚囊，最终形成子叶（图 2-32G、H）。

2. 种子的数量和形态

苹果花的子房内通常有 5 个心室，每个心室内含有 2～3 个胚珠。如果每个胚珠都接受花粉内的雄配子完成双受精过程，则一个成熟的苹果果实内可产生 10～15 粒种子。但受胚珠发育及进入子房的花粉管数量限制，异花授粉后每个果实含有约 7.5 粒种子（图 2-33），不同苹果品种略有差异（表 2-3）。自花结实性苹果品种自花授粉后种子数目较少，如‘寒富’‘惠’‘中苹 1 号’等果实含有 1～2 粒种子；而自花不结实性苹果自花授粉后不但坐果率极低，即使结果，果实内种子数也基本趋近于 0，如‘富士’‘金冠’‘国光’等自花授粉后果实种子数为 0.1～0.2 粒（表 2-3）。

表 2-3 苹果异花和自花授粉的果实种子数

品种	异花授粉种子数	自花授粉种子数
富士	7.2	0.1
金冠	7.9	0.2
国光	7.4	0.2
寒富	8.1	1.2
惠	6.9	1.9
中苹 1 号	6.8	1.4

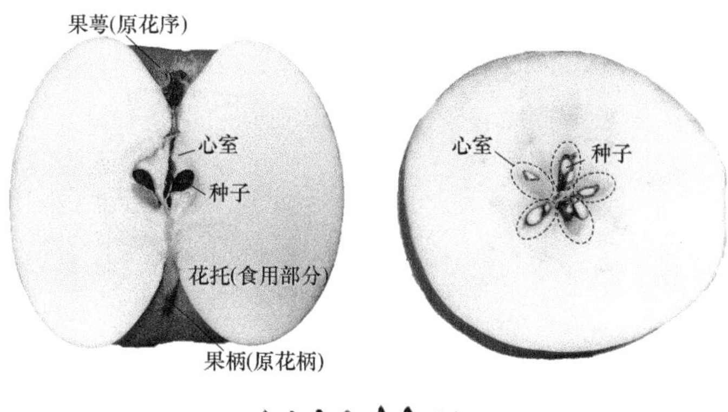

图 2-33　苹果的心室与种子

（二）苹果结实

苹果双受精结实是以雌雄配子相遇形成种子为前提的花托发育和成熟的过程，授粉方式影响结实能力。

1. 苹果授粉后坐果率调查

花蕾期疏花，每个花序留 2 朵花，摘除花序上的其余花蕾并套袋，以隔绝外部花粉。当花蕾膨大至气球状摘袋，用镊子摘除花药后再用棉棒或橡胶头蘸取花粉涂抹至柱头，再套袋 1 周。每个组合处理 50～100 朵花，两周后统计坐果数，计算结实（坐果）率。

2. 苹果自花和异花结实能力

苹果不同品种自花和异花结实能力存在一定差异。采用‘富士’、‘乔纳金’和‘王林’等 20 余个品种自花授粉及品种间异花授粉。自花授粉中有 16 个品种的坐果率在 10%以下，4 个品种在 10%～20%；自花授粉坐果率最高的品种是‘惠’，6 年平均坐果率达 59.4%；‘阳光’、‘王林’、‘夏绿’、‘印度’和‘祝光’等品种的自花授粉坐果率分别为 25%、18.7%、18.5%、16.5%和 16%（图 2-34）。苹果不同品种的自花授粉坐果率差异主要与花粉管进入子房的难易程度有关，只要花粉管进入子房的比例高，坐果率就高，例如，‘惠’自花授粉后花粉管容易进入子房，坐果率较高。

异花授粉组合中，二倍体×二倍体品种及三倍体×二倍体品种的绝大多数组合授粉坐果率较高，说明异花授粉花粉管容易进入子房完成双受精过程。然而，也存在坐果率较低的异花授粉组合。其中，以‘祝光’为母本的坐果率最差，在与其杂交授粉的 18 个组合中，有 3 个组合坐果率在 30%以下，但用‘嘎拉’、‘世界一’、‘王林’、‘千秋’及‘东光’授粉时，其坐果率均在 70%以上，说明‘祝光’雌性器官没有问题，坐果率低的原因可能与‘祝光’开花早、授粉时温度低及早期生理落果严重等有关。

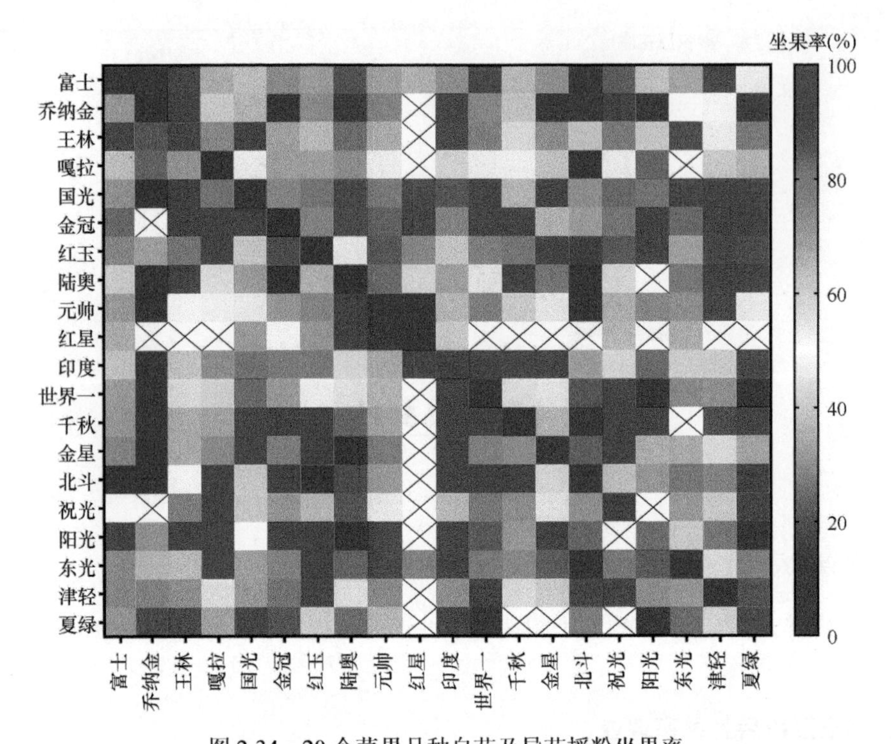

图 2-34　20 个苹果品种自花及异花授粉坐果率

红色区块代表坐果率＞50%；蓝色区块代表坐果率＜50%；白色区块代表坐果率=50%；×代表未配置该授粉组合

正反交授粉坐果率均较低的二倍体×二倍体组合有‘世界一’×‘阳光’、‘世界一’×‘夏绿’、‘阳光’×‘夏绿’，这些组合均表现为花粉管进入子房较困难。正交授粉结实不良，而反交授粉坐果率较高的组合有‘王林’×‘东光’、‘嘎拉’×‘阳光’、‘印度’×‘国光’，这可能与‘王林’‘嘎拉’等品种的花粉更容易进入子房有关，但具体原因还需进一步研究（图 2-34）。

综上所述，不同苹果品种授粉组合的坐果率呈现多样化现象。该现象虽然与雌性器官发育、早期生理落果等因素有关，但无论是自花授粉还是异花授粉，其花粉管能否进入子房或进入子房的数量多少仍是影响苹果坐果率的最主要因素。因此，苹果自花结实性与雌雄配子发育、授粉、花粉管生长等过程有着密切的联系，其内在机制迄今仍有很多不明之处。

第三章　苹果花粉-花柱自花结实性识别机制

苹果授粉受精能否顺利完成首先取决于雄蕊花粉与雌蕊柱头、花柱间的识别。柱头是接受花粉的第一场所，拒绝远缘科属花粉，接受近缘属种花粉，促使花粉萌发、花粉管穿透柱头生长至花柱。花柱是识别花粉管的第二场所，花柱引导组织细胞拒绝自我花粉管生长，蒙导异我花粉管正常延伸，是苹果自花结实性拒斥反应诱发自我花粉管死亡的核心场所。因此，发掘花粉与花柱自花结实性识别的关键因子，解析蛋白质的功能，阐明自花授粉受精障碍的机制，对选育苹果自花结实品种具有重要理论价值。

第一节　苹果花粉-花柱自花结实性识别遗传机制

苹果花柱识别自我或异我花粉的能力可稳定遗传至后代株系，且这一性状几乎不会发生丢失、减弱或分离的现象。因此，苹果自花或异花授粉识别既非单一位点控制的质量性状，也非多位点控制的数量性状，而是由单一位点复等位基因座所控制。

一、苹果 S 基因座概念、位置及组成

（一）S 基因座、S 等位基因、S 单元型基因的定义

基因在染色体上所占的位置，称基因座，又称座位或位点。决定自花结实性的基因所处的基因座，称作 S 基因座（self-incompatibility locus，S locus）。S 基因座并非单一基因，而是一个基因簇，S 基因座上花柱决定因子与花粉决定因子紧密连锁。位于同源染色体相同位置 S 基因座上自花结实性不同形态基因称为 S 复等位基因（multiple allele），复等位 S 基因座的类型称为 S 单元型基因（S haplotype gene），用 S1，S2，S3，…，S*n* 表示。目前苹果属植物资源中鉴定出了 39 个具有单元型的多态性 S 复等位基因，二倍体、三倍体、四倍体、五倍体和六倍体原则上分别含有 2 个、3 个、4 个、5 个和 6 个 S 单元型基因，但个别苹果资源 S 单元型基因相同，并不与倍性一致。例如，同源染色体加倍的四倍体含有 2 个 S 单元型基因，同源六倍体含有 3 个 S 单元型基因（图 3-1）。常见的苹果栽培品种大多是二倍体，一般含有 2 个 S 单元型基因（图 3-2）。

（二）S 基因座的位置

苹果 S 基因座位于第 17 号染色体的基部，距离着丝粒较远，为 29.5～30.8Mb，属于亚端粒区域（subtelomeric region）。S 基因座在染色体上的位置与其连锁性有着密切的关系，苹果 17 号染色体有 9 个异染色质区域，S 基因座恰好位于第 3 个异染色质区域（图 3-3）。由于异染色质区域内 DNA 状态较常染色质区域更紧凑，因此处于该区域

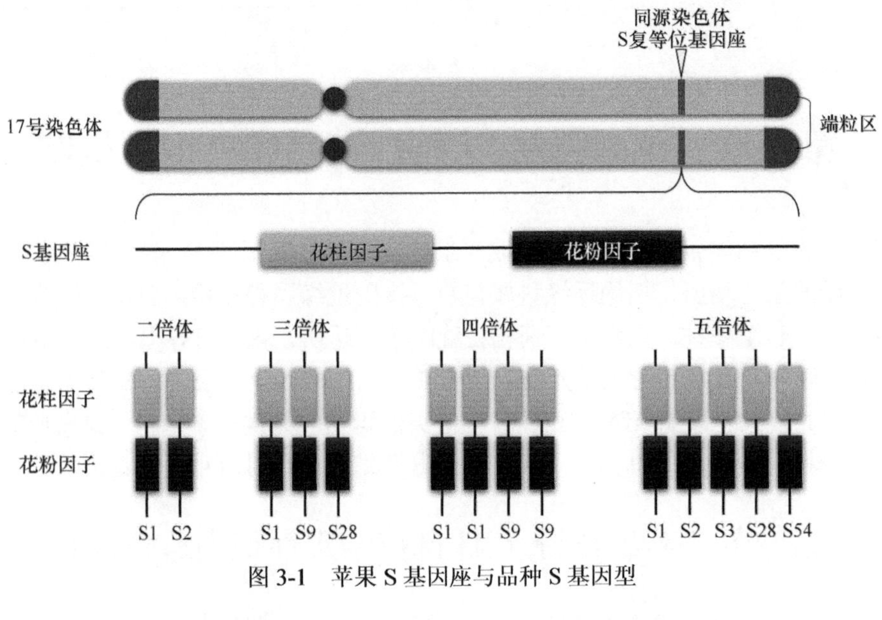

图 3-1 苹果 S 基因座与品种 S 基因型

图 3-2 常见苹果品种 S 基因型

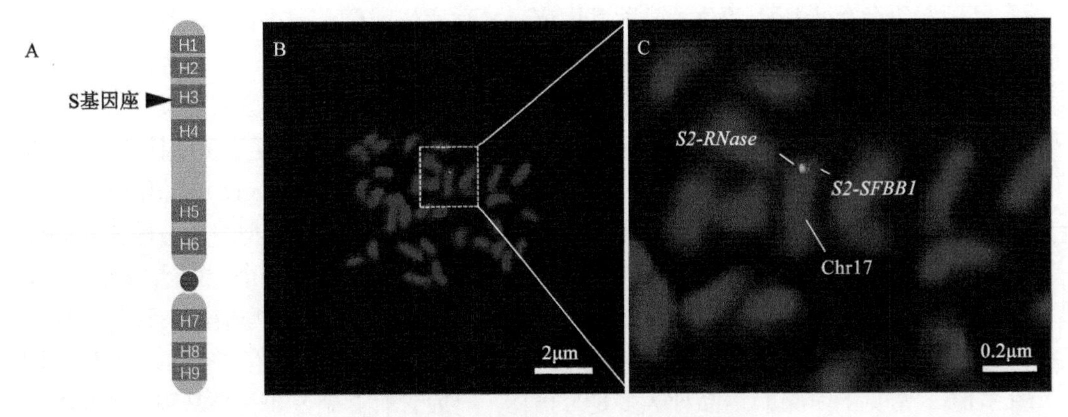

图 3-3 苹果 S 基因座在染色体上的位置

Chr17 代表 17 号染色体，类似余同

的基因不易分离，连锁性强。此外，S 基因座所处区域的组蛋白甲基化水平明显高于其他区域，而组蛋白甲基化亦可有效抑制 S 基因座内重组事件的发生（Wang et al.，2012）。S 基因座在染色体上所处位置的特性赋予了它极强的连锁性，使其在迭代过程中不发生分离，能稳定遗传给子代植株。

（三）S 基因座的组成

1. S 基因座大小

（1）LD block 交换法初步框定 S 基因座范围

S 基因座大小是指在遗传过程中连锁的区域范围。我们利用连锁不平衡区块（linkage disequilibrium block，LD block）分析法，分析不同杂交组合群体每个单株 S 基因座附近单核苷酸多态性（single nucleotide polymorphism，SNP）标记的交换情况，确定上下游与 S 基因座连锁性最强的 SNP 标记，分别标定为 S 基因座的上下游边界，确定了苹果 S 基因座连锁区域范围为 S1 基因座（塞威士）约 1280kb，S2 基因座（金冠）约 1672kb，S4 基因座（森林）约 1204kb，S5 基因座（嘎拉）约 1295kb，S9 基因座（寒富）约 1412kb（图 3-4）。5 个不同单元型 S 基因座大小为 1.2～1.7Mb。

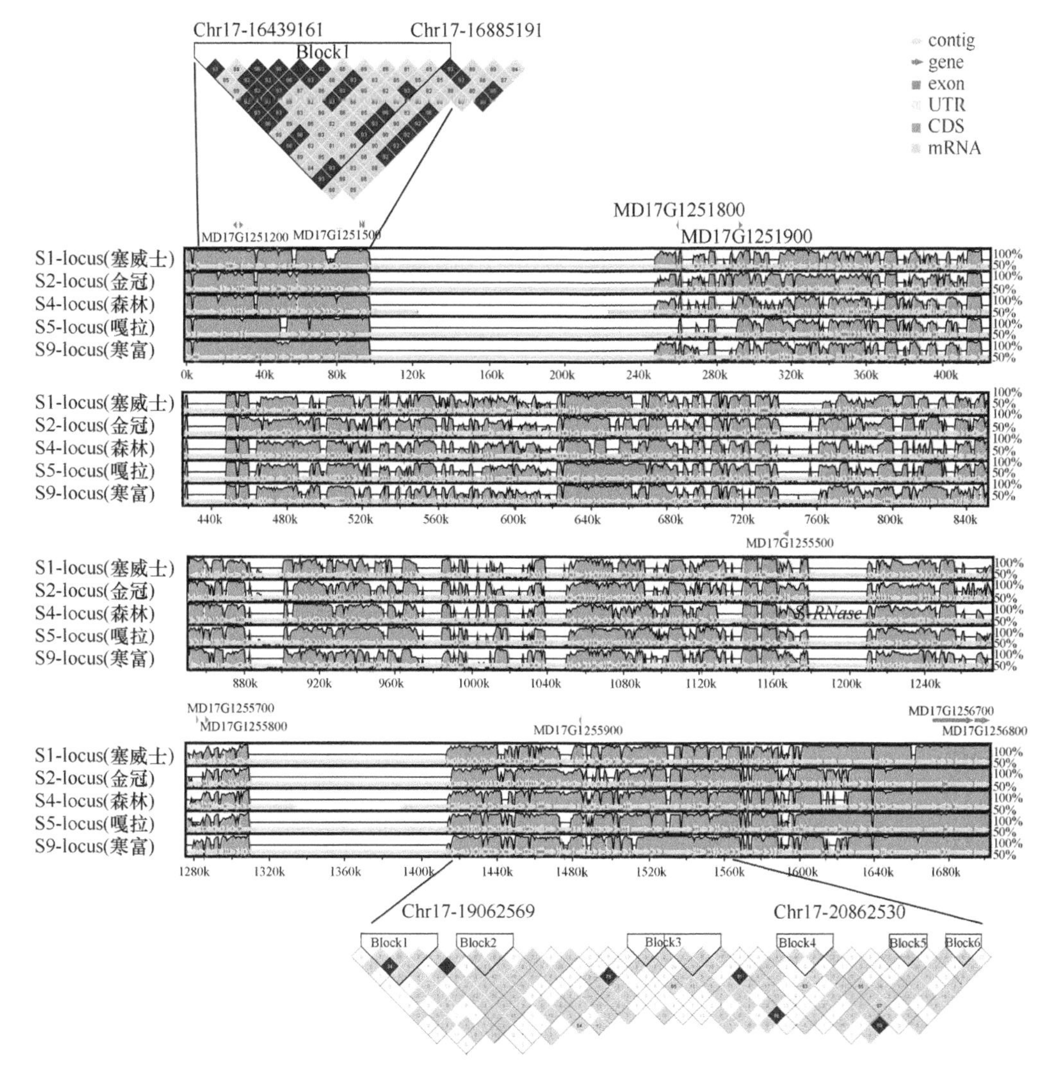

图 3-4　苹果 S 基因座大小

contig. 片段；UTR. 非翻译区；exon. 外显子；CDS. 编码区

（2）连锁交换精准锚定S基因座边界

利用聚合酶链反应-聚丙烯酰胺凝胶电泳（polymerase chain reaction-polyacrylamide gel electrophoresis，PCR-PAGE）检测‘凉香’×‘粉红女士’、‘寒富’×‘蜜脆’杂交群体的苹果S基因座临界位点两侧SNP特异性，发现S基因座候选区域29.76～31.10Mb的标记均未发生交换，距离最近且发生交换的标记分别在上游197kb和下游155kb，由此确认边界的精确性。

2. S基因座的基因构成

S基因座由S基因（也称S决定子基因）和若干其他基因构成（图3-5）。

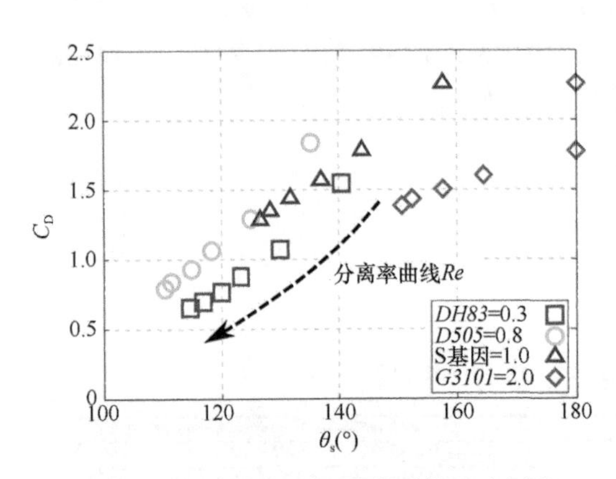

图3-5 *S-RNase*与*SFBB*分离系数（示意图）

C_D. 分离系数；θ_s. 后代群体数量系数

（1）S基因

S基因特指S基因座上控制花粉-花柱自花结实性识别的核心基因，包括花柱S决定子基因和花粉S决定子基因。花柱S决定子基因为花柱特异性表达的*S-RNase*，花粉S决定子基因为花粉特异表达的*SFBB*（S-locus F-box brother）。花柱*S-RNase*和花粉*SFBB*相互识别，共同控制自花结实性。二者具有以下特征。

1）连锁不平衡性。S基因座中花柱*S-RNase*和花粉*SFBB*在向子代遗传过程中分离系数为1，不发生交换事件，保持紧密连锁。*S-RNase*与同一S基因座*SFBB*始终保持着对应关系，使*S-RNase*和*SFBB*具备S单元型特异性（图3-5）。

2）高多态性。*S-RNase*和*SFBB*均含有大量的多态性位点，计算特定栽培苹果群体中*S-RNase*和*SFBB*多态性信息含量（polymorphic information content，PIC）的公式为

$$\mathrm{PIC}_i = 1 - \sum_{j=1}^{n} P^2 ij$$

式中，PIC＜0.25为低多态性；0.25＜PIC＜0.5为中多态性；PIC＞0.5为高多态性；PIC越接近1多态性越高。*S-RNase*的$\mathrm{PIC}_{S\text{-}RNase}$为$1-[P^2(S1\text{-}RNase)+P^2(S2\text{-}RNase)+P^2(S3\text{-}RNase)+\cdots+P^2(S56\text{-}RNase)]=0.832$；*S1-SFBB*的$\mathrm{PIC}_{SFBB}$为$1-[P^2(S1\text{-}SFBB1)+P^2(S1\text{-}SFBB2)+P^2(S1\text{-}SFBB3)+\cdots+P^2(S1\text{-}SFBB10)]=0.9317$。

两个基因PIC值均大于0.5且接近1，具有极高的多态性，这是苹果在进化中十分“睿智”的表现。因S位点是为了产生生殖隔离而存在，如若S基因的多态性低，则不同单株间S基因型相同的概率会增加，反而不利于异交。

3）同源性高。不同S单元型*S-RNase*和*SFBB*核苷酸同源性各不相同，如*S-RNase*的*S3-RNase*与*S7-RNase*、*S10-RNase*与*S19-RNase*之间同源性分别高达96.7%和97.2%；而*S2-RNase*与*S9-RNase*之间同源性仅为77.2%（图3-6）。*SFBB*之间同源性为75.2%～

99.9%，部分 *SFBB* 在基因座间的同源性高于基因座内，一些 *SFBB* 在基因座内同源性高于基因间，少数 *SFBB* 之间同源性达 99.9%，仅有 1～2 个碱基的差异，说明这些基因直至近现代才分化、复制出来。

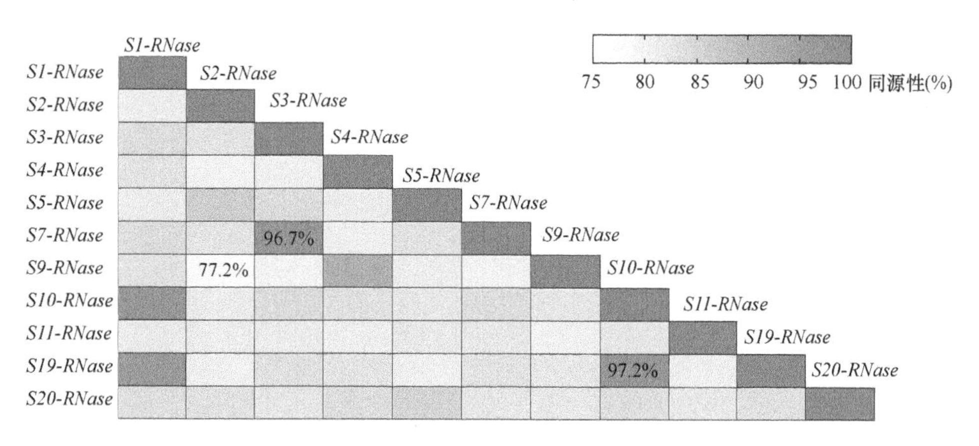

图 3-6　苹果 *S-RNase* 同源性比较

4）数量和位置无规律性。苹果每个 S 基因座包含 1 个 *S-RNase* 基因和多个 *SFBB* 基因，如 S2、S3、S4 基因座分别包含 10 个、4 个和 7 个 *SFBB*。目前发现的 *S-RNase* 均为正向转录，*SFBB* 可正反向转录。*SFBB* 在 *S-RNase* 周围分布无规律性（图 3-7）。

（2）其他基因

除 *S-RNase* 和 *SFB/SFBB* 基因外，苹果 S 基因座还包含一类 *SFBB-like* 基因和低保守的间隔基因，它们在不同单元型 S 基因座上的数量、类型差异较大。这些基因对自花结实性的作用尚不清楚。

1）*SFBB-like* 基因。S 基因座存在一类在花粉特异表达但不具备 S 单元型特异性的 *F-box* 基因，称为 *SFBB-like* 基因。不同单倍型 *SFBB-like* 基因数量不同，如 S2、S3、S4 基因座各有 1 个、6 个和 4 个 *SFBB-like* 基因（图 3-7）。此类基因在李属植物中参与自花授粉花粉-花柱识别过程，但在苹果中的功能尚未探明，暂不归类为 S 基因。

2）低保守的间隔基因。在 *S-RNase*、*SFBB*、*SFBB-like* 之间亦插入其他基因，在 S2、S3、S4 基因座上数量为 10～20 个，包含管家基因、代谢相关基因、转录因子、信号相关基因、结构基因、功能酶等。不同 S 基因座上各类基因差异较大，如 S2 基因座上的管家基因编码核转录因子，而 S4 上为 2 个 *RNase H*。目前发现 3 个保守性较强的基因，分别为具有锌指蛋白结构域的 *CCCH* 锌指蛋白家族基因、丝苏氨酸磷酸酶 *PP2C* 基因、甲基转移酶家族蛋白基因等（图 3-7）；这 3 个基因在不同 S 基因座上仅有少量 SNP（图 3-8），是否参与花粉和花柱识别有待进一步研究。不同 S 基因座上的低保守性间隔基因染色体共线性低，出现明显的共线性缺失带（图 3-9），反映出 S 基因座基因类别繁杂的特征。

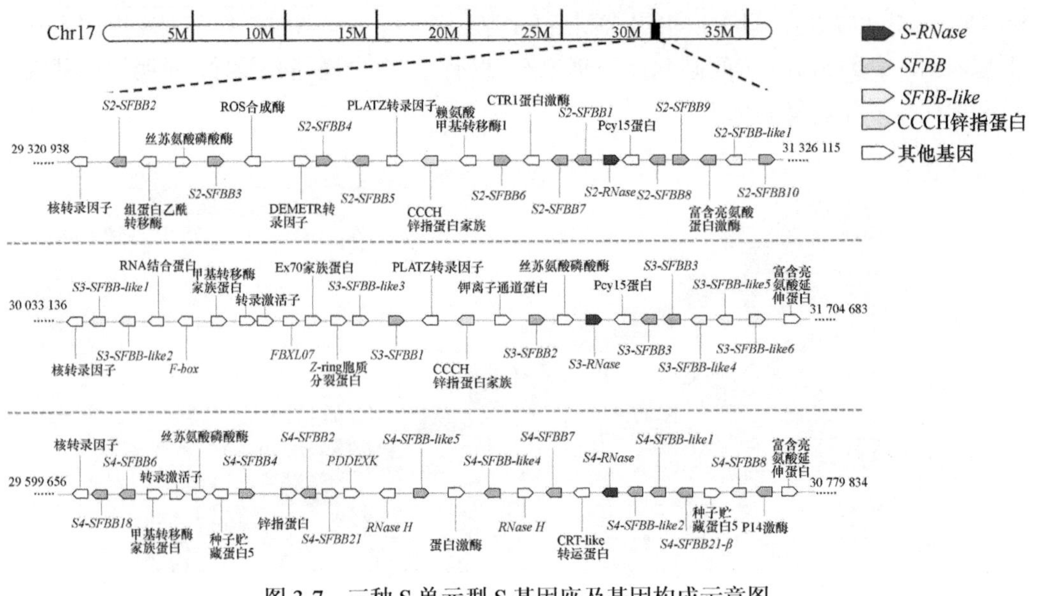

图 3-7　三种 S 单元型 S 基因座及基因构成示意图

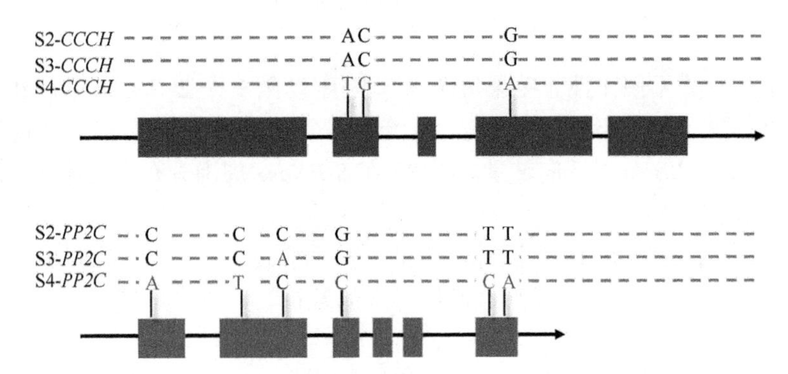

图 3-8　苹果 S 基因座 *CCCH* 和 *PP2C* 基因 SNP 位置

红色序列代表差异 SNP 位置

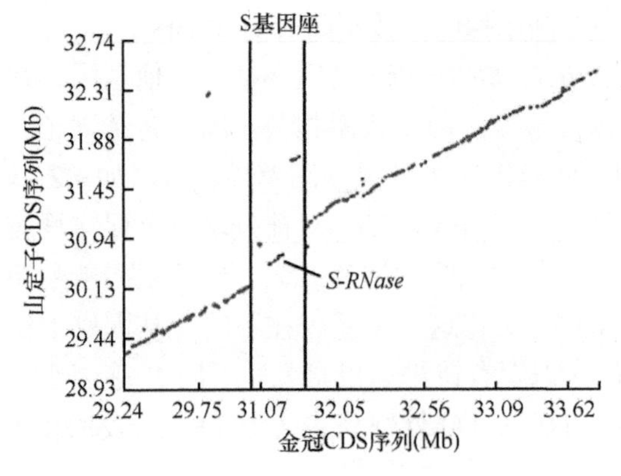

图 3-9　苹果 S 基因座共线性

CDS. 编码区；红色点代表共线性>75%的基因 CDS 序列；蓝色点代表 *S-RNase* 的 CDS 序列

二、苹果 S 基因座起源与演化

迄今为止，有关苹果自花结实性的起源和演化尚存在争议。部分学者认为苹果具有的自花结实性位点起源于双子叶植物“真菊分支”与“真蔷薇分支”分化之前，经过数千万年的演化，在蔷薇科中保留了下来，并在蔷薇科内演化出不同的自花结实性系统。支撑此类观点最重要的证据即为苹果 S 基因座与“真菊分支”中茄科植物有类似的结构（Igic and Kohn，2001）。但随着测序物种越来越多，苹果S基因座起源的“真相”也逐渐明晰。

1. 苹果亚科型S基因座特征

基于S基因座上基因种类、数量、S基因功能的分析，人们发现苹果S基因座与梨、山楂、枇杷、花楸等均属于苹果亚科型S基因座。该类型不同于桃、樱桃、李、杏、梅、草莓、月季、蔷薇等类李属型S基因座，区别如下。

（1）S基因数量与功能不同

苹果亚科型S基因座内具有S单元型特异性基因，包括多个 *SFBB* 基因和1个 *S-RNase* 基因，呈“多对一”模式；而类李属型S基因座内仅有1个 *SFB* 基因和1个 *S-RNase* 基因，呈“一对一”模式。不同于苹果 *SFBB* 基因，类李属型 *SFB* 基因行使保护 *S-RNase* 的功能，其基因座内含3个不具备S单元型特异性的 *SLFL* 基因，其中 *SLFL2* 行使着识别并泛素化降解花柱 *S-RNase* 的功能（图3-10）。

（2）其他基因类型及其保守性不同

苹果亚科型S基因座除 *S-RNase* 和 *SFBB* 外，还穿插有10～20个其他基因。这些基因在种内和种间的共线性均较差，仅 *CCCH* 和 *PP2C* 两个管家基因保守（图3-8）。类李属型S基因座内包含至少10个保守基因，且不论种内还是种间S基因座的保守性均较高，甚至在S基因座两端存在保守的倒位序列结构（左侧350bp，右侧1150bp），与苹果亚科保守的其他基因完全不同，表明其与苹果亚科基因座的初始位点的形成完全不同。

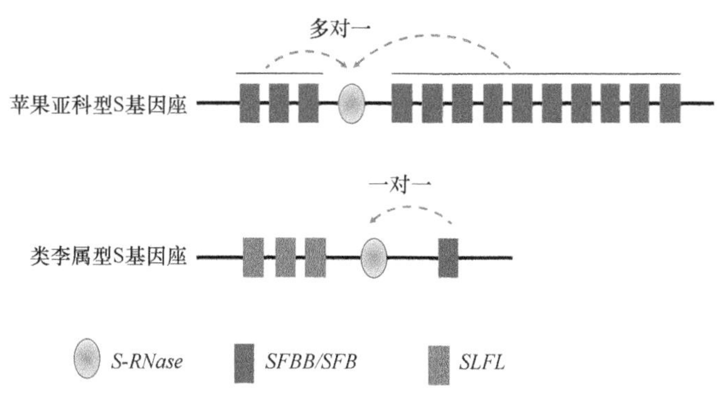

图3-10　苹果亚科型与类李属型S基因座内S基因的差异（Sassa，2016）

（3）基因座在染色体上的相对位置不同

苹果亚科型S基因座位于17号染色体末端靠近端粒（telomere）的位置，该区域遗传分离率极低，而转座子（transposon）插入频率高，更易形成多 *SFBB* 结构。类李属型S基因座位于远离端粒的位置，转座子插入频率较低，更易形成 *S-RNase* 和 *SFB*“一对一”的结构。

2. 苹果S基因座的进化

（1）起源

蔷薇科是古老被子植物经历全基因组三倍化事件后，染色体由 *n*=7 进化为 *n*=9 后形成的。苹果在约 1469 万年前经历了独有的全基因组加倍事件后，染色体数目变为 *n*=17，处于蔷薇科植物进化树末端。从S基因座的进化来看，蔷薇目的鼠李科类植物及蔷薇科李属植物中均未检测到类似于苹果属植物S基因座的结构，说明苹果的S基因座是近期起源的（图3-11）。由于苹果独有的全基因组加倍前的祖先种不明，依据苹果亚科全基因组测序结果，人们重建了苹果祖先种。该祖先种经历8次分裂和8次融合，形成了9条古染色体（古Ⅰ～Ⅸ）（图3-12）。美吐根是苹果的祖先近缘种，其3号染色体对应苹果祖先的古Ⅲ染色体。美吐根3号染色体上24.97～25.61Mb的1个 *T2-RNase* 基因、1个 *F-box* 基因、1个 *LRR* 基因、1个 *NTF* 基因、1个 *AMMET* 基因、1个 *TA* 基因共6个初始基因，在全基因组加倍过程中经染色体重排移至栽培苹果17号染色体的29.69～31.84Mb。随后 *F-box* 基因发生一次串联重复，复制为2个拷贝，*TA* 基因发生一次基因断裂，分裂为2个拷贝，共同衍生出8个基因的S基因座雏形（图3-13，图3-14）。

（2）苹果S基因座扩张与演化

苹果S基因座雏形形成后，其内部基因数量较少，多态性也较低，经过不断扩张和演化，形成现有的苹果S基因座。

1）扩张。苹果的S基因座是在全基因组加倍后由基因重排重新起源的，它一共经历两大阶段的扩张：第一阶段处于苹果属植物分化以前，该阶段的扩张是由转座子介导的 *F-box* 基因复制和小规模染色体重排这两种进化事件主导，*F-box* 通过串联重复（tandem duplication，TD）/近端重复（proximal duplication，PD）/分散重复（dispersed duplication，DSD）扩张基因拷贝数。该阶段的扩张分两次进行，第一次大约在（903±174）万年内迅速扩张出不少于13个拷贝，第二次大约在（147±180）万年内发生少量的近期扩张。例如，*MD17G1252000* 与 *MD17G1252800*、*MD17G1252200* 与 *MD17G1254700* 两对 *SFBB*

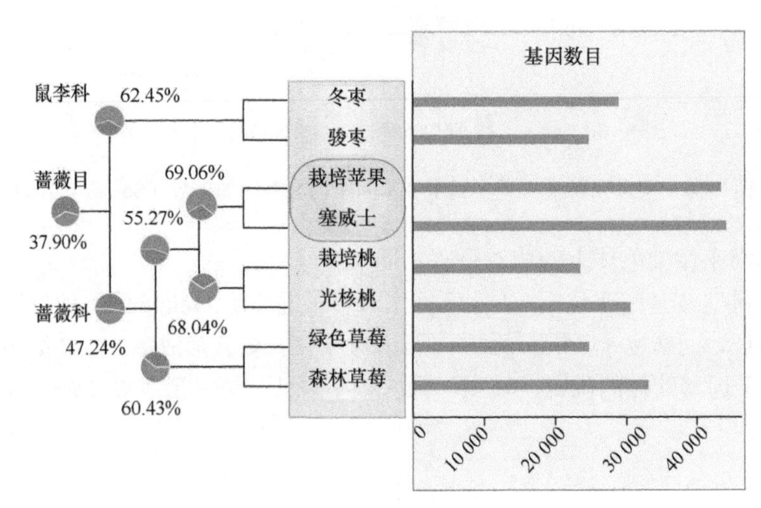

图3-11 蔷薇目植物进化树分析

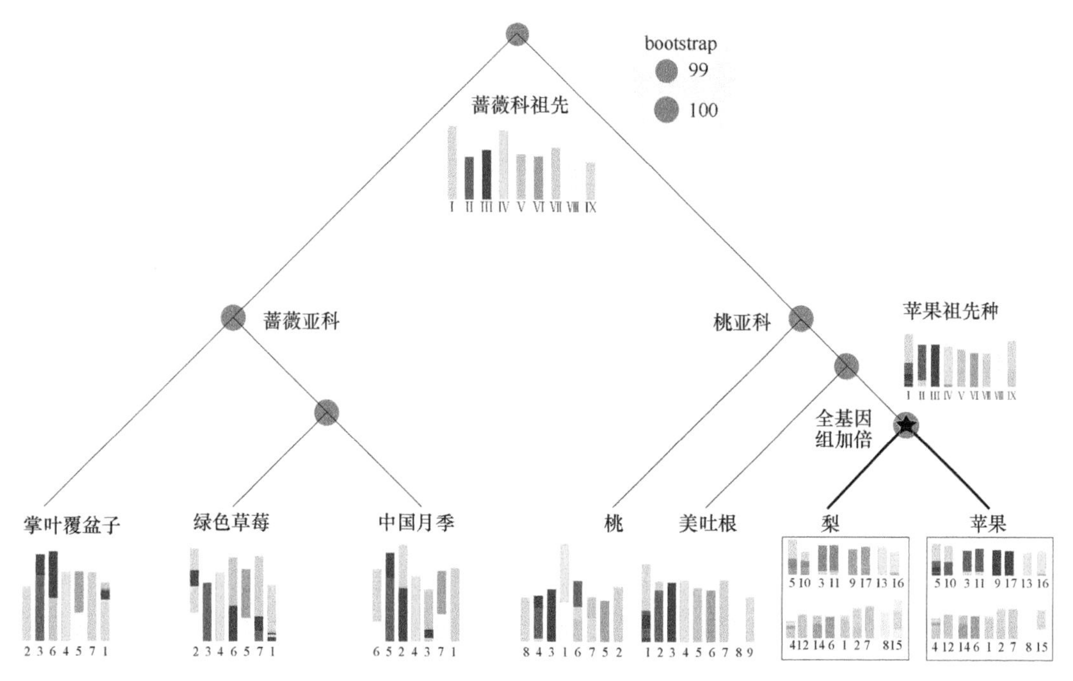

图 3-12　蔷薇科染色体核型演化分析
bootstrap：自展值

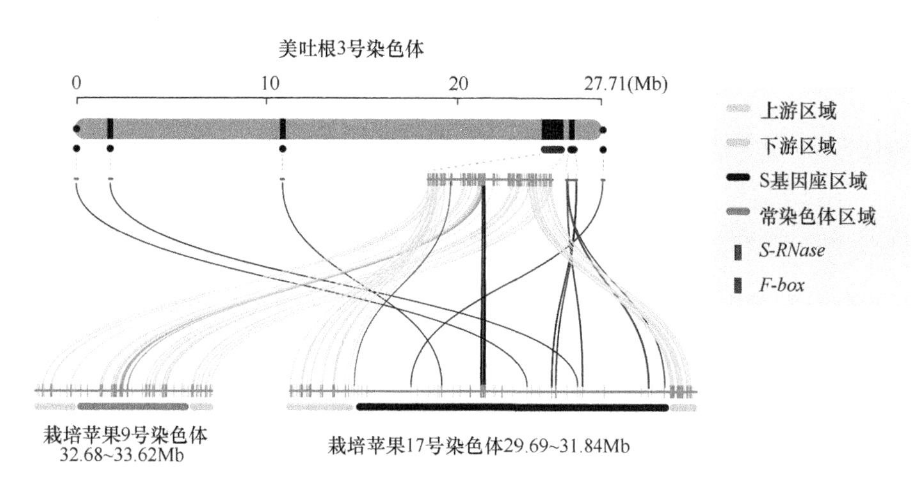

图 3-13　美吐根 3 号染色体与现代苹果 S 基因座的基因流动关系

基因的同义替换率（Ks 值）分别为 0.006 和 0.112，远低于其他 *F-box* 基因对的 Ks 值（>0.3），明显是近期复制而来。第二阶段处于苹果属植物分化，该阶段的扩张主要由转座子介导的基因转入所主导。S 基因座存在丰富的转座子序列及基因转座后留下的痕迹，包括 21 条完整转座子和 190 条不完整的转座子序列。比较野生、半野生、栽培种之间完整转座子的存在状态，人们发现随苹果进化不断有新的转座子插入，介导新基因转移。例如，位于古Ⅲ染色体 0.5～11.18Mb 的 *RFP*（*RING-FYVE-PHD*）基因、*ECC* 基因、*PKP* 基因、*PLATZ* 基因，27.72Mb 的 *PC* 基因在扩张的两个阶段转位到现存 S 基因座上。其中第二阶段扩张在不同苹果单倍型 S 基因座上转移的基因差异较大，经历两次扩张生成包含 31 个基因以上的现存 S 基因座（图 3-14）。

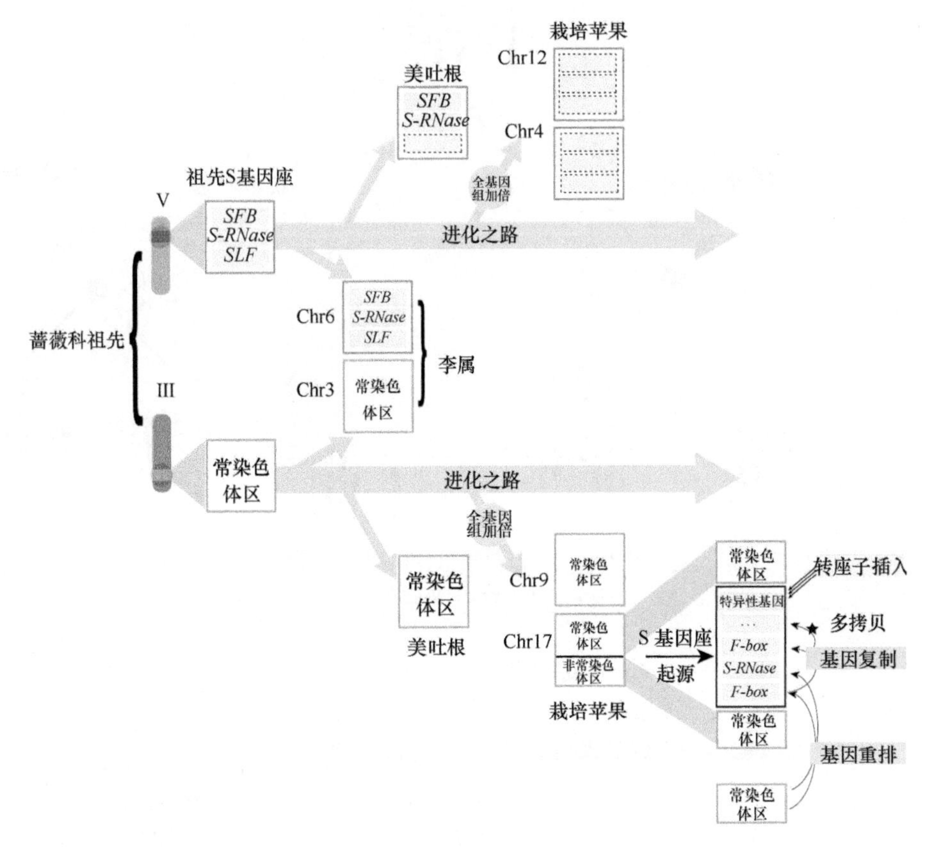

图 3-14　苹果 S 基因座扩张与演化路径

2）演化。S 基因座在其雏形成型的较早阶段就获得了重组抑制的属性，这使基因座上的基因很难交换出去。依据性染色体、配子生殖染色体等重组抑制强的基因座特征，不难发现平衡选择是 S 基因座最主要的选择方式。在不断迭代的平衡选择压力下，S 基因座多态性逐步提高，最终形成现有的 S 复等位基因座。

三、苹果自花结实性识别遗传

（一）苹果 S 基因型、S 单倍型定义

1. S 基因型

苹果 S 基因型是指任一单株中 S 单元型的类型，可理解为苹果在 S 位点的“血型”。例如，二倍体 S 基因型为 S1S2、S3S5 等；三倍体 S 基因型为 S1S9S28、S2S7S24 等；四倍体 S 基因型为 S1S1S9S9、S2S2S5S5 等；五倍体 S 基因型为 S1S2S3S28S54、S6S8S10S19S53 等。

2. S 单倍型

苹果花粉小孢子母细胞发育的四分体阶段，S 基因编码蛋白分化、表达，随花粉成熟，S 基因编码蛋白均匀分配至每个花粉粒（图 3-15）。例如，S 基因型为 S1S2 的二倍体苹果，成熟花粉粒仅含有一种 S 基因编码蛋白 S1 或 S2，此时花粉中 S 位点特称为 S 单倍型，可将成熟花粉描述为 S1 单倍型花粉或 S2 单倍型花粉。需要注意的是，S 单倍型仅用于描述存在一个 S 基因座的单位，即单倍型配子，当配子的染色体数目为二倍型或以上时，S 单倍型不再适用于其 S 位点的类型描述，此时应使用 S 基因型描述配子 S 位点类型。

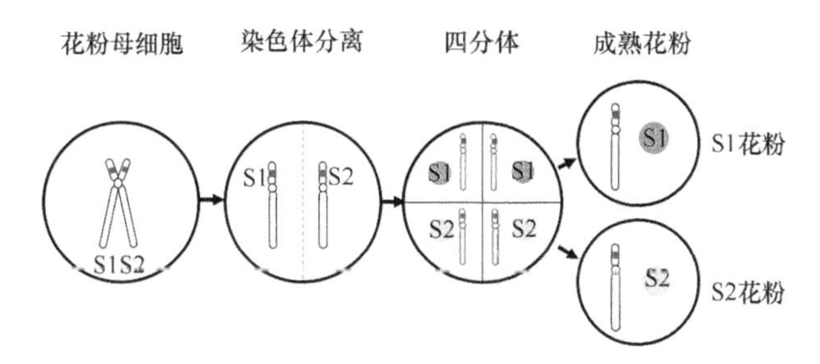

图 3-15　苹果花粉 S 因子分离过程

浅绿色条形代表染色体；红色与蓝色点状代表 S 基因；红色与蓝色圆形代表 S 蛋白

（二）苹果花粉-花柱自花结实性识别与遗传

1. S 位点遗传

S 基因座的遗传和其他等位基因类似，绝大多数情况下符合孟德尔定律，子代的两个 S 基因座由父母本各贡献一个（图 3-16），但 S 基因座也有其特殊的遗传规律。

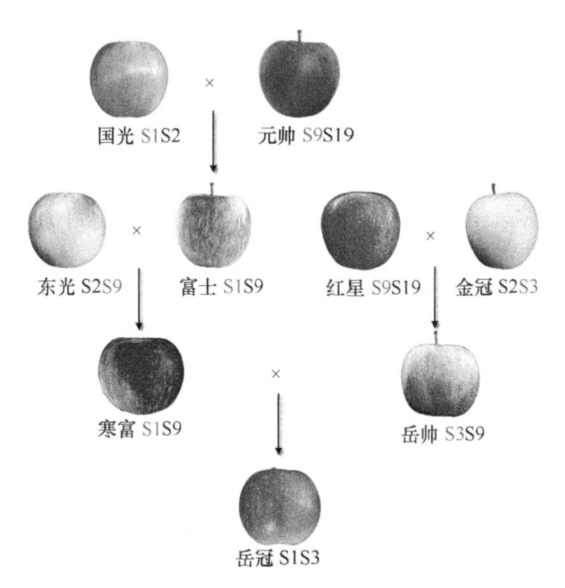

图 3-16　苹果品种 S 基因型遗传系谱图

红色标注表示遗传至子代的 S 单元型

（1）S 基因座偏分离

1）S 基因不关联性偏分离。当父母本 S 基因型都不相同时，正常情况下将产生 4 种 S 基因型的子代，比例为 1∶1∶1∶1，但在‘珊夏’（S5S7）×‘寒富’（S1S9）杂交后代中，S1 和 S9 比例相当，而 S7 基因型所占比例显著高于 S5（表 3-1）。类似情况在苹果其他杂交群体中也有发生，许多栽培品种中常有某些 S 基因座高频率出现的现象。例如，S1 出现频率高达 0.092，S9 为 0.053，S2 为 0.051，S3、S5、S7 为 0.04～0.05。低频率 S 基因座如 S8、S10、S24 等出现频率均低于 2%。在某些杂交群体中 S 基因座遗传至子代时会产生 S 基因型的偏分离现象。

表 3-1　苹果杂交后代群体 S 基因不关联性偏分离

杂交组合	总数（株）	杂交后代 S 基因型				分离比	卡方检验（P 值）
		S1S5	S1S7	S5S9	S7S9		
珊夏（S5S7）×寒富（S1S9）	155	29	45	31	50	1∶1∶1∶1	1.73（$P<0.05$）

2）S 基因关联性偏分离。父母本中有 1 个 S 单元型相同时，仅会产生 2 种 S 基因型的子代，比例为 1∶1（表 3-2）。此时父本中与母本不相同的 S 单元型在子代中占比最高，接近 50%，而母本中 2 种 S 单元型在子代中各占 25%，这种偏分离现象是由自交不亲和本身导致的。虽然在子代（F_1）中 3 种 S 单元型比例差距较大，但子代在进行下一代杂交时依然会遵循自交不亲和法则。占比高的 S 单元型由于不能纯合，在 F_2 代中的占比会降至 25%，而占比低的 S 单元型又回升为 50%，往复循环，使整个群体内 3 种 S 单元型始终保持同等比率，反而不会造成 S 单元型频率差异。

表 3-2　苹果杂交后代群体 S 基因关联性偏分离

杂交组合	总数（株）	杂交后代 S 基因型				分离比	卡方检验（P 值）
		S1S2	S1S3	S2S9	S3S9		
富士（S1S9）×惠（S2S9）	89	41	0	48	0	1∶1	0.56（$P<0.05$）
富士（S1S9）×金冠（S2S3）	101	23	25	28	25	1∶1∶1∶1	0.49（$P<0.05$）

（2）S 基因座的哈迪-温伯格平衡（Hardy-Weinberg equilibrium）偏移

S 基因座的遗传基本符合哈迪-温伯格平衡。例如，在‘富士’×‘惠’杂交群体中（表 3-2），S1 出现频率约为 0.5，S9 出现频率约为 0.5，根据哈迪-温伯格公式：$p^2+2pq+q^2=1$（其中 p 代表 S1 出现的频率，q 代表 S9 出现的频率），即 $0.5^2+2\times0.5\times0.5+0.5^2=1$。计算结果完全符合哈迪-温伯格平衡。但在‘惠’×‘金冠’杂交群体中存在 3 株 S2S2 和 4 株 S9S9 纯合基因型，S3 和 S9 单元型出现的频率小幅下降，均小于 0.5；在‘惠’×‘富士’后代群体中存在 4 株 S2S2 和 1 株 S9S9 纯合基因型，S1 和 S2 单元型出现的频率也低于 0.5。2 个杂交组合根据哈迪-温伯格公式计算后，结果均略小于 1，出现负向偏移（表 3-3），哈迪-温伯格平衡被打破。当环境不适宜时，哈迪-温伯格结果会出现负向偏移，纯合 S 基因型会少量出现，以保证个体繁衍。

表 3-3　苹果杂交后代群体哈迪-温伯格平衡偏移

杂交组合	总数（株）	杂交后代 S 基因型				分离比	哈迪-温伯格系数
		S2S2	S2S3	S2S9	S3S9		
惠（S2S9）×金冠（S2S3）	89	38	3	44	4	1∶1∶1∶1	0.95（$P<0.05$）
		S1S2	S2S9	S1S9	S9S9		
惠（S2S9）×富士（S1S9）	100	45	4	50	1	1∶1∶1∶1	0.92（$P<0.05$）

（3）S 基因座的遗传变异率

S 基因座较其他等位基因座具有较高的遗传变异率，这也是由其功能特性决定的。S 基因座最大的使命就是促进物种多样性进化，因此，S 基因座在迭代的过程中保持着较高的遗传变异率（图 3-17）。一方面可以维持其高多态性的特点，防止在迭代过程中某些 S 基因座丢失；另一方面可以进化出更多 S 单元型，为进一步拓展苹果遗传多样性奠定基础。

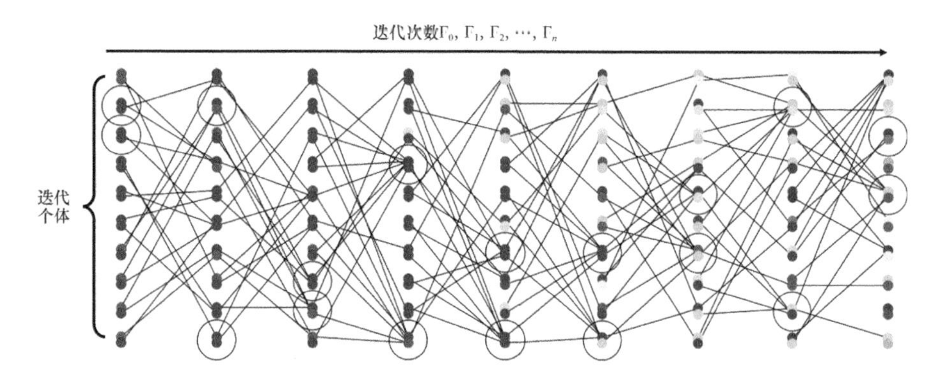

图 3-17　苹果 S 基因座世代遗传变异推演过程

不同彩色圆点分别代表不同单元型的 S 基因座

（4）S 基因座的平衡选择

平衡选择是基因座在进化过程中自然选择的一种形式，通过使杂合子具有最高的适合度，维持基因座上的多态性（图 3-18）。一般认为，位点频率＜5%为低频平衡选择区域，5%～15%为中频平衡选择区域，＞20%的区域为高频平衡选择区域。利用平衡选择位点频率测算工具 ksiewert/BetaScan（https://github.com/ksiewert/BetaScan），计算 S 基因座范围内平衡选择位点所占比率。结果表明，S1 基因座（塞威士）为 36.5%、S2 基因座（金冠）为 43.3%、S4 基因座（森林）为 38.5%、S5 基因座（嘎拉）为 44.2%、S9 基因座（寒富）为 47.1%。5 个不同单元型 S 基因座平衡选择位点所占比率均远大于 20%。因此，S 基因座为高频平衡选择区域。

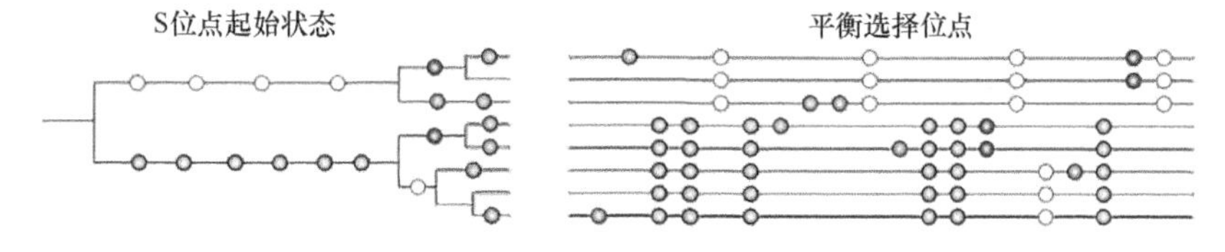

图 3-18　苹果 S 位点平衡选择过程

（5）S 基因座的遗传漂变

遗传漂变是指在一定的选择压下趋向于固定一个等位基因，降低遗传多样性，同时使一部分个体后代占比越来越高。前面论述已经提及，苹果 S 基因座在遗传时会发生偏分离现象，因此在小群体情况下会产生遗传漂变。不同地域的野生和栽培苹果群体中分布有不同的 S 单元型类群。新疆野苹果群体中频率较高的 S 单元型为 S2、S3、S9、S10、S17，山定子群体中为 S4、S9、S17、S19、S22。因此，苹果特定群体内存在一定的遗传漂变现象。

2. 非 S 位点遗传

除 S 位点以外，苹果基因组还分布着其他控制花粉和花柱的自花结实性识别位点。这些位点变异也会导致自花授粉识别改变，且可以遗传至子代，将其称为非 S 位点。

（1）*SNL1*（self-compatibility Non-s Loci 1，自花结实 1 号位点）

‘寒富’中自花结实性非 S 位点位于第 4 号连锁群。在‘寒富’×‘岳帅’、‘岳艳’（‘寒富’后代）×‘62-45’的杂交后代群体中，自花授粉坐果率≥25%的个体数量和＜25%的个体数量比例约为 1∶1（表 3-4），符合显性杂合遗传特征。若用显隐性质量性状位点表示，‘寒富’‘岳艳’等自花授粉坐果率≥25%的品系为显性杂合（*SNL1/snl1*），‘富士’‘岳帅’等自花授粉坐果率＜25%的品系为隐性纯合（*snl1/snl1*）。

表 3-4 *SNL1* 在苹果杂交后代群体中的自花结实性遗传规律分析

杂交组合（*SNL1/snl1*×*snl1/snl1*）	坐果率≥25%（*SNL1/snl1*）	坐果率＜25%（*snl1/snl1*）	比例	卡方检验（*P* 值）
寒富×岳帅	121	184	1∶1	0.97（*P*＜0.05）
岳艳×62-45	27	23	1∶1	1.15（*P*＜0.05）

（2）*SNL2*（self-compatibility Non-s Loci 2，自花结实 2 号位点）

‘惠’中自花结实性非 S 位点位于第 12 号连锁群。在‘惠’自交和‘惠’×‘长富 2’杂交后代群体中，自花授粉坐果率≥15%的个体数量和＜15%的个体数量比例约为 3∶1 和 1∶1（表 3-5），符合显性杂合遗传特征。若用显隐性质量性状位点表示，‘惠’等自花授粉坐果率≥15%的品系为显性杂合（*SNL2/snl2*），‘长富 2’等自花授粉坐果率＜15%的品系为隐性纯合（*snl2/snl2*）。

表 3-5 *SNL2* 在苹果自交和杂交后代群体中的自花结实性遗传规律分析

杂交组合（*SNL2/snl2*×*snl2/snl2*）	坐果率≥15%（*SNL2/snl2*）	坐果率＜15%（*snl2/snl2*）	比例	卡方检验（*P* 值）
惠×惠	35	17	3∶1	0.83（*P*＜0.05）
惠×长富 2	16	17	1∶1	1.01（*P*＜0.05）

第二节 苹果花粉-花柱自花结实性识别因子

苹果的花粉和花柱内分别存在可以相互识别的物质，使花柱能区分自我或异我花粉，阻止自我花粉管在花柱中生长发育，而引导异我花粉管正常延伸至子房。花粉与花柱自花结实性识别是十分复杂的过程，有众多蛋白质参与，包括S基因座上的花柱和花粉S决定因子及S基因座以外的非S因子。其中，S决定因子在花粉管生长过程中发挥决定性识别作用，非S因子辅助S决定因子参与花粉-花柱自花结实性识别过程。

一、苹果S决定因子

（一）苹果花柱S决定因子S-RNase

1. 基本特征

（1）蛋白质性质

苹果花柱S决定因子为一类糖蛋白，与米曲霉（*Aspergillus oryzae*）T2家族核糖核酸酶同源性较高，因此被称为S核酸酶（S-RNase）。苹果S-RNase由224～229个氨基酸残基组成，分子质量大小为26～31kDa，等电点pI 9～11（图3-19）。花柱纯化或体外原核表达的S-RNase蛋白均具有核糖核酸酶活性（表3-6，图3-20A），且核酸酶活性随pH和温度变化而变化，在pH≈7.0和50℃条件下达到峰值（图3-20B、C）。

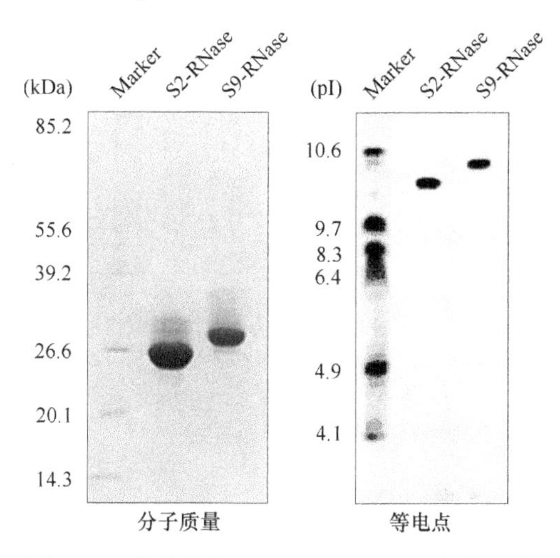

图3-19　苹果花柱S-RNase分子质量与等电点

表3-6　苹果‘红星’花柱S-RNase纯化过程及活性测定（李天忠等，2005）

纯化步骤	蛋白质总量（mg）	RNase活性	回收量（%）
粗提物	344.0	—	—
纤维素DE-52层析柱	56.0	32.6	100.0
羧甲基纤维素CM-52层析柱	6.8	127.8	47.6
Gigapite 50mmol/L	2.7	85.7	12.7
ConA S9-RNase	1.4	43.0	3.3
ConA S19-RNase	0.6	9.3	0.3

注：RNase活性测定单位为37℃时每毫克蛋白质每分钟降解酵母rRNA释放的A_{260}吸光值；“—"表示未检测

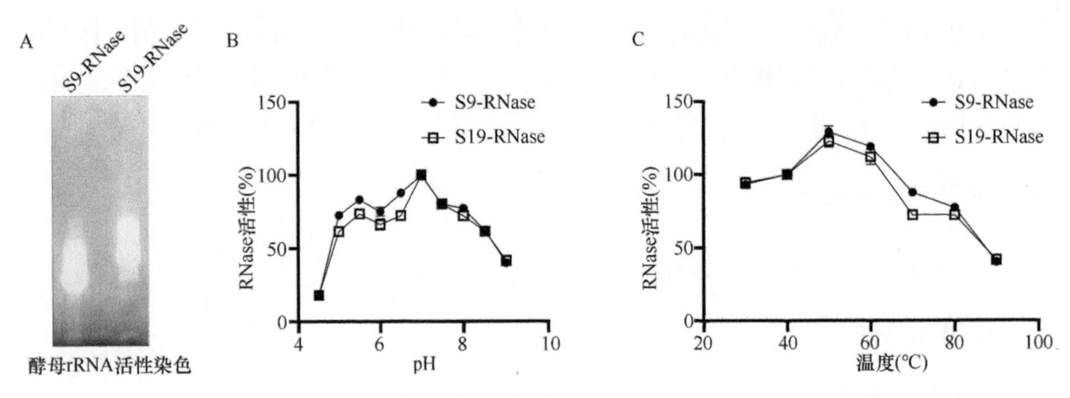

图 3-20 苹果‘红星’花柱 S-RNase 活性分析

（2）蛋白质定位

苹果 S-RNase 蛋白定位在花柱引导组织细胞内，且主要分布在细胞质中（图 3-21B、C）。

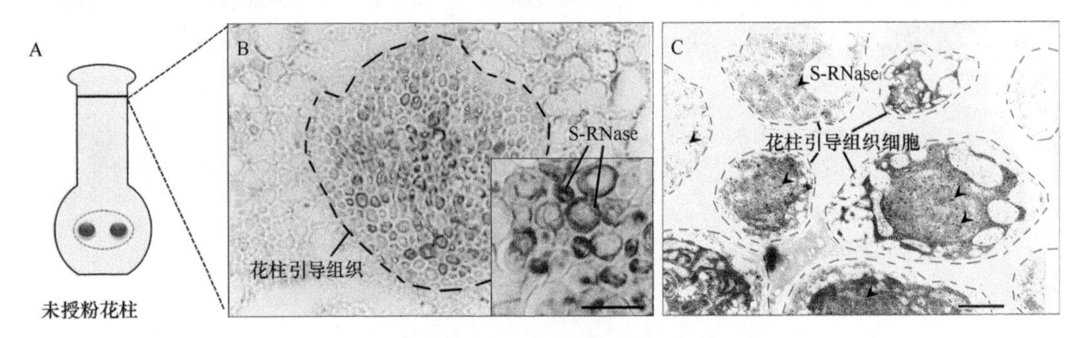

图 3-21 苹果花柱引导组织细胞中 S-RNase 的分布

A. 花柱示意图；B. 花柱 1/3 处横截面 S-RNase 免疫杂交（深褐色部分为 S-RNase 抗体杂交信号）；C. S-RNase 免疫胶体金杂交（黑色点状物为 S-RNase 杂交信号）

（3）毒性

S-RNase 是一种毒性蛋白质，具有较强的细胞毒性（cytotoxicity）。

2. 结构特点

（1）一级结构

苹果花柱 S-RNase 一级结构具有以下特征。

1）保守区和高变区。苹果花柱 S-RNase 一级结构有 5 个保守性区域，分别命名为 C1、C2、C3、RC4、C5，在 C2 和 C3 之间有一个高变区（hypervariable region，RHv）（图 3-22A）。C1、RC4 和 C5 疏水性较强，而 C2、C3 和 RHv 则表现为亲水性（图 3-22B）。

2）二硫键分布。S-RNase 分布有 8 个高度保守的半胱氨酸（Cys），半胱氨酸两两组合形成 4 个稳定的二硫键，对维持 S-RNase 结构稳定具有重要作用（图 3-22B，图 3-23）。苹果花柱非 S-RNase（RNase T2、RNase LE、RNase RH）含有 10 个半胱氨酸、2 或 5 个二硫键，与 S-RNase 有较大差异（图 3-24）。

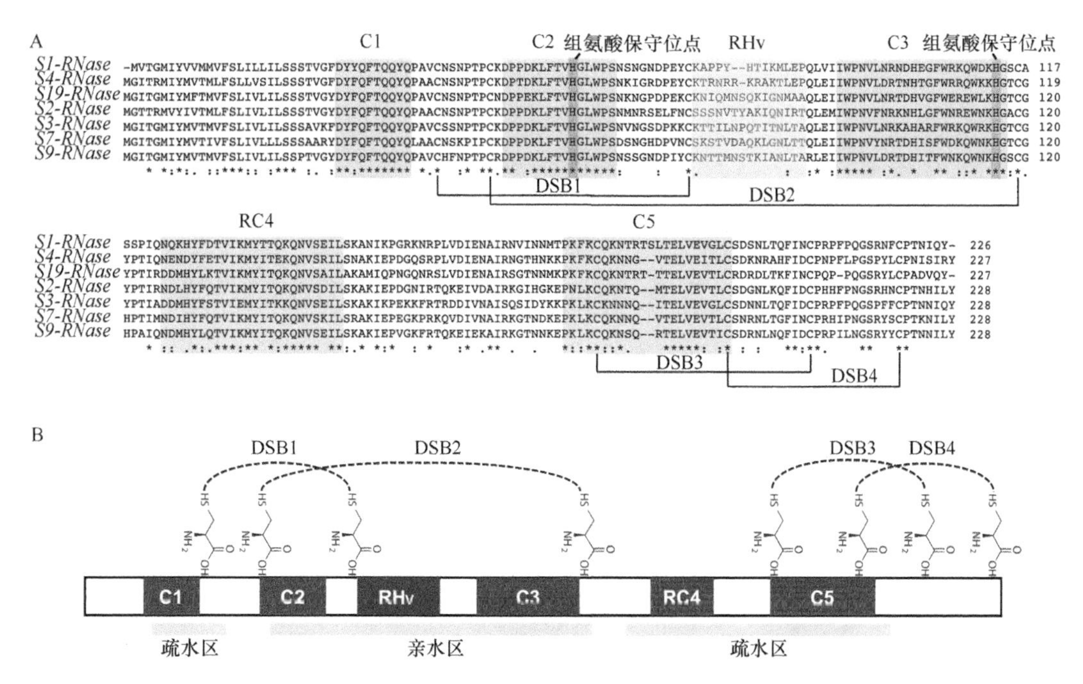

图 3-22　苹果花柱 S-RNase 一级结构

DSB 表示二硫键结构

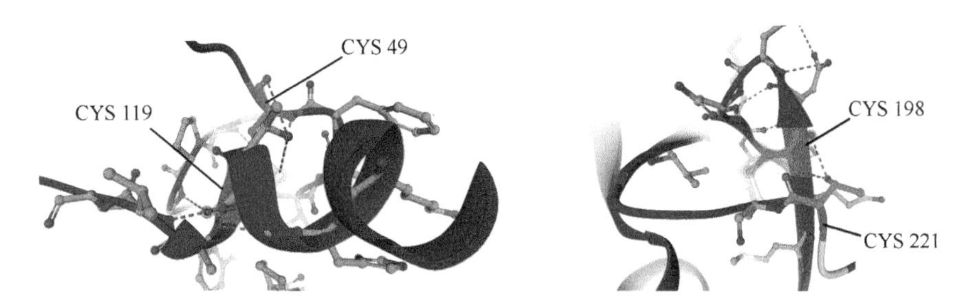

图 3-23　苹果花柱 S-RNase 二硫键空间位置

CYS 表示半胱氨酸；数字表示氨基酸一级结构位置

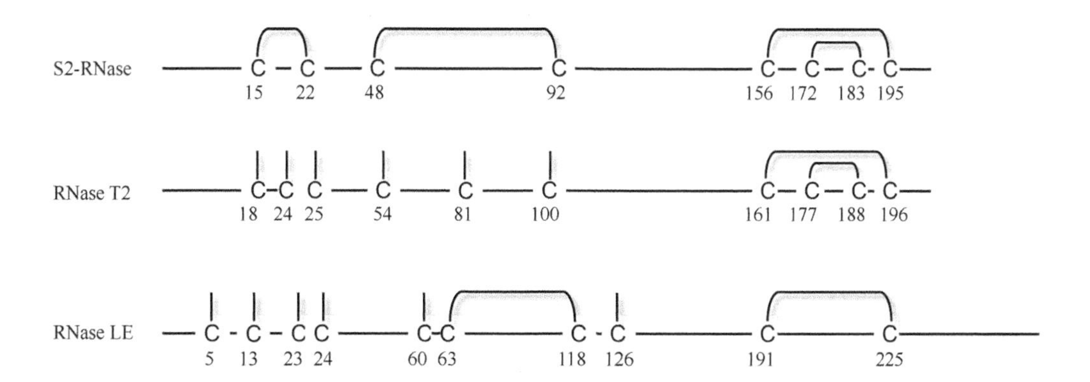

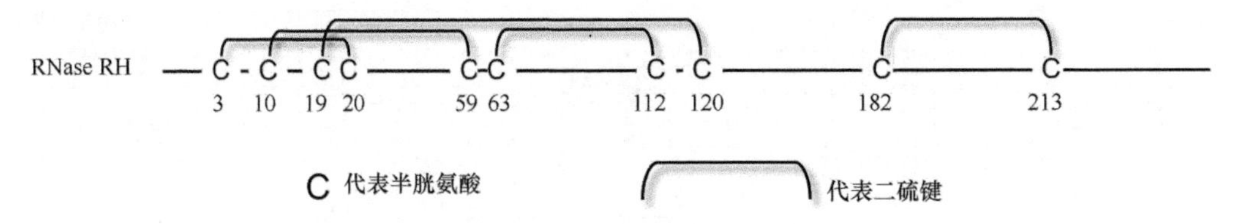

图 3-24　苹果花柱 S-RNase 与其他 RNase 二硫键比较

3）酶活位点。S-RNase 在 C2 和 C3 处各有 1 个侧链为咪唑环的组氨酸，是结合、催化降解 RNA 活性的核心位点。不同 S 单元型 S-RNase 的这 2 个位点十分保守（图 3-22A）。

（2）二级结构和三级结构

S-RNase 包含 8 个 α 螺旋（α-helix）和 7 个 β 折叠（β-sheet），主要由处在保守区的氨基酸残基形成，其中 C1、C2 和 C5 区主要形成 β 折叠，C3 和 RC4 区主要形成 α 螺旋（图 3-25A）。二级结构进一步折叠形成三级结构，具备正常的蛋白质功能。

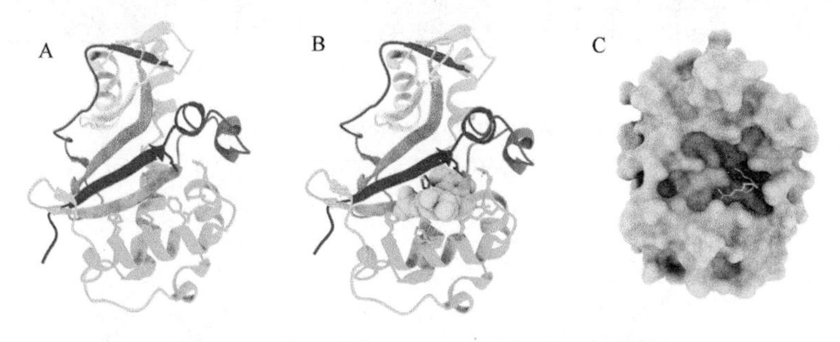

图 3-25　苹果花柱 S-RNase 二级及三级结构

A. S-RNase 三维模拟结构；B、C. S-RNase 与 rRNA 分子结合位置示意（B 图中蓝灰色结构、C 图中灰白色代表 rRNA）

S-RNase 三级结构呈棒球帽形，背部凸起处裸露着 2 个高变区的氨基酸残基，而内凹处可吸附核糖核酸，是核酸酶的酶活性位点。C2 和 C3 组氨酸活性位点的侧链咪唑环在空间上相互接近，与 C2 附近色氨酸的侧链吲哚环等构成催化中心，与底物 rRNA 结合后催化降解 rRNA（图 3-25B、C）。

（3）糖链

苹果花柱 S-RNase 包含 2～7 个潜在的糖基化位点（Asn-Ser/Thr），分布于 S-RNase 的 N 端至 C 端区域。苹果 S-RNase 含 3 种类型糖链，分别为高甘露糖型（HM）、木糖杂合型（XM）和 *N*-乙酰氨基葡萄糖型（GN）。S1-RNase 具有 3 个糖链，分别位于第 44（NPTP-XM）、第 141（NVSE-XM）、第 173（NMTP-GN）氨基酸残基；S2-RNase 含 3 个糖链，分别位于第 144（NVSD-XM）、第 173（NMTP-2GN）、第 176（NGSR-2GN）氨基酸残基；S5-RNase 包含 4 个糖链，分别位于第 66（NSSG-2GN）、第 81（NSTK-2GN）、第 87（NLTA-2GN）、第 144（NVSE-HM）氨基酸残基；S9-RNase 包含 5 个糖链，分别位于第 66（NSSG-GN）、第 81（NSTK-XM）、第 87（NLTA-GN）、第 144（NVSE-HM）、第 215（NGSR-GN）氨基酸残基。仅第 144 位/145 位糖基化在不同 S 单元型 S-RNase 间十分保守，而其他位置的糖链组分在不同 S 单元型

S-RNase 间均有所差异（图 3-26）。

苹果 S-RNase 糖基化功能目前尚不明确，分布于保守区的糖链可能影响 S-RNase 的活性，分布于高变区的糖链也有参与花粉识别的潜力，其具体功能还需进一步探究。

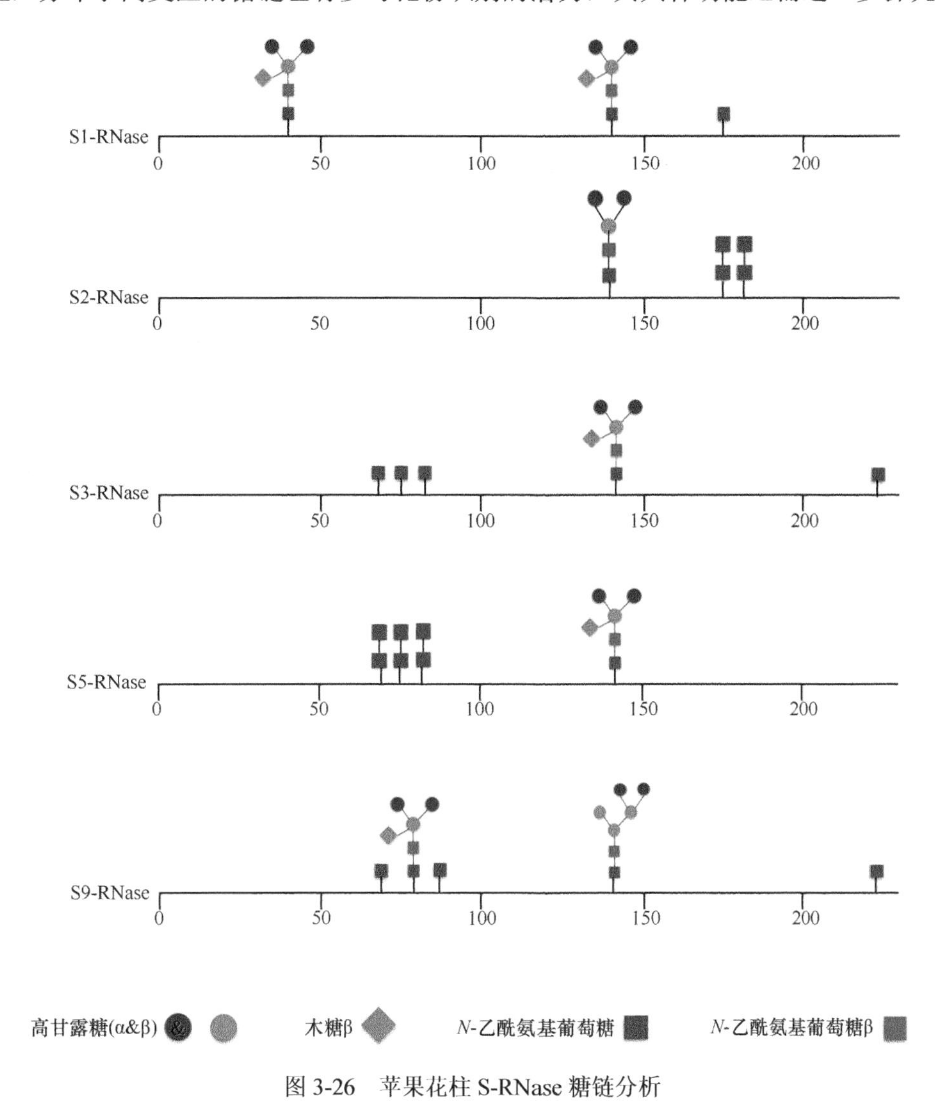

图 3-26　苹果花柱 S-RNase 糖链分析

（4）信号肽

S-RNase 的 N 端包含一个 23～25 个氨基酸的信号肽，在 S-RNase 翻译合成过程中发挥重要作用。

1）多肽生成。苹果花柱 S-RNase 的 mRNA 运输至花柱细胞质中，与游离的细胞质核糖体结合，启动翻译。最先生成的蛋白质片段是 N 端信号肽，大小为 22～24 个氨基酸，带有疏水性侧链。该段信号肽被胞质中的信号识别颗粒（signal recognition particle，SRP）识别，并被其暂停翻译。同时，SRP 将 S-RNase 剩余的“mRNA-核糖体”复合物转运至位于内质网膜的 SRP 受体。到达内质网后，信号肽序列随即被转移至细胞内膜系统的一种蛋白质通道中。此时，SRP 完成传输任务并从核糖体脱离，信号肽序列也被移除，S-RNase 翻译得以恢复，剩余的 mRNA 继续翻译成完整蛋白质，形成具有一级结构的多肽链。

2）翻译后修饰。翻译结束后，S-RNase 在内质网和高尔基体进一步加工，形成最终的稳定结构和形态。第一次修饰在内质网进行，S-RNase 在内质网上折叠，如若第一次折叠失败，则尝试第二次折叠。如果失败，蛋白质会被输出至细胞质并标记为破坏。折叠结束后，S-RNase 通过包被蛋白 COPⅡ包被囊泡运输至高尔基体，在高尔基体中，通过添加或去除某些糖进而修饰糖链。随后，S-RNase 通过未包被囊泡离开高尔基体，均匀分布在引导组织细胞质中（图 3-27）。

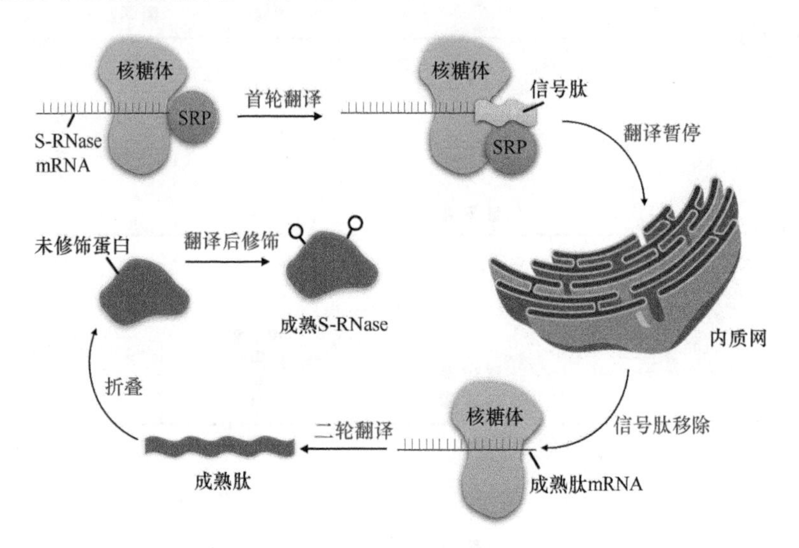

图 3-27　苹果 S-RNase 在花柱细胞内合成过程

3. 分离纯化

S-RNase 分离纯化包括花柱内源纯化和重组纯化。

（1）花柱内源纯化

花柱内源纯化指将花柱中 S-RNase 蛋白提取纯化的过程，步骤较复杂。在纯化过程中需要始终保持蛋白质适宜的环境，防止 S-RNase 降解。内源纯化有以下两种方法。

方法一：阴阳离子交换层析法

1）研磨过滤。冰冷的研钵中放入 3g 冻结干燥后的花柱，加入 50mmol/L 预冷的磷酸提取液（pH 7.0），研磨后 14 000r/min 离心 10min；沉淀物再重复提取 2 次，上清液收集在一起；经 DE-52 阴离子交换剂及 Amberlite XAD-4 过滤处理，去除多酚，经粗蛋白超滤及透析浓缩后，准备上柱层析。

2）阴离子交换层析。将洗净和膨润后的 DE-52 阴离子交换剂填充到层析柱中，用 25mmol/L Tris-HCl（pH 7.2）缓冲液平衡过夜；上样后用填充的交换剂容积的 3 倍相同缓冲液洗柱，然后分别用含 0.05mol/L、0.1mol/L、0.15mol/L 梯度 NaCl 的上述缓冲液洗脱；收集洗脱峰产物，透析后冻结干燥。少量蒸馏水溶解，用 Sephadex G-25 填充的 PD-10

层析柱脱盐后，进行花粉的生物学鉴定。

3）阳离子交换层析。将洗净和膨润后的 CM-52 阳离子交换剂填充到层析柱，用 25mmol/L Tris-HCl（pH 8.5）缓冲液平衡过夜；将 DE-52 层析中获得的抑制花粉生长的活性峰上样于 CM-52 阳离子交换层析柱，用填充的交换剂容积的 3 倍相同缓冲液洗脱后，分别用含 0mol/L、0.05mol/L、0.1mol/L 梯度 NaCl 的上述缓冲液洗脱；收集洗脱峰，透析后冻结干燥。少量蒸馏水溶解，用 Sephadex G-25 填充的 PD-10 层析柱脱盐后，再次进行花粉生物学鉴定。

4）葡聚糖分子筛 Gigapite 分级。将 Gigapite 填充到层析柱中，蒸馏水洗净后，用 2mmol/L 磷酸缓冲液（pH 7.0）平衡过夜；将脱盐后的 CM-52 层析中获得的抑制花粉生长的活性峰上样于 Gigapite 层析柱，用填充的交换剂容积的 3 倍相同缓冲液洗脱后，分别用 2mmol/L、10mmol/L、50mmol/L、100mmol/L 梯度的磷酸缓冲液洗脱；收集洗脱峰，脱盐处理后进行花粉生物学鉴定、SDS 聚丙烯酰胺凝胶电泳（SDS-PAGE）、N 端氨基酸测序和核酸酶活性染色。

方法二：AKTA FPLC 蛋白质纯化法

同样基于阳离子交换柱原理，步骤和操作程序较方法一更为简便，具体步骤如下。

1）花柱蛋白质粗提。从–80℃取出花柱后，将 60 根左右的花柱立即置于花柱蛋白质提取液［50mmol/L 磷酸缓冲液，pH 7.4、1mmol/L DTT，1%（*V/V*）NP-40（乙基苯基聚乙二醇）和 cocktail（蛋白酶抑制剂）］，在冰上放置 30min，12 000*g* 离心 15min，上清液用 0.22μm 的滤膜（Millipore Company，SLGP033RB）过滤。

2）阳离子交换层析。将阳离子交换柱 Mono Q 5/50 GL 柱（GE Healthcare，Little Chalfont，UK）载入 GE 公司的 AKTA FPLC 蛋白质纯化系统。将花柱蛋白质粗提物伴随 50mmol/L 磷酸缓冲液（pH 7.0）载入阳离子交换柱。

3）洗脱浓缩。待流穿蛋白流过阳离子柱后，用含 1mol/L NaCl 的 50mmol/L 磷酸缓冲液（pH 7.0）梯度洗脱，S-RNase 洗脱峰的盐导率为 13～15。蛋白浓缩柱（Millipore）浓缩后 SDS-PAGE、核酸酶活性染色及质谱检测（图 3-28）。

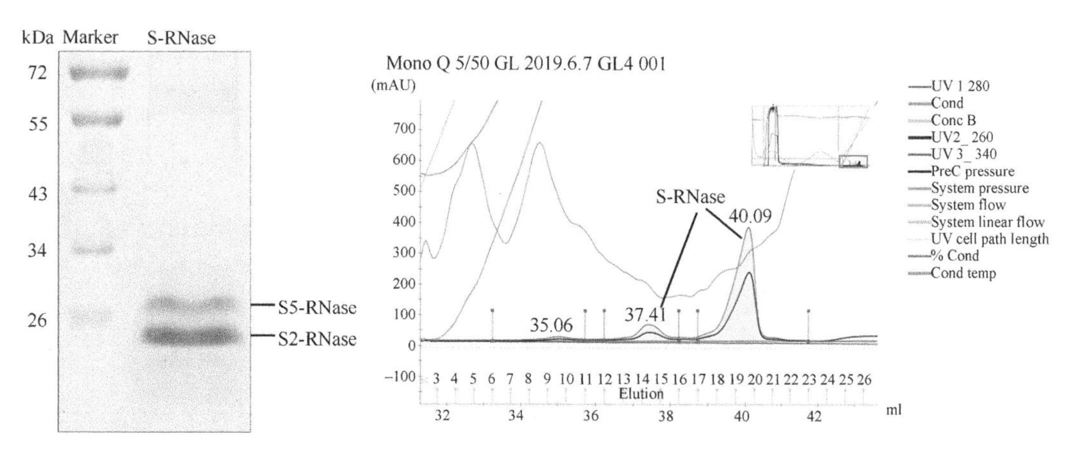

图 3-28　苹果花柱内源 S-RNase 蛋白纯化分析

（2）重组纯化

重组纯化指将带有 *S-RNase* 基因表达的载体转入大肠杆菌中，原核表达后纯化蛋白质。具体步骤如下。

1）表达载体构建转化。将 *S-RNase* 基因构建至含有标签蛋白的原核表达载体上，转化至 BL21（DE3）表达毒性蛋白的大肠杆菌菌株。

2）表达菌株培养诱导。菌株置于添加抗生素的 LB 培养基 200r/min 过夜摇菌，培养成功的菌液按 1∶1000 转入 0.5～1.0L 相同 LB 培养基继续培养，加入适量浓度的异丙基-β-D-硫代半乳糖苷（IPTG）（0.02～0.20mmol/L），37℃、4h 诱导蛋白质表达。

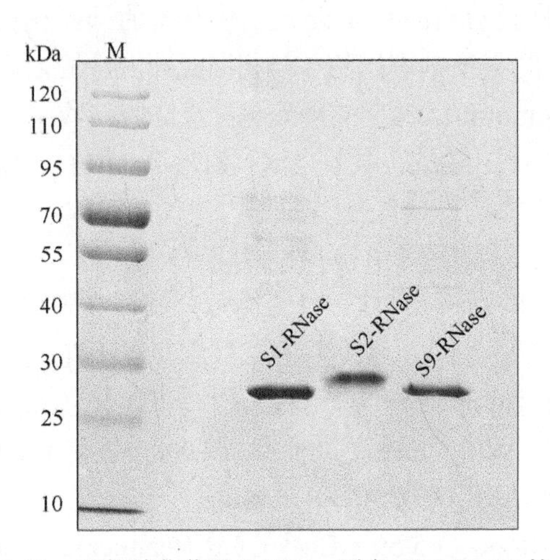

图 3-29　重组纯化苹果 S-RNase 蛋白 SDS-PAGE 检测
M 表示 10～120kDa 蛋白 Marker

3）目标蛋白纯化分离。诱导结束后 4000r/min 离心 10min 收集菌体，PBS 液重悬后超声波破碎 15min，10 000r/min 离心 1h；取上清液与标签柱料在冰上孵育 1h，PBS 液洗涤去除杂蛋白，用洗脱液孵育洗脱。洗脱蛋白经 SDS-PAGE、核酸酶活性检测（图 3-29）。

内源纯化和重组纯化均能获得有活性的 S-RNase 蛋白，各有优势和不足之处。内源纯化的 S-RNase 能保证蛋白质结构完全正确、活性高、分子质量大小准确，但含有少量的杂蛋白，纯度不高，且每次纯化需要的花柱量较大，纯化蛋白含量较少，无法满足大规模的花粉培养、抗体制备等试验需求。重组蛋白由于带有标签蛋白，其三维结构会发生一定程度的变异，导致活性低于内源蛋白，同时也缺乏糖基化等翻译后修饰，但其优点在于能获得大量蛋白质，不受花柱材料限制，方法较内源纯化快捷简便（表 3-7）。

表 3-7　苹果内源纯化和重组纯化 S-RNase 技术比较

比较指标	内源纯化 S-RNase		重组纯化 S-RNase
	方法一	方法二	
纯度 [a]	90%	75%	95%
活性 [b]	高	高	中
分子质量大小 [c]	准确	准确	较内源蛋白大
操作难度	较复杂	较复杂	较简易
纯化蛋白总量	低	低	高
翻译后修饰	有	有	无

a. 纯度指纯化蛋白中目标蛋白在总蛋白中所占比例，比例越高，纯度越高

b. 活性指核糖核酸酶活性，即降解 RNA 的能力

c. 分子质量大小指纯化蛋白的分子质量，重组蛋白由于携带有标签蛋白，蛋白质分子质量往往高于实际大小

4. 生物学功能

S-RNase 作为苹果花柱侧决定因子，其含量、蛋白质活性等与自花结实能力及离体花粉管生长量有着显著相关性。

（1）S-RNase 含量与自花结实性

A. 花不同发育阶段自花结实性及花柱 S-RNase 含量变化

1）自花结实率低的品种。例如，‘富士’和‘金冠’的花器官由小变大，花柱质量从露红期的 21～30mg 增加至盛开期的 87～92mg。自花授粉坐果率由花朵露红期的 55%～78%逐渐降至盛开期的≤2%，随花柱增大逐渐降低（r^2=0.933，P<0.05）（表 3-8）。检测相同质量（100mg）和相同根数（n=100）花柱蛋白质粗提液的 S-RNase 含量，结果显示，S-RNase 含量由露红期的 0U（U 表示蛋白条带绝对灰度值）分别上升至盛开期的 171～363U 和 299～455U，S-RNase 含量随着花发育进程逐渐升高，自花授粉坐果率随花发育和 S-RNase 含量升高逐渐降低（r^2=0.946，P<0.05）（表 3-8，图 3-30）。

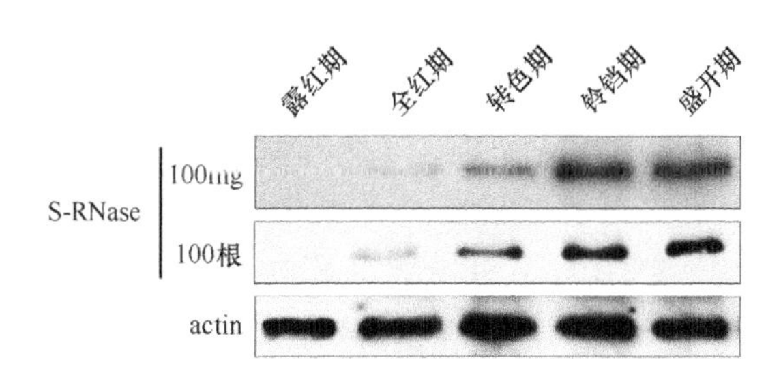

图 3-30 苹果花发育不同阶段自花授粉花柱 S-RNase 含量变化

表 3-8 自花结实率低的苹果品种花发育不同阶段花柱 S-RNase 含量与自花结实性相关性分析

品种	指标		露红期	全红期	转色期	铃铛期	盛开期
富士	自花授粉坐果率（%）		78	56	38	18	2
	花柱质量（mg/100 根）		21	32	43	59	87
	S-RNase 含量（U）	相同质量（100mg）	0	18	55	120	171
		相同根数（n=100）	0	39	133	221	299
金冠	自花授粉坐果率（%）		55	52	40	7	0
	花柱质量（mg/100 根）		30	35	50	78	92
	S-RNase 含量（U）	相同质量（100mg）	0	43	55	178	363
		相同根数（n=100）	0	16	33	256	455

2）自花结实率高的品种。例如，‘寒富’和‘中苹 1 号’的自花授粉坐果率分别为露红期 59%～71%、全红期 52%～82%、转色期 56%～86%、铃铛期 61%～77%、盛开期 63%～81%，并未随花柱增大而升高或降低，二者没有相关性（r^2=0.024，P>0.05）（表 3-9）。检测相同质量（100mg）和相同根数（n=100）花柱蛋白质粗提液的 S-RNase 含量，结果显示，S-RNase 含量由露红期的 0U 分别上升至盛开期的 199～225U 和 271～379U，S-RNase 含量随着花发育而逐步增高，但自花授粉坐果率未随花发育进程和 S-RNase 含量升高而改变（r^2=0.028，P>0.05）（表 3-9）。

表 3-9 自花结实率高的苹果品种花发育不同阶段花柱 S-RNase 含量与自花结实性相关性分析

品种	指标		露红期	全红期	转色期	铃铛期	盛开期
寒富	自花授粉坐果率（%）		71	82	86	77	81
	花柱质量（mg/100 根）		25	42	46	72	82
	S-RNase 含量（U）	相同质量（100mg）	0	28	67	210	225
		相同根数（n=100）	0	42	140	388	379
中苹1号	自花授粉坐果率（%）		59	52	56	61	63
	花柱质量（mg/100 根）		18	37	50	90	110
	S-RNase 含量（U）	相同质量（100mg）	0	38	58	170	199
		相同根数（n=100）	0	29	36	156	271

B. 盛开期花柱 S-RNase 分布位置与自我花粉管发育

1）自花结实率低的品种。自花结实率低的品种自花授粉后花粉管随时间推移向下延伸，约 48h 停止生长（图 3-31A）。例如，‘富士’、‘国光’和‘金冠’等品种苹果花，依据花粉管荧光变化判断花粉管停止生长的位置，其距离柱头 251～550μm（表 3-10），此区域定义为花粉管停长区（花柱中部）。该区域上方至柱头表面区域为花柱上部，该区域下方至花柱基部为花柱下部（图 3-31B）。盛开期花柱 S-RNase 含量为花柱中部（221～302U）＞花柱上部（39～88U）＞花柱下部（22～

表 3-10 不同苹果品种花粉管停长位置及对应 S-RNase 含量

	品种		花柱上部	花柱中部	花柱下部
自花结实率低的品种	富士	位置（μm）	0～271	272～633	634～829
		花粉管荧光值（FRI[a]）	2880	880	0
		S-RNase 含量（U，n=100）	39	241	22
	国光	位置（μm）	0～255	256～551	552～831
		花粉管荧光值（FRI）	2625	531	0
		S-RNase 含量（U，n=100）	74	221	45
	金冠	位置（μm）	0～240	241～500	501～877
		花粉管荧光值（FRI）	4305	1337	0
		S-RNase 含量（U，n=100）	88	302	53
自花结实率高的品种	寒富	位置（μm）	0～250	251～550	551～831
		花粉管荧光值（FRI）	2381	1370	586
		S-RNase 含量（U，n=100）	53	308	32
	中苹 1 号	位置（μm）	0～250	251～550	551～848
		花粉管荧光值（FRI）	2381	920	281
		S-RNase 含量（U，n=100）	68	213	27

a. FRI 表示相对荧光强度

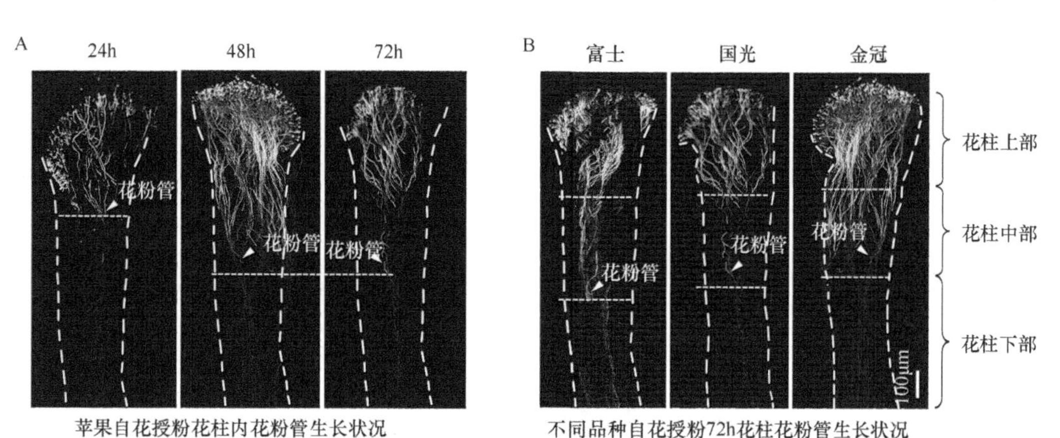

图 3-31　自花结实率低的苹果品种自花授粉后花柱生长的荧光显微镜观察

白色虚线部分代表花柱轮廓

53U），自花授粉的花粉管停长区 S-RNase 含量较高（表 3-10）。S-RNase 分布位置与花粉管停长具有正相关性（r^2=0.921，P＜0.05），这意味着 S-RNase 通过抑制花粉管生长而阻碍受精结实。

2）自花结实率高的品种。自花结实率高的品种（如‘寒富’、‘惠’和‘中苹 1 号’）自花授粉后花粉管不断向下生长，约 72h 生长至花柱基部（图 3-32），中途未有停长现象。盛开期花柱 S-RNase 含量为花柱中部（213～308U）＞花柱上部（53～68U）＞花柱下部（27～32U）。S-RNase 分布位置与自花结实率低的品种相似，但与花粉管生长无相关性（r^2=0.023，P＞0.05）。

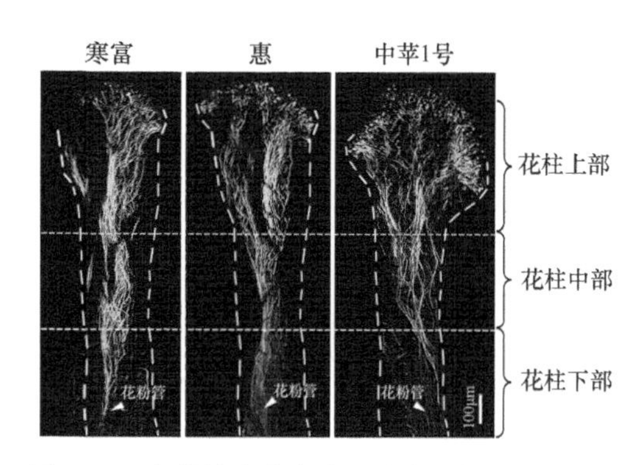

图 3-32　自花结实率高的品种自花授粉花柱荧光显微镜观察

白色虚线部分代表花柱轮廓

自花结实率低的品种（如‘红星’）和自花结实率高的品种（如‘惠’）授粉前 S-RNase 位于花柱引导组织细胞内。自花和异花授粉后 24h，花柱细胞间隙和花粉管内检测到大量 S-RNase，而花柱细胞内几乎检测不到 S-RNase（图 3-33，表 3-11），证明授粉后 S-RNase 从花柱细胞转移至细胞间隙和花粉管内。

C. 苹果花柱 *S-RNase* 表达与自花结实性

转基因沉默‘Elstar’（S 基因型 S3S5）中的 *S3-RNase*，花柱 *S3-RNase* 含量降低，自花授粉坐果率提升 18%～26%（Broothaerts et al.，2004）（表 3-12）。

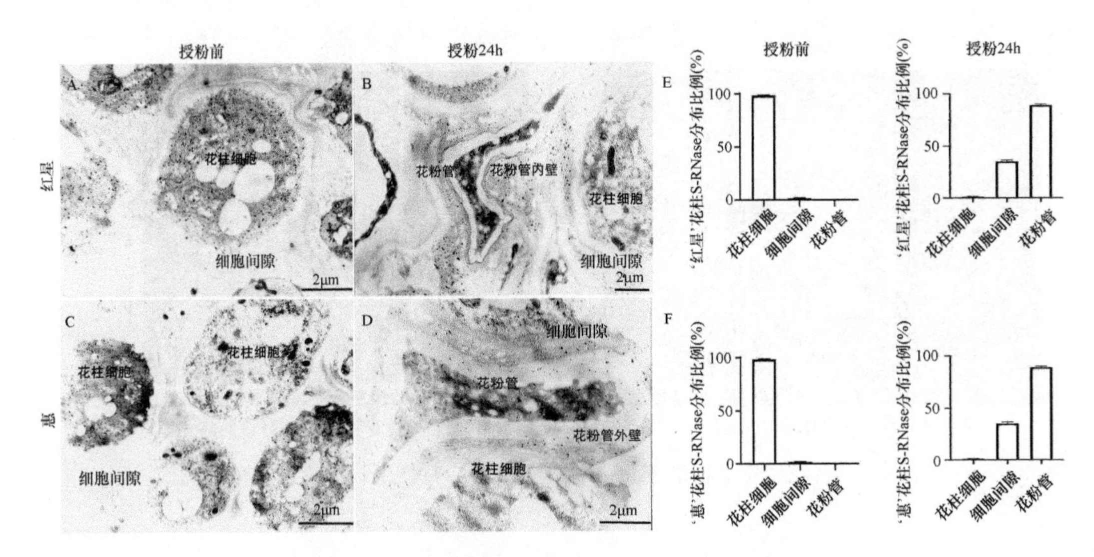

图 3-33 苹果授粉前后花柱 S-RNase 定位观察

A～D. 授粉前后花柱 1/3 处横截面免疫胶体金杂交（黑色点状为 S-RNase 杂交信号）；E、F. S-RNase 分布比例统计

表 3-11 苹果授粉前后 S-RNase 细胞定位分析

花柱位置	时间（h）	不授粉	自花授粉		异花授粉	
			无花粉管[a]	有花粉管[b]	无花粉管	有花粉管
花柱上部	0	+	+	/	+	/
	24	+	+	–	+	–
	48	+	/	–	/	–
花柱中部	0	+	+	/	+	/
	24	+	+	/	+	/
	48	+	/	–	/	–

注：“+”表示 S-RNase 位于花柱引导组织细胞内；“–” 表示 S-RNase 位于花柱引导组织细胞间隙及花粉管内；“/ ”表示未检测

a. 切片样品未观测到花粉管；b. 切片样品观测到花粉管

表 3-12 苹果沉默 *S-RNase* 株系自花/异花授粉坐果数比较

年份	授粉方式	坐果数（授粉花朵数）		
		株系 1	株系 2	对照
1999～2001	自花	32（464）	20（547）	4（2758）
	异花	31（593）	25（436）	30（2417）

（2）苹果 S-RNase 含量与花粉萌发

A. 花柱内源 S-RNase

利用不同浓度花柱内源 S-RNase 离体培养花粉，随 S-RNase 的浓度上升（0μg/ml、25μg/ml、50μg/ml、100μg/ml）花粉萌发率由 90%～95%降至 11%～18%，S-RNase 浓度越高，花粉萌发能力越差。花柱内源 S-RNase 抑制自我和异我花粉萌发的效果相同（表 3-13）。

表 3-13 苹果花柱内源 S-RNase 含量对花粉萌发率（%）的影响

花粉品种	S-RNase 源品种	S-RNase 浓度（μg/ml）			
		0	25	50	100
富士	富士 S1-RNase+S9-RNase	91	77	18	11
	金冠 S2-RNase+S3-RNase	95	72	25	15
金冠	富士 S1-RNase+S9-RNase	90	80	30	16
	金冠 S2-RNase+S3-RNase	95	76	34	18

B. 重组 S-RNase

采用不同 S 单元型的单一 S-RNase 离体培养‘金冠’花粉，随 S-RNase 的浓度上升（0μg/ml、25μg/ml、50μg/ml、100μg/ml），花粉萌发率由 95%～96%降至 1%～3%，S-RNase 的浓度越高，花粉萌发能力越差。重组 S-RNase 抑制自我和异我花粉萌发的效果无显著差异（表 3-14）。

表 3-14 重组 S-RNase 对‘金冠’花粉萌发率（%）的影响

S-RNase 种类	S-RNase 浓度（μg/ml）			
	0	25	50	100
S1-RNase	96	56	10	1
S2-RNase	95	58	21	3
S3-RNase	95	67	15	1
S9-RNase	96	72	6	1

（3）S-RNase 含量与离体花粉管生长

A. 花柱内源 S-RNase

采用花柱内源 S-RNase 培养离体花粉，随 S-RNase 浓度上升（25μg/ml、50μg/ml、100μg/ml），花粉管生长量从 80%降至 20%以下。S-RNase 浓度越高，抑制效果越强，不仅抑制自我花粉管生长，也能抑制异我花粉管生长，对二者的抑制程度一致（表 3-15）。

表 3-15 苹果花柱内源 S-RNase 对离体自我/异我花粉管生长的影响

S-RNase 种类	红星花粉（S9S19）			惠花粉（S2S9）			金冠花粉（S2S3）		
	100[a]	50	25	100	50	25	100	50	25
S9-RNase（红星）	+++[b]	++	++	+++	++	+	+++	++	–
S19-RNase（红星）	+++	++	++	+++	++	+	+++	++	–
S2-RNase（惠）	+++	++	+	+++	++	+	+++	++	–
S9-RNase（惠）	+++	++	+	+++	++	+	+++	++	–
RNase T2[c]	–	–	–	–	–	–	–	–	–

a. 上样量，单位：μg/ml

b. 对花粉管生长抑制程度：“+++”表示抑制 80%生长量，“++”表示抑制 50%生长量，“+”表示抑制 20%生长量，“–”表示不抑制

c. RNase T2 为对照组

不同浓度的花柱内源 S-RNase 均能抑制离体培养的自我和异我花粉管生长，但浓度低至 25μg/ml，对自我花粉管的抑制程度（50%）高于对异我花粉管的抑制程度（≤20%），

能区分对自我与异我抑制作用的不同（表 3-16）。

表 3-16　苹果花柱内源 S-RNase 对离体自我/异我花粉管生长的影响

S-RNase 种类	富士花粉（S1S9）			嘎拉花粉（S2S5）			金冠花粉（S2S3）		
	100[a]	50	25	100	50	25	100	50	25
S1-RNase（富士）	+++[b]	++	++	+++	++	–	+++	++	–
S9-RNase（富士）	+++	+	++	++	++	+	++	++	–
S2-RNase（嘎拉）	+++	++	+	+++	+	++	++	++	+
S5-RNase（嘎拉）	+++	++	+	+++	++	++	+++	++	–
S2-RNase（金冠）	–	–	–	–	–	–	+++	++	++
S3-RNase（金冠）	+++[b]	++	+	+++	++	+	++	++	++
RNase T2[c]	+++	++	+	+++	++	+	+++	++	+

a. 上样量，单位：μg/ml

b. 对花粉管生长抑制程度："+++"表示抑制 80%生长量，"++"表示抑制 50%生长量，"+"表示抑制 20%生长量，"–"表示不抑制

c. RNase T2 为对照组

B. 重组 S-RNase 与自我/异我花粉管生长

在离体培养条件下，每种重组 S-RNase 浓度为 5μg/ml（总浓度 10μg/ml）时，不抑制自我和异我花粉管生长；浓度为 25μg/ml（总浓度 50μg/ml）时，则抑制自我和异我花粉管生长；当浓度为 15μg/ml（总浓度 30μg/ml）时，自我 S-RNase 和异我 S-RNase 培养的花粉管生长差异最大（表 3-17）。因此，适宜浓度的重组 S-RNase 可区分自我与异我花粉管生长的抑制作用。

表 3-17　不同浓度重组 S-RNase 对苹果离体花粉管生长的影响

S-RNase 种类与比例	富士花粉（S1S9）			金冠花粉（S2S3）			嘎拉花粉（S2S5）		
	10[a]	30	50	10	30	50	10	30	50
S1-RNase：S9-RNase=1：1	96[b]	38	35	90	88	33	96	86	29
S2-RNase：S3-RNase=1：1	112	87	45	93	40	23	110	66	35
S2-RNase：S5-RNase=1：1	121	75	41	101	76	29	114	32	28
RNase T2[c]	115	119	138	135	127	133	119	106	128

a. 添加 S-RNase 总浓度，单位：μg/ml

b. 花粉管生长量，为添加 S-RNase 培养 120min 后花粉管长度，单位：μm

c. RNase T2 为对照组

（二）苹果花粉 S 决定子 SFBB

苹果自花结实性是花柱和花粉相互识别、相互作用的过程，除了花柱侧决定子 S-RNase，花粉侧也含有和花柱侧相互作用的 S 决定因子 SFBB。

1. 基本特征

（1）蛋白质性质

苹果花粉 S 决定因子是一类 N 端具有 F-box 保守结构域的蛋白质，命名为 SFBB。SFBB 大小为 390～430 个 aa（氨基酸残基），分子质量为 50～60kDa，等电点 pI 为 6～11。

（2）组织特异性

SFBB 仅在苹果花粉中特异性表达，在花柱、花瓣、子房、萼片、叶片等其他组织中均不表达（图 3-34）。

（3）S 单元型特异性

花粉 *SFBB* 具备 S 单元型特异性，即与 *S-RNase* 紧密连锁。例如，*S2-RNase* 附近 *SFBB1*、*SFBB2*、*SFBB3* 和 *SFBB4* 在含有 S2 单元型的品种中特异表达，与 *S2-RNase* 紧密连锁，具有 S2 单元型特异性。其他 6 个 *F-box*（*SFBB-like 1*～*SFBB-like 6*，即 *SFBL1*～*SFBL6*）基因在不含 S2 单元型的品系中也有表达，不具备 S2 单元型特异性。同样，在 S3 和 S9 基因座上，分别有 10 个 *SFBB*（*S3-SFBB1*～*S3-SFBB10*）和 9 个 *SFBB*（*S9-SFBB1*～*S9-SFBB9*）与之连锁（图 3-35）。

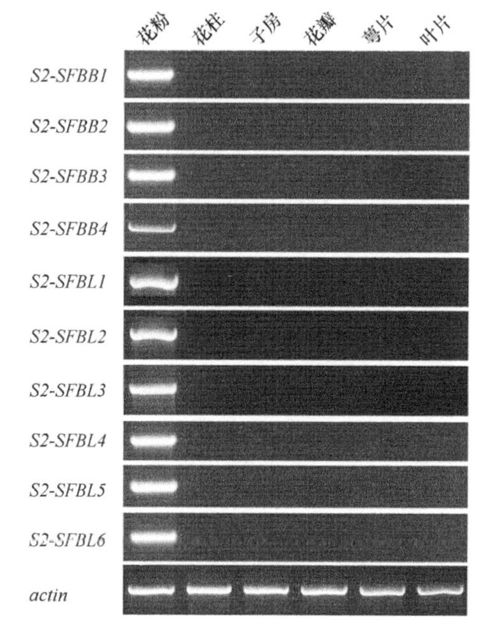

图 3-34　苹果花粉 SFBB 组织表达分析

2. 结构特点

（1）一级结构

1）保守功能域。苹果 SFBB 均包含一个 30～40 个氨基酸残基的 F-box 结构域。和大部分 F-box 蛋白一样，苹果 SFBB 的 F-box 结构域位于序列 N 端，除了 F-box 结构域，SFBB 没有其他明显的功能结构域。

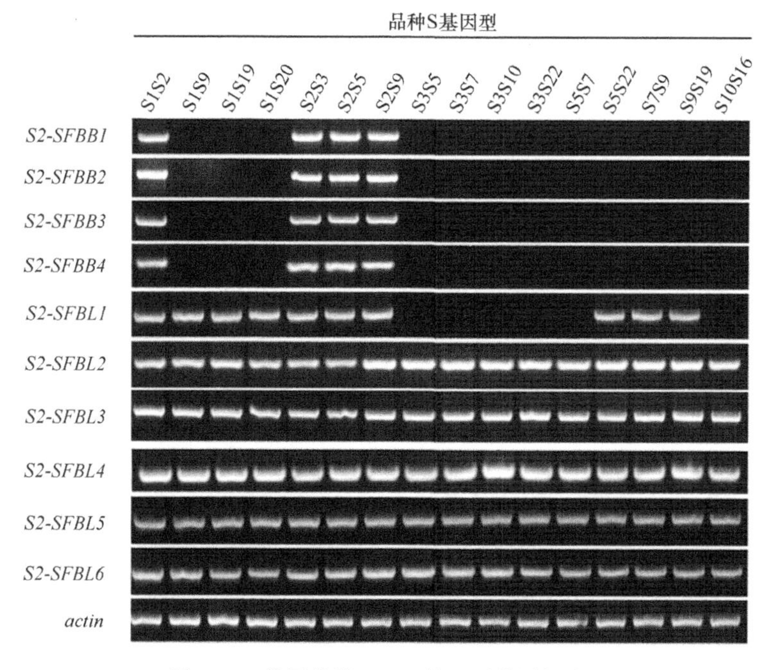

图 3-35　苹果花粉 *SFBB* 单元型特异性表达

2）保守区和非保守区。除 F-box 结构域外，SFBB 还含有 6 个保守区（FC1～FC6），在 N 端 F-box 结构域后依次排列，FC1、FC2、FC3、FC4、FC5、FC6 分别位于约第 40～55、110～130、135～150、165～190、210～230、315～330 氨基酸残基。所有保守区大小均为 15～25 个 aa，形成了较保守的蛋白质二级结构。与 S-RNase 不同的是，SFBB 没有明显的高变区，保守区以外的氨基酸序列为非保守区（图 3-36）。

（2）二级结构和三级结构

模拟 SFBB 蛋白二级结构和三级结构（图 3-37），结果显示，一级结构中 6 个保守区包含大量 α 螺旋和 β 折叠，紧密排列并折叠形成蛋白质的“基座”，类似 E3 泛素连接酶 F-box“船形”底座；非保守区则排列较松散，大部分区域裸露于蛋白质外侧，可能与蛋白质识别相关。

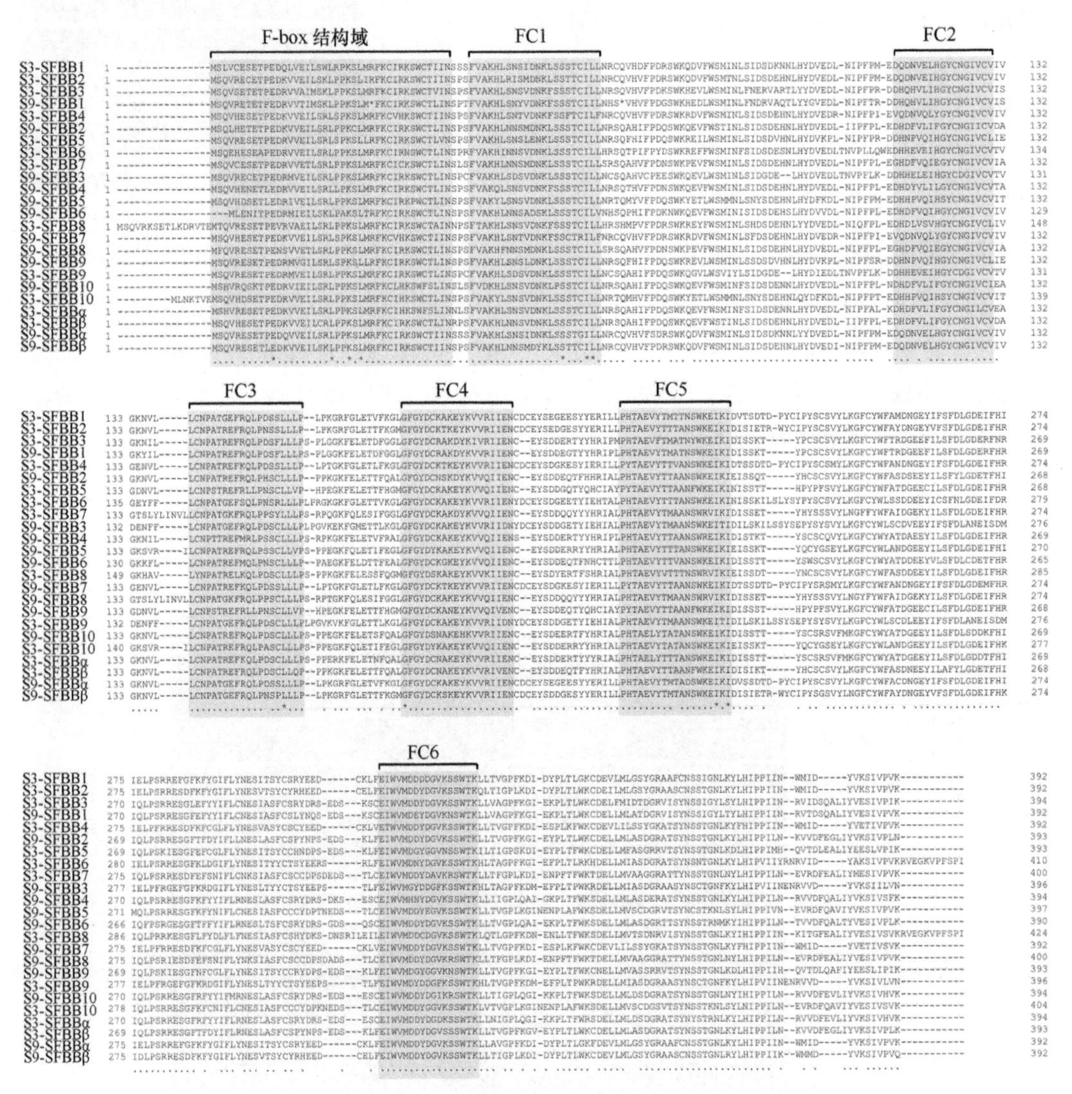

图 3-36 苹果花粉 SFBB 一级结构

FC 代表 F-box 保守区

3. 生物学功能

SFBB 作为花粉侧 S 决定因子，主要功能为组成 SCF 复合体（E3 泛素连接酶）标记泛素并降解 S-RNase。

（1）SCF 复合体组成

花粉细胞中存在一种泛素介导的蛋白质周转路径，泛素作为一个降解标记，共价连接目标蛋白，泛素标记的蛋白质最终被 26S 蛋白酶体降解。泛素在真核生物中高度保守，编码 76 个 aa。泛素化的发生需要泛素活化酶（ubiquitin-activating enzyme）E1、泛素缀合酶（ubiquitin-conjugating enzyme）E2 和泛素连接酶（ubiquitin ligase enzyme）E3 共同参与，其中 E1 和 E2 较保守，而 E3 因组成成分不同分为 HECT、RING/U-box、APC 复合体和 SCF 复合体 4 类。苹果花粉 SFBB 介导的 E3 属于 SCF 复合体类型，具有如下特点。

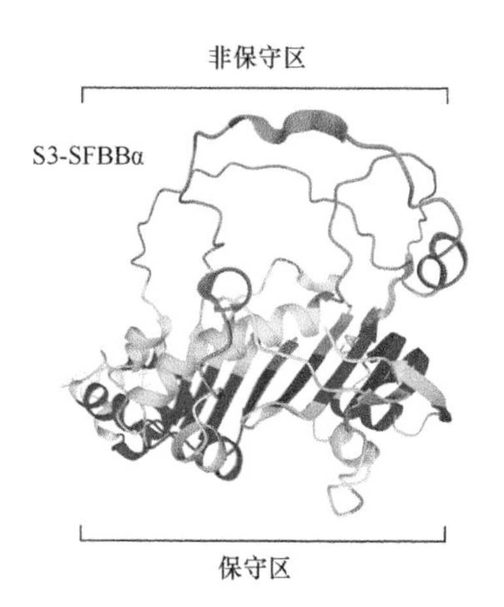

图 3-37　苹果花粉 SFBB 蛋白三维结构

1）构成亚基。苹果花粉 SCF 复合体由 4 个亚基构成，分别为 Cullin1、SSK1、Rbx1 和 SFBB（图 3-38）。需要注意的是，在其他植物如矮牵牛和金鱼草中，SCF 复合体组分为 Cullin1、SBP1、Rbx1 和 SLF，其中 SBP 蛋白在苹果花粉中也存在，但不参与 SCF 复合体形成。

2）三维结构。SCF 具有环形结构，其中 Cullin1、SSK1、Rbx1 构成一个基本骨架。Cullin 亚基作为一个大的骨架蛋白确保为 E2 展示出最佳的底物结合状态；SSK1 的 C 端与 SFBB 的 N 端 F-box 结构域紧密连接，其结合不依赖于 C 端 WAFE 尾巴；Rbx1 是一种小的环蛋白（ring protein），Rbx1 N 端和 SFBB 相互结合；E3 介导 E2 与 Cullin1 蛋白 C 端区域互作，推进泛素从 E2 到靶蛋白转移（图 3-38）。

MdSSK1 基因不同结构域识别不同基因，N 端与 *Cullin1* 基因结合，而 C 端则与 *F-box* 基因结合。*SSK1* 基因的重要特点是 C 端多了一段 WAFE 尾巴，有 7～9 个 aa，该序列与 SFBB 特异性识别时需要 *MdSSK1* C 端结构域共同参与。

（2）S-RNase 泛素标记

SCF 复合体介导的 S-RNase 泛素化包括 3 个阶段性酶激反应（图 3-39）。

1）在 ATP 作用下泛素被泛素活化酶 E1 激活，E1 的一个保守半胱氨酸与泛素 C 端形成硫酯键。

2）泛素分子被转移到泛素结合酶 E2，与 E2 的半胱氨酸再次形成一个硫酯键。

3）泛素连接酶 E3 中 SFBB 的 C 端非保守区与 S-RNase 高变区 RHv 结合，促进泛素和 S-RNase 异肽键形成，泛素的赖氨酸残基继续连接其他泛素分子形成一个多泛素链（图 3-39，图 3-40）。多泛素化的 S-RNase 会被 26S 蛋白酶体迅速识别完成降解过程，泛素单体此后又被循环利用。

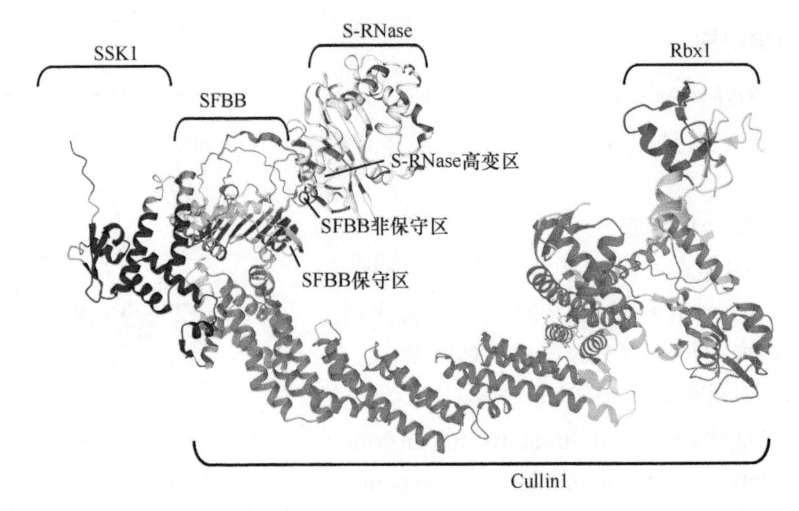

图 3-38　SFBB 形成 SCF 复合体结合 S-RNase 的三维结构分析

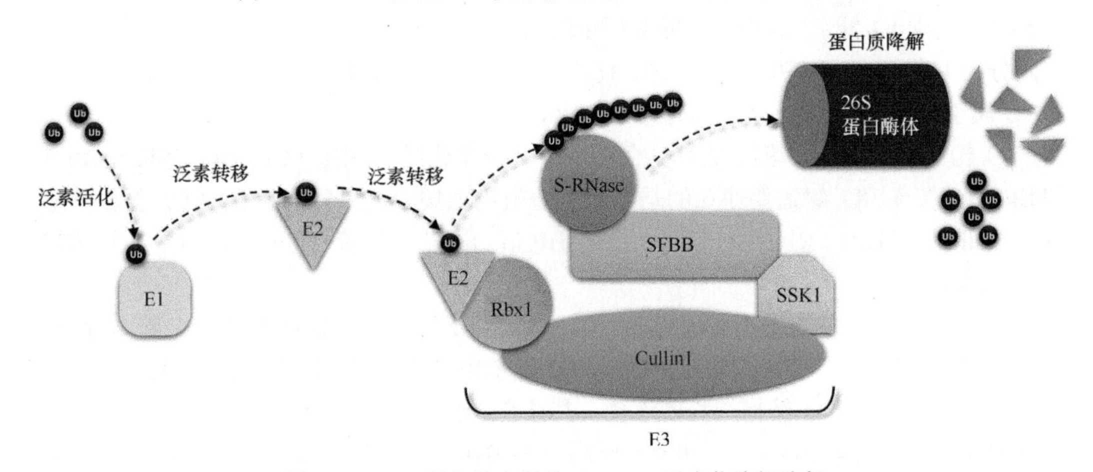

图 3-39　SCF 复合体介导的 S-RNase 泛素化降解路径

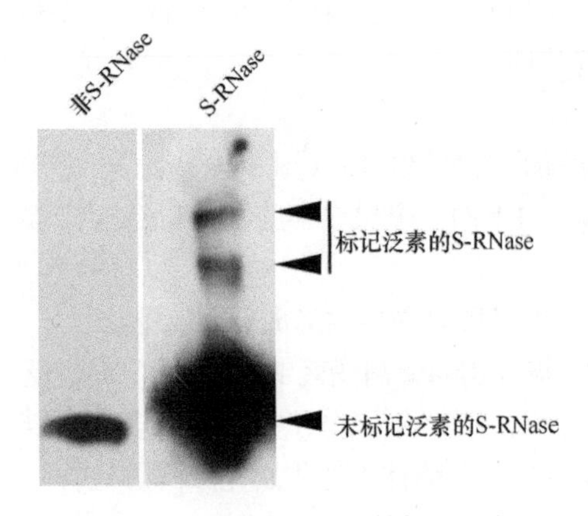

图 3-40　苹果 S-RNase 被标记泛素

二、苹果非 S 因子

花粉与花柱自花结实性识别是一个复杂的过程，在苹果花粉和花柱识别过程中，并非只有位于 S 基因座的 S 决定因子发挥功能，还有若干 S 基因座以外的非 S 因子参与其中，如辅助 S-RNase 转运、传递识别信号、辅助识别反应、影响花粉生长活性等的非 S 因子。非 S 因子一般不具备多态性，与 S 决定因子之间的作用也不具备 S 单元型特异性。

（一）花粉管膜转运蛋白 ABCF

1. 基本特征

（1）蛋白质性质

苹果花粉管 ABCF 蛋白属于 ABC 转运蛋白（ATP-binding cassette transporter）家族 F 亚类，由 611 个氨基酸组成，分子质量约 71kDa，主要功能为将离子、单糖、氨基酸、磷脂、多肽、多糖等物质转运至细胞内部（图 3-41）。

ABCA　ABCE
ABCB　ABCF
ABCC　ABCG
ABCD　ABCI
○ 底物结合区　跨膜区　核苷酸结合区

图 3-41　苹果 ABC 转运蛋白家族蛋白质结构分析

（2）蛋白质定位

ABCF 在苹果多个组织中表达，但在花粉和花柱表达量最高，在花发育不同阶段表达无显著差异。ABCF 蛋白定位于花粉管膜，细胞质、细胞核中均无分布（图 3-42）。

A

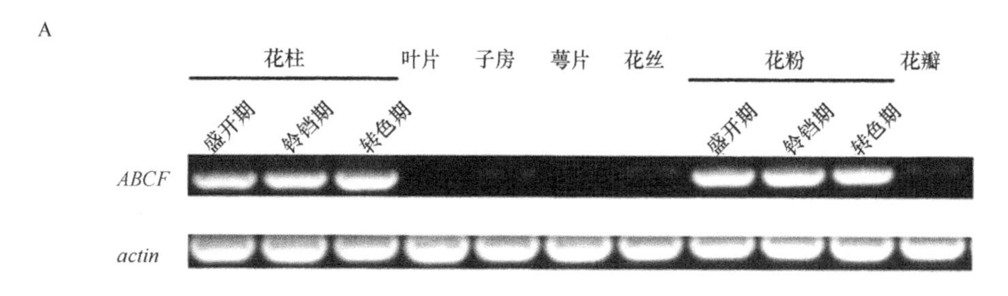

B

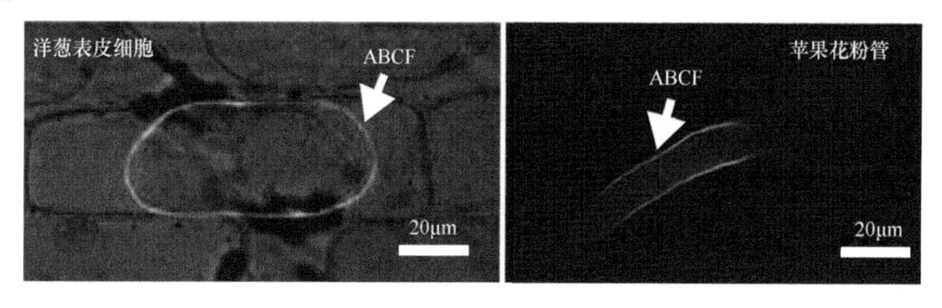

图 3-42　苹果花粉管 ABCF 组织与细胞分析

A. 组织特异性；B. 基因枪亚细胞定位

2. 结构特征

（1）一级结构

ABCF 包含 2 个核苷酸结合结构域（nucleotide binding domain，NBD）和一个高度疏水的跨膜结构域（transmembrane domain，TMD），NBD 负责结合分解 ATP，TMD 位于 2 个 NBD 之间，负责底物跨膜转运。ABCF 并没有典型的底物结合结构域，仅 N 端、C 端少量氨基酸残基形成疏水区，负责底物蛋白结合（图 3-43）。

```
苹果ABCF   MTVASSVVHEVLGRRAEDVDEPIIEYIVNVLADEDFDFGDDGEGAFDALGELLVGAGCVS   60
梨ABCF     MTVASSVVHEVLGRRAEDVDEPIIEYIVNVLADEDFDFGEDGEGAFEALGELLLGAGCVS   60
           ***************************************:******:******:******

                          N端疏水区
苹果ABCF   DFAECRSVCSIISEKFGKHGLVKAKPTVRSLSAPVRMDDGMDEKVAPKKKVEVIDGPLLT   120
梨ABCF     DFAECRSVCSIITEKFGKHGLVKAKPTVRSLSAPVRMDDGMNEKVAPKKKVELIDGPVLT   120
           ************:****************************:**********:****:**

                                                              NBD
苹果ABCF   ERDRAKIERKKRKDDRQREQQYQIHLAEMEAVRAGMPVVSVNHESAGGPNVRDIRLENFN   180
梨ABCF     ERDRAKIERKKRKDDRQREQQYQIHLAEMEAVRAGMPVVSVNHESAGGPNVRDIRLENFN   180
           ************************************************************

                                    NBD
苹果ABCF   VSVGGRDLIVDGSVTLSFGRHYGLVGRNGTGKTTFLRHLAMHAIDGIPRNFQILHVEQEV   240
梨ABCF     VSVGGRDLIVDGSVTLSYGRHYGLVGRNGTGKTTFLRHLAMHAIDGIPRNFQILHVEQEV   240
           *****************:******************************************

                                    NBD
苹果ABCF   VGDDTTALQCVLNTDVERTKLLEEEARLLTQQRALEFEDSTEKSNGEVDKDAIGQRLQEI   300
梨ABCF     VGDDTTALQCVLNTDVERTKLMEEEASLLAQQRALEFEDSTEKGNGEVEKDAIGRRLQEI   300
           *********************:**** **:*************.****:*****:*****

                 NBD                                   TMD
苹果ABCF   YKRLEFIDADSAESRAASILAGLSFSPEMQLKPTKAFSGGWRMRIALARALFIEPDLLLL   360
梨ABCF     YKRLEFIDADSAESRAASILAGLSFSPEMQRKPTKAFSGGWRMRIALARALFIEPDLLLL   360
           ****************************** *****************************

                                    TMD
苹果ABCF   DEPT---------------------------------NHLDLHAVLWLEAYLVKWPKTCI   387
梨ABCF     DEPTVYCSYSLVCSFFQPILCMVFFSHPHVYFLLSFQNHLDLHAVLWLEAYLVKWPKTCI   420
           ****                                 ***********************

                   TMD
苹果ABCF   VVSHAREFLNTVVTDILHLHGQKLNAYKGDYDTYERTRIELVKNQQKAFEANERSRTHMQ   447
梨ABCF     VVSHAREFLNTVVTDILHLHGQKLTAYKGDYDTYERTRTELVKNQQKAFEANERSRAHMQ   480
           ************************.************* *****************:***

                                                              NBD
苹果ABCF   SFIDKFRYNAKRAALVQSRIKALDRLGHVDEIVNDPDYKFEFPTPDDRPGPPIISFSDAS   507
梨ABCF     TFIDKFRYNAKRAALVQSRIKALDRLGHVDEIVNDPDYKFEFPTPDDRPGPPIISFSDAS   540
           :***********************************************************

                                    NBD
苹果ABCF   FGYPGGPVLFRNLNFGIDLDSRIAMVGPNGIGKSTILKLIAGELQPISGTVFRSAKVRIA   567
梨ABCF     FGYPGGPVLFRNLNFGIDLDSRIAMVGPNGIGKSTILKLIAGELQPISGTVFRSAKVRIA   600
           ************************************************************

                                    NBD
苹果ABCF   VFSQHHVDGLDLSSNPLLYMMRCFPGVPEQKLRSHLGSFGVSGNLALQPMYTLSGGQKSR   627
梨ABCF     VFSQHHVDGLDLSSNPLLYMMRCFPGVPEQKLRSHLGSLGVSGNLALQPMYTLSGGQKSR   660
           **************************************:*********************

                                    C端疏水区
苹果ABCF   VAFAKITFKKPHIILLDEPSNHLDLDAVEALIQGLVLFQGGILMVSHDEHLISGSVDELW   687
梨ABCF     VAFAKITFKKPHIILLDEPSNHLDLDAVEALIQGLVLFQGGILMVSHDEHLISGSVDELW   720
           ************************************************************

苹果ABCF   VVSEGRIQPFHGSFEDYKKILQSS      711
梨ABCF     VVSEGRIQPFDGSFEDYKKILQSS      744
           **********.*************
```

图 3-43 苹果和梨花粉 ABCF 蛋白一级结构分析

NBD 代表核苷酸结合结构域；TMD 代表跨膜结构域

（2）二级结构和三级结构

ABCF 蛋白折叠形成对称的“双肾形”结构，跨膜区域 TMD 镶嵌在细胞膜上，仅少量部分裸露于细胞膜外侧，识别和接收待转运的目标蛋白， NBD 位于细胞膜内侧，负责结合 ATP 能量分子，提供转运所需能量。ABCF 蛋白含有大量 α 螺旋和 β 折叠结构，其中 TMD 全部由 α 螺旋组成，无 β 折叠结构，而 NBD 含有较多 β 折叠和少量 α 螺旋（图 3-44）。

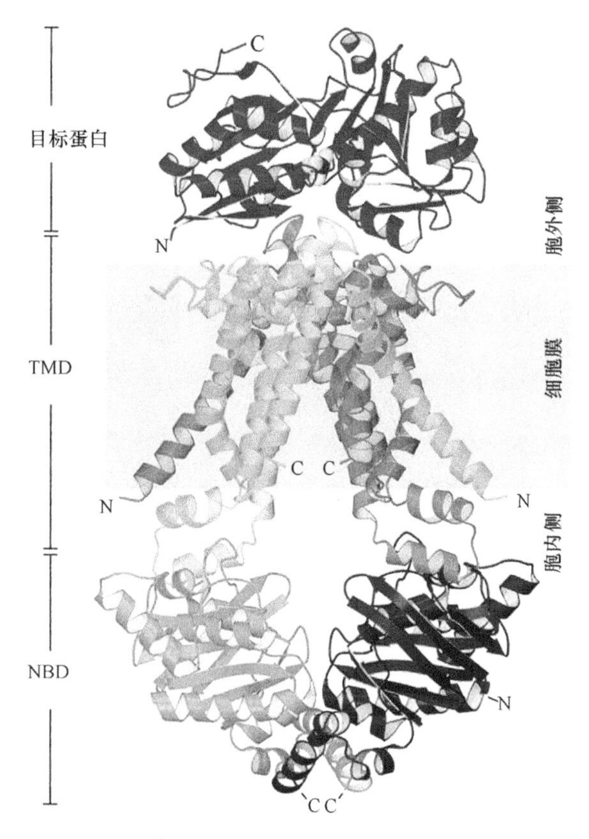

图 3-44　苹果花粉 ABCF 的二级结构和三级结构

3. 生物学功能

ABCF 蛋白主要功能为辅助蛋白质跨膜转运，此过程分 3 步进行。

1）目标蛋白捕获。目标蛋白靠近细胞膜时，被 ABCF 于膜外侧区域捕获，信号传递至细胞膜内侧 NBD，转运过程开始。

2）结合和分解 ATP。膜内侧 NBD 感知到 S-RNase，结合游离在细胞内的 ATP 能量分子，将 ATP 分解为一个 ADP 和一个磷酸基团，同时释放能量。

3）转运目标蛋白。NBD 将释放的能量传递至 TMD 区，TMD 构象发生变化，促进细胞膜形成囊泡包裹目标蛋白。随后，花粉管通过胞吞将目标蛋白转运至花粉管内（Meng et al.，2014）。

（二）花粉管防御蛋白 D1

1. 基本特征

（1）蛋白质性质

花粉管防御蛋白 D1 是一种富含半胱氨酸的多肽（cysteine-rich polypeptide，CRP），仅包含一个γ-硫堇结构域，被归类为防御蛋白（defense）家族的γ-硫堇蛋白，命名为防御蛋白 D1，具有 64 个 aa，分子质量为 7018.1Da。

（2）蛋白质定位

D1 在苹果多个组织中表达，但在花粉的表达量最高（图 3-45A）。D1 蛋白主要分布于花粉管细胞质和细胞膜，在细胞核无分布。花粉管 D1 均匀分布在细胞溶质中（图 3-45B）。

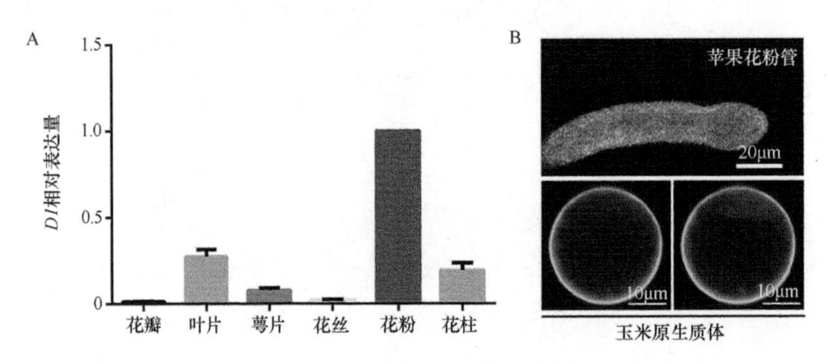

图 3-45 苹果花粉 D1 的组织与细胞分析

A. 组织特异性表达；B. 基因枪（上）与原生质体转化（下）亚细胞定位分析

2. 结构特征

（1）一级结构

D1 包含 87 个 aa，N 端第 1～23aa 为信号肽区域，C 端第 42～87aa 为保守的γ-硫堇结构域（图 3-46A）。

（2）二级结构和三级结构

D1 蛋白结构上具有 1 个α螺旋、3 个β折叠，以及 8 个半胱氨酸（分别位于其成熟多肽区的第 20、31、37、41、51、58、60、64 位）组成的 4 个二硫键（图 3-46B），N 端具有 23 个 aa 的典型信号肽序列，C 端具有小肽类防御蛋白γ-硫堇家族的基本构象（图 3-47）。

3. 生物学功能

苹果花粉管 D1 作为一种 CRP 类防御蛋白，其最重要的功能是帮助花粉管抵御 S-RNase 入侵，降低 S-RNase 带来的损害，维持花粉管正常机能（Gu et al.，2019）。

A

```
             信号肽                                                   γ-硫堇结构域
苹果D1 MERSMRLISAAFVVVLLLAATEMGPMGIEARVESSKAVEGKICEVPCTLFKGLCFSSNNCKHTCRKEQFTRGHCSVFTRACVCTKKC
白梨D1 MEHSMRLVSAAFVLVLLLATTEMGPMGVEAKSKSSKEVEKRTCEAASGKFKGMCFSSNNCANTCAREKFDGGKCKGFRRRCMCTKKC
海棠D1 MEHSMRLVSAAFVLVLLFAATEMGPMGVEARSKSDKVAKERTCEAASGKFKGLCFSSTNCKNTCKVEKFTGGQCQGFRRRCMCNKKC
沙梨D1 MERSMRLVSVTIVLVLLFSVTEMGPMGVEARSKSGKAVKERTCEAASGKFKGMCFSSTNCKNTCKTEKFIGGECQGFRRRCICNKKC
刺桐D1 MARSVPLVSTIFVLLLLLVATEMGP-MV---------AEARTCESQSHRFKGPCVSDTNCGSVCRTERFTGGHCRGFRRRCFCTKHC
藜豆D1 MARSVSLVSTIFVLLLLLVATEMGSTRV---------AEARTCESQSHRFKGPCLSDTNCGTVCRTERFTGGHCRGFRRRCFCTKHC
       * :*: *:*. :*::**: .****    :          .: : **   .   *** *.*..**   .*   *:*   *.*   * * *.*.*:*
```

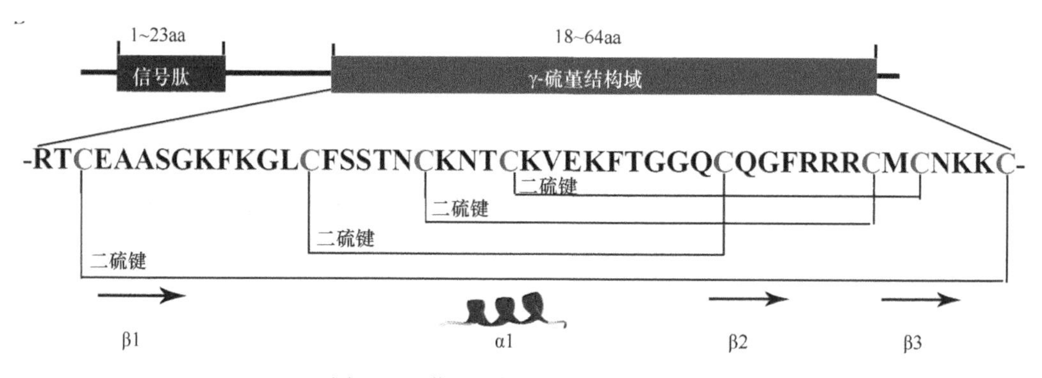

图 3-46　苹果花粉 D1 蛋白功能域分析

（三）花粉管微丝切割蛋白 MVG

1. 基本特征

（1）蛋白质性质

MVG（myosin villin GRAM）是苹果花粉管中新发现的一类微丝切割蛋白，包含微丝运动能量输出区（myosin）、微丝切割区（villin）和微丝结合区（GRAM）。MVG 由 244 个 aa 组成，分子质量约 31kDa。

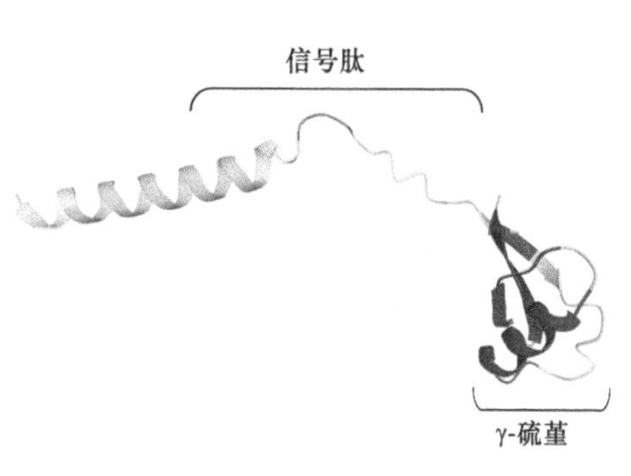

图 3-47　苹果花粉 D1 蛋白三维结构分析

（2）蛋白质定位

MVG 在苹果多个组织表达，在花粉表达最高（图 3-48A）。MVG 蛋白分布在花粉管胞质中，呈点状聚集，与花粉管微丝存在共定位（图 3-48B）。

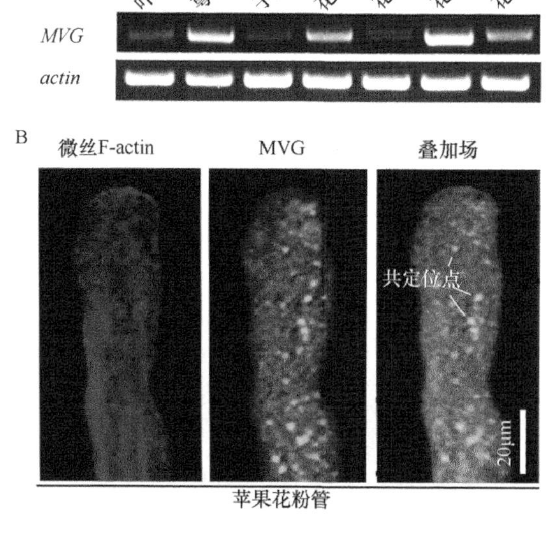

图 3-48　苹果花粉 MVG 组织与细胞分析

A. 组织特异性分析；B. 基因枪亚细胞定位

2. 蛋白质结构

MVG 的 N 端第 63～104aa 为微丝运动能量输出区，即微丝动力区（myosin），中部第 165～188aa 为微丝切割区，C 端第 192～249aa 为微丝结合区。由于 MVG 属于新发现的一种蛋白质，目前人们还无法模拟出其三维结构（图 3-49）。

```
苹果MVG MAATPEQTHPHSEHPPQQPPPPEAEDTHPYSEQPPQQPPPPEAEDTHPHSEQPPQQPPPP 60
  桃MVG MTGTLEETQ---SGPPSSSPKA----KEK-------ASNEPQLSSTVTEATQPQPSSTPP 46
        *:.* *:*:   . **.. *       ..             *: ..*  .: **  .  **
                myosin 微丝动力区
苹果MVG EAEDTKKWGTHIMGTPAAPNVHPDNQQAALWKAADHQQIPQQQPYVQHSPIDKHTNNPFE 120
  桃MVG SEEETKKWGTHIMGAPADPTAHPDNQKAASWNASDHQQIY-QQPYIVYSPIEKPTNNPLE 105
        . *:**********:** *..*****:** *:*:*****  ****: :***:* ****:*
                                                      villin 微丝切割区
苹果MVG PVIQAFNSWSAKAETMARNIWYNLKTGHSVPEAAWGKVNLTAKALSEGGFESLFKQIFAT 180
  桃MVG PVIHMFNSWSRKAETVARNIWHNLKTGNSVSEAAWGKVNLTAKAITEGGFESLFKQIFAT 165
        ***: ***** ****:*****:*****:** *************::**************
                                          GARM 微丝结合区
苹果MVG DPNEKLKKTFACYLSTSTGPVAGTQYLSTARLAFCSDRPLTFTSPSGQAAWSYYKVSIPL 240
  桃MVG DPNEKLKKTFACYLSTTTGPVAGTLYLSTARVAFCSDRPLSFTAPSGQETWSYYKVMIPL 225
        ****************:******* ******:********:**:**** :****** ***

苹果MVG GNISTVNPVVTKENPPEKYIQIATTDGHEFWFMGFVNFDKASHHIFESVADFRTAGNAVQ 300
  桃MVG ANISSANPVSIRENSSEKYIQIVTIDGHEFWFMGFVNFEKASHHLLESVTEYRATGSAGQ 285
        .***:.***  :**  ******.* *************:*****::***:::*::*.* *

苹果MVG QVQPVPG      307
  桃MVG PVHG---      289
         *:
```

图 3-49　苹果和桃花粉 MVG 蛋白结构域分布

3. 生物学功能

花粉管极性生长依靠微丝结合蛋白的组装、切割、稳定等过程，形成纤丝状肌动蛋白（filamentous actin，F-actin）与球状肌动蛋白（globular actin，G-actin）的动态平衡。MVG 为微丝切割蛋白，在 Ca^{2+}帮助下切割花粉管内 F-actin 组成的束状微丝变成 G-actin 组成的微丝碎片，维持花粉管微丝“踏车现象”动态平衡，驱动花粉管延伸。MVG 蛋白含量变化会打破平衡状态，MVG 蛋白过量导致花粉管内微丝碎片增多，纤维化的束状微丝过少，花粉管细胞骨架崩塌，生长停滞；MVG 蛋白不足又会造成花粉管内微丝碎片减少，束状微丝过多，延伸驱动力减弱，生长停滞（图 3-50）（Yang et al.，2018）。

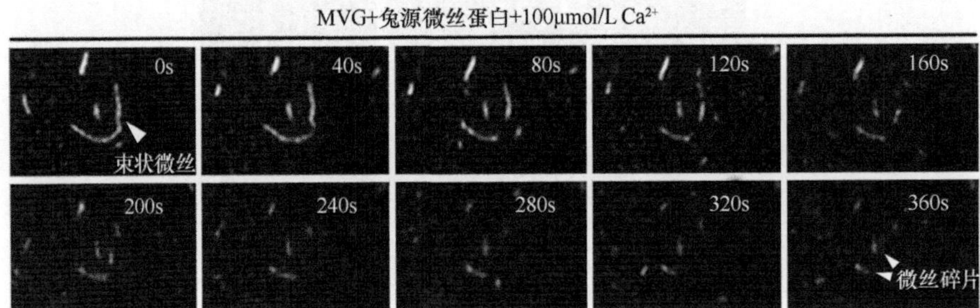

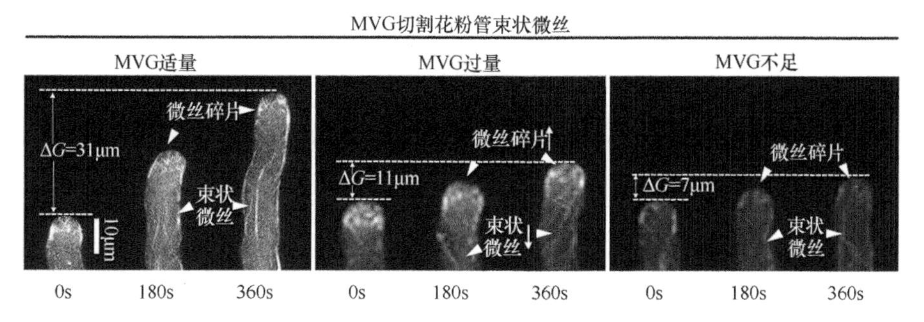

图 3-50　苹果花粉 MVG 切割花粉管微丝

ΔG 代表生长差

（四）花粉管可溶性无机焦磷酸酶

1. 基本特征

（1）蛋白质性质

苹果无机焦磷酸酶（pyrophosphatase，PPa）EC3.6.1.1 属于家族Ⅰ类可溶性无机焦磷酸酶。*PPa* 全长为 654bp，编码 217 个 aa，编码蛋白 PPa 分子质量约 25kDa。

（2）蛋白质定位

PPa 在花粉中强表达，在其他组织表达微弱（图 3-51A）。PPa 蛋白均匀分布于花粉管胞质，呈弥散状，花粉管膜上无分布（图 3-51B）。

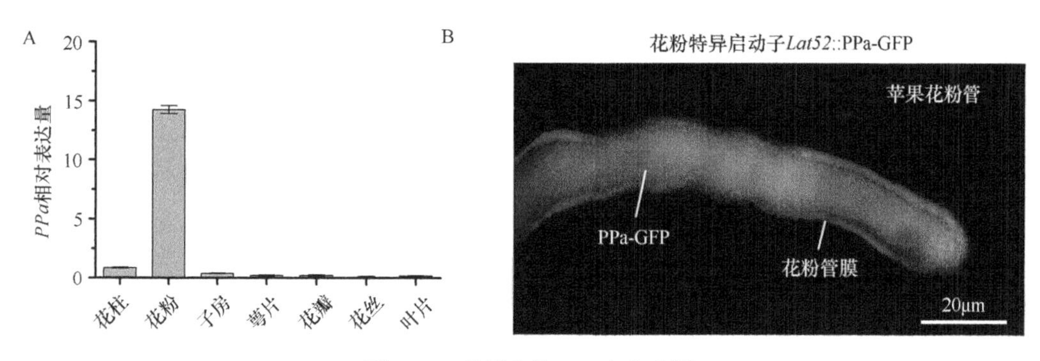

图 3-51　苹果花粉 PPa 定位分析

A. *PPa* 组织特异性表达分析；B. PPa 蛋白亚细胞定位

2. 结构特征

（1）一级结构

PPa 包含家族Ⅰ类可溶性无机焦磷酸酶全部 17 个高度保守位点和 1 个典型的二价金属离子（Mg^{2+}）结合域 DXDXXDXX。PPa 保守区域含有大量的亲水基团，水溶性极好，蛋白质呈中性（图 3-52）。

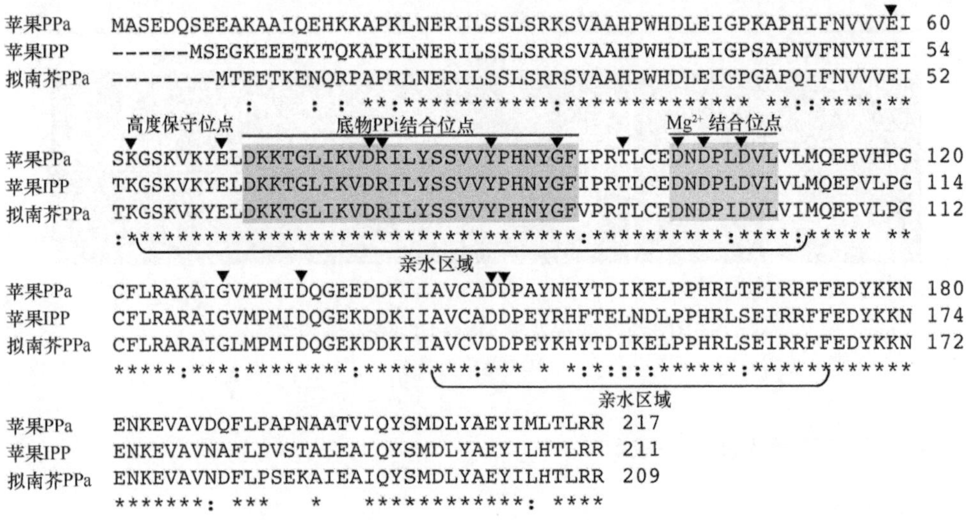

```
苹果PPa     MASEDQSEEAKAAIQEHKKAPKLNERILSSLSRKSVAAHPWHDLEIGPKAPHIFNVVVEI 60
苹果IPP     ------MSEGKEEETKTQKAPKLNERILSSLSRRSVAAHPWHDLEIGPSAPNVFNVVIEI 54
拟南芥PPa   --------MTEETKENQRPAPRLNERILSSLSRRSVAAHPWHDLEIGPGAPQIFNVVVEI 52
                   :     : :  **:************:************** **::****:**
             高度保守位点          底物PPi结合位点                 Mg2+ 结合位点
苹果PPa     SKGSKVKYELDKKTGLIKVDRILYSSVVYPHNYGFIPRTLCEDNDPLDVLVLMQEPVHPG 120
苹果IPP     TKGSKVKYELDKKTGLIKVDRILYSSVVYPHNYGFIPRTLCEDNDPLDVLVLMQEPVLPG 114
拟南芥PPa   TKGSKVKYELDKKTGLIKVDRILYSSVVYPHNYGFVPRTLCEDNDPIDVLVIMQEPVLPG 112
            :*********************************:**********:****:***** **
                                 亲水区域
苹果PPa     CFLRAKAIGVMPMIDQGEEDDKIIAVCADDPAYNHYTDIKELPPHRLTEIRRFFEDYKKN 180
苹果IPP     CFLRARAIGVMPMIDQGEKDDKIIAVCADDPEYRHFTELNDLPPHRLSEIRRFFEDYKKN 174
拟南芥PPa   CFLRARAIGLMPMIDQGEKDDKIIAVCVDDPEYKHYTDIKELPPHRLSEIRRFFEDYKKN 172
            *****:***:********:********:*** * *:*::::******:************
                                                   亲水区域
苹果PPa     ENKEVAVDQFLPAPNAATVIQYSMDLYAEYIMLTLRR 217
苹果IPP     ENKEVAVNAFLPVSTALEAIQYSMDLYAEYILHTLRR 211
拟南芥PPa   ENKEVAVNDFLPSEKAIEAIQYSMDLYAEYILHTLRR 209
            *******: ***   *   ************: ****
```

图 3-52　苹果和拟南芥花粉 PPa 蛋白一级结构

IPP. 组成型表达的可溶性无机焦磷酸酶

（2）二级结构和三级结构

PPa 含有 4 个 α 螺旋、5 个 β 折叠，其中 58～120aa 高保守区折叠形成疏水的底物与金属离子结合区域，N 端和 C 端均裸露在蛋白质外侧，具有较强的亲水性（图 3-53）。

3. 生物学功能

花粉管快速生长产生大量无机焦磷酸（inorganic pyrophosphate ，PPi）释放到细胞溶质。PPi 是 tRNA 氨酰化反应的副产物，含量积累到一定程度时导致 tRNA 氨酰化逆向进行，氨酰化 tRNA 含量降低，未氨酰化的 tRNA 含量增加，阻碍蛋白质合成（图 3-54A、B），导致花粉管生长停滞。PPa 在 Mg^{2+} 帮助下水解多余的 PPi，促使 PPi 达到动态平衡，花粉管正常生长。PPa 含量不足时，PPi 含量上升，花粉管生长停滞（图 3-54C、D）（Li et al.，2018）。

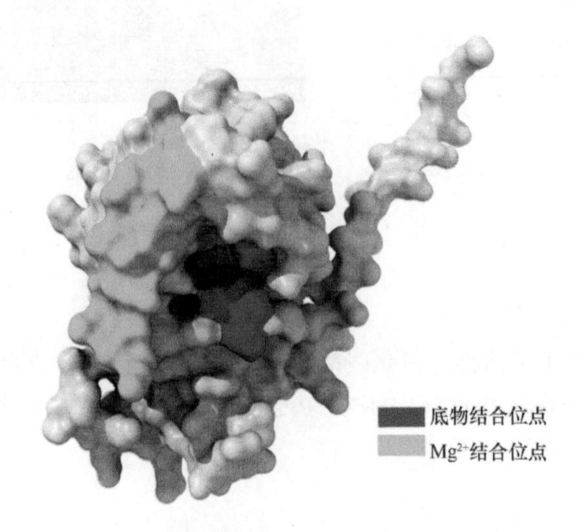

图 3-53　苹果花粉 PPa 蛋白二级和三级结构

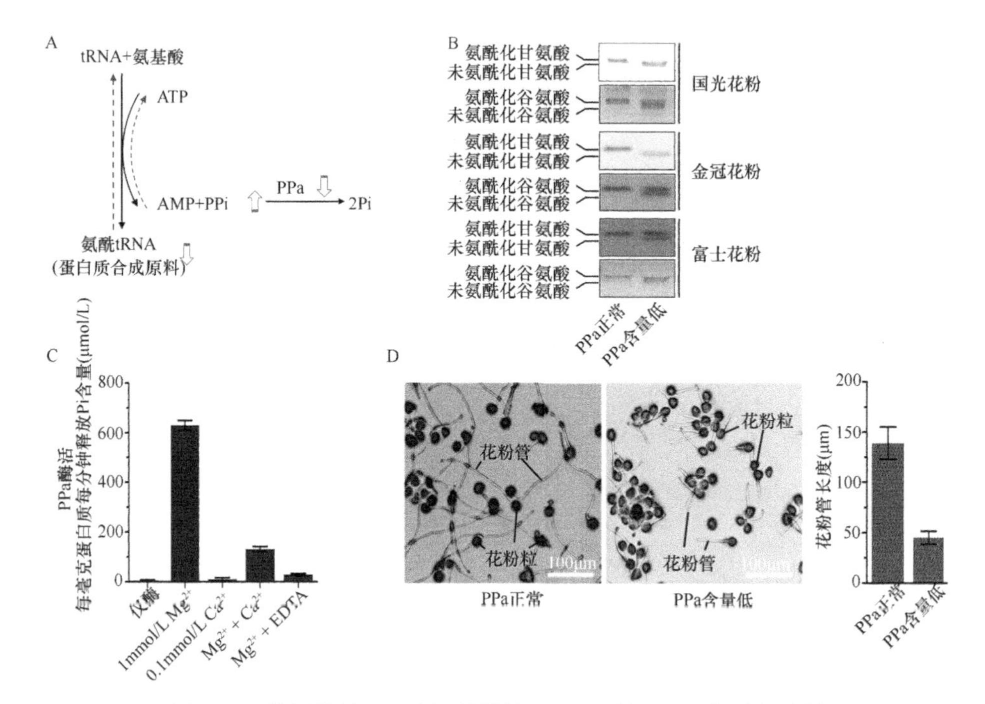

图 3-54　苹果花粉 PPa 水解花粉管 PPi 及调控 tRNA 氨酰化分析

A. tRNA 氨酰化过程；B. 花粉管 tRNA 氨酰化状态；C. PPa 酶活性依赖于金属离子；D. PPa 含量影响花粉管生长；EDTA. 乙二胺四乙酸

（五）花粉管钙稳态调节因子 PCHR

1. 基本特征

（1）蛋白质性质

花粉管钙稳态调节因子（pollen tube calcium homeostasis regulator，PCHR）属于钙离子结合蛋白中钙调蛋白家族的基因，全长 1260bp，编码 420 个氨基酸，编码蛋白的分子质量 48kDa，等电点 4.44。

（2）蛋白质定位

PCHR 蛋白特异定位于授粉花柱的花粉管内质网（图 3-55）。

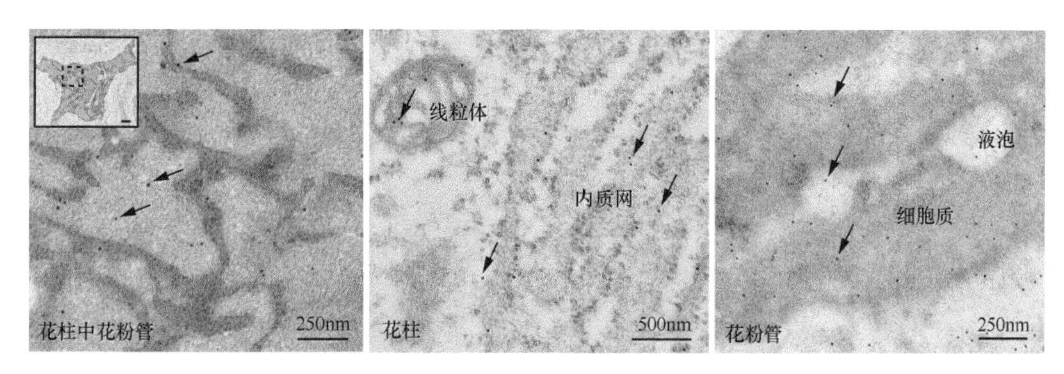

图 3-55　PCHR 蛋白亚细胞定位

左图. PCHR 在花粉管细胞质中分布情况；中图. PCHR 在内质网和线粒体中分布情况；右图. PCHR 在细胞液和液泡中分布情况；箭头指示 PCHR 蛋白所在位置

2. 结构特征

（1）一级结构

PCHR 的 N 端具有一个 29～210aa 长度的凝集素结构域（lectin domain），为低容量高亲和钙离子结构域，中部 C 端 211～308aa 为柔臂结构域（P domain），即 P 结构域，C 端 311～376aa 处为一个高容量低亲和的钙离子结合结构域（C domain），即 C 结构域（图 3-56，图 3-57）。

```
苹果PCHR     MAFRVRNSSSLLSLVLLSLLAIASAKVFFEERFEDGWDKRWVKSDWKSDESLAGEWNYTS  60
拟南芥PCHR   ---MAKLNPKFISLILFALVVIVSAEVIFEEKFEDGWEKRWVKSDWKKDDNTAGEWKHTA  57
                .:  .  .::**:*::*:.*.**:*:***:*****:*********.*:.  ****::*:
                                                          保守糖基化位点
苹果PCHR     GKWNGDANDKGIQTSEDYRFYAISAEFPEFSNKDKTLVFQFSVKHEQKLDCGGGYIKLLS  120
拟南芥PCHR   GNWSGDANDKGIQTSEDYRFYAISAEFPEFSNKDKTLVFQFSVKHEQKLDCGGGYMKLLS  117
             *:*.***************************************************:****
                         保守糖基化位点   凝集素结构域
苹果PCHR     GDVDQKKFGGDTPYSIMFGPDICGYSTKKVHAILNYNNTNNLIKKDVPCETDQLTHVYTF  180
拟南芥PCHR   DDVDQTKFGGDTPYSIMFGPDICGYSTKKVHAILTYNGTNHLIKKEVPCETDQLTHVYTF  177
             .****.***************************.**.**:****:***************

苹果PCHR     ILRPDATYSILIDNVEKQTGSLYSDWDLLPPKKIKDPEAKKPEDWDDKEYIPDPEDTKPE  240
拟南芥PCHR   VLRPDATYSILIDNVEKQTGSLYSDWDLLPAKKIKDPSAKKPEDWDDKEYIPDPEDTKPA  237
             :***************************** ******.*********************

                                         P结构域
苹果PCHR     GYDDIPKEIVDPEAKKPEDWDDEEDGEWTAPTIPNPEYKGEWKPKKIKNPNFKGKWKAPL  300
拟南芥PCHR   GYDDIPKEIPDTDAKKPEDWDDEEDGEWTAPTIPNPEYNGEWKPKKIKNPAYKGKWKAPM  297
             ********* * :*************************:***********  :*******:
                                                C结构域
苹果PCHR     IDNPEFKDDPELYVYPNLKYVGIELWQVKSGTLFDNILITDEPEYAKQLAEETWGKQKDA  360
拟南芥PCHR   IDNPEFKDDPELYVFPKLKYVGVELWQVKSGSLFDNVLVSDDPEYAKKLAEETWGKHKDA  357
             **************:*:*****:********:****:*::*:*****:********:***

苹果PCHR     EKAAFEEAERKQEEEAKD--PVDSDAEEEDDADTDDAEDDSDAESKSDSTEESAEESEKH  418
拟南芥PCHR   EKAAFDEAEKKREEEESKDAPAESDAEEEAED-DDNEGDDSDNESKSEETKEAEETKEAE  416
             *****:***:*:***  ..  *.:****** :    *:   **** ****:.*:*: * .* .

苹果PCHR     KC-------  420
拟南芥PCHR   ETDAAHDEL  425
             :
```

图 3-56 苹果和拟南芥 PCHR 蛋白一级结构

（2）二级结构和三级结构

PCHR 含有 3 个 α 螺旋和 2 个大 β 折叠，其中 N 端的 111～143aa 为糖基化位点所在区域，C 端尾部含有多个低亲和钙离子结合位点（图 3-57）。

3. 生物学功能

利用圆二色谱法辅助鉴定 PCHR 生物学功能，发现其与 Ca^{2+}共同孵育后会改变样品的光谱曲线，与钙离子螯合剂乙二醇四乙酸（EGTA）共孵育不会改变光谱曲线，表明 PCHR 具有结合游离钙离子的能力，起到调控细胞钙离子浓度的作用。由此可见，PCHR 蛋白可结合细胞质中游离钙离子，调控细胞质钙离子浓度（图 3-58）。PCHR 含量正常时，花粉管中 PCHR 与游离钙离子维持在平衡状态，此时花粉管尖端至中部的钙离子具有自高至低的浓度梯度，花粉管正常生长；而花粉管 PCHR 含量过高或过低时，尖端钙离子浓度平衡被打破，浓度梯度消失，花粉管延伸逐渐变缓，直至停滞（图 3-59）。

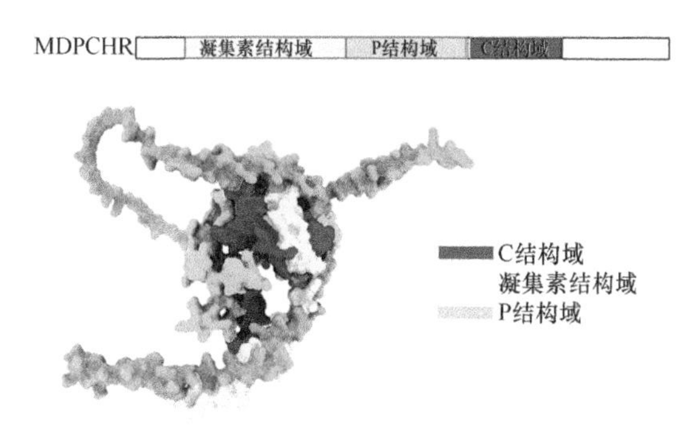

图 3-57　PCHR 蛋白三维结构域分析

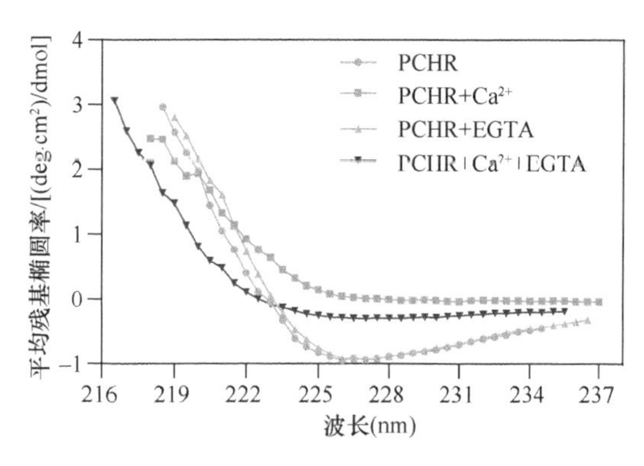

图 3-58　PCHR 蛋白结合钙离子能力分析

4. PCHR 调控苹果自花结实性

圆二色谱法分析发现，PCHR 与 Ca^{2+}共同孵育后会改变样品的光谱曲线，与钙离子螯合剂 EGTA 共孵育不会改变光谱曲线，表明 PCHR 具有结合游离钙离子的能力，起到调控细胞钙离子浓度的作用。由此可知，PCHR 可在花粉管内质网上结合游离态钙离子，通过影响内质网上的钙离子释放来维持钙稳态，保证花粉管正常伸长（图 3-60）。超表达 *PCHR* 可抑制自花授粉花粉管生长，导致自花结实苹果品种自花授粉不结实；而沉默 *PCHR* 反而促进自花授粉花粉管生长，导致自花不结实苹果自花结实（图 3-61）。

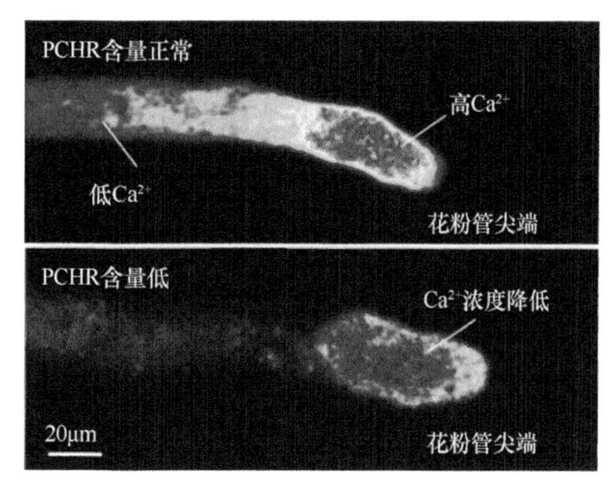

图 3-59　PCHR 蛋白调控花粉管钙离子梯度

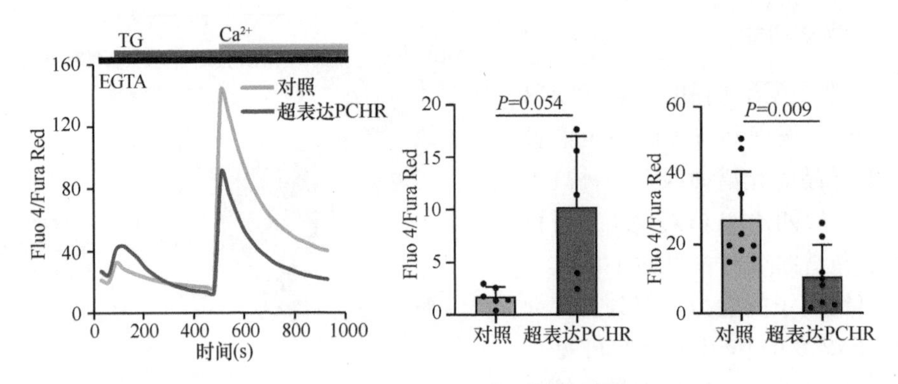

图 3-60 PCHR 影响内质网钙离子释放

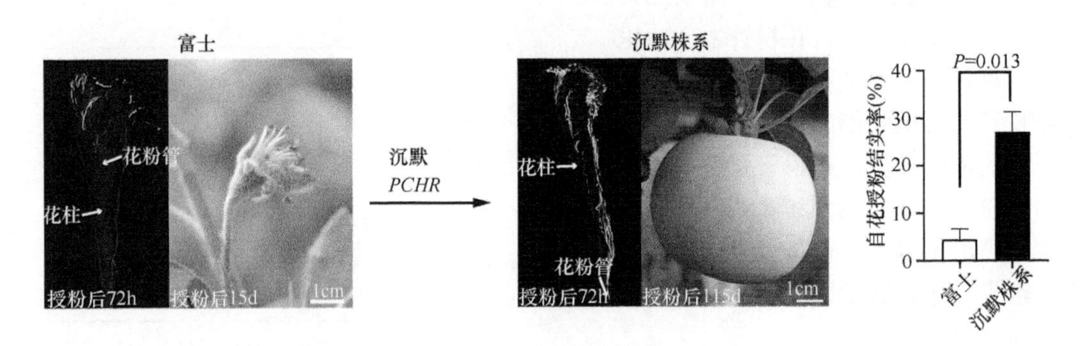

图 3-61 调控 PCHR 改变苹果自花结实性

第三节 苹果授粉花粉-花柱自花结实性分子调控网络

苹果自花/异花授粉后花粉管萌发穿透柱头进入花柱时，花柱决定子 S-RNase 进入花粉管，与自我/异我花粉管相互识别，引发一系列庞杂的花粉-花柱分子调控事件，最终抑制自我花粉管生长，受精停止；引导异我花粉管正常生长，完成双受精。

一、自花授粉识别

（一）自我花粉管摄取花柱 S-RNase

自我花粉管摄取 S-RNase 经历 3 个步骤。

1. 花柱细胞合成 S-RNase 并分泌至细胞间隙

授粉前，S-RNase 位于花柱引导组织细胞内，等待授粉发生。授粉后，自我花粉管穿透柱头进入花柱。花粉管抵达处，引导组织细胞 S-RNase 通过胞吐离开花柱细胞，向引导组织细胞间隙转移并不断积累。授粉后 24h，90%以上的 S-RNase 被转移出花柱细胞（图 3-62）。

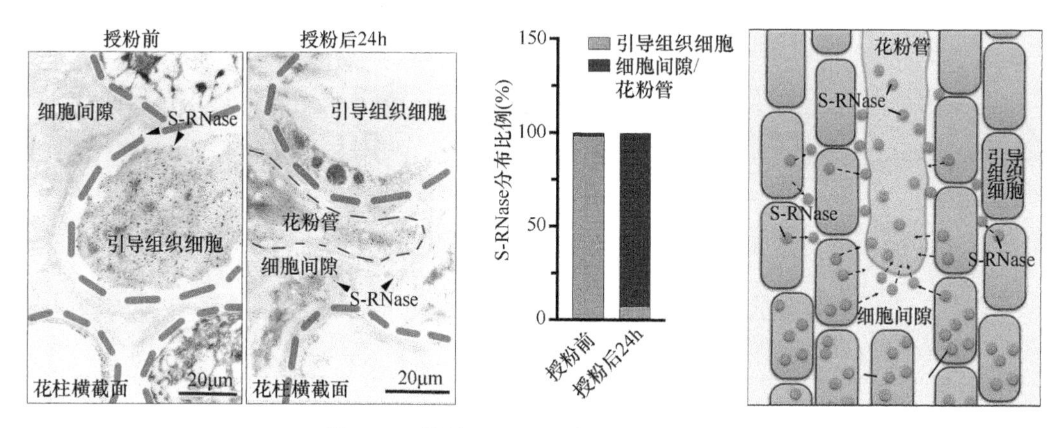

图 3-62　苹果 S-RNase 进入细胞间隙过程

左图. 授粉前后花柱 1/3 处 S-RNase 分布情况（黑色点状为 S-RNase 免疫胶体金杂交信号）；中图. S-RNase 分布比例；右图. S-RNase 进入花粉管示意图

2. 花柱细胞间隙的 S-RNase 跨膜进入自我花粉管内

花柱细胞间隙中的 S-RNase 在 ABCF 转运蛋白辅助下转运至自我花粉管内部。

（1）结合 S-RNase

位于花粉管膜外侧的 ABCF 转运蛋白感知到 S-RNase，将信号传递至花粉管膜内侧的 NBD，转运过程开始。

（2）结合分解 ATP

花粉管壁内侧 NBD 感知到 S-RNase 的结合，捕获游离在细胞内的 ATP 能量分子，将 ATP 分解为一个 ADP 和一个磷酸基团，同时释放能量。

（3）转运 S-RNase

NBD 将释放的能量传递至 TMD 区，TMD 构象发生变化，促进花粉管膜形成囊泡包裹 S-RNase，并通过胞吞作用将 S-RNase 转运至花粉管内（图 3-63）。转运过程具有以下特征。

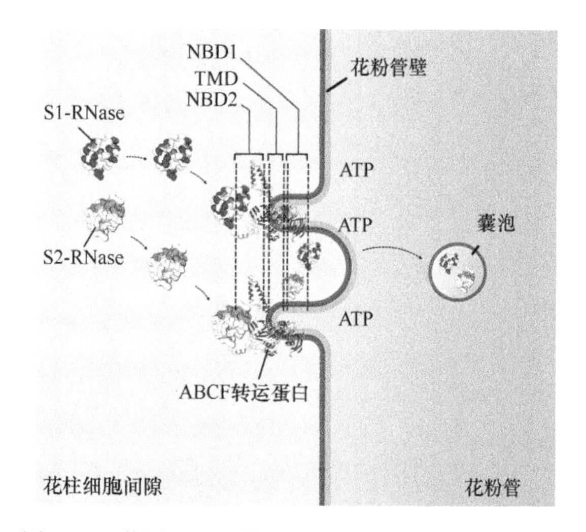

图 3-63　苹果 ABCF 辅助 S-RNase 进入花粉管示意图

NBD. 核苷酸结合结构域；TMD. 跨膜结构域；ATP. 三磷酸腺苷

1）花粉管摄取 S-RNase 无 S 单元型特异性。苹果花粉管 ABCF 含量正常时，既能转运自我 S-RNase，也能转运异我 S-RNase，花粉管摄取 S-RNase 并无 S 单元型特异性（图 3-64A）。

2）ABCF 含量直接影响花粉管摄取 S-RNase 的效率。当花粉管外膜 ABCF 含量低时，S-RNase 无法进入花粉管内，并沿花粉管外侧堆积（图 3-64B）。

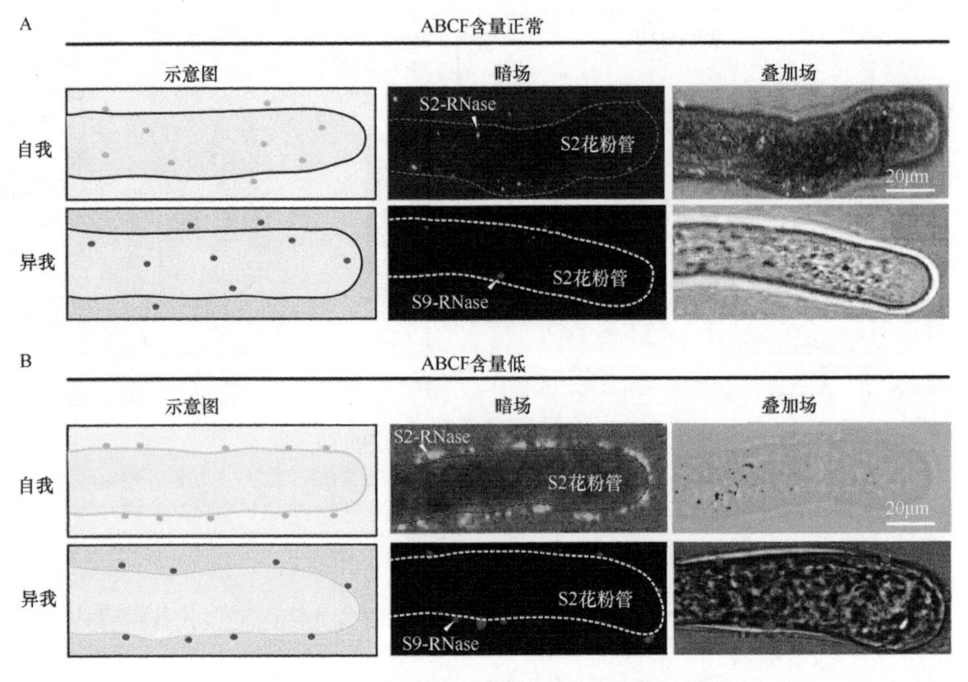

图 3-64　苹果花粉管摄取 S-RNase 的特征分析

绿色荧光为异硫氰酸荧光素（FITC）标记的 S2-RNase；红色荧光为罗丹明标记的 S9-RNase

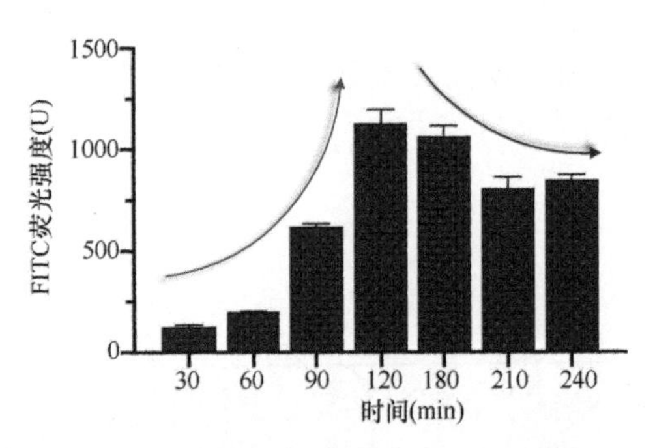

图 3-65　苹果花粉管摄取 S-RNase 速率分析

3）花粉管摄取 S-RNase 具有饱和现象。S-RNase 随时间推移不断进入花粉管，120min 达到饱和，花粉管不再吸收 S-RNase（图 3-65）。

3. S-RNase 通过内膜系统释放至自我花粉管细胞质

S-RNase 在 ABCF 辅助下转运至自我花粉管内部后，并不能直接进入花粉管细胞质，而是先停留在内质网，然后通过囊泡在花粉管内膜系统作用下逐渐分布至花粉管细胞质，该过程称为 S-RNase“内置化”（图 3-66）。“内置化”可以使 S-RNase 更均匀分散于花粉管细胞质，暂时缓解 S-RNase 对花粉管的毒性，为花粉管防御 S-RNase 争取一定的时间。

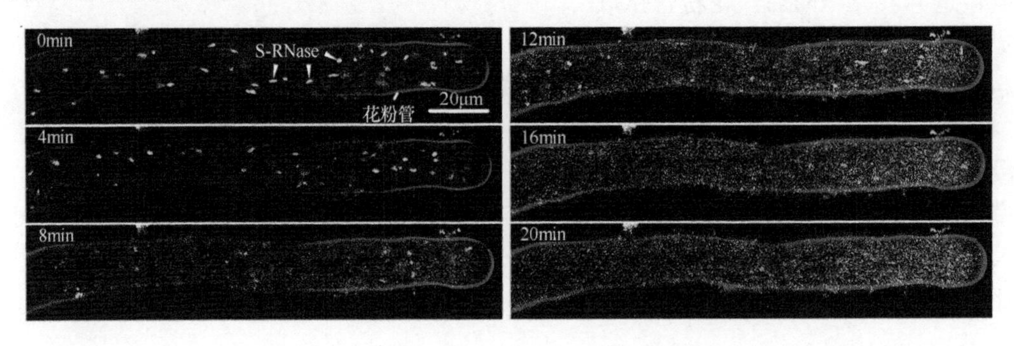

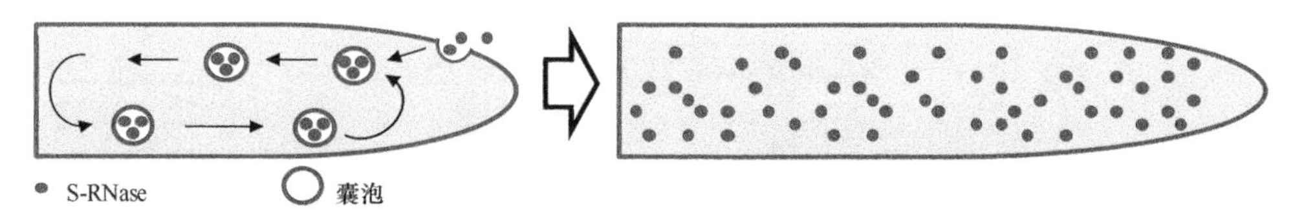

图 3-66　苹果 S-RNase 在自我花粉管内的“内置化”过程
绿色荧光为 FITC 标记的 S-RNase；红色荧光为 FM4-64 标记的花粉管膜

（二）S-RNase 介导自我花粉管信号转导路径

S-RNase 作为外源蛋白进入自我花粉管后，引发花粉管内一系列复杂的信号转导事件，包含二级信号转导、激素信号传递、转录调控、磷酸化激活等过程。

1. 钙信号传递

（1）钙信号激活

钙离子（Ca^{2+}）在延伸的苹果花粉管中保持一定浓度梯度，尖端浓度最高，亚顶端逐渐降低（图 3-67A）。自花授粉后，S-RNase 入侵自我花粉管，打破花粉管内 Ca^{2+}浓度梯度，Ca^{2+}由尖端向亚顶端流动，尖端 Ca^{2+}浓度降低，亚顶端 Ca^{2+}浓度增加。游离态 Ca^{2+}在亚顶端处转化为结合态 Ca^{2+}。S-RNase 入侵 30min 后 Ca^{2+}浓度梯度逐渐消失，入侵 60min 后则完全消失，启动钙信号转导（图 3-67B、C 和图 3-68）。异花授粉时，花粉管游离 Ca^{2+}维持正常的浓度梯度，花粉管正常延伸（图 3-68）。

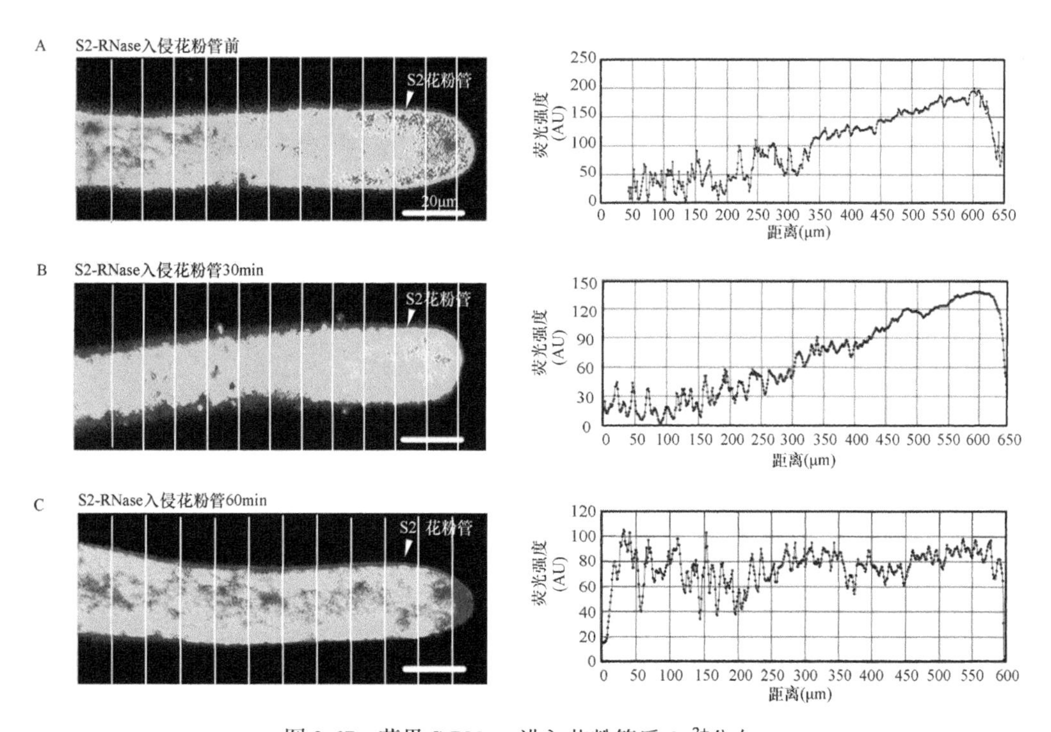

图 3-67　苹果 S-RNase 进入花粉管后 Ca^{2+}分布

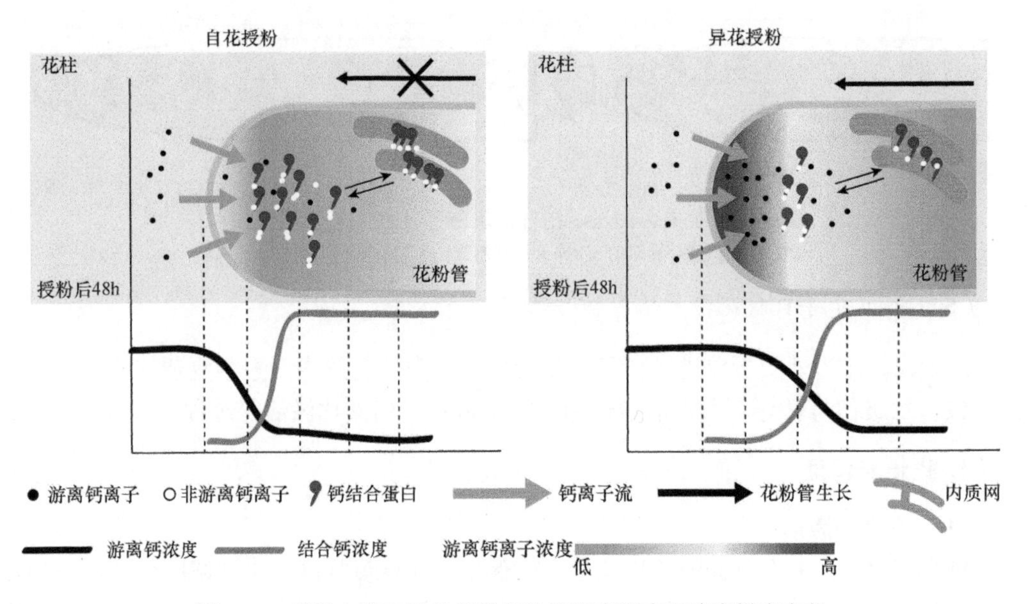

图 3-68 苹果自花和异花授粉花粉管游离钙离子浓度梯度变化

（2）钙信号转导

S-RNase 激活自我花粉管，亚顶端 Ca^{2+}浓度上升，增加的 Ca^{2+}结合 CBL5（钙调磷酸酶），竞争性抑制 CBL5 与 CIPK8（钙调磷酸酶互作蛋白激酶）结合；CIPK8 激酶结构域无法激活，不能磷酸化下游 RbOH 蛋白，使 RbOH 保持活化状态，花粉管内活性氧（reactive oxygen species，ROS）含量小幅上升（图 3-69 左）。

S-RNase 入侵自我花粉管时，Ca^{2+}会发生两次信号波动。第一次是在入侵 30min，Ca^{2+}浓度波动较小，花粉管仍维持 Ca^{2+}浓度梯度，引发下游 ROS 含量变化较小；第二次是在入侵 60min，此时 Ca^{2+}浓度波动较大，花粉管失去 Ca^{2+}浓度梯度，细胞质 ROS 含量剧增（图 3-69 右）。

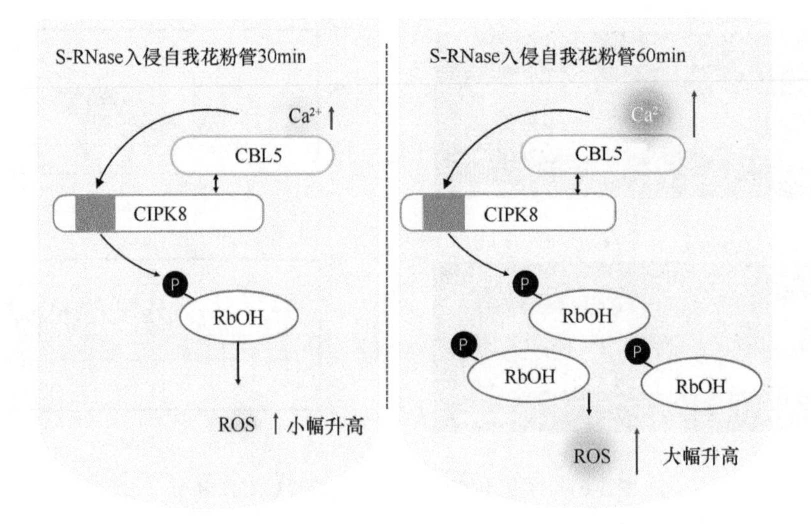

图 3-69 苹果 S-RNase 引起的自我花粉管 Ca^{2+}信号转导路径

2. ROS 信号传递

随 S-RNase 入侵自我花粉管时间的先后，细胞质内的 ROS 依次激活下游 2 条不同的信号通路。

（1）茉莉酸信号通路

S-RNase 入侵自我花粉管 30min 时，ROS 含量小幅上升，诱导茉莉酸（jasmonic acid，JA）含量上升（图 3-70A），引起茉莉酸信号通路转录因子基因 *MYC2* 上调表达（图 3-70B）。

MYC2 与下游靶蛋白基因 *D1* 启动子上位于–1005bp 和–919bp 两个 G-box 元件结合（图 3-71），诱导下游防御蛋白基因 *D1* 上调表达，引发 D1 介导的 S-RNase 入侵花粉管防御反应。

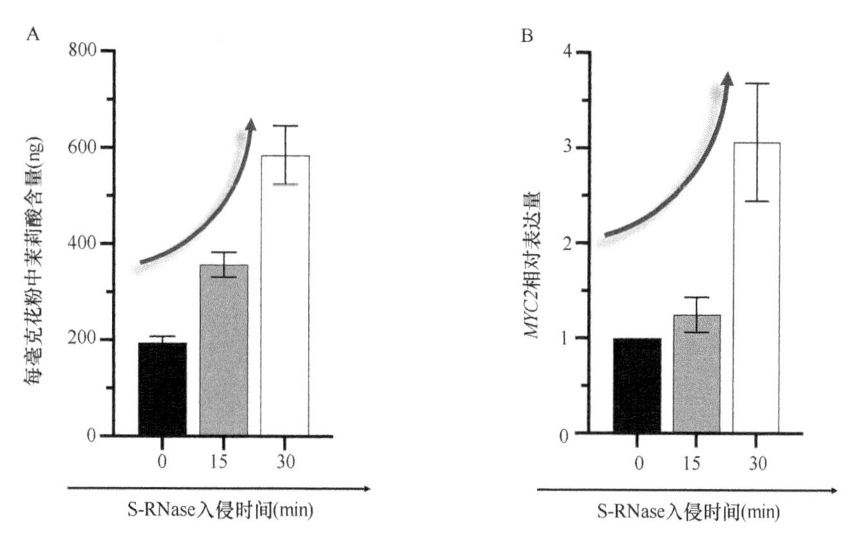

图 3-70　苹果 S-RNase 入侵自我花粉管后茉莉酸含量和 *MYC2* 表达分析

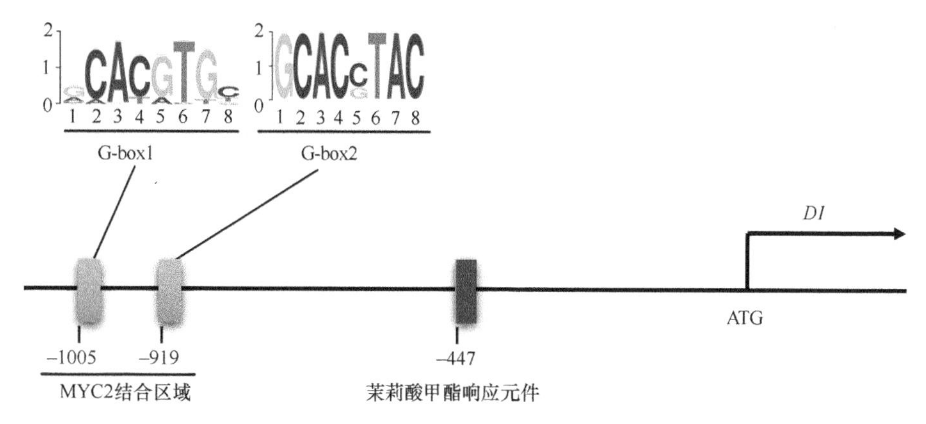

图 3-71　苹果花粉 MYC2 信号结合 *D1* 启动子结构域分析

（2）磷酸化信号通路

S-RNase 入侵自我花粉管 60min 时，ROS 含量大幅上升，激活下游活性氧诱导蛋白激酶基因 *OXI1* 表达（图 3-72A）。*OXI1* 通过磷酸化靶蛋白 PTI1L，激活 PTI1L

（图 3-72B）。PTI1L 继续磷酸化激活下游 PP2C。PP2C 与丝裂原激活的蛋白激酶（MAPK）互作，引起去磷酸化，导致 MAPK 失去活性，无法进一步磷酸化微管蛋白 β，致其稳定性丧失，花粉管微丝微管解聚，花粉管生长停滞（图 3-73）。

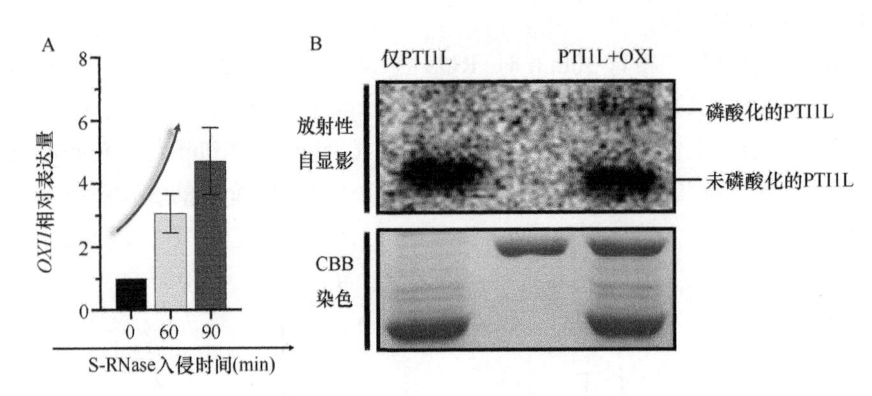

图 3-72　苹果花粉 OXI 磷酸化 PTI1L

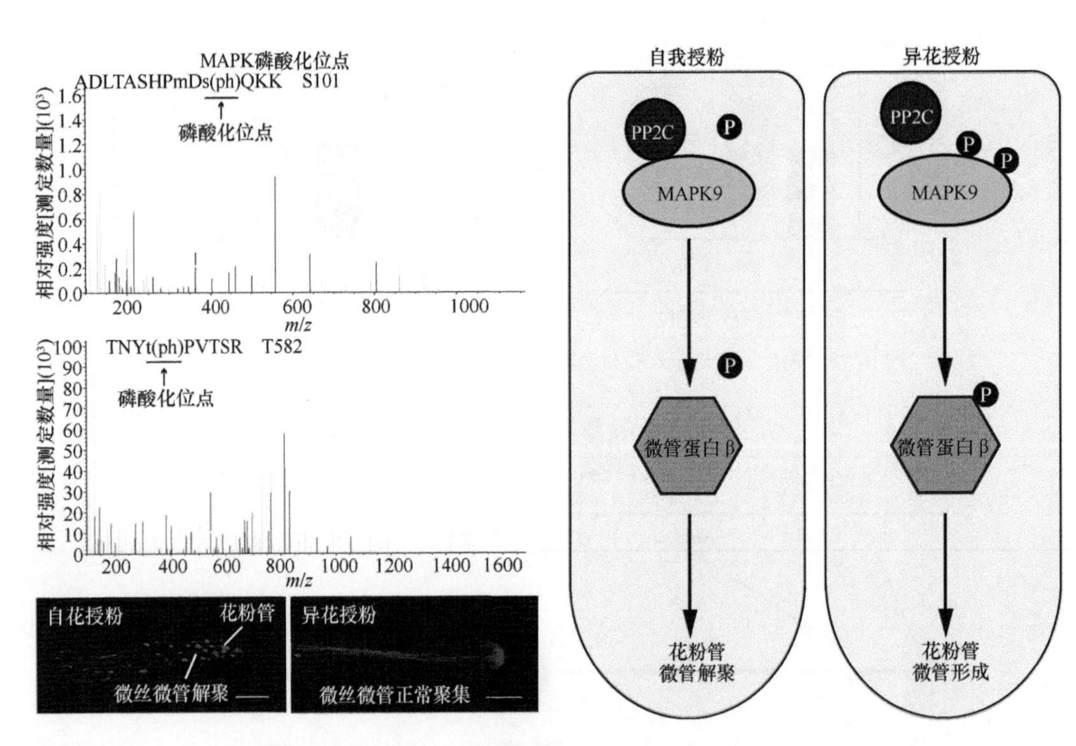

图 3-73　苹果自花/异花授粉花粉 MAPK 磷酸化调控路径

（三）S-RNase 引发自我花粉管响应与死亡

S-RNase 进入自我花粉管后激活的不同信号路径引发不同的生物反应。

1. S-RNase 引起自我花粉管防御反应

S-RNase 进入自我花粉管 30min 时，激活 Ca^{2+}-ROS-茉莉酸-MYC2-D1 信号通路，

启动花粉管防御机制。

（1）D1 响应 S-RNase 入侵自我花粉管

S-RNase 入侵花粉管后，均匀分布在花粉管细胞质的 D1 蛋白向 S-RNase 入侵方向移动，在花粉管膜附近聚集阻碍 S-RNase 入侵（图 3-74）。

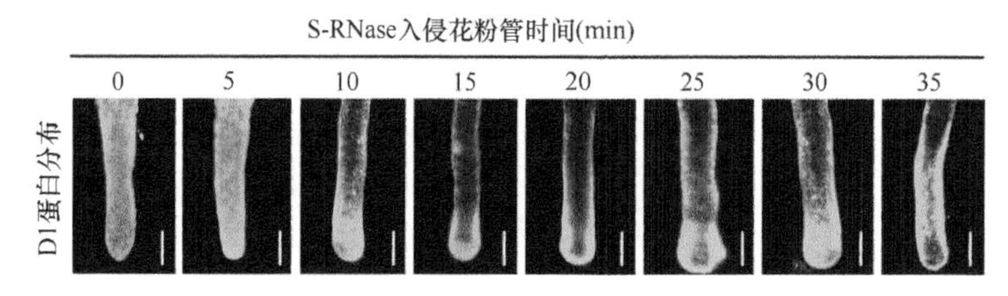

图 3-74　苹果花粉管 D1 响应 S-RNase 发生位移

绿色荧光代表 FITC 标记的 D1 特异性抗体（anti-D1）

（2）D1 结合 S-RNase 活性位点并抑制其活性

D1 与 S-RNase 的 C2-RHv-C3 区结合，覆盖 H60、H112 两个组氨酸活性位点，降低 S-RNase 活性，影响花粉管生长（图 3-75A）。

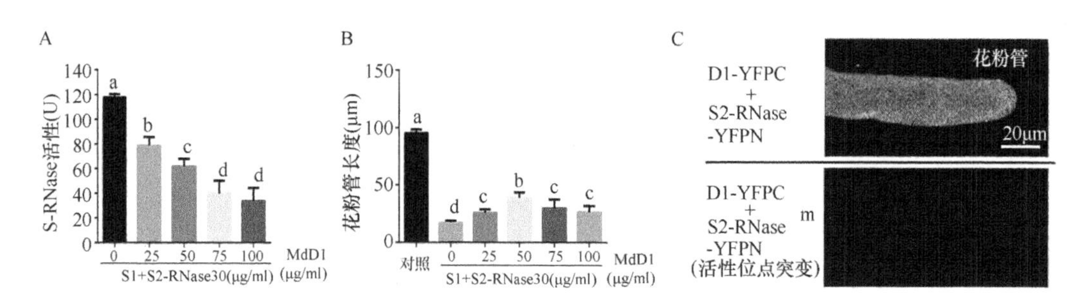

图 3-75　苹果花粉 D1 抑制 S-RNase 活性的分析

A. D1 对 S-RNase 活性的影响；B. D1 通过结合 S-RNase 影响花粉管的生长；C. D1 与 S-RNase 蛋白互作的分析

D1 在 S-RNase 入侵自我花粉管 30min 前仅起到暂时保护花粉管的作用。随着 S-RNase 不断进入花粉管，细胞质内 S-RNase 的含量逐渐积累，最终突破 D1 的防御（图 3-75B），引发下游花粉管不亲和反应。

2. S-RNase 与 MVG 结合抑制微丝骨架切割速率引发自我花粉管延伸受阻

突破 D1 防御的一部分 S-RNase 与自我花粉管 MVG 蛋白微丝切割区结合，延缓其切割微丝的速率（图 3-76A），破坏花粉管微丝“踏车现象”动态平衡，花粉管内微丝骨架解聚，生长停滞（图 3-76B）。自花授粉后 24h 花柱内花粉管也发现同样现象（图 3-76C）。

3. S-RNase 与 PPa 结合抑制 tRNA 氨酰化引发自我花粉管死亡

突破 D1 防御的另一部分 S-RNase 与花粉管细胞质内 PPa 结合，抑制蛋白质合成，自我花粉管生长停滞。

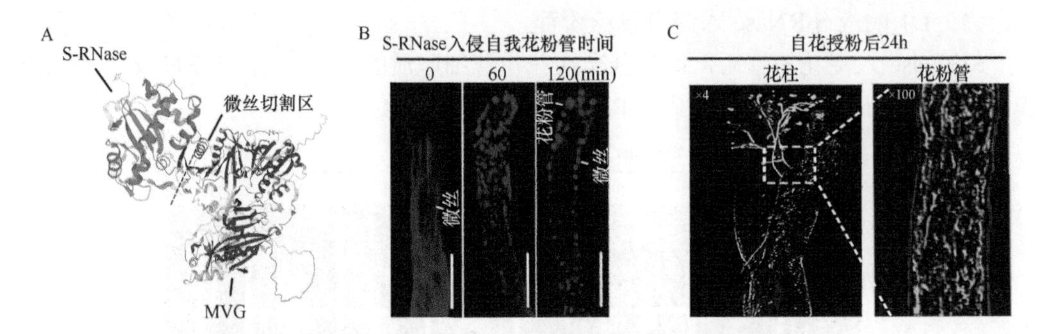

图 3-76 苹果 S-RNase 结合 MVG 影响花粉管微丝动态平衡

A. MVG 与 S-RNase 结合示意图；B. S-RNase 入侵体外培养花粉管微丝状态，红色荧光为花粉管微丝蛋白；C. 自花授粉花柱内花粉管微丝状态，绿色荧光为花粉管微丝蛋白

（1）S-RNase 结合抑制 PPa 酶活

S-RNase 与 PPa 的 C 端疏水区结合（图 3-77），以非竞争性抑制方式降低 PPa 水解 PPi 的活性，造成自我花粉管细胞质内 PPi 大量积累（图 3-78）。

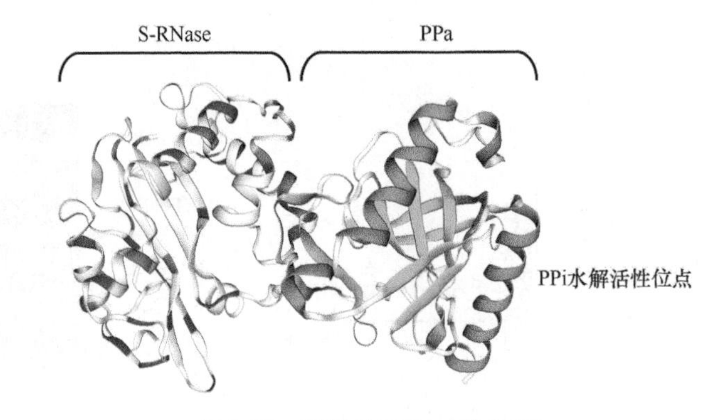

图 3-77 苹果 S-RNase 结合 PPa

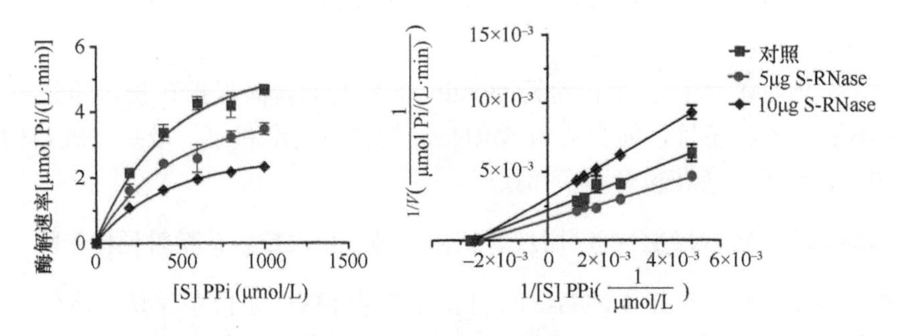

图 3-78 苹果 S-RNase 抑制 PPa 活性分析（米氏方程）

（2）tRNA 氨酰化受阻

自我花粉管内 PPi 积累造成 tRNA 氨酰化反应逆向进行，未氨酰化 tRNA 含量升高，氨酰化 tRNA 含量降低（图 3-79）。蛋白质合成因原料匮乏而受阻，花粉管生长停滞。

迄今为止，自花授粉花粉-花柱识别网络可解释为花粉管穿过柱头在花柱内生长，

S-RNase 原初位于花柱引导组织细胞内，授粉后在 ABCF 协助下被非特异性转运至花粉管，突破 Ca^{2+}-ROS-JA-MYC2-D1 信号介导的应激防御反应，影响 MVG 切割微丝速率，并与 PPa 结合造成焦磷酸大量积累，抑制 tRNA 氨酰化，最终导致花粉管生长停止（图 3-80）。关于自花授粉花粉-花柱识别机制的研究虽取得一定进展，但仍有许多谜团尚未解开。

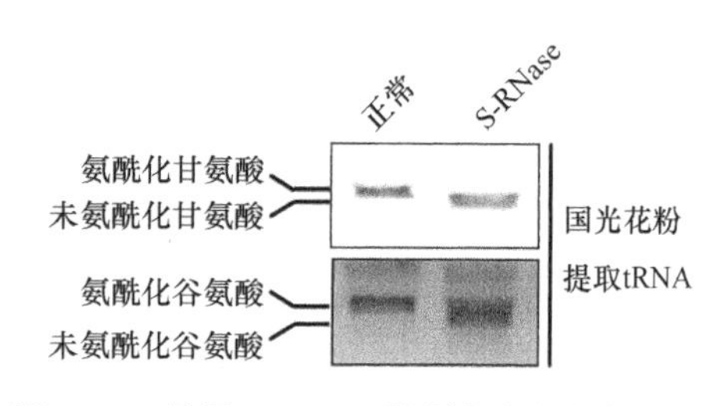

图 3-79　苹果 S-RNase 抑制自我花粉管 tRNA 氨酰化

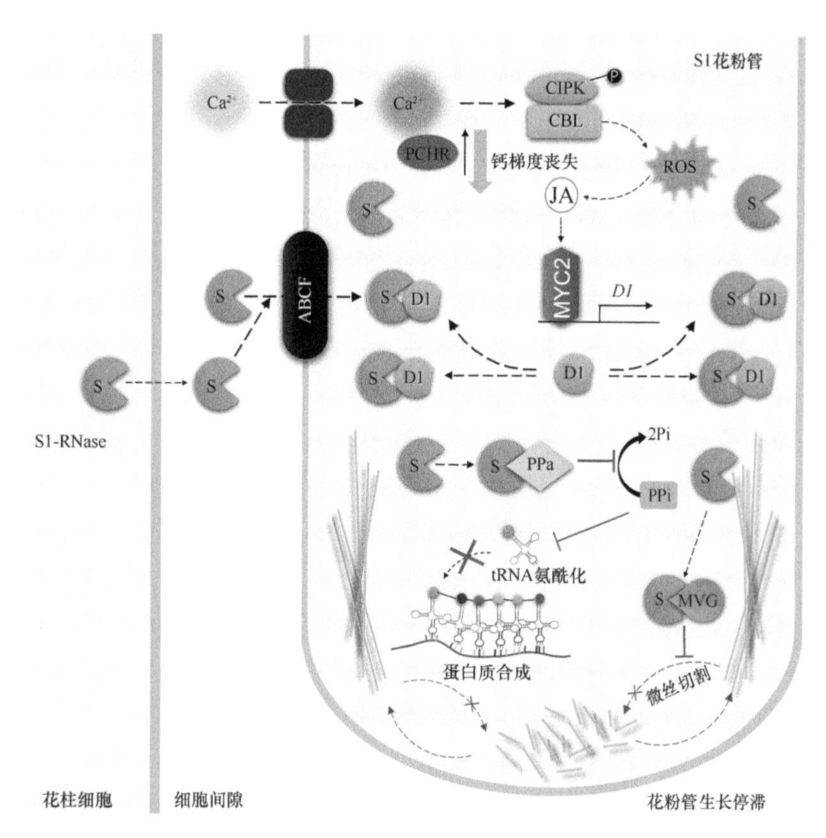

图 3-80　苹果自花授粉花粉-花柱识别网络

二、异花授粉识别

异花授粉后，花粉管穿过柱头并沿花柱引导组织生长至子房，完成双受精。花粉管生长过程中 S-RNase 从产生、转运、引起花粉管防御反应的过程和自花授粉时完全一样。但异我花粉管内的花粉决定子 SFBB 能特异性识别 S-RNase 并将其泛素化降解，解除 S-RNase 对异我花粉管的抑制。

S-RNase 进入异我花粉管中，“多对多”识别并结合 SFBB，S-RNase 被标记泛素，并被带至 26S 蛋白酶体进行泛素化降解。自此，异我 S-RNase 被清除，花粉管得以正常生长（图 3-81）。

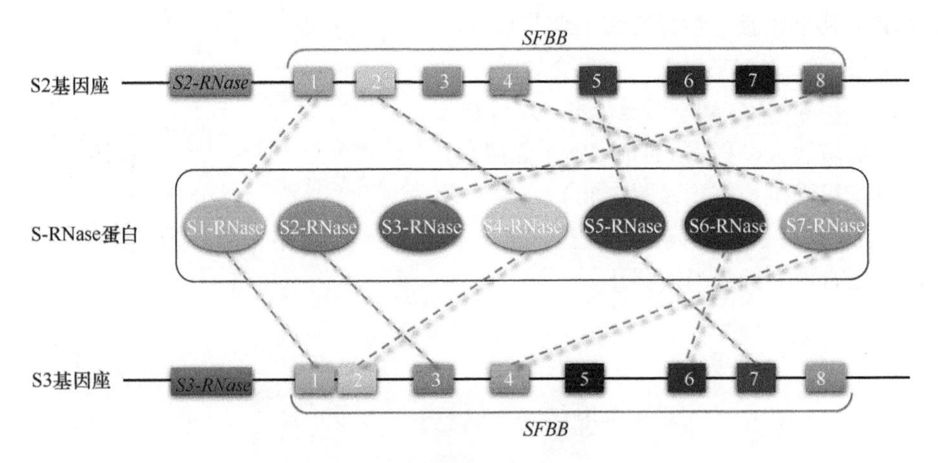

图 3-81　苹果 *SFBB*“多对多”异我协同识别（Minamikawa et al.，2010）

苹果每个 S 基因座包含 1 个 *S-RNase* 基因和多个 *SFBB* 基因，具有相同的 S 单元型特异性。这些 *SFBB* 能分别识别其他 S 单元型的 S-RNase，唯独不识别相同 S 单元型 S-RNase。例如，S9 基因座 *SFBB* 能分别识别 S1-RNase、S2-RNase、S3-RNase、S4-RNase、S5-RNase、S6-RNase，但无法识别 S9-RNase（图 3-81）。这种识别关系称为“多对多”异我协同识别。苹果异花授粉花粉-花柱识别网络如图 3-82 所示。

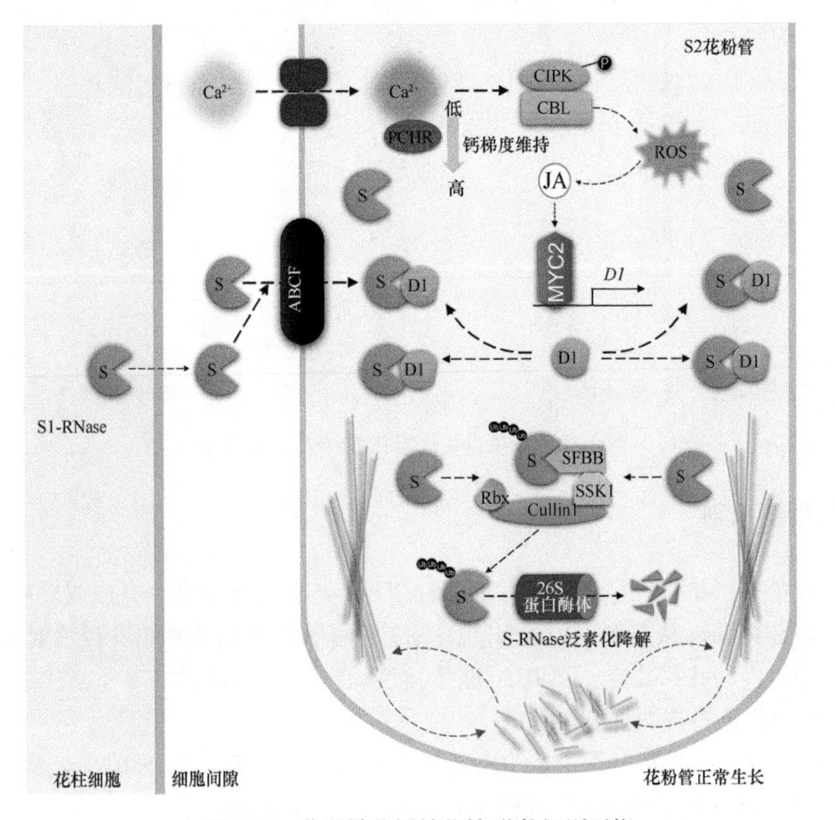

图 3-82　苹果异花授粉花粉-花柱识别网络

第四节　调控苹果自花结实性小分子制剂与应用

苹果花柱 S-RNase 可抑制自我花粉管伸长，进而调控自花结实性。换言之，抑制 S-RNase 活性即可改变自花结实能力。鉴于此，利用分子对接原理，筛选结合 S-RNase 蛋白酶活性位点的小分子化合物，经酶活鉴定、花粉培养和田间喷施等综合测试，小分子化合物能有效调控苹果自花结实性。

一、S-RNase 靶分子虚拟筛选

基于药物设计理论，借助计算机技术和专业应用软件，从大量化合物中挑选出可能结合 S-RNase 的小分子化合物。

（一）筛库准备

1. S-RNase 同源建模

（1）建模方法与过程

利用已解析的梨 S3-RNase 蛋白晶体结构为参照（Ishimizu et al.，1998），采用序列同源性分析、保守结构域 MOE 分子模拟手段，SWISS-MODEL 网站（https://swissmodel.expasy.org/interactive）同源建模，获得苹果 S1-RNase、S2-RNase、S3-RNase、S5-RNase、S9-RNase 和 S19-RNase 蛋白三维立体结构（图 3-83）。

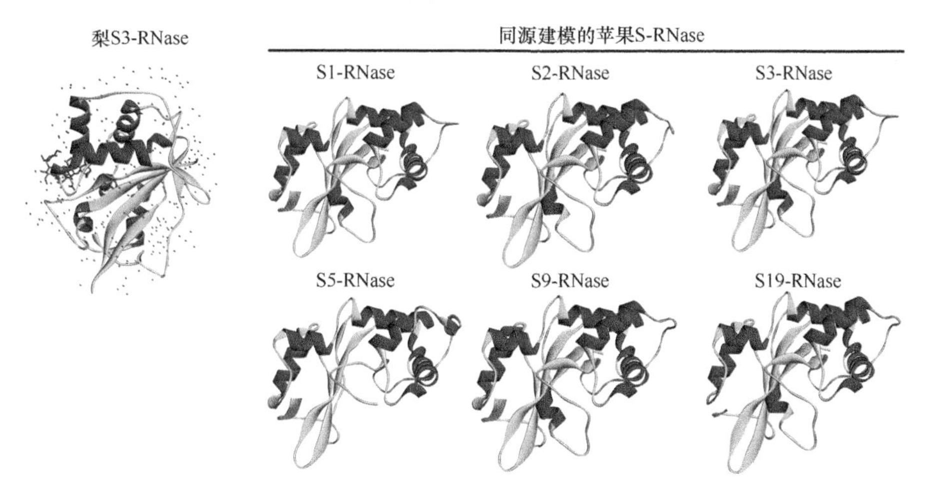

图 3-83　苹果 S-RNase 同源建模

（2）同源建模可靠性评估

1）整体结构和功能保守区结构性评估。基于同源建模获得的苹果 S-RNase 蛋白三维结构与梨 S-RNase 蛋白晶体结构相似性达 72%～86%，功能保守区相似性达 85%～94%，均超过可靠性阈值（70%）。

2）构象合理性分析。将苹果 S-RNase 蛋白质结构中主链氨基酸残基的二面角 ψ 和 φ 转化为可视化拉氏图（Ramachandran plot），建模蛋白构象合理区高达 93%（红色）、

可允许区 6.5%（黄色），仅 0.5%处于不合理区（土黄色）（图 3-84）。

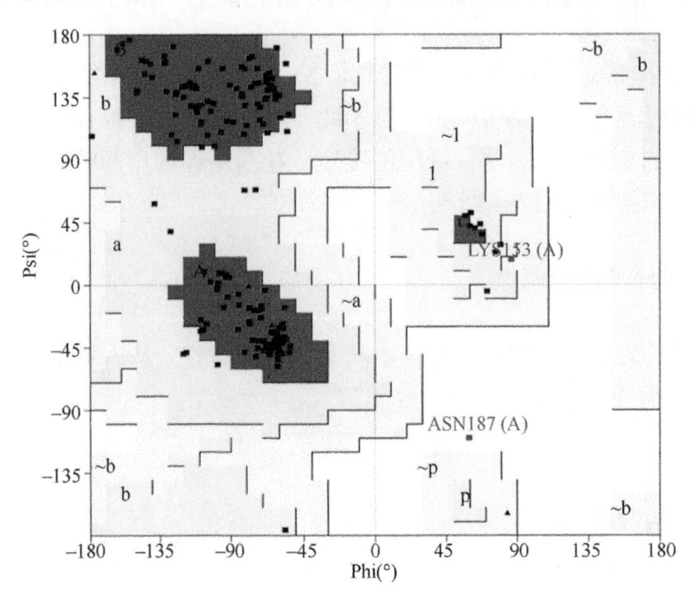

图 3-84　苹果 S-RNase 同源建模可视化拉氏图分析

（3）同源建模苹果 S-RNase 活性区域分析

酶热动力学分析显示，RNA 底物结合苹果 S-RNase 的活性“口袋”，位于 S-RNase 的 1 个极端保守活性约第 60 位的 His 附近，S1-RNase、S2-RNase、S3-RNase、S5-RNase、S9-RNase、S19-RNase 的 His_{60} 与 RNA 底物的三维物理距离分别为 23.21Å、27.89Å、26.48Å、17.55Å、18.84Å、21.22Å（图 3-85）。

2. 小分子化合物库创建

选择 TargetMol 小分子化合物库进行建库，该库包含天然产物、人工合成衍生物等共 1 483 643 个，可从 ChemDiv 网址（https://www.chemdiv.com/catalog/screening- libraries/）打包下载。Open Babel 软件可将小分子化合物的 sdf 文件转化为 smile 文件，用于下一步筛选。

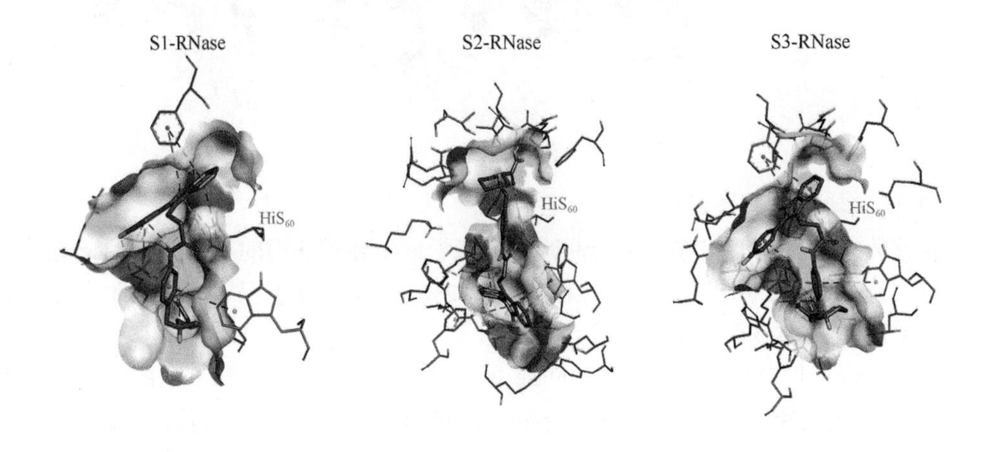

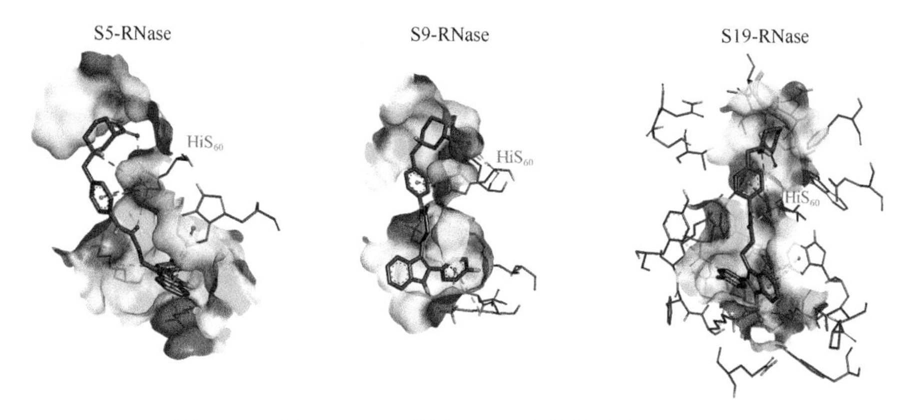

图 3-85 苹果 S-RNase 结合 RNA 底物的活性“口袋”

（二）VirtualFlow 虚拟筛选

1. 步骤和对接参数

1280 核云服务器运行 VirtualFlow 虚拟筛选程序。

（1）刚性对接

以前期同源建模获得的苹果 S-RNase 活性“口袋”区为受体，构建的化合物库为配体，运行 qvina02 程序，设置对接参数：

[center_x =-6.206400，center_y =-19.833400，center_z =10.219900]

[size_x =30，size_y =30，size_z =30]

[exhaustiveness =8]

[cpu =1]

以上述参数为准则，选择前 10 000 个化合物进入下一步筛选。

（2）柔性对接

使用第一步得到的前 10 000 个化合物，运行程序［flexible Vina］，结合工业化药物设计与筛选平台（SeeSAR）进行柔性分子对接，以 Mona 类药性筛选参数为准则：

[MV≤450，1≤Lipinski Acceptor≤10，0≤Lipinski Donors≤5，Lop≤5]

选择前 30 个化合物进入下一步酶活鉴定。

2. 筛选结果

通过刚性对接和柔性对接两步筛选，获得 30 个小分子活性化合物（表 3-18）。

表 3-18 苹果 S-RNase 候选小分子活性化合物信息

序号	化合物名称	化合物结构式	化合物分子量
1	癸酸		172.26
2	L-亮氨酸-L-丙氨酸		202.25

续表

序号	化合物名称	化合物结构式	化合物分子量
3	伊班膦酸钠	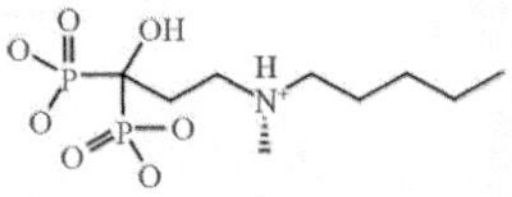	341.21
4	环氧楝树二酮	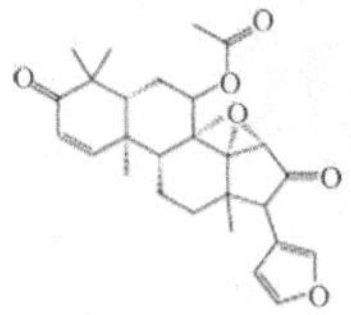	466.57
5	7-甲氧基-1-萘乙酸	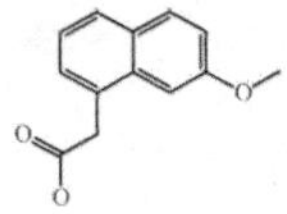	216.23
6	化合物 Fr13343	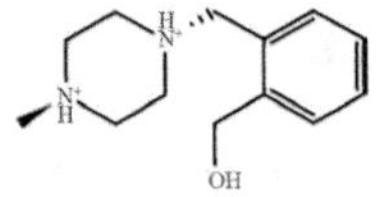	220.31
7	化合物 Fr13143	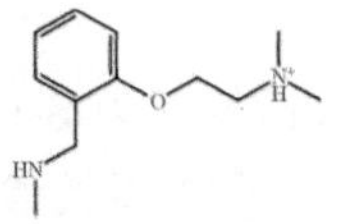	208.3
8	化合物 Fr13127	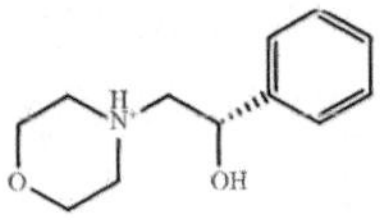	207.27
9	化合物 Fr12374	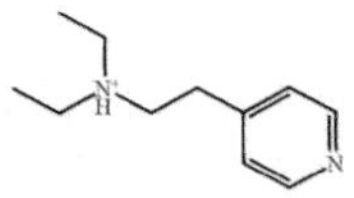	178.28
10	化合物 Fr13180	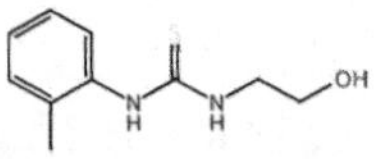	210.3
11	11β-羟基类固醇脱氢酶	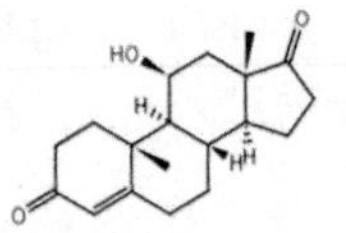	302.41
12	12-表-欧乌头碱	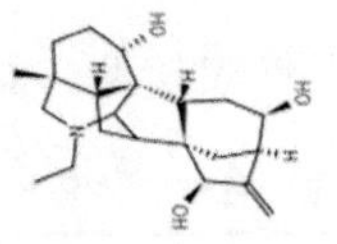	359.50
13	19-羟基蟾毒灵	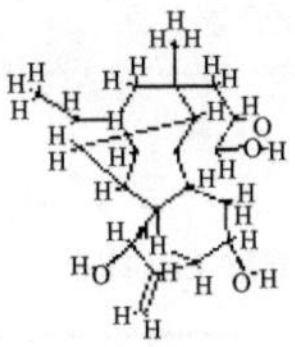	402.52

续表

序号	化合物名称	化合物结构式	化合物分子量
14	21-去乙酰基脱氟唑科特	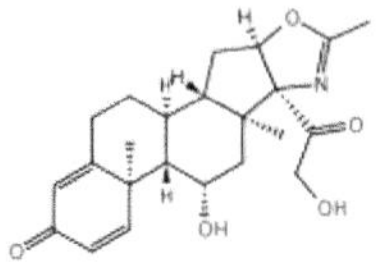	399.48
15	异孕烷醇酮	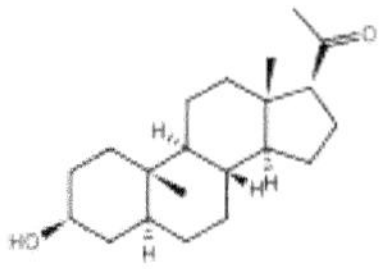	318.49
16	蟾毒灵	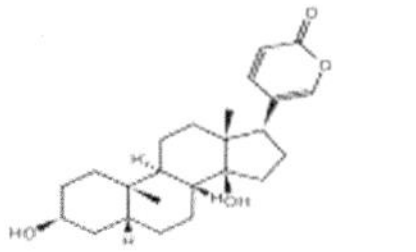	386.52
17	咖啡碱	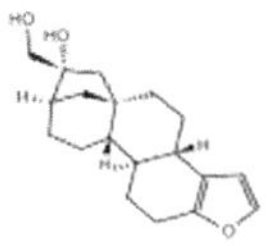	316.43
18	CIL62	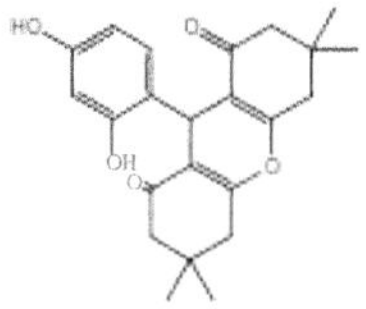	382.45
19	古伦宾	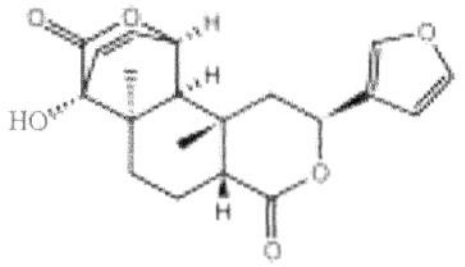	358.38
20	紫堇灵	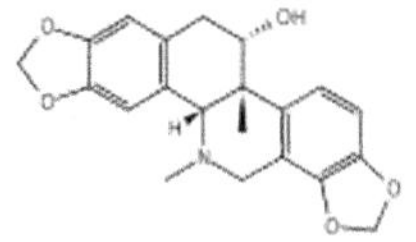	367.42
21	去乙酰华蟾毒精	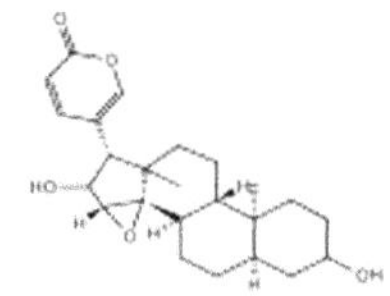	400.51
22	地莱德	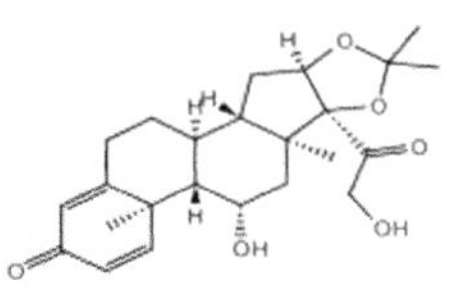	416.51
23	去羟米松	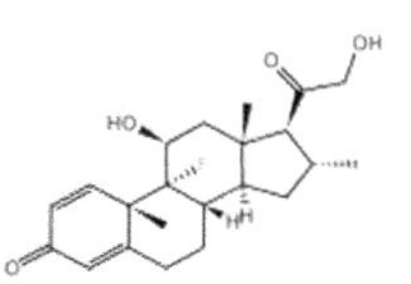	376.46

续表

序号	化合物名称	化合物结构式	化合物分子量
24	二氟拉松	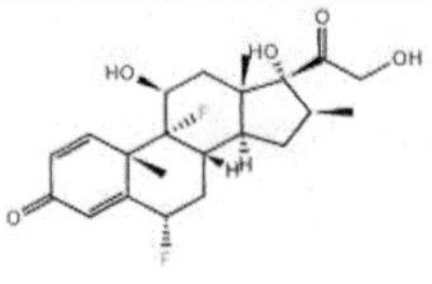	410.45
25	依托孕烯	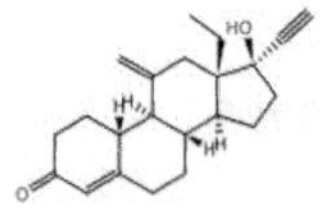	324.46
26	氟氢可的松	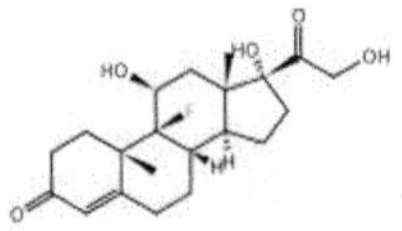	380.45
27	福如迈塔松	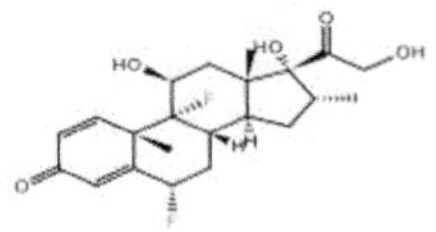	410.45
28	6α-氟泼尼龙	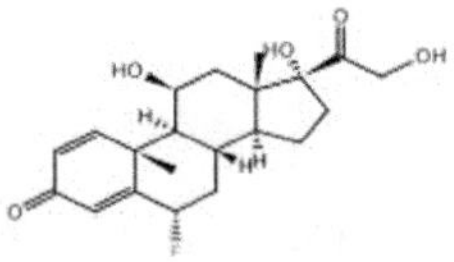	378.43
29	毛喉素	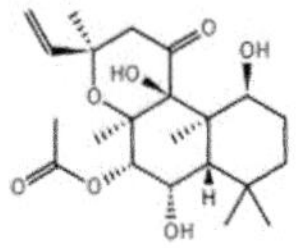	410.50
30	日蟾蜍他灵	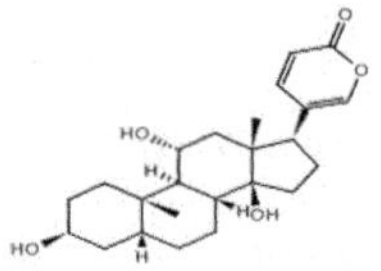	402.52

二、S-RNase 酶活抑制鉴定

1. 酶促反应体系构建

将虚拟筛选获得的 30 个小分子化合物分别配制 1mmol/ml 的抑制剂母液，以原核表达苹果 S-RNase 建立酶促反应体系：酶液 20μl（1ng/μl）、小分子化合物 5μl（5μmol/L）、底物 rRNA 溶液 75μl （0.015mg/ml）、乙酸与乙酸盐缓冲液 50μl，共计 150μl。

2. 酶活反应鉴定

（1）反应条件

采用水浴（金属浴），反应温度 50℃、时间 15min。

（2）鉴定结果

S1-RNase、S2-RNase、S9-RNase 分别与 30 个小分子化合物孵育，获得 1 个特异性小分子化合物 3β,11α,14-trihydroxy-5β-bufa-20,22-dienolide（DL-dienolide）（图 3-86A）。这种化合物能抑制苹果 S-RNase 的酶活，最佳效价浓度为 70μmol/L（图 3-86B），与 S-RNase 分子对接模式为氢键-苯胺键结合（图 3-86C）。

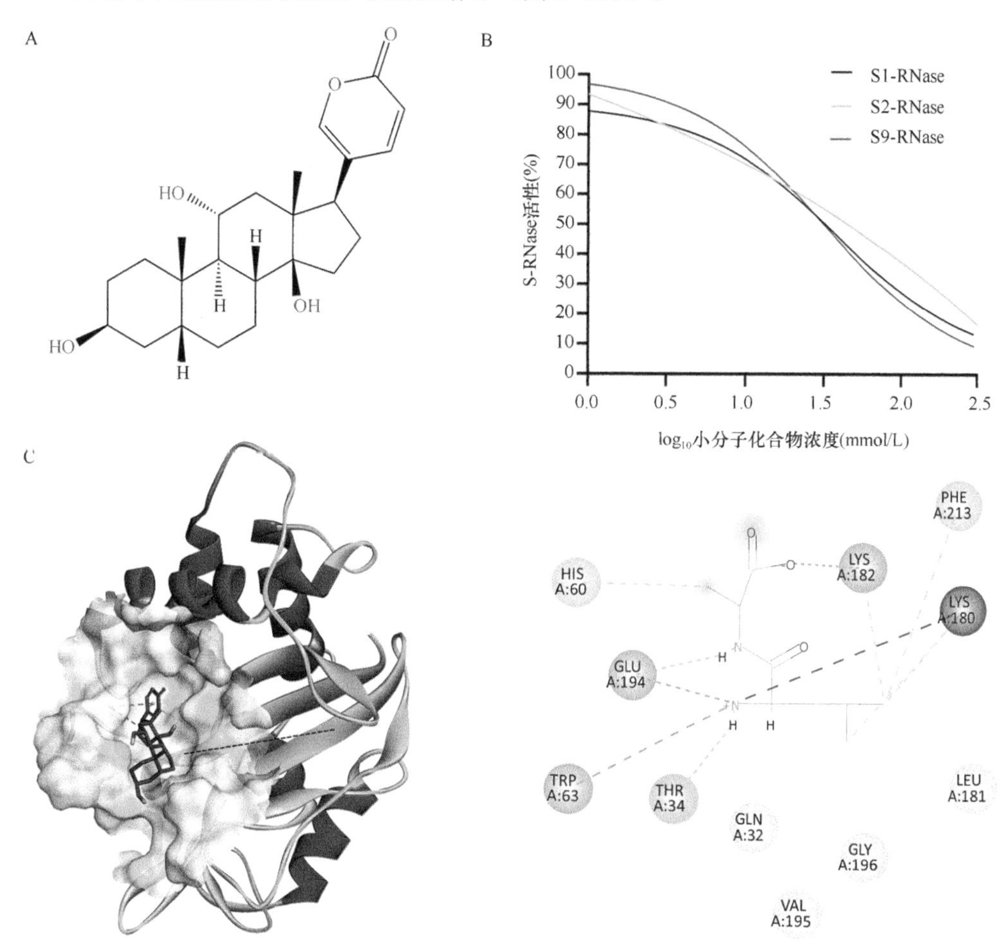

图 3-86　DL-dienolide 抑制苹果 S-RNase 酶活

三、田间应用效果

1. 苹果坐果灵

苹果坐果灵制剂包括 70μmol/L DL-dienolide+0.5%（*m*/*V*）聚山梨醇酯+20（吐温 Tween 20）+0.1%（*m*/*V*）有机硅等组分（图 3-87）。

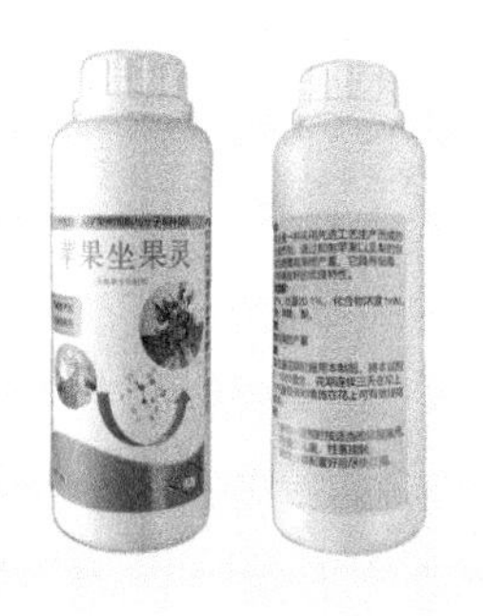

图 3-87　苹果坐果灵

2. 施用方法

施用苹果坐果灵时，用 10 000 倍清水稀释母液。用雾化装备将其均匀喷施于盛花期花朵，注意喷施距离保持在

20cm 左右，防止损伤柱头（图 3-88A）。

3. 应用效果

苹果坐果灵生物制剂喷施处理后，‘富士’苹果自花授粉坐果率为 21.8%，‘嘎拉’为 18.8%，‘金冠’为 18.8%，自花结实能力显著提高（图 3-88，表 3-19）。

图 3-88　苹果坐果灵喷施处理

表 3-19　苹果坐果灵田间施用效果

品种	处理	效价浓度（μmol/L）	处理花朵数	自花授粉坐果数	自花授粉坐果率（%）
富士	坐果灵	70	280	61	21.8
	ddH_2O（双蒸水）	—	300	7	2.3
	未处理	—	300	3	1
嘎拉	坐果灵	70	80	15	18.8
	ddH_2O（双蒸水）	—	100	2	2
	未处理	—	100	4	4
金冠	坐果灵	70	170	32	18.8
	ddH_2O（双蒸水）	—	200	8	4
	未处理	—	200	4	2

第四章　苹果 S 基因型与授粉结实

苹果除自花授粉不结实外，也存在不同品种间相互授粉不亲和现象。因此，鉴定品种 S 基因型，准确判断不同品种相互授粉亲和性，对苹果授粉品种选配、育种亲本选择和自花结实性种质资源评价及机制探索等具有重要意义。

第一节　苹果 S 基因型鉴定

目前鉴定苹果 S 基因型有多种方法，主要分为田间授粉法和 S-RNase 分辨法两大类，后者包含 S-RNase 蛋白分辨和 *S-RNase* 基因分辨两种方法。不同方法难易程度和耗时不同，可依据自身条件、需求，选择不同方法（图 4-1）。

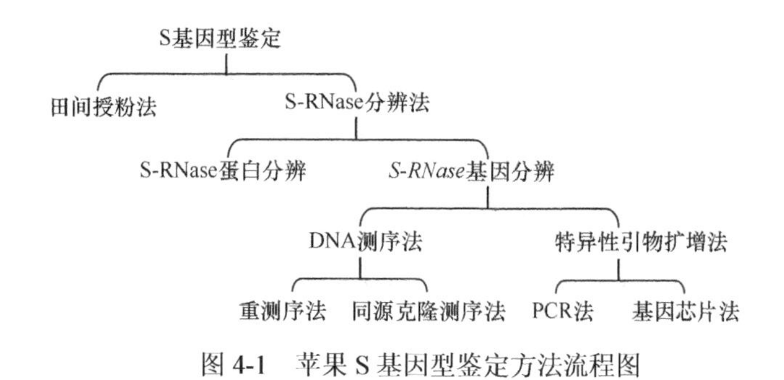

图 4-1　苹果 S 基因型鉴定方法流程图

一、田间授粉法

（一）原理

田间授粉法是指通过统计相互授粉坐果率或回交授粉坐果率等数据判断苹果 S 基因型的方法。以二倍体为例，首先设定一个基准品种，其 S 基因型命名为 S1S2，然后用待测品种与基准品种相互授粉，最后统计坐果率，判定 S 基因型。

1）若待测品种与基准品种相互授粉不亲和（坐果率＜35%），那么两品种具有 2 个相同的 S 单元型基因，待测品种 S 基因型为 S1S2（图 4-2 左）。

2）若待测品种与基准品种相互授粉亲和（坐果率≥35%），但其后代有半数群体与父本回交不亲和（偏父不亲和性），那么两品种间必然有一个 S 单元型基因相同，待测品种包含一个新的 S 单元型基因 S3（图 4-2 中），待测品种 S 基因型为 S1S3 或 S2S3。

3）若待测品种与基准品种相互授粉亲和（坐果率≥35%），且 F_1 代与父本回交全部亲和时，那么两品种间没有共同的 S 单元型基因，待测品种 S 基因型为 S3S4（图 4-2 右）。

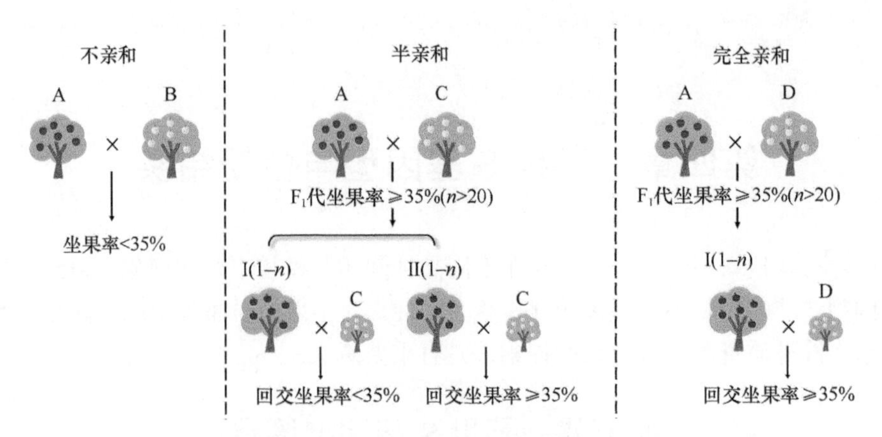

图 4-2　苹果田间授粉鉴定 S 基因型示意图

依此类推，待测品种与已确定 S 单元型基因的品种授粉，相互印证即可鉴定出 S1～S*n* 个 S 单元型基因。

（二）技术流程

（1）收集花粉

采集铃铛期花蕾，收集花药，常温下阴干，也可以置于烘箱内 28℃烘干，筛分花粉并储存至 4℃环境备用。

（2）去雄

开花前 2 天疏除待测品种花序上多余的花朵，每个花序留 2 朵花，去雄处理后套袋，等待授粉。

（3）授粉

去雄处理之后 48h 内进行授粉，每个授粉组合设 3 个重复（3 棵树），每棵树 100 个花序（200 朵花）。

（4）统计坐果率

授粉后继续套袋 7d 左右，排除外界花粉干扰。开花后 3 周统计坐果率，需统计至少连续 2 年数据以确定授粉亲和性。

（5）回交

若授粉亲和，则利用 F_1 杂种后代（$n>20$）与父本品种回交，确定授粉亲和类型为半亲和或完全亲和。

（三）实例

小森貞男（2001）通过田间授粉法鉴定‘国光’、‘早红’、‘金冠’、‘辉’和‘乐莫顿’品种 S 基因型。

1. 品种间相互授粉

1）设定‘国光’为基准品种，S 基因型确定为 S1S2。统计‘国光’×‘早红’、‘国光’×‘金冠’、‘国光’×‘辉’和‘国光’×‘乐莫顿’授粉组合的坐果率，2

年最高分别为 3.8%、83%、92%和 95%，推断‘早红’与‘国光’S 基因型相同，‘金冠’、‘辉’、‘乐莫顿’与‘国光’至少有一个 S 单元型基因不同（表 4-1）。

2）统计‘金冠’×‘辉’和‘金冠’×‘乐莫顿’授粉组合的坐果率，2 年最高分别为 0%和 86%，推断‘辉’与‘金冠’S 基因型相同，‘金冠’与‘乐莫顿’至少有一个 S 单元型基因不同（表 4-2）。

表 4-1　苹果基准品种与待测品种相互授粉的坐果率调查

授粉组合	年份	花粉萌发率（%）	授粉花朵数	坐果数	坐果率（%）
国光×早红	1993	78	26	1	3.8
	1994	44	19	0	0
国光×金冠	1993	55	21	17	81.0
	1994	48	42	35	83.3
国光×辉	1994	65	24	20	83.3
	1995	69	25	23	92.0
国光×乐莫顿	1993	50	28	25	89.3
	1995	77	20	19	95.0

表 4-2　‘金冠’分别与‘辉’和‘乐莫顿’授粉组合的坐果率调查

授粉组合	年份	花粉萌发率（%）	授粉花朵数	坐果数	坐果率（%）
金冠×辉	1993	78	19	0	0
	1994	44	19	0	0
金冠×乐莫顿	1993	55	21	17	81.0
	1994	48	21	18	85.7

2. F_1 代与父本回交

1）‘国光’×‘金冠’7 个 F_1 代个体与‘金冠’回交，3 株坐果率<5%、4 株≥60%，推断‘金冠’与‘国光’有一个 S 单元型基因相同，命名二者相同的 S 基因型为 S2，另一个新 S 单元型基因命名为 S3，‘金冠’S 基因型可能为 S2S3（表 4-3）。

表 4-3　‘国光’×‘金冠’F_1 代与‘金冠’回交坐果率调查

F_1 代编号	年份	花粉萌发率（%）	授粉花朵数	坐果数	坐果率（%）
4-424	1995	30	15	0	0
	1996	38	21	0	0
4-425	1995	62	11	9	81.8
	1996	73	14	9	64.3
4-433	1995	70	10	6	60.0
	1996	50	15	9	60.0
4-438	1995	30	11	10	90.9
	1997	38	14	12	85.7
4-449	1995	62	10	10	100.0
	1997	43	15	13	86.7
4-450	1996	34	18	0	0
	1997	75	19	0	0
4-451	1995	70	11	0	0
	1996	50	24	1	4.2

2）‘国光’×‘乐莫顿’F_1代与‘乐莫顿’回交，坐果率均≥60%，推断‘乐莫顿’不包含S1或S2单元型基因（表4-4）。

表4-4 ‘国光’×‘乐莫顿’F_1代与‘乐莫顿’回交坐果率调查

F_1代编号	年份	花粉萌发率（%）	授粉花朵数	坐果数	坐果率（%）
I-172	1994	80	15	11	73.3
	1997	38	21	18	85.7
I-259	1994	62	11	9	81.8
	1995	73	14	9	64.3
I-661	1994	70	10	6	60.0
	1995	50	15	9	60.0
I-687	1994	30	11	10	90.9
	1995	38	14	12	85.7
	1997	87	19	17	89.5
I-707	1994	62	10	10	100.0

3）‘金冠’×‘乐莫顿’F_1代与父本回交，坐果率均≥70%，推断‘乐莫顿’不包含S3单元型基因。因此，‘乐莫顿’含2个新S单元型基因，S基因型确定为S4S5（表4-5）。

表4-5 ‘金冠’×‘乐莫顿’F_1代与‘乐莫顿’回交坐果率调查

F_1代编号	年份	花粉萌发率（%）	授粉花朵数	坐果数	坐果率（%）
F-1013	1994	66	15	11	73.3
	1997	38	21	18	85.7
F-1089	1994	62	11	9	81.8
	1995	73	14	13	92.9
F-1094	1994	70	10	9	90.0
	1995	50	15	13	86.7
F-1103	1994	30	11	10	90.9
	1995	38	14	12	85.7
	1997	87	19	17	89.5
F-1104	1994	62	10	10	100.0

4）‘秋映’×‘国光’、‘秋映’×‘金冠’、‘秋映’×‘乐莫顿’组合表现授粉亲和，（‘秋映’×‘国光’）×‘国光’回交后代中，授粉坐果率<35%的后代与坐果率≥35%的后代比例为12∶15，（‘秋映’×‘金冠’）×‘金冠’为11∶17，（‘秋映’×‘乐莫顿’）×‘乐莫顿’为0∶8。因此，‘秋映’分别与‘国光’和‘金冠’授粉半亲和，与‘乐莫顿’授粉完全亲和，推断‘秋映’S基因型不含S4和S5，包含S1、S2或S3单元型等位基因，这3个S单元型基因两两组合后仅S1S3符合与‘国光’和‘金冠’授粉半亲和，确定‘秋映’S基因型为S1S3（表4-6）。

表4-6 ‘秋映’S基因型田间授粉鉴定

授粉组合	亲和性	回交授粉坐果率<35%：≥35%		
		国光	金冠	乐莫顿
秋映×国光	亲和	12：15	—	—
秋映×金冠	亲和	—	11：17	—
秋映×乐莫顿	亲和	—	—	0：8

同理，‘绿星’×‘国光’、‘绿星’×‘金冠’、‘绿星’×‘乐莫顿’、‘绿星’×‘秋映’表现授粉亲和，（‘绿星’×‘国光’）×‘国光’回交后代中，授粉坐果率<35%的后代与坐果率≥35%的后代比例为0：9，（‘绿星’×‘金冠’）×‘金冠’为4：7，（‘绿星’×‘乐莫顿’）×‘乐莫顿’为6：4，（‘绿星’×‘秋映’）×‘秋映’为6：9。因此，‘绿星’与‘国光’授粉完全亲和，而与‘金冠’‘乐莫顿’‘秋映’授粉半亲和，推断‘绿星’S基因型不含S1和S2，包含S3、S4或S5单元型且必含S3，‘绿星’与‘乐莫顿’含相同的S单元型基因为S4，最终确定‘绿星’S基因型为S3S4（表4-7）。

表4-7 ‘绿星’S基因型田间授粉鉴定

授粉组合	亲和性	回交授粉坐果率<35%：≥35%			
		国光	金冠	乐莫顿	秋映
绿星×国光	亲和	0：9	—	—	—
绿星×金冠	亲和	—	4：7	—	—
绿星×乐莫顿	亲和	—	—	6：4	—
绿星×秋映	亲和	—	—	—	6：9

综上所述，7个品种鉴定出5个S单元型基因S1～S5，‘国光’S基因型为S1S2、‘早红’S1S2、‘金冠’S2S3、‘辉’S2S3、‘乐莫顿’S4S5、‘秋映’S1S3、‘绿星’S3S4。依此类推，可利用其他品种鉴定S6～S*n*单元型基因和品种S基因型。

二、S-RNase双向电泳法

（一）原理

S-RNase双向电泳法是指利用不同S单元型的花柱S-RNase分子质量（MW）和等电点（pI）在双向电泳凝胶上迁移位置不同而鉴定S基因型的方法，适用于鉴定S-RNase介导的配子体型自交不亲和性植物；其原理为花柱蛋白质经双向电泳分离后，在pI 9～11、MW 26～31kDa，绝大部分蛋白质在凝胶上位置很接近，而不同S单元型S-RNase的位置不同。利用软件分析辅以质谱鉴定，确定不同S单元型S-RNase的位置，形成不同S单元型S-RNase标准图谱，具体流程如下。

设定任意一个品种（二倍体为例）为基准品种，S基因型命名为S1S2。以该品种2个S单元型S-RNase在凝胶上的迁移位置为基准，将待测品种（二倍体）花柱蛋白质经

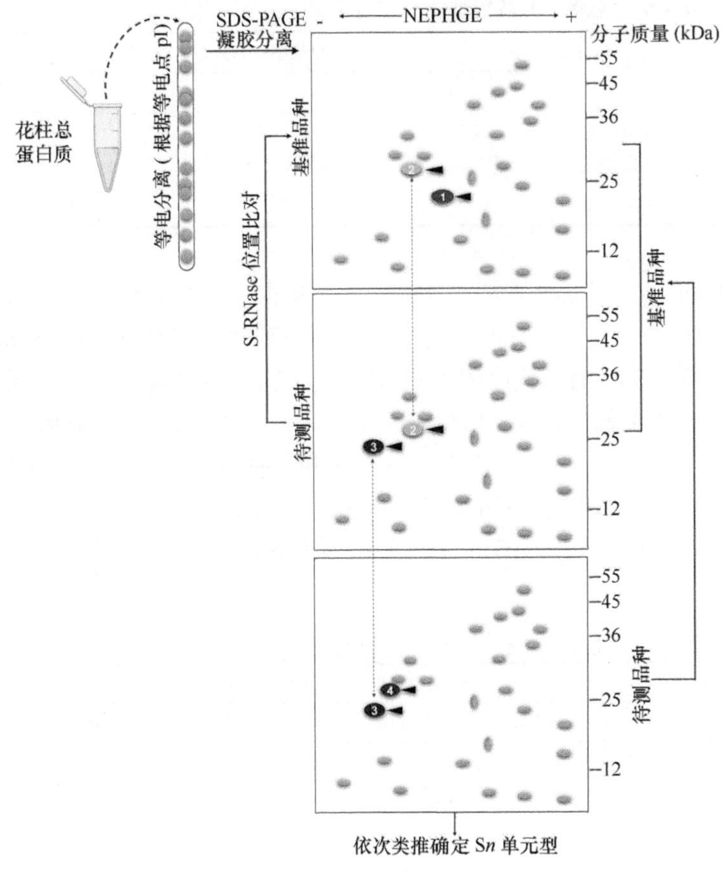

图 4-3　双向电泳法鉴定苹果 S 基因型流程示意图

NEPHGE. 不平衡的 pH（梯度）凝胶电泳，下同

双向电泳分离后，与基准品种电泳图比对，鉴定 S 基因型。

1)待测品种与基准品种 2 个 S 单元型花柱 S-RNase 位置完全相同时，其 S 基因型与基准品种相同，为 S1S2。

2）待测品种与基准品种 2 个 S 单元型花柱 S-RNase 位置有 1 个相同、1 个不同，其 S 单元型基因仅一个和基准品种相同，为 S1 或 S2；另一个经质谱验证确定新 S 单元型，命名为 S3，待测品种 S 基因型为 S1S3 或 S2S3。

3）待测品种与基准品种 2 个 S 单元型花柱 S-RNase 位置完全不同，其 S 基因型与基准品种不同，经质谱验证确定新 S 单元型，命名为 S3 和 S4，待测品种 S 基因型为 S3S4。

依此类推，待测品种与所有确定 S 基因型的基准品种比较，S-RNase 凝胶迁移位置不同时，经质谱验证确定新 S 单元型（图 4-3）。

（二）技术流程

1. 花柱蛋白质样品制备

采集铃铛期苹果花蕾，切取花柱，称取 500mg 提取蛋白质，纯化备用。

2. 蛋白质双向分离

（1）第一向等电点聚焦电泳

在等电点聚焦电泳（isoelectric focusing electrophoresis，IFE）胶条上加入花柱蛋白质样品，设置程序，进行等电点聚焦电泳。聚焦结束，胶条立即进行平衡待用。

（2）第二向 SDS-PAGE

制备 SDS 凝胶，将等电点聚焦电泳好的胶条进行 SDS 电泳。起始用低功率，待样品在完全走出 IFE 胶条并浓缩成一条线后，加大功率。电泳结束后，取出凝胶，具体方法参考蛋白质双向电泳法。

（3）比对分析确认 S-RNase

1）凝胶染色：考马斯亮蓝染色凝胶，扫描采集凝胶蛋白 2D 图像。

2）PDQuest 软件分析：依次将采集到的 2D 图像导入 PDQuest 软件，经“斑点检测—斑点匹配—差异斑点标记”分析，获得 S-RNase 位置附近有差异的蛋白质位点（图 4-4，具体分析过程详见 PDQuest 软件使用教程）。

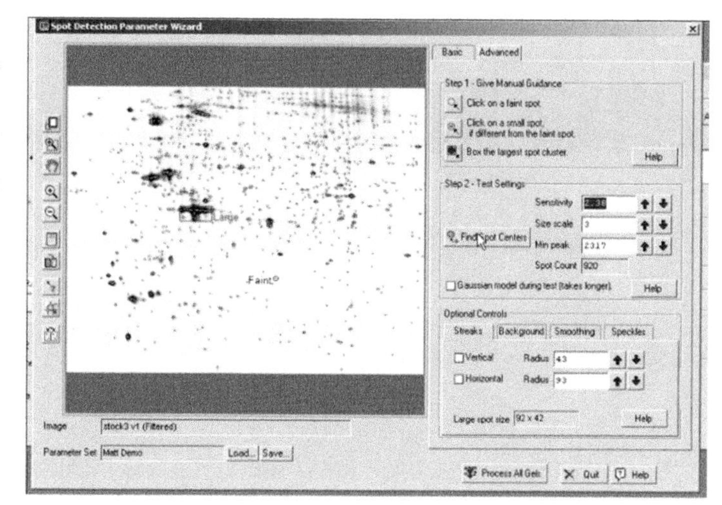

图 4-4　PDQuest 分析苹果 S-RNase 在 2D 图谱中的位置

3）质谱验证：蛋白质谱分析差异位点蛋白质，获得氨基酸序列，比对分析确认其为 S-RNase 蛋白。氨基酸比对满足属于第三亚组 T2-RNase、含有 S-RNase 典型的 5 个保守结构域 C1～C5，以及具备多态性三个条件，即可确认为 S-RNase。

（4）S 等位基因排序和品种 S 基因型确定

依据判定原则依次确定 S 单元型基因和品种 S 基因型。

（三）实例

假设苹果 S 单元型基因未知，通过 S-RNase 双向电泳法鉴定‘国光’‘金冠’‘金红’‘珊夏’‘印度’‘元帅’等品种 S 基因型。

1）设定‘国光’为基准品种，S 基因型为 S1S2，与待测品种如‘金冠’同时双向电泳分离花柱蛋白质。比对分析差异蛋白质位点，经质谱验证 S-RNase，确定基准品种 S1、S2 单元型 S-RNase 的位置。待测品种‘金冠’与之比对，其中一个 S-RNase 位置与‘国光’S2-RNase 相同，另一个与两个 S-RNase 位置均不同，质谱鉴定为新 S 单元型 S-RNase，命名为 S3。因此，‘金冠’S 基因型为 S2S3（图 4-4）。

2）同理，待测品种‘金红’的一个 S-RNase 位置与‘金冠’S2-RNase 完全吻合，另一个 S-RNase 与‘国光’‘金冠’S-RNase 位置均不吻合，质谱鉴定为新 S 单元型 S-RNase，命名为 S4。因此，‘金红’S 基因型为 S2S4。

3）依此类推，以‘珊夏’‘印度’‘富士’‘元帅’等品种为试材，经 S-RNase 位置比对、质谱鉴定，确定 S5、S6、S7、S9 单元型 S-RNase。因此，‘珊夏’S 基因型为 S5S7、‘印度 2’为 S4S6、‘富士’为 S1S9、‘元帅’为 S9S19。

综上所述，获得 S1-RNase 等 10 个 S-RNase 蛋白双向电泳 2D 图谱，可利用其他品种鉴定 S*n* 单元型 S-RNase 和确定品种 S 基因型（图 4-5，表 4-8）。

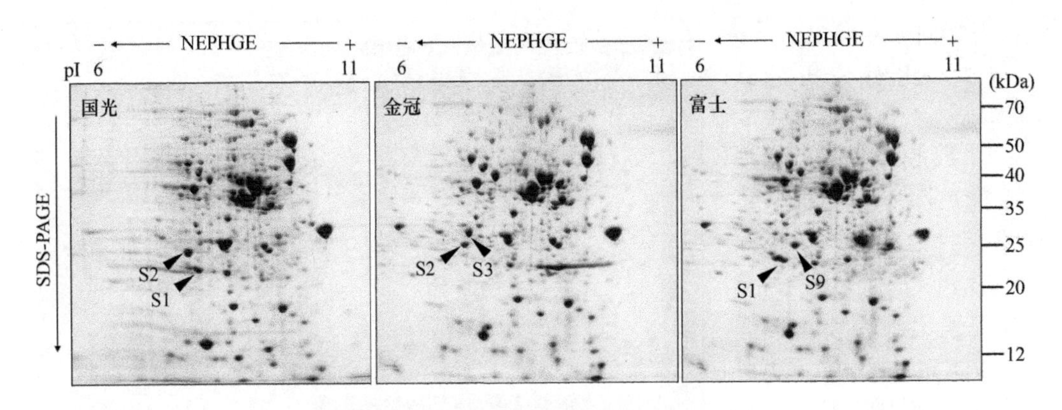

图 4-5　苹果 S-RNase 在 2D 图谱中的位置

表 4-8　苹果 S-RNase 预测与实测的等电点和分子质量对比分析

S-RNase 等位基因	等电点		分子质量（kDa）	
	预测	实测	预测	实测
S1-RNase	8.9	8.1	25.4	24
S2-RNase	8.9	7.9	26.3	25
S3-RNase	9.2	8	26.1	26
S4-RNase	9.33	—	26.3	—
S5-RNase	8.8	—	20.5	—
S7-RNase	9.22	—	26	—
S9-RNase	9.1	8.6	26.3	25
S19-RNase	8.8	—	26	—

注：“—”表示无实测数据。

三、*S-RNase* 基因序列鉴定法

除蛋白质层面鉴定外，还可以利用 *S-RNase* 基因序列差异分辨品种 S 基因型，同样适用于鉴定 S-RNase 介导的配子体型自交不亲和性植物，包括 DNA 测序法和特异性引物扩增法。

（一）DNA 测序法

DNA 测序法指利用 DNA 测序获取 *S-RNase* 基因序列信息确定 S 基因型的方法，分全基因组重测序法与同源克隆测序法。

1. 全基因组重测序法

（1）原理

对已知基因组物种不同种质（品种）进行高通量全基因组重测序，获得种质（品种）基因组 DNA 信息并进行基因注释，利用其他物种 *S-RNase* 基因保守序列与待测品种基因组比对，筛选 S-RNase 候选基因，确定 S 单元型。

（2）技术流程

1）测序。具体测序步骤参考全基因组重测序方法，测序深度至少 30×，对其进行拼接注释。

2）候选基因筛选。用其他物种已知 *S-RNase* 全长 DNA 序列在待测品种全基因组中检索，序列相似性＞55%为候选基因。

3）*S-RNase* 基因的确定。主要依据以下几方面：①具有 *S-RNase* 典型的 5 个保守区（C1～C3、RC4、C5）及 1～2 个高变区（RHv）；②C2 与 C3 之间必然包含一个高变区；③内含子富含 AT 序列且位于高变区内；④含有至少 4 个半胱氨酸保守位点，形成 2 个二硫键结构（图 4-6）。

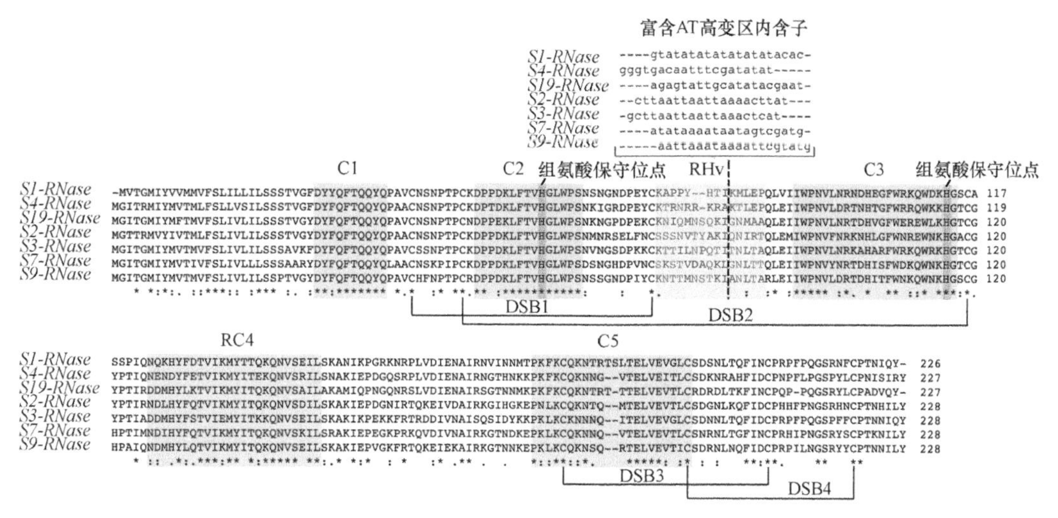

图 4-6　苹果 S-RNase 保守区 C1～C3、RC4、C5 和高变区序列比对分析

DSB 表示二硫键结构

4）S 单元型和品种 S 基因型确定。一般分为两种情况：①物种无 S 单元型和 S 等位基因信息时，通过多态性分析，若 2 个 *S-RNase* 基因存在至少导致 1 个氨基酸序列不一致的差异时，则定义为不同 S 单元型，依次确定 S 单元型及品种 S 基因型；②物种已有 S 单元型和 S 等位基因信息时，利用 NCBI 数据库 BLAST 比对，确定 S-RNase 基因型，若出现 1 个氨基酸序列不一致的差异时，则定义为新 S 单元型。

（3）实例

以野生'宝清山定子'为试材，全基因组重测序（65×）并拼接注释。利用苹果 S1-RNase 全长 DNA 序列检索，获得符合 S-RNase 序列特征的基因 2 个，与 NCBI 数据库 BLAST 比对，为 *S4-RNase* 和 *S23-RNase*，确定'宝清山定子'S 基因型为 S4S23。

2. 同源克隆测序法

（1）原理

根据不同物种 S-RNase 氨基酸保守区域设计简并引物，以待测品种 DNA 为模板进行 PCR 扩增，测序获得 DNA 序列信息，比对分析确定 S 单元型和品种 S 基因型。

（2）技术流程

1）设计简并引物：根据不同物种 S-RNase 氨基酸序列设计两类简并引物，第一类适用于科属内同源克隆，第二类适用于跨物种同源克隆（图 4-7，表 4-9）。

```
                                              P1                          GP1
柑橘S-RNase    ----MEFLIMIMMFNMLVPQIFSQVNDYHIMQFVLGWNPSFCSKPDTKSCVNPVPENFTI 56
苹果S1-RNase   -MVTGMIYVVMMVFSLILLILSSSTVGFDYYQFTQQYQPAVCNSNPT-PCKDPPDKLFTV 58
梨S1-RNase     MGTTRMVYIVTMLFSLIVLILSSSTVGYDYFQFTQQYQPAACNSNPT-PCKDPPDKLFTV 59
烟草S1-RNase   ----MFNLPLTSVFVIFLFALSPIYGAFEYMQLVLQWPTTFCHTTPC-K--NIPS-NFTI 52
矮牵牛S3-RNase ----MFQFQLTSVFCIFLFAFSPIYGAFDHWQLVLTWPAGYCKIKGC-PRTVIPD-NFTI 54
                    :  :* :::  :       :.  *:.  :    *               **:

               GP1                                           P2/P3
柑橘S-RNase    HGLWPANAYANSLYLKMPTSWKEKQDLKNDMALLNQDQNLVNSLHHVWPSVVPKF----P 112
苹果S1-RNase   HGLWPSNSNGNDPEYCKAP-----------PYHTI--KMLEPQLVIIWPNVLNRN----D 101
梨S1-RNase     HGLWPSNMNRSELFNCSSSN----------VTYAKI--QNIRTQLEMIWPNVFNRK----N 104
烟草S1-RNase   HGLWPDNVSTT-LNFCGKE-----------DDYNIIMDGPEKNGLYVRWPDLIREKADCMK 101
矮牵牛S3-RNase HGLWPDSVSVM-MYNCDPP-----------TRFNKIRETNIKNELEKRWPELTSTAQFALK 103
               ***** .                                       *   **.:

柑橘S-RNase    AELFWRHEWAKHGFGIRAQ-IDVKTYFEAATRIHDTMIAINGKTNLKGYFTGVGIQPGKS 171
苹果S1-RNase   HEGFWRKQWDKHGSCASSPIQNQKHYFDTVIKM-----YTTQKQNVSEILSKANIKPGRK 156
梨S1-RNase     HLGFWNREWNKHGACGYPTIRNDLHYFQTVIKM-----YITQKQNVSDILSKAKIEPDGN 159
烟草S1-RNase   TQNFWRREYIKHGTCCS-EIYNQVQYFRLAMAL-------KDKFDLLTSLKNHGIIRGYK 153
矮牵牛S3-RNase SQSFWKYQYEKHGTCCL-PFYSQSAYFDFAIKL-------KDKTDLLTILRNQGVTPGST 155
                  **. :: ***      .    **   .   :        . * ::   :    :  . .

                                          GP2
柑橘S-RNase    VTVR-QLGRALNPLVNGI--DIRCYNNG--THNFLLEVIFCLDKSSLYSFISCQRAYRRT 226
苹果S1-RNase   NRPLVDIENAIRNVINNMTPKFKCQKNTRTSLTELVEVGLCSDS-NLTQFINCPRPFPQG 215
梨S1-RNase     IRTQKEIVDAIRKGIHGKEPNLKCQKNT--QMTELVEVTLCSDG-NLKQFIDCPHHFPNG 216
烟草S1-RNase   YTVQ-KINNT-IKTVTKGYPNLSCTK-----GQELWEVGICFDS-TAKNVIDCPNP-KTC 204
矮牵牛S3-RNase YTGE-KLNSS-IASVTRVAPNLKCLYYQ--GKLELTEIGICFNR-TTVAMMSCPRISTSC 210
                    .:  :    :      .: *          * *: :* :  .    .:.* .

柑橘S-RNase    GLVQLTRSCDPNDPLYLPS  245
苹果S1-RNase   S-----RNFCPTNIQY---  226
梨S1-RNase     S-----RHNCPTNHILY--  228
烟草S1-RNase   K-------TASNQGIMFP-  215
矮牵牛S3-RNase K-------FGTNAGITFRQ  222
```

图 4-7　苹果与柑橘、梨等 S-RNase 简并引物序列信息分析

表 4-9　苹果 *S-RNase* 基因的简并引物设计

适用范围	正/反向	引物名称	氨基酸序列	DNA 引物序列
所有植物	正向	GP1	FTI(V)HGLWP	5′-AACATGAATCGAAGTGA-3′
	反向	GP2	anti-LEV(I)G(I/T)C	5′-GGTTTGGTTCYTMTACC-3′
苹果及其他蔷薇科植物	正向	P1	FTQQYQ	5′-TTTACGCAGCAATATCAG-3′
	反向	P2	anti-(I/M)IWPNV	5′-GYGGGGGCARTYTMTGAA-3′
		P3	anti-IIWPNV	5′-GYGGGGGCARTYTMTGAA-3′

注：anti 表示反义

2）全长序列获取：PCR产物测序获得候选基因DNA序列片段，利用cDNA末端快速克隆（rapid-amplification of cDNA end，RACE）方法获得候选基因全长序列。

3）*S-RNase*基因确定：与已知*S-RNase*的DNA序列比对分析，比对原则与重测序法比对原则相同。

4）S单元型和品种S基因型确定：通过多态性分析，若2个*S-RNase*基因存在至少导致1个氨基酸序列不一致的差异时，则定义为不同S单元型，依次确定S单元型及品种S基因型。

（3）实例

假设苹果S单元型基因未知，通过同源克隆测序法鉴定'国光''金冠''金红''龙丰'的S基因型。

1）全长序列获取：简并引物（P1/P3）扩增苹果品种'国光''金冠''金红''龙丰'基因组DNA，共获得5个DNA片段，其大小分别为739bp、701bp、719bp、744bp和679bp（图4-8）；RACE获得基因全长序列，大小分别为1031bp、1072bp、1135bp、949bp和909bp。

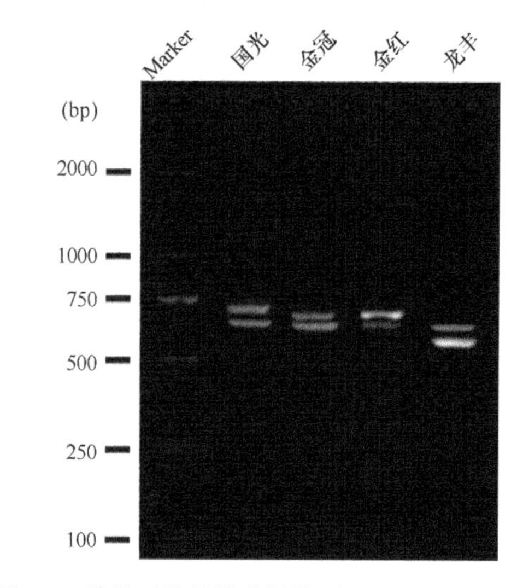

图4-8　简并引物扩增苹果资源*S-RNase*基因片段

2）*S-RNase*基因确定：上述5个基因DNA序列相似性为80%，与矮牵牛、烟草、梨等*S-RNase*基因序列相似性达58%～96%；具有2个明显的高变区和5个保守区，含有1个内含子且位于高变区内，内含子大小分别为174bp、176bp、177bp、318bp和143bp，且富含AT碱基，符合*S-RNase*基因内含子规律。因此，确定5个基因片段为*S-RNase*。

3）S单元型和品种S基因型确定：设定'国光'S基因型为S1S2，'金冠'1个*S-RNase*基因与国光S2-RNase相同，另1个不同，命名为S3-RNase，鉴定'金冠'S基因型为S2S3。依此类推，'金红'为S3S4、'龙丰'为S4S5，获得S1～S5共5个S单元型基因。

（二）特异性引物扩增法

1. PCR法

（1）原理

利用*S-RNase*基因高变区设计特异性引物进行PCR扩增，适用于S单元型基因信息较完善的物种。

（2）技术流程

1）*S-RNase* 基因特异性引物设计：根据 *S-RNase* 基因高变区序列特点设计特异性引物。

2）引物特异性确认：多个品种反复扩增、测序，确认引物特异性和是否存在非特异性扩增。

3）S 基因型鉴定：利用特异性引物依次扩增待测品种 DNA，获得 *S-RNase* 特异性条带，确定 S 基因型。

（3）实例

通过特异性引物 PCR 法鉴定苹果品种 S 基因型。

1）*S-RNase* 基因特异性引物设计：根据苹果 S-RNase 基因高变区序列，设计 19 对特异性引物（表 4-10）。

表 4-10　苹果 S 基因型 *S-RNase* 特异性引物设计

S 等位基因	基因库（GenBank）登录号	引物名称	引物序列	cDNA 位置（bp）	内含子大小（bp）	PCR 产物大小（bp）	退火温度（℃）
S1	D50837	*MdS1*SpF	TGTAAGGCACCGCCATATCATAC	220～242	344	734	62
		*MdS1*SpR	CAACCTCAACCAATTCAGTCAATGA	585～609			
S2	U12199	*MdS2*SpF	AACATGAATCGAAGTGAATTATTTA	196～220	149	489	55
		*MdS2*SpR	TTGAGGTTTGGTTCCTTACCATG	523～545			
S3	U12200	*MdS3*SpF	GGCGAAAATTAAACCGGAGAAGAA	454～477	无内含子	292	58
		*MdS3*SpR	CCTCTCGTCCTATATATGGAAATCAC	720～745			
S4	AF327223	*MdS4*SpF	ATTGCAAGACAAGGAATCGTCGGAA	221～245	137	533	63
		*MdS4*SpR	AGAAATGTGCTCTGTTTTTATCG	594～616			
S5	U19791	*MdS5*SpF	GGTCAAACCCACGGCGTCTCA	79～99	1097	1447	63
		*MdS5*SpR	ATTCAGTTATCCCATTCTTCG	408～428			
S7	AB032246	*MdS7*SpF	AGTAAATCAACCGTGGATGCTCAG	227～250	120	397	63
		*MdS7*SpR	TTACAATATCTACCTGTTTCCTGGG	479～503			
S9	D50836	*MdS9*SpF	CCACTTTAATCCTACTCCTTGTAGA	126～150	147	522	63
		*MdS9*SpR	TCAATTTCCTTCTGTGTCCTGAATT	476～500			

续表

S 等位基因	基因库（GenBank）登录号	引物名称	引物序列	cDNA 位置（bp）	内含子大小（bp）	PCR 产物大小（bp）	退火温度（℃）
S10	AB052683	FTC12a	CCAAACGTACTCAATCGAAG	289～308	无内含子	203	66
		*MdS10*SR	TCCCGTGTCCTGAATCTCCC	472～491			
S11	FJ008669	*MdS11*SpF	AAATATTGCAAGGCGCCGC	21～39	174	678	63
		*MdS11*SpR	TTTCAATATCTACCAGTCTCCGGC	501～524			
S19	AB035273	*MdS19*SpF	GCCTTCAAACAAGAATGGACC	189～209	169	481	63
		*MdS19*SpR	TCAATATCCACCAATGACCTGTT	478～500			
S20	AB019184	*MdS20*SpF	GTTGTGGCCTTCAGACTCG	180～198	318	882	64
		*MdS20*SpR	GGCCAACTACTTTTATTTTTCATC	720～743			
S21	FJ008670	*MdS21*SpF	AAGTAATTGCCCGATAAGGAACATA	120～144	176	584	63
		*MdS21*SpR	AGTTTATGAAATGTTCTCCGCTGTA	503～527			
S23	AF239809	*MdS23*SpF	AAGAATACAACCATTACGCCTCAGC	106～130	147	450	63
		*MdS23*SpR	ATTGTTGGTACTAATGCTTATGGCG	334～358			
S24	AF016920	*MdS24*SpF	ATGGCTCCTGTGCGTCTTCCC	338～358	无内含子	421	61
		*MdS24*SpR	CGTCATCCGTGTATAGGGCAACT	736～758			
S26	AF016918	*MdS26*SpF	TCCATCAAACGTGACTTCTCAT	228～249	155	423	55
		*MdS26*SpR	ATCCTTCAGCATCCTGATTCG	475～495			
S31	DQ135990	*MdS31*SpF	TGACCCAAAATATTGCAAGGCGC	207～229	277	556	63
		*MdS31*SpR	TTTCAATATCTACCAGTCTCCGGC	463～486			
S44	FJ008673	*MdS44*SpF	GCATGGTAGGACCTGACCCAAGTA	101～124	177	561	63
		*MdS44*SpR	TCTCAACCAATTGAGTCGTCGTACC	460～484			
S45	FJ008671	*MdS45*SpF	CCAGAAGGTTGCAAGACACAGAAAT	118～142	318	641	63
		*MdS45*SpR	AGTTTTGGTGCCTTATTGTTGGTAC	416～440			
S46	FJ008672	*MdS46*SpF	CCCAACGTGCTCGATCGAACA	193～213	无内含子	212	61
		*MdS46*SpR	TCAATTTCCTTCTGTGTCCAGAATC	380～404			

2）引物特异性确认：*S-RNase* 特异性引物扩增，确认引物特异性，使用的品种分别为‘国光’（S1S2）、‘金冠’（S2S3）、‘格洛斯特’（S4S19）、‘桔苹’（S5S9）、‘红玉’（S7S9）、‘富士’（S1S9）、‘旭’（S10S22）、‘元帅’（S9S19）和‘印度’（S7S20）（图 4-9）。电泳检测 PCR 产物，均获得单一条带，测序结果与对应 *S-RNase* 基因序列一致。

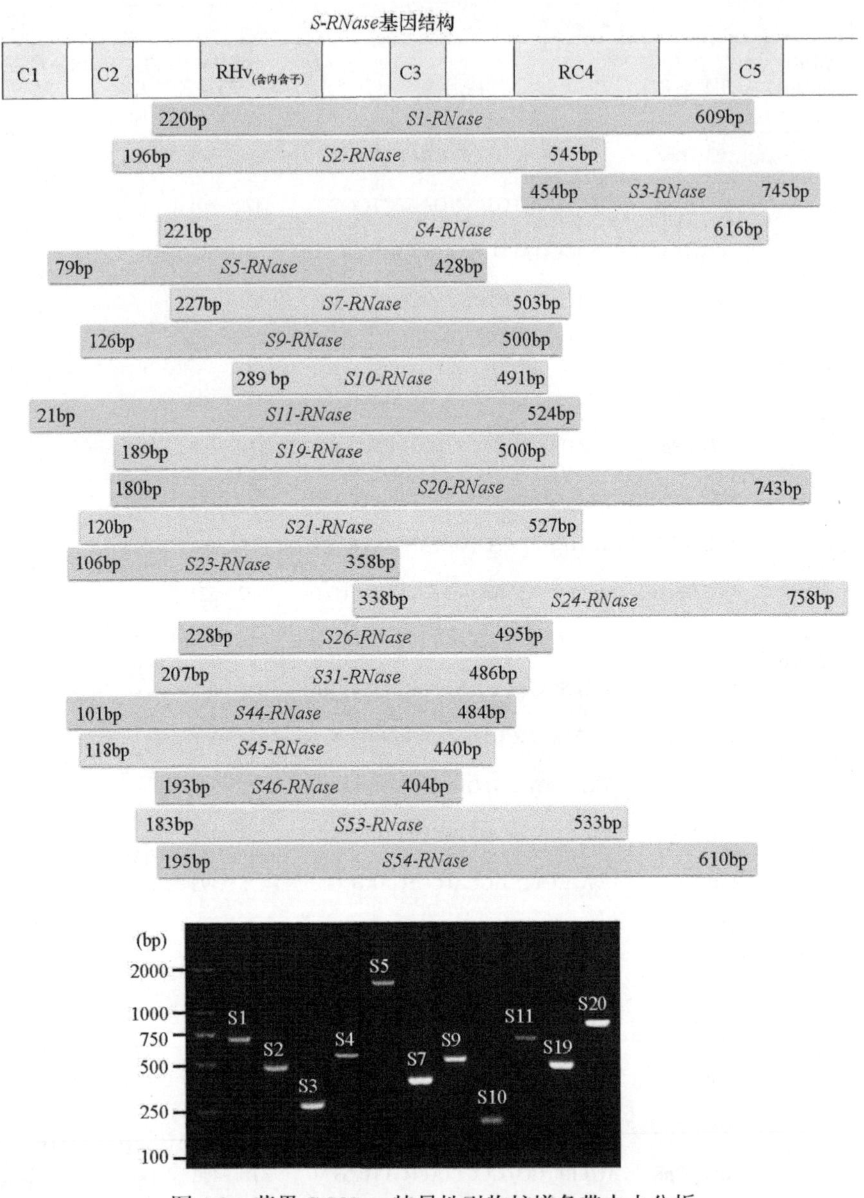

图 4-9 苹果 *S-RNase* 特异性引物扩增条带大小分析

3）S 基因型鉴定：根据特异性引物扩增结果（图 4-10），鉴定‘早生赤’等品种 S 基因型（表 4-11）。依此类推，目前已鉴定 1325 份苹果资源 S 基因型。

表 4-11 苹果品种 S 基因型一览表

品种	S 基因型	品种	S 基因型	品种	S 基因型	品种	S 基因型
早生赤	S1S2	卡迪那	S3S23	八月酥	S7S20	维尼琴	S5S11
白星	S1S9	桃苹	S4S24	诺桑	S9S19	楸子	S1S21
美尔塔什	S2S3	镐罗	S5S7	斯帕坦	S9S10	昆马斯	S23S31
静香	S2S3S20	桔苹	S5S9	紫云	S10S24	槟子	S26S44
伦巴瑞	S2S5	金花	S7S9	光辉	S4S26	大鲜果	S3S45S46

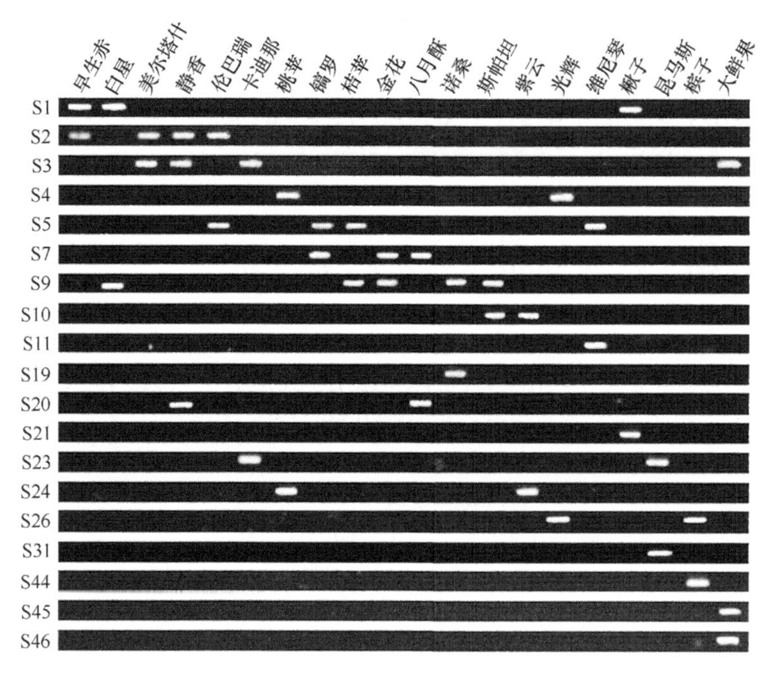

图 4-10　苹果品种 S 基因型的特异性引物 PCR 鉴定

2. 基因芯片法

（1）原理

利用 S-RNase 高变区合成荧光探针，通过微阵列杂交显色方式鉴定 S 基因型。该方法适用于 S 单元型基因信息较完善的物种。

（2）技术流程

1）特异性探针制备：根据 *S-RNase* 基因高变区序列特点合成 Cy3 标记的特异性荧光探针。

2）探针特异性确认：制备微阵列芯片，选用多个 S 基因型已知品种 cDNA 杂交，确认探针特异性，以及是否存在非特异性显色。

3）S 基因型鉴定：用待测品种 cDNA 杂交，荧光显色结果对照微阵列图谱推断 S 基因型。

（3）实例

利用基因芯片法鉴定苹果‘国光’等品种 S 基因型。

1）特异性探针制备：利用苹果 11 个 S 单元型 *S-RNase* 基因高变区制备探针（引物见表 4-12），固定至微阵列芯片。

表 4-12　苹果 *S-RNase* 探针引物设计

S 等位基因	引物名称	引物序列	探针大小（bp）	退火温度（℃）
S1	*ProbS1*SpF	TGTAAGGCACCGCCATATCATAC	734	62
	*ProbS1*SpR	CAACCTCAACCAATTCAGTCAATGA		
S2	*ProbS2*SpF	AACATGAATCGAAGTGAATTATTTA	489	55
	*ProbS2*SpR	TTGAGGTTTGGTTCCTTACCATG		

续表

S 等位基因	引物名称	引物序列	探针大小（bp）	退火温度（℃）
S3	*ProbS3*SpF	GGCGAAAATTAAACCGGAGAAGAA	292	58
	*ProbS3*SpR	CCTCTCGTCCTATATATGGAAATCAC		
S5	*ProbS5*SpF	GGTCAAACCCACGGCGTCTCA	1447	63
	*ProbS5*SpR	ATTCAGTTATCCCATTCTTCG		
S7	*ProbS7*SpF	AGTAAATCAACCGTGGATGCTCAG	397	63
	*ProbS7*SpR	TTACAATATCTACCTGTTTCCTGGG		
S9	*ProbS9*SpF	CCACTTTAATCCTACTCCTTGTAGA	522	63
	*ProbS9*SpR	TCAATTTCCTTCTGTGTCCTGAATT		
S10	FTC12a	CCAAACGTACTCAATCGAAG	203	66
	*ProbS10*SpR	TCCCGTGTCCTGAATCTCCC		
S16	*ProbS16*SpF	AAATATTGCAAGGCGCCGC	678	63
	*ProbS16*SpR	TTTCAATATCTACCAGTCTCCGGC		
S19	*ProbS19*SpF	GCCTTCAAACAAGAATGGACC	481	63
	*ProbS19*SpR	TCAATATCCACCAATGACCTGTT		
S20	*ProbS20*SpF	GTTGTGGCCTTCAGACTCG	882	64
	*ProbS20*SpR	GGCCAACTACTTTTATTTTTCATC		
S24	*ProbS24*SpF	ATGGCTCCTGTGCGTCTTCCC	421	61
	*ProbS24*SpR	CGTCATCCGTGTATAGGGCAACT		

2）探针特异性确认：提取 12 个 S 基因型已知品种 cDNA，制备杂交液；杂交后荧光显色，显色结果与品种 S 基因型比对，确认探针特异性。

3）S 基因型鉴定：提取‘国光’等品种的 cDNA，制备杂交液，与芯片杂交。荧光显色后，依据微阵列排布确定各品种 S 基因型（图 4-11）。

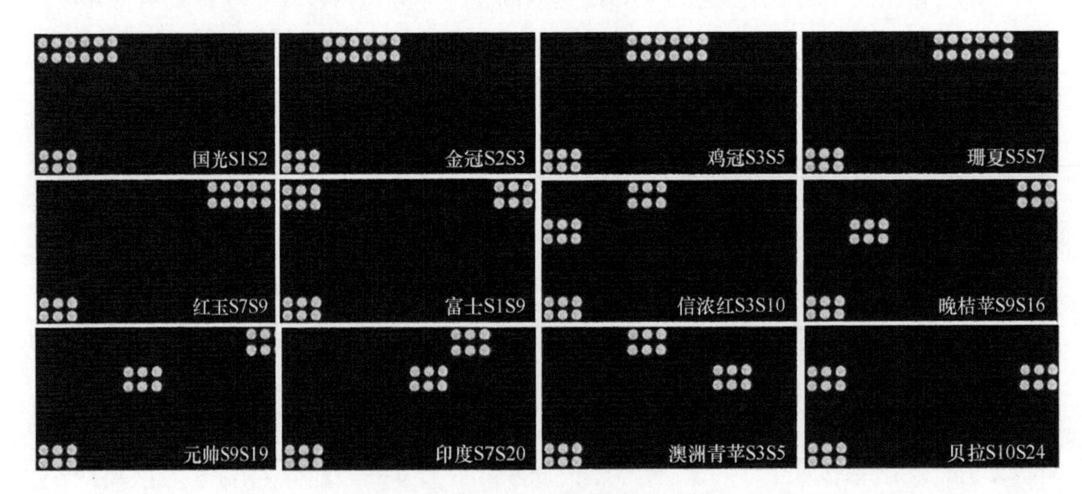

图 4-11　苹果 S 基因型基因芯片鉴定

白色圆点代表杂交信号

不同 S 基因型鉴定方法的特点如表 4-13 所示，研究者可根据自身需求和条件选择不同方法。

表 4-13　苹果 S 基因型鉴定方法比较分析

鉴定方法	鉴定周期	可鉴定时期	样品量	实验条件要求	成本	复杂程度	准确性	通量	精度	适用性
田间授粉法	3～10年	花期	200朵花	低	低	简易	较高	低	低	任意S决定子介导 S单元型基因未知
双向电泳法	7d	常年	2mg花柱蛋白质	较高	较高	复杂	较高	低	中	S-RNase介导 S单元型基因未知
重测序法	20d	常年	500ng DNA	高	高	复杂	高	高	高	S-RNase介导 S单元型基因未知
同源克隆测序法	5d	常年	500ng DNA	一般	低	简易	较高	低	中	S-RNase介导 S单元型基因未知
特异性引物PCR法	1d	常年	500ng DNA	一般	低	简易	高	低	高	S-RNase介导 S单元型基因已知
基因芯片法	10d	常年	500ng cDNA	高	高	复杂	高	高	高	S-RNase介导 S单元型基因已知

第二节　苹果S基因型及其应用

一、苹果S单元型基因和S基因型

苹果S单元型基因类型

基于NCBI数据分析，苹果S单元型基因共57个，为S1～S56和Skb，但苹果S单元型基因命名存在一些问题。

1. 命名不一致

世界上最早存在两种不同的S单元型基因命名方法。第一类是阿拉伯数字，如S1、S2……，第二类是英文字母，如Sa、Sb……。二者对应关系为S1与Sf/Sm、S2与Sa、S3与Sb、S7与Sd、S9与Sc、S10与Si、S19与Se、S20与Sg、S22与Sz、S24与Sh为相同S单元型基因。

2. 命名重复

（1）GenBank登录序列为同一S单元型基因的不同编码区（coding sequence，CDS）片段，即基因全长DNA序列相同，如S11与S13/S14、S10与S25、S16与S27a、S19与S28/S30、S11与S13/S14、S22与S23/S25/S27b、S23与S10b、S33与Skb。

（2）DNA序列有差异，但氨基酸序列完全相同，亦被认为是相同S单元型基因，如S6与S12、S19与S17。

3. 信息不完整

GenBank登录的S33、S34、S35、S36、S37、S38、S39、S40和S41共9个S单元型基因序列<100bp，其来源不明，无法验证。

因存在上述问题，有必要依据以下原则重新规范现有苹果*S-RNase*基因命名：①统一使用阿拉伯数字命名法；②按照命名重复统一命名数字小的阿拉伯数字，序列信息不完整的不予认定等原则，规范现有 S 单元型等位基因为 S1、S2、S3、S4、S5、S6、S7、S8、S9、S10、S11、S15、S16、S19、S20、S21、S22、S23、S24、S26、S31、S32、S42、S43、S44、S45、S46、S47、S48、S49、S50、S51、S52、S53、S54、S55、S56，共 37 个（表 4-14）。

表 4-14　苹果 S 等位基因命名问题和重新认定的 S 等位基因

S 等位基因	曾命名	命名问题	代表品种	基因库（GenBank）登录号
S1	Sf	命名不一致	国光	D50837（是否全长）
S2	Sa	命名不一致	金冠、金红	U12199
S3	Sb	命名不一致	秋映	U12200
S4	—	—	绿星	AF327223
S5	—	—	桔苹	U19791、EU427460
S6	S12	氨基酸序列相同	Oetwiler Reinette	EU427461、AB094495、AB105061
S7	Sd	命名不一致	红玉	AB032246、U19792
S8	—	—	Ontario	AY744080
S9	Sc	命名不一致	富士	U1979、D50836
S10	Si/S25	命名不一致/DNA 序列相同	发现	AB052683
S11	S13、S14	DNA 序列相同	格拉文施泰因	AB105060、AB094492
S15	—	—	巴斯卡通	—
S16	S27a	DNA 序列相同	Kaiserapfel	AF016919
S19	Se/S-I，S17/S28、S30	命名不一致/DNA 序列相同/氨基酸序列相同	阿尔克明	AB035273、AB017636
S20	Sg	命名不一致	元帅、红星	AB019184
S21	—	—	印度	AB094494
S22	Sz/S23、S25、S27b	命名不一致/DNA 序列相同	Ribston Pippin	AF327222、AB062100
S23	S10b	DNA 序列相同	澳洲青苹	AF239809
S24	Sh	—	茜	AB032246、AF016920
S26	—	—	Baskatong	AF016918
S31	—	—	York Imperial	DQ135990
S32	—	—	Burgundy	DQ135991
S42	—	—	Murray	EU427453
S43	—	—	Ingrid Marie	AB094494
S44	—	—	Odra	AF239809
S45	—	—	未知品种	AF016920
S46	—	—	森林苹果	FJ008672.1
S47	—	—	森林苹果	EU419859
S48	—	—	塞威士苹果 XJ-48-13、XJ-48-18、XJ-48-72 等	KT099299-304
S49	—	—	塞威士苹果 XJ-49-3、XJ-49-15、XJ-49-61 等	KT099305-316
S50	—	—	森林苹果	FJ535241
S51	—	—	陇东海棠	FJ535242
S52	—	—	毛山定子	FJ535243.1

续表

S等位基因	曾命名	命名问题	代表品种	基因库（GenBank）登录号
S53	—	—	栽培苹果	FJ602074
S54	—	—	栽培苹果	FJ602075
S55	Smk	—	栽培苹果	EU443100
S56	Smp	—	栽培苹果	EU443101

4. 苹果品种S基因型

迄今为止，科研人员已鉴定出1325份苹果资源S基因型（龙慎山等，2010），常见品种S基因型如表4-15所示。

表4-15　苹果常见品种的S基因型

S基因型	苹果品种
	二倍体（diploid）
S1S2	B.Rosen、Parker' P、国光、红国光、成保光
S1S3	J Musch、满堂红、君袖、群马明月、黄太郎、North Queen、Akibae、Chouka l5、Red Spy、新世界、秋映、花祝、RoterSauergrauech、Hongro、Saenara
S1S5	White Transparent、Ellison' s Orange、Peach leaf crab、黄魁
S1S7	Amanishiki、千秋、岩神、Shinano Sweet、甘锦、长果20、红斜子、迎秋、黄王
S1S8	安大略
S1S9	富士、Alps Otome、Yataka、昂林、Blackjon、秋富1号、秋富4号、青富1号、Gamhong、Hwarang、寒富、Spencer seedless、Spieton
S1S19	伏锦、初日出（醇露）、Stark Earliblaze、S.E.B.
S1S20	祝光、红祝
S1S24	夏锦、英格兰
S1S26	Spy227
S2S3	金冠、Transparent von Croncels、Rubin、Jester、Chusenrainer、Benihazuki、Calville Blanc、辉、丰铃、长果14、岩木、S.G.D.、Kizashi
S2S4	Champagner Reinette
S2S5	福尔斯塔、嘎拉、皇家嘎拉、袖绿、Topaz、翠秋、秦冠、萌
S2S7	阿莱特、Danziger kantapfel、王林、Cameo、Chouka 17、Toukou、群22、西玉、东光、筒治20号、翠玉、筒治10号
S2S9	Ambitious、惠、秋田金、红金、夏红、福民、初志贺、由香里、Molton Beauty、Winston、辉、金星、乱山
S2S10	普利玛、Spencer
S2S19	Cameo、金拉什、王铃、弘大1号、胜利
S2S20	青冠
S2S22	Delbard Jubile、Trajan、Shamrock、粉红女、森马兰
S2S24	Honeysrisp、Honeycrisp、Sturmer Pippin、沃彻斯特
S3S5	埃尔斯塔、祥玉、解放、菲斯塔、Rubinette、Sampion、新星、Adersleder Calville、长果19、鸡冠、早生16号、Seokwang

续表

S 基因型	苹果品种
S3S6	Oberrie Glanzreine、Tomiko、Oetwiler Reinette
S3S7	艾达红、Kogetsu、未希、红自由、津轻、赤诚、Chouka8、Homei、新印度、红月、锦红、芳明、八甲、五所、银铃、长果 8、红魁、Red Bow、惠×红玉、Mollie's Delicious
S3S9	Lapaix、Natsumidori、世界一、七夕、NY489、Priscilla、Rewena、Sayaka、Sunhong、Kent、奥州、Youkou、可口香、Laxton's Triumph、Querina、Sandow、伏红、初秋、飞弹、初秋、葵花、夏绿、太阳 5 号、高原、花嫁、阳光、初秋、Chukwang、Hwahong
S3S10	Ahrista、Delcorf、Ecolette、Telamon、长果 16、早金冠、澳洲青苹、信浓红
S3S16	Wolf River
S3S19	姜金、金矮生、NY79507-72、Korei、Arnold、Court Pendu Plat、光铃
S3S20	Meku10
S3S22	Merlijn、马孔、Patricia、Victory
S4S5	Melton Joy
S4S19	Gloster
S4S24	Noblow
S5S7	珊夏、Vanda、长红
S5S9	Clivia、桔苹、Kidd's Orange Red、皇后桔苹、Captain Kidd
S5S10	Charlotte、Tuscan
S5S16	Melton Worcester
S5S22	Alkmene、可兰、早生旭、Niagara
S5S24	Katja
S5S19	Toyo、Laxton's Royalty
S7S9	姬神、红玉、Murasaki、福浦
S7S20	印度、Trezeke M、北之幸、Monroe
S7S22	Jonamac、Mantet、旭光
S7S24	红云、红舞、Hamekami、Crandall、Golden Russet
S8S9	Wellington
S9S10	斯巴坦、NY45500-3
S9S16	晚桔苹、Pioneer
S9S20	白冬
S9S22	北上
S9S24	Braeburn、Tohoku 4
S9S19	元帅、红星、瑞光、Jonadel、Murasaki、Atwood Spur Delicious、Miller Studyspur Delicious、Superchief Delicious
S10S19	帝国、顶红
S19S20	首金
S24S19	Jonwin
S10S22	拉宝、旭、Wijcik
S10S24	发现、贝拉
S16S26	Baskatong、Golden Hornet
S20S24	Clifton Rome、Laxton's Early Crimson、Rome Beauty、Tohoku 2
S20S32	Burgundy
S22S24	东北 2 号、早生台德曼
	三倍体（triploid）
S1S2S3	斯派金
S1S3S6	Blenheim Orange

续表

S基因型	苹果品种
S1S3S9	北海道9号
S1S3S10	Adam's Pearmain
S1S3S19	Paragon
S1S3S24	春霞
S1S7S9	北斗
S1S7S19	Langley Pippin
S1S7S21	Ribston Pippin
S2S3S9	乔纳金
S2S3S20	陆奥、菊叶陆奥
S3S5S6	Citrond' Hiver
S3S5S9	Menzauer Jagerapfel、NY73334-35
S3S5S19	NY75413-30
S3S7S8	Stafner Rosen
S4S11S20	伏花皮
S5S7S10	Brünnerling
S6S9S16	Bohnapfel
	单倍体（haploid）
S19	Sekihikari

部分常见品种系谱关系及S基因型如下。

（1）富士系（图4-12）

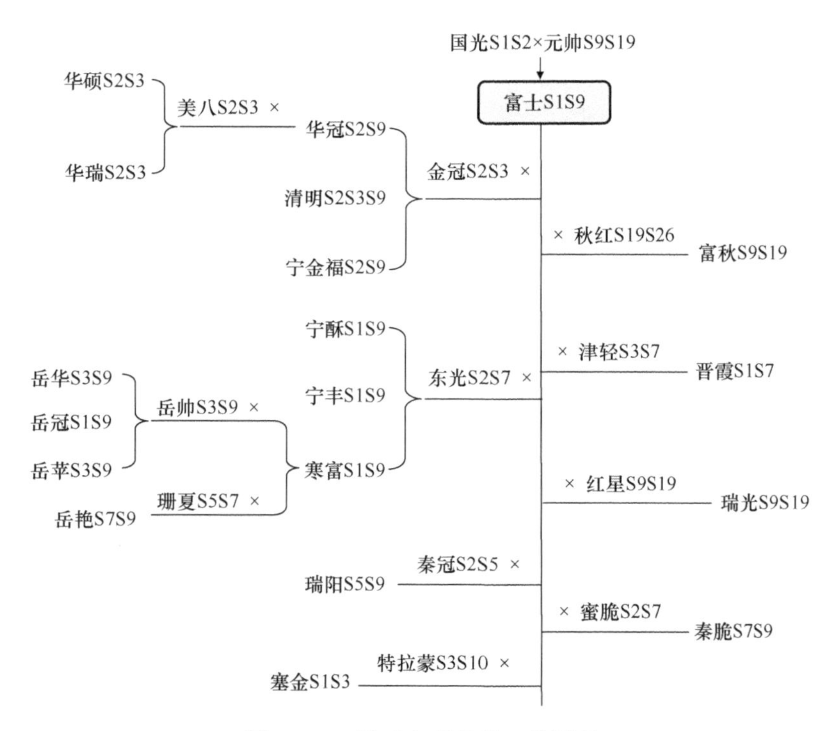

图4-12　‘富士’系品种S基因型

（2）金冠系（图 4-13）

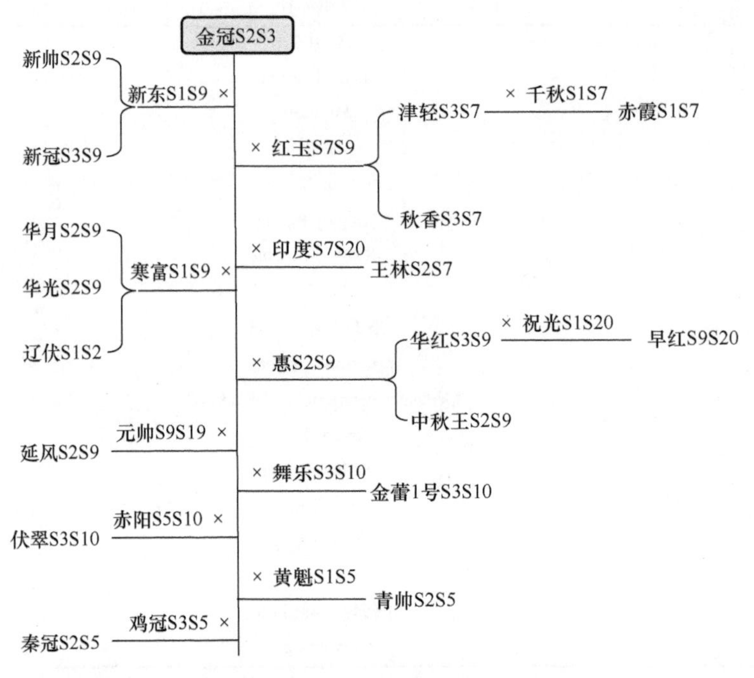

图 4-13 ‘金冠’系品种 S 基因型

（3）元帅系（图 4-14）

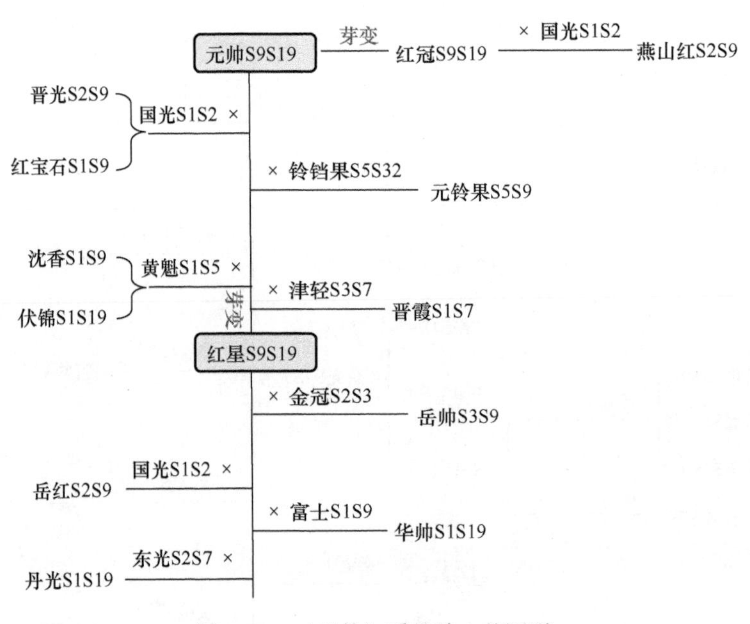

图 4-14 ‘元帅’系品种 S 基因型

5. 苹果属野生资源 S 基因型

目前鉴定的苹果属野生资源 S 基因型信息，如表 4-16 所示。

表4-16　苹果部分野生资源S基因型

中名/拉丁学名	倍性	S等位基因
丽江山定子/*M. rockii* Rehd.	二倍体	S2、S5
陇东海棠/*M. kansuensis* (Batal.) C. K. Schneid.	二倍体	S51、S55
湖北海棠/*M. hupehensis* (Pamp.) Rehd.	二倍体/三倍体	S6、S21、S26
毛山定子/*M. manshurica* (Maxim.) V. Komorov.	二倍体	S46、S52
锡金海棠/*M. sikkimensis* Koehne.	二倍体	S5、S11
变叶海棠/*M. toringoides* (Rehd.) Hughes	二倍体	S3、S23
河南海棠/*M. honanensis* Rehd.	二倍体	S2、S9
滇池海棠/*M. yunnanensis* (Franch.) C. K. Schneid.	二倍体	S21、N/A
海棠花/*M. spectabilis* (Ait.) Borkh.	二倍体/三倍体	S2、S26、S45
山楂海棠/*M. komarovii* (Sarg.) Rehd.	二倍体	S55、N/A
垂丝海棠/*M. halliana* Koehne.	二倍体	S9、S24
三叶海棠/*M. sieboldii* (Regel.) Rehder	二倍体	S4、N/A
沧江海棠/*M. ombrophila* Hand.-Mazz.	二倍体	S26、S35
西蜀海棠/*M.prattii* (Hemsl.) C.K.Schneid.	二倍体	S1、S21
崂山柰子/*M.* subsp.*chitralensis* Vass.	二倍体	S6、S26
塞威士苹果/*M. sieversii* (Led.) Roem.	二倍体	S23、S50
东方苹果/*M. orientalis* Uglitzk.	二倍体	S19、S49
土库曼苹果/*M. turkmenorum* (Juz.) Langed.	二倍体	S5、S21
道生苹果/*M. praecox* (Pall.) Borkh.	二倍体	S6、S26
森林苹果/*M. sylvestris* (L.) Mill.	二倍体	S19、S49
褐海棠/*M. fusca* (Raf.) C. K. Schneid.	二倍体	S2、S6
扁果海棠/*M.coronaria* var. *platycarpa* (Rehder) Likhonos	二倍体	S5、S11
花冠海棠/*M. coronaria* (L.) Mill.	二倍体	S22、S23
草原海棠/*M. coronaria* subsp. *Ioensis* (Alph. Wood) Likhonos	二倍体	S21、S44
窄叶海棠/*M. angustifolia* (Ation.) Michaux.	二倍体/三倍体	S26、S45、S48
乔劳斯基海棠/*M. tschonoskii* (Maxim.) C. K. Schneid.	二倍体	S22、S50
圆叶海棠/*M. prunifolia* Borkh. var. *ringo* Asami.	二倍体	S22、S56

二、苹果S基因型数据库及使用

（一）苹果S基因型数据库

苹果S基因型数据库始建于2017年，由中国农业大学与日本名古屋大学共同开发。迄今为止，入库苹果种质资源1325份，包含品种名、S基因型、产地、亲本、参考文献等信息，配有中、日、英文操作页面。PC版网络服务器地址位于日本名古屋大学，网址为

中文：http://www.agr.nagoya-u.ac.jp/~hort/apple/ch/

日文：http://www.agr.nagoya-u.ac.jp/~hort/apple/jp/

英文：http://www.agr.nagoya-u.ac.jp/~hort/apple/

手机版服务器位于中国农业大学网络中心，配有中文操作页面，网址为 http://yyxy.cau.edu.cn/lilab/?from=timeline

（二）数据库使用方法

1. 数据库界面

在计算机/手机访问中文网址，可见“基于 *S* 基因型的苹果品种之间授粉亲和、半亲和、不亲和组合检索数据库”。

2. 检索

检索分三步。

第一步，从“请输入苹果野生种名、品种名、优系名等部分信息，从列表中选择。”的搜索框输入用户所需检索的苹果完整中文名称或其中一个字，从菜单中选择与用户所需检索名称一致的品种。

第二步，在“请选择作为花柱侧品种或花粉侧品种”选择“花粉”或“花柱”。

第三步，点击“检索”按钮开始检索（图 4-15）。

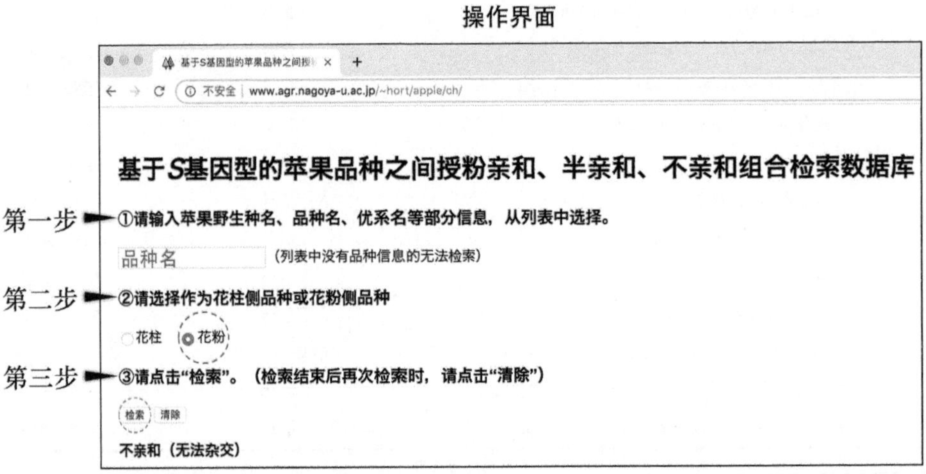

操作界面

基于S基因型的苹果品种之间授粉亲和、半亲和、不亲和组合检索数据库

www.agr.nagoya-u.ac.jp/~hort/apple/ch/

第一步 ①请输入苹果野生种名、品种名、优系名等部分信息，从列表中选择。

品种名 (列表中没有品种信息的无法检索)

第二步 ②请选择作为花柱侧品种或花粉侧品种

花柱 花粉

第三步 ③请点击“检索”。(检索结束后再次检索时，请点击“清除”)

检索 清除

不亲和（无法杂交）

图 4-15 苹果 S 基因型数据库网站操作界面

3. 结果查询

检索结果以蓝色、橘黄色和桃红色表格在下方显示。蓝色表格显示与检索品种授粉不亲和的品种，橘黄色表格显示与检索品种授粉半亲和的品种，而桃红色表格显示与检索品种授粉亲和的品种，下拉菜单可显示更多品种（图 4-16）。

用户以挑选桃红色表格所示品种授粉为宜，若品种受限，也可在橘黄色表格中挑选，亦能满足授粉需要。检索完成后如果需要检索其他品种，可点击“清除”按钮（图 4-16），此时网页回归初始状态，可重复上述步骤继续检索其他苹果品种。

苹果 S 基因型数据库可用于授粉品种选配和育种亲本选择。

品种S基因型

不亲和（无法杂交）　[花粉] 红星(Starking Delicious)：[S9]：[S28]

下拉菜单

CS	野生种、品种、优系名	来历	S基因型				参考文献		
4	秋富7 (Akifu 7)	富士芽变	S1	S9	S28		19		
4	阿特伍德短枝红星(Atwood Spur Delicious)	元帅芽变	S9	S28			19		
4	元帅(Delicious)	Possibly Yellow Bellflower x ?	S9	S28			1	5	
4	早条红(Earlistripe Red Delicious)	可能是好矮生芽变	S9	S28			21		
4	早红星(Early Starking (Japan))	红星芽变	S9	S28			21		
4	加德纳蛇果(Gardner Red Delicious)	元帅芽变	S9	S28			21		
4	红哈罗德(Harrold Red)	红星芽变	S9	S28			21		
4	蛇果(Hi-Red Delicious)	红星芽变	S9	S28			21		
4	冬青(Holly)	红玉×元帅	S9	S28			5		
4	顶红冠(Housered Delicious)	或许是红星芽变	S9	S28			21		

半亲和（可以杂交，亲和率50%～75%）[花粉] 红星(Starking Delicious)：[S9]：[S28]

CS	野生种、品种、优系名	来历	S基因型				参考文献		
2	爱佳香(Aika No Kaori)	富士x津轻	S3	S9			11	15	
2	秋富1 (Akifu 1)	富士芽变	S1	S9			19		
2	秋富4 (Akifu 4)	富士芽变	S1	S9			19		
2	秋田金(Akita Gold)	金冠×富士	S2	S9			11		
2	全红红玉(All Red Jonathan)	红玉芽变	S7	S9			21		
2	乙女((Alps Otome)		S1	S9			2		
2	甘红玉（甜红玉）(Amakougyoku)	红玉芽变	S7	S9			21		
2	雄心(Ambitious)	东光×富士	S2	S9			4	16	
2	青富1号(Aofu 1)	富士芽变	S1	S9			19		
2	青富4号(Aofu 4)	富士芽变?	S7	S28			19		
2	青3号(Aori 3)	东光×瑞光	S2	S28			15	16	
2	亮红AP-1(RYOKU AP-1)	×富士	S3	S9			51		

亲和（可以杂交，亲和率100%）　[花粉] 红星(Starking Delicious)：[S9]：[S28]

CS	野生种、品种、优系名	来历	S基因型				参考文献		
0	4-23	富士x马赫7	S1	S2			11		
0	亚当(Adams)		S25	S26			13		
0	阿丹姆斯(Adam's Pearmain (Japan))		S1	S3			11		
0	Adersleber Calville	Calville Blanc d'Hiver x Glavenstein ?	S3	S34			23		
0	赤诚(Akagi)	富士x红玉	S3	S7			1	16	
0	茜（红云）(Akane)	红玉×沃彻斯特	S7	S24			4		
0	秋映(Akibae)	千秋×津轻	S1	S3			4		
0	紫奥尔德纳姆(Aldenham Purple)		S3	S26			19		
0	历山王(Alexander)		S5	?			19		

图 4-16　苹果 S 基因型数据库检测结果示例

第五章　苹果自花结实性评价、变异与遗传

苹果自花结实品种生产上无须配置授粉品种，省时省力。因此，评价自花结实资源、发掘自花结实变异位点、探究自花结实遗传规律、创制自花结实种质意义重大。本章重点阐述一种从表型到变异遗传的自花结实性综合评价方法和基于评价的自花结实基因发掘策略，为创制苹果自花结实种质提供技术和理论支撑。

第一节　苹果自花结实性评价

苹果自花结实性评价目前主要以自花授粉坐果率为指标，但花序坐果率或花朵坐果率的标准不统一，且自花授粉结实与不结实的坐果率标准不统一。此外，坐果率调查时间多为授粉后一个月左右，然而苹果存在6月生理落果现象，生理落果前坐果率较高，实际采收时坐果数量较少。同时，授粉结实受花期环境影响较大，且北方产区花期倒春寒频发，自花授粉坐果率年度间存在差异。因此，有必要建立以满足生产坐果需求为前提的自花结实能力界定和变异性评价方法，综合评价苹果自花结实性。

一、苹果自花结实性评价原则与方法

苹果授粉结实能力可通过坐果率反映。判定一个品种是否自花结实，可通过田间自花授粉调查坐果率。由于田间授粉受环境影响较大，仅靠坐果率并不能真正反映品种自花结实能力，仍需通过授粉受精状态辅助鉴定。

（一）自花结实坐果率界定

采用田间自花授粉调查坐果率的方法评价自花结实能力。

1. 田间自花授粉

田间自花授粉具体步骤参照第四章中鉴定S基因型的田间授粉法，人工花序自花授粉后待坐果稳定时调查坐果率。

当需要自花授粉的株系较多、工作量较大时，也可以采用直接套袋法，即套袋—晃枝—摘袋—坐果率调查等。相较于人工点粉，直接套袋法节省时间，特别适用于杂交群体自花结实性评价。由于群体多、花期短、花期不一致、人手不足等，人工点粉法很难在有限时间内完成。此外，由于直接套袋法省去散粉操作，有效避免了花粉混淆。直接套袋法最大的问题在于授粉质量不能保证，纸袋内花药散粉情况、花粉质量、花粉是否接触柱头均无法掌控，常导致自花授粉坐果率低于实际自花结实能力（表5-1），无法准确判定品种自花结实性。因此，在人工和时间都允许的情况下，推荐使用人工点粉。

表 5-1　苹果不同品种落果情况比较

品种	开花后 10d 落果率	果实膨大末期落果率（生理落果）	采收前落果率
富士	11%（北京，5 月 8 日）	20%（北京，6 月 30 日）	1%（北京，10 月 10 日）
嘎拉	13%（北京，5 月 8 日）	23%（北京，6 月 30 日）	2%（北京，9 月 1 日）
红星	11%（营口，5 月 8 日）	21%（营口，7 月 10 日）	29%（营口，9 月 10 日）
津轻	6%（营口，5 月 8 日）	16%（营口，6 月 30 日）	40%（营口，8 月 25 日）
珊夏	5%（营口，5 月 8 日）	15%（营口，6 月 30 日）	3%（营口，9 月 1 日）
红玉	11%（营口，5 月 8 日）	21%（营口，7 月 10 日）	20%（营口，9 月 1 日）
中苹 1 号	6%（北京，5 月 8 日）	16%（北京，6 月 30 日）	20%（北京，8 月 20 日）
寒富	5%（北京，5 月 8 日）	15%（北京，6 月 30 日）	5%（北京，10 月 10 日）

2. 自花结实能力判定原则

（1）自花授粉坐果率调查时期

苹果果实发育阶段常出现两次落果现象，第一次为开花后 10d 左右，落果率为 10%左右，主要由授粉受精不良引起；第二次为开花后 50d 左右，即果实膨大末期，落果率为 20%左右，主要为营养竞争导致的生理落果。部分品种还存在较严重的采收前落果现象，从采收前 15d 开始一直持续至采收，如‘津轻’等，采收前落果率达 40%左右，由果实内源激素平衡改变而促生离层造成落果（表 5-1）。目前常在授粉后 20d 调查自花授粉坐果率，介于第一次和第二次落果之间。然而，一些品种如‘紫云’授粉后 20d 自花授粉坐果率较高（44%），但生理落果后至采收前坐果率急剧下降，降至 19%。甚至有些品种由自花结实直接转变为不结实。例如，‘王林’自花授粉坐果率由授粉后 20d 的 26%降至采收前的 5%，‘伏锦’由 36%降至 2%（表 5-2）。因此，从生产实际出发，苹果自花授粉坐果率调查时期应为生理落果后至采收前落果前。

表 5-2　苹果不同品种自花授粉花序/花朵坐果率比较（%）

品种	授粉年份	授粉后 20d		果实采收前 20d	
		花朵坐果率	花序坐果率	花朵坐果率	花序坐果率
富士	2015	2	4	0	0
	2016	1	2	0	0
	2017	2	2	1	1
金冠	2016	5	7	1	2
	2017	4	6	2	0
	2020	3	5	2	1
国光	2012	2	4	1	1
	2013	6	10	1	1
	2014	4	8	1	2
惠	2017	59	71	31	35
	2018	67	77	42	46
	2019	60	62	35	42
寒富	2016	81	91	43	53
	2017	62	78	36	44

续表

品种	授粉年份	授粉后 20d		果实采收前 20d	
		花朵坐果率	花序坐果率	花朵坐果率	花序坐果率
寒富	2018	48	62	33	42
中苹 1 号	2015	71	78	29	N/A
	2016	63	70	36	N/A
	2017	68	80	41	39
嘎拉	2020	5	N/A	N/A	N/A
	2021	4	N/A	N/A	N/A
	2022	31	34	2	3
红星	1995	10	N/A	N/A	N/A
	1996	4	N/A	N/A	N/A
	1997	3	N/A	N/A	N/A
北斗	1996	5	N/A	N/A	N/A
	1997	2	N/A	N/A	N/A
	1998	2	N/A	N/A	N/A
祝	1993	16	N/A	N/A	N/A
	1994	10	N/A	N/A	N/A
	1995	12	N/A	N/A	N/A
乙女	2021	4	6	0	0
凉香	2021	3	5	0	0
岳帅	2022	2	2	1	1
岳华	2022	82	95	31	35
望香红	2021	2	4	0	0
岳艳	2022	80	91	34	41
岳冠	2022	39	35	16	32
珊夏	2021	4	6	1	2
华红	2021	3	5	0	0
紫云	2021	32	44	17	19
岱红	2021	4	6	1	1
华冠	2021	3	5	1	2
世界一	2021	2	4	0	0
贝拉	2021	4	6	0	0
发现	2021	3	5	1	1
乔纳金	2021	2	4	1	2
鸡冠	2021	4	6	0	0
丰艳	2021	3	5	0	0
澳洲青苹	2021	2	4	1	1
王林	1996	18	N/A	N/A	N/A
	1997	19	N/A	N/A	N/A
	2021	24	26	3	5

续表

品种	授粉年份	授粉后 20d		果实采收前 20d	
		花朵坐果率	花序坐果率	花朵坐果率	花序坐果率
秋香	2020	3	5	0	0
	2021	N/A	4	0	0
美香	2021	4	6	1	1
清明	2021	3	5	1	2
早红	2021	2	4	0	0
伏锦	2021	28	36	2	2
初秋	2021	23	35	5	7
姬神	2021	2	4	1	2
陆奥	2021	2	4	0	0
蜜脆	2021	34	41	20	31
	2022	46	52	29	35
秦脆	2021	33	50	25	28
	2022	29	36	15	25

注：N/A 表示当年无坐果率数据

（2）自花授粉花朵/花序坐果率的选择

苹果为伞房花序，正常每个花序包含 1 朵中心花和 5 朵边花。在调查坐果率时，常用到两种统计方式。一种为花朵坐果率，计算方法为坐果花朵数占授粉总花朵数的百分比，即花朵坐果率=（坐果花朵数/授粉总花朵数）×100%；另一种为花序坐果率，计算方法为坐果花序数占授粉总花序数的百分比，即花序坐果率=（坐果花序数/授粉总花序数）×100%。实际生产中苹果每个花序仅留 1 朵花坐果，多余果实疏除。因此，为满足生产需要，花序坐果率较能体现品种结实能力。例如，1 个花序共 5 朵花，1 朵结实，4 朵不结实，花序坐果率为 100%，能满足生产需要，但花朵坐果率仅为 20%，此时花朵坐果率更能准确反映品种自花结实特性。因此，理论研究常采用花朵坐果率，实际生产常采用花序坐果率。

（3）自花结实性界定

苹果不同品种或同一品种自花结实性标准不一。有研究将花朵坐果率＞5%定义为自花授粉亲和，花朵坐果率＜10%为自花授粉弱亲和，10%～30%为自花授粉中等亲和，＞30%为自花授粉强亲和，界限较模糊。自花结实性应从满足产量需要，依据坐果数量和花序数量计算最低花序坐果率加以判定。利用不同品种、不同栽培模式、不同树龄的标准果园目标产量（kg/亩）计算单株留果量，与总花序数比值作为单位面积目标产量所需最低花序坐果率，计算公式为

最低花序坐果率=［（目标亩产/亩株数）/单果重］/总花序数×100%。

由此公式推导出：矮砧密植苹果最低花序坐果率在 24%～36%，乔砧稀植苹果在 27%～36%（表 5-3）。虽然不同品种间花序坐果率存在差异，但自花授粉花序坐果率在 35%以上即可保证生产产量，故可将自花授粉花序坐果率≥35%界定为自花结实品种。

表 5-3　不同苹果品种盛果期单位面积目标产量最低花序坐果率估算值与自花授粉花序坐果率比较

栽培模式	品种	目标亩产（kg）	亩株数	单果重（g）	单株留果量（个）	总花序数	最低花序坐果率（%）	自花授粉花序坐果率（3年平均值）（%）	自花结实性
矮砧密植	富士	3000	90	220	155	460	33	0	不结实
	王林	3000	90	200	165	510	33	12	不结实
	维纳斯黄金	3000	90	230	145	420	35	2	不结实
	寒富	3000	90	280	120	490	24	79	结实
	蜜脆	3000	90	280	120	350	34	41	结实
	秦脆	3000	90	270	125	340	36	38	结实
	珊夏	3000	90	200	165	460	36	3	结实
乔砧稀植	富士	2500	50	220	225	640	36	1	不结实
	王林	2500	50	200	250	790	32	6	不结实
	维纳斯黄金	2500	50	230	215	600	36	1	不结实
	寒富	2500	50	280	180	670	27	92	结实
	蜜脆	2500	50	280	180	530	34	45	结实
	秦脆	2500	50	270	185	620	30	32	结实
	珊夏	2500	50	200	250	810	31	2	结实

（4）自花授粉坐果率统计频次

苹果自花授粉能力受环境影响较大，一些品种年度间自花授粉花序坐果率差异较大。连续6年调查‘岳阳红’、优系74-178、优系62-45自花授粉坐果率发现，‘岳阳红’、优系74-178除2014年超过20%外，其余年份坐果率均低于10%，而优系62-45在2011～2015年坐果率均高于30%，但2016年降至11%。综合来看，‘岳阳红’、优系74-178自花结实能力较差，属于自花不结实品种，在2014年可能由于气候变化自花授粉坐果率骤升；而优系62-45自花结实能力较好，仅2016年由于倒春寒天气坐果率骤降。如果仅调查2014年坐果率数据，3个品种都具有自花结实能力，且相差不大；若仅统计2016年，则3个品种又变为自花不结实（表5-4）。因此，1年或2年的坐果率数据不能准确体现品种自花结实能力，需要在不同年份调查统计，综合多年数据，连续3年满足花序坐果率≥35%，方可判定为自花结实品种。

表 5-4　不同年份苹果自花授粉花序坐果率变化（%）

品种	花序坐果率					
	2011年	2012年	2013年	2014年	2015年	2016年
岳阳红	2	1	0	26	0	0
优系74-178	0	7	3	21	9	1
优系62-45	46	55	62	33	58	11

3. 苹果部分品种自花结实性评价

通过田间授粉法评价的苹果品种自花结实能力，可分为三类：第一类，自花授粉后采收前20d花序坐果率>35%，如‘惠’‘寒富’‘中苹1号’‘岳华’‘岳艳’；第二类，自花授粉后20d花序坐果率为20%～40%，但采收前20d降至20%以下，如‘王林’‘伏锦’‘初秋’；第三类，授粉后20d和采收前20d自花授粉花序坐果率均<20%，如‘富士’‘金冠’‘岳帅’‘凉香’‘乙女’‘澳洲青苹’‘鸡冠’等（表5-2）。

（二）授粉受精能力辅助判定自花结实性

苹果授粉结实一般需要经历花粉管延伸、双受精和种子刺激果实膨大三个步骤，任何步骤出现问题都有可能造成不结实，如花粉管延伸停滞、双受精失败、幼胚败育、种子败育等。因此，可监测授粉受精过程，辅助判定自花结实性。

1. 花粉管是否生长至花柱底部

自花授粉后，花粉在柱头萌发，穿透柱头的花粉管沿花柱引导组织向下延伸，自花不结实的花粉管在花柱内延伸会受到抑制，而自花结实的花粉管会一直生长至子房。因此，通过观测花粉管在花柱内延伸情况，可以辅助判定苹果自花结实性。由于花粉管含有大量的胼胝质，与苯胺蓝结合后在346nm激发下发出青色荧光，故可采用苯胺蓝染色法观察花粉管在花柱内的延伸动态。

（1）花粉管生长至花柱基部的时间

苹果自花授粉24h后所有品种花粉均可萌发并穿透柱头，沿花柱引导组织向下生长，至花柱中部（距柱头151～250μm），部分品种花粉管停止生长，授粉后48h、72h、96h花粉管不再向下延伸；部分品种花粉管继续向下延伸，72h完全到达花柱基部，96h花粉管状态不再发生变化。因此，观测苹果花粉管生长至花柱基部的最佳时间为授粉后72h（表5-5）。

（2）花柱中花粉管的生长状态

苹果自花授粉后72h观察花粉管在花柱中的生长状态，若停留在花柱中部（距柱头151～250μm），则判定为自花不结实。例如，‘富士’‘国光’‘红玉’的花粉管均不能正常生长至花柱底部，为自花不结实品种。若自花授粉后72h花粉管能延伸至花柱基部，则具有双受精的可能性，判定为可能自花结实。例如‘东光’‘寒富’‘惠’‘中苹1号’等的花粉管能生长至花柱底部，可能自花结实（表5-5）。

表5-5 苹果不同品种花柱内花粉管生长状态观测

授粉方式	品种	花柱中花粉管生长长度/花柱长度（μm）			
		24h	48h	72h	96h
自花授粉	富士	169/480	181/457	192/500	183/514
	红玉	151/533	169/533	188/470	194/484
	国光	147/529	150/522	144/497	166/513
	寒富	171/464	447/535	477/477	475/475
	惠	199/435	423/509	407/407	429/429

续表

授粉方式	品种	花柱中花粉管生长长度/花柱长度（μm）			
		24h	48h	72h	96h
异花授粉	东光	217/512	454/512	444/444	452/452
	中华 1 号	205/575	491/538	540/540	440/440
	富士	221/521	492/508	512/512	483/483
	红玉	247/517	454/544	454/454	466/466
	国光	218/418	434/490	434/434	477/477
	寒富	201/511	475/470	485/485	575/575
	惠	211/492	429/465	481/481	484/484
	东光	239/530	424/522	467/467	481/481
	中苹 1 号	214/588	460/520	471/471	480/480

‘寒富’‘惠’自花授粉生长至花柱底部的花粉管根数显著低于异花授粉（图 5-1），说明自花结实品种的自交不亲和功能并未完全丧失，仅小部分花粉管突破了花柱的抑制作用。

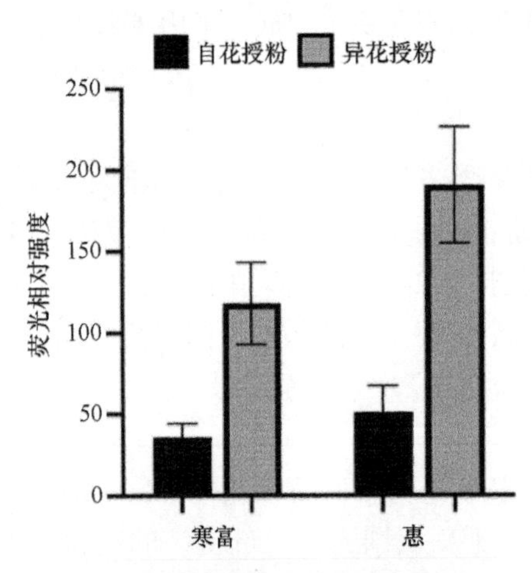

图 5-1　苹果自花和异花授粉花柱底部花粉管荧光强度比较

2. 果实双受精和胚发育与自花结实性

花粉管生长至子房到达珠孔后，释放精核细胞与卵细胞和反足细胞发生双受精，形成胚和胚乳。使用相差显微镜观察胚和胚乳发育状态，可进一步辅助鉴定自花结实性。苹果授粉后 10～20d，若合子逐渐分裂发育成初生球形胚，30～40d 发育成心形胚，则表明受精成功，可自花授粉结籽。若卵细胞不形成初生球形胚，胚囊 30d 开始退化，40d 完全皱缩消失，则表明受精失败，自花授粉不能结籽（图 5-2）。

3. 果实种子有无

种子为果实发育提供了必要的激素，种子败育会造成果实激素供给不足，导致落果。因此，可通过观测种子发育状态辅助鉴定自花结实性。

‘富士’‘金冠’等品种自花授粉后所有种子在 40～50d 停止发育，并开始皱缩，颜色逐渐变暗；至 60d 完全皱缩，果实也陆续停止发育并脱落。‘寒富’和‘中苹 1 号’果实种子数虽显著低于正常异花授粉果实，但均至少包含 1 粒种子，平均单果种子数分别为 2.1 粒和 1.8 粒（表 5-6）。若果实种子全部败育，则为自花不结实；若果实中有平均 1 粒以上的种子能发育完全，则为自花结实。

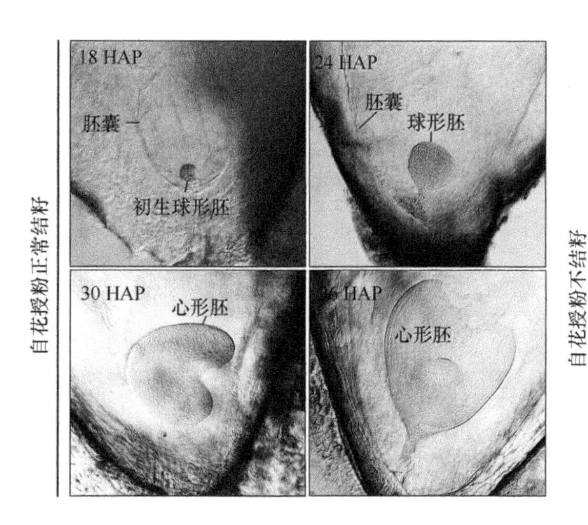

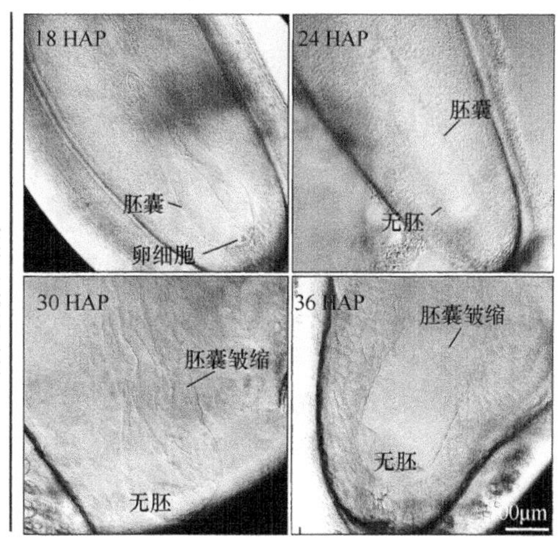

图 5-2　苹果自花授粉后种胚发育状态

HAP 代表授粉后天数，18 HAP 代表授粉后 18d，类似余同

表 5-6　苹果自花授粉果实种子数与自花结实性

品种	种子数量（粒）		自花结实性
	异花授粉	自花授粉	
富士	7.9	0	不结实
金冠	8.6	0	不结实
寒富	7.5	2.1	结实
蜜脆	6.5	0.8	结实
岳华	7.8	1.4	结实
岳冠	7.1	1.9	结实
岳艳	7.2	1.1	结实
中苹 1 号	6.6	1.8	结实

综上所述，苹果自花结实性可依据自花授粉后采收前 20d 花序坐果率（3 年平均值）、授粉 72h 花柱内花粉管生长位置、双受精后胚发育与否，以及果实种子有无等综合评价。

二、苹果自花结实变异性判定

目前苹果中尚未发现自花结实的自然变异种质，均为自花不结实苹果间杂交后代变异。因此，苹果自花结实源于有性杂交过程中染色体交换、DNA 突变等。仅凭授粉坐果率评价苹果自花结实性无法准确反映其稳定性和遗传性，我们有必要明确自花结实苹果是否由变异引起，综合研判自花结实性。

（一）花柱侧或花粉侧变异判定原则与方法

苹果自花结实性是花粉和花柱相互识别的过程，任意一方发生变异均可能引起自花结实。依据相同 S 基因型不同品种相互授粉不亲和或不结实的原理，利用测试品种与其相同 S 基因型已知自花不结实品种正反交授粉，判定测试品种变异源于花柱侧或花粉侧。

（1）花粉侧变异

测试品种作为父本，授粉后花序坐果率≥35%，表现结实；作为母本，授粉后花序坐果率<35%，表现不结实时，则判定为花粉侧变异（图 5-3A）。‘中苹 1 号’（S1S9）与其 S 基因型相同的自花不结实品种‘富士’（S1S9）正反交授粉，‘中苹 1 号’作为母本时花序坐果率≤1%，作为父本时花序坐果率>40%，表明‘中苹 1 号’花粉侧发生变异，使其具备突破花柱抑制作用的能力（表 5-7）。

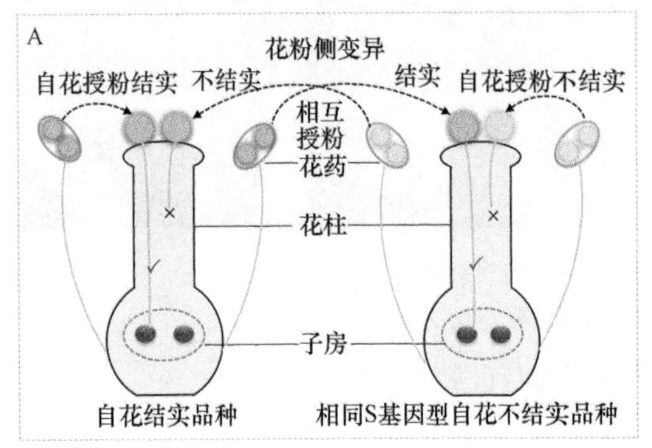

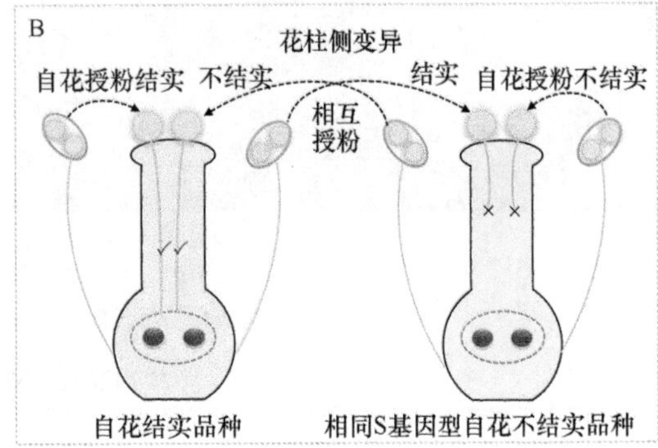

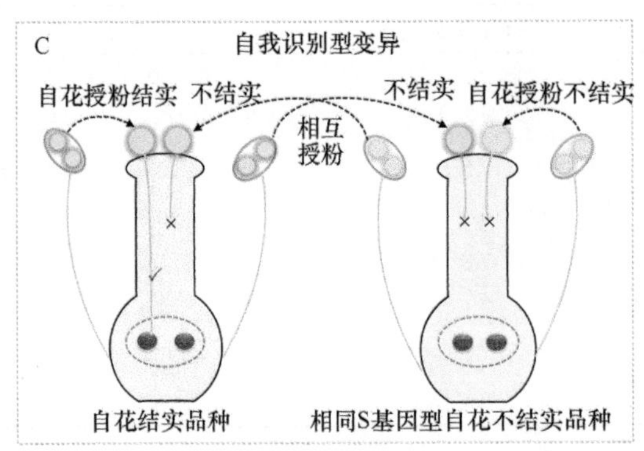

图 5-3　苹果自花结实花柱侧/花粉侧变异判定示意图

表 5-7　苹果自花结实待判定品种与相同 S 基因型已知自花不结实品种正反交授粉花序坐果率调查

授粉组合	年份	授粉花序数	采收前 20d 坐果花序数	花序坐果率（%）
富士（S1S9）×寒富（S1S9）	2018	152	10	6.6
	2019	104	3	2.9
寒富（S1S9）×富士（S1S9）	2018	82	4	4.9
	2019	140	7	5.0
乙女（S1S9）×寒富（S1S9）	2018	100	2	2.0
	2019	54	4	7.4
寒富（S1S9）×乙女（S1S9）	2018	100	7	7.0
	2019	100	9	9.0

续表

授粉组合	年份	授粉花序数	采收前 20d 坐果花序数	花序坐果率（%）
惠（S2S9）×金星（S2S9）	2018	80	39	48.8
	2019	60	31	51.7
金星（S2S9）×惠（S2S9）	2018	100	8	8.0
	2019	106	12	11.3
惠（S2S9）×华冠（S2S9）	2020	66	29	43.9
	2021	80	41	51.3
华冠（S2S9）×惠（S2S9）	2020	100	6	6.0
	2021	100	3	3.0
中苹 1 号（S1S9）×富士（S1S9）	2015	100	1	1.0
	2016	100	0	0
富士（S1S9）×中苹 1 号（S1S9）	2015	100	56	56.0
	2016	100	44	44.0

（2）花柱侧变异

测试品种作为母本，授粉后花序坐果率≥35%，表现结实；作为父本，授粉后花序坐果率＜35%，表现不结实时，则判定为花柱侧变异（图 5-3B）。‘惠’（S2S9）与其 S 基因型相同的自花不结实品种‘金星’（S2S9）、‘华冠’（S2S9）正反交授粉，‘惠’作为母本时花序坐果率均＞35%，作为父本时花序坐果率均＜11%，表明‘惠’花柱侧失去拒斥花粉的能力，判定为花柱侧变异（表 5-7）。

（3）自我识别型变异

测试品种与其 S 基因型相同品种正反交授粉，花序坐果率均＜35%，表现不结实，但自花授粉≥35%表现结实时，则判定为自我识别型变异（图 5-3C）。原因在于，测试品种既非花柱侧变异也非花粉侧变异，其花柱或花粉单独均能行使自交不亲和功能，唯独其自我花粉与花柱相遇时，才能“关闭”自交不亲和性系统，引起自花结实。‘寒富’（S1S9）与相同基因型的‘乙女’（S1S9）、‘富士’（S1S9）相互授粉时，无论‘寒富’作为父本或母本，花序坐果率均＜10%，仅‘寒富’自花授粉时花序坐果率＞35%，故判定‘寒富’为自我识别型变异（表 5-7）。

（二）S 因子或非 S 因子变异的判定原则与方法

苹果自花结实变异可能源于 17 号染色体 S 位点或非 S 位点。因此，依据受精结实过程中配子基因型配对原理，通过鉴定自交后代 S 基因型，判定测试品种变异源于 S 因子或非 S 因子。

假设待检测品种 S 基因型为 $SxSy$，当自交后代 S 基因型为 $SxSx$ 和 $SxSy$，且个体数量比例为 1∶1 时，则认为花柱 S*x* 单元型基因与花粉 S*x* 单元型基因识别出现异常，判定为 S 因子 S*x* 单元型基因变异；当自交后代 S 基因型为 S*x*S*y* 和 S*y*S*y*，且个体数量比例为 1∶1 时，则认为花柱 S*y* 单元型基因与花粉 S*y* 单元型基因识别出现异常，判定为 S 因子 S*y* 单元型基因变异。当自交后代同时存在 S*x*S*x*、S*x*S*y* 和 S*y*S*y*，且个体数量比值为 1∶2∶1 时，则出现两种可能：一是 S*x* 和 S*y* 单元型基因同时发生变异，导致两种 S 单元型基因识别均出现异常，但遗传学上等位基因同时发生突变的概率基本为零，被认定为不可能发生事件，故排除这种可能性；二是该变异位于 S 位点以外，且与 S 位点没有遗传连锁关系，故判定为非 S 因子变异（图 5-4）。

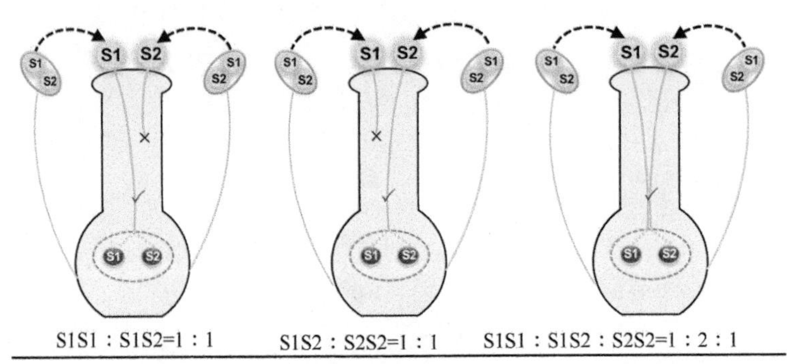

图 5-4　苹果自花结实待判定品种 S 因子或非 S 因子变异示意图

除自交后代 S 基因型判定外，还可用待测试品种和与其共有一个相同 S 单元型的品种杂交，通过鉴定后代 S 基因型进行辅助验证。如果待测试品种 S 基因型为 S*x*S*y* 时，可利用 S*x*S*z* 或 S*y*S*z* 品种与之相互授粉，若其中一组杂交后代 S 基因型出现 S*x*S*x* 纯合型或 S*y*S*y* 纯合型，则判定为 S*x* 或 S*y* 单元型基因发生变异；但若两组杂交均能出现纯合型时，则判定为非 S 因子变异。

目前鉴定的苹果自花结实变异均为非 S 因子，尚未鉴定到 S 因子突变的类型。‘寒富’（S1S9）、‘中苹 1 号’（S1S9）自交后代均存在 S1S1、S1S9、S9S9 三种基因型，且其比例为 1∶2∶1（χ^2=104.61，P<0.05）。‘寒富’（S1S9）与‘国光’（S1S2）、‘岳帅’（S3S9）杂交群体均未出现 S1S1、S9S9 纯合体，‘中苹 1 号’（S1S9）与‘国光’（S1S2）、‘岳帅’（S3S9）杂交群体也未出现 S1S1、S9S9 纯合体，表明‘寒富’‘中苹 1 号’为非 S 因子变异；同理，‘惠’自交后代中均存在 S2S2、S2S9、S9S9 三种基因型，且其比例为 1∶2∶1（χ^2=1.78，P<0.05），‘惠’（S2S9）与‘长富 2’（S1S9）、‘金冠’（S2S3）杂交群体均未出现或仅出现极少数的 S2S2、S9S9 纯合体，表明‘惠’也为非 S 因子变异（图 5-5，表 5-8）。

采用自花结实性评价与自花结实变异判定相结合的评价方式，可更准确地反映苹果自花结实能力和可遗传性。

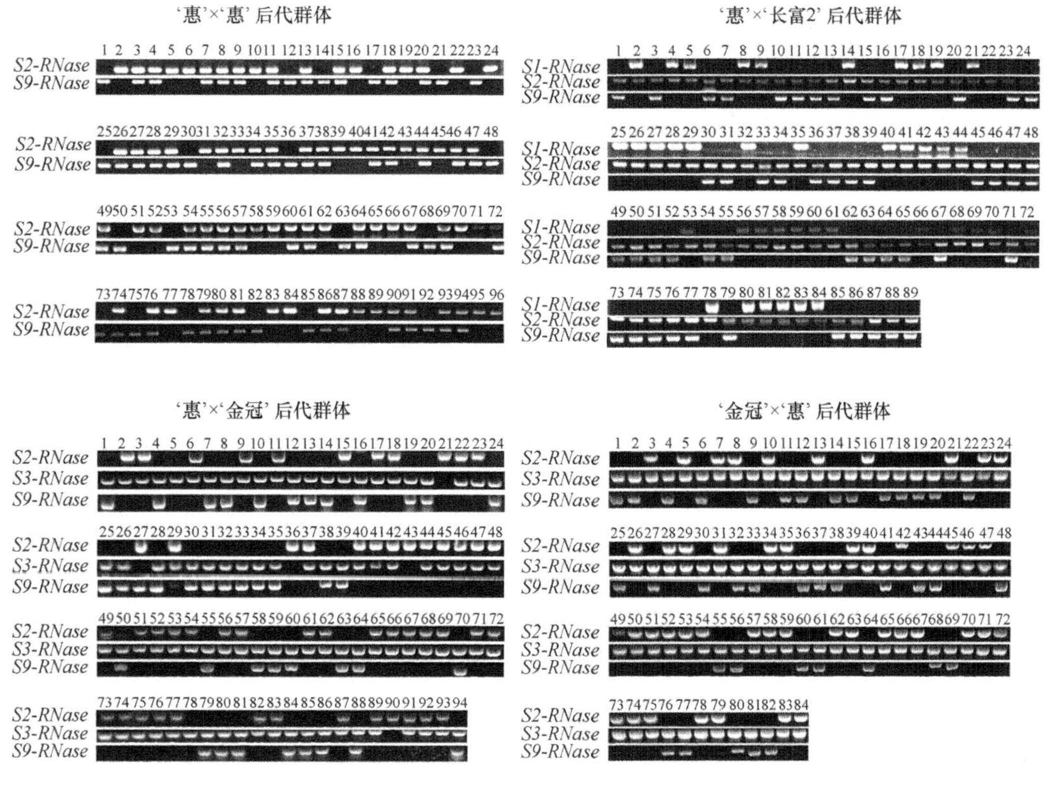

图 5-5　'惠'自交和杂交群体后代 S 基因型

表 5-8　苹果自花结实待判定品种自交和杂交后代 S 基因型分离比及期望分析

授粉组合	后代S基因型									授粉花朵数	期望分离比	卡方分析 χ^2（P值）
	S1S1	S1S3	S1S9	S3S9	S9S9	S1S2	S2S9	S2S2	S2S3			
寒富（S1S9）×寒富（S1S9）	83	—	23	—	79	—	—	—	—	152	1∶2∶1	104.61（$P<0.05$）
寒富（S1S9）×岳帅（S3S9）	—	31	0	49	0	—	—	—	—	82	1∶1	4.05（$P<0.05$）
华红（S3S9）×寒富（S1S9）	—	11	29	0	0	—	—	—	—	100	1∶1	8.10（$P<0.05$）
寒富（S1S9）×国光（S1S3）	0	20	0	19	—	—	—	—	—	100	1∶1	0.05（$P<0.05$）
国光（S1S2）×寒富（S1S9）	0	0	33	30	—	—	—	—	—	63	1∶1	0.14（$P<0.05$）
惠（S2S9）×惠（S2S9）	—	—	—	—	21	—	47	30	—	98	1∶2∶1	1.78（$P<0.05$）
长富 2（S1S9）×惠（S2S9）	—	—	—	—	0	41	48	0	—	89	1∶1∶0∶0	0.56（$P<0.05$）
惠（S2S9）×长富 2（S1S9）	—	—	32	—	9	38	8	—	—	86	1∶1∶1∶1	50.75（$P<0.05$）
金冠（S2S3）×惠（S2S9）	—	—	—	41	—	—	50	0	0	91	0∶0∶1∶1	1.81（$P<0.05$）
惠（S2S9）×金冠（S2S3）	—	—	—	43	—	—	1	4	46	94	1∶1∶1∶1	621.17（$P<0.05$）
中苹 1 号（S1S9）×中苹 1 号（S1S9）	23	—	43	—	29	—	—	—	—	102	1∶2∶1	104.61（$P<0.05$）
国光（S1S2）×中苹 1 号（S1S9）	0	—	23	49	0	31	—	—	—	89	1∶1∶1	4.05（$P<0.05$）
中苹 1 号（S1S9）×岳帅（S3S9）	—	18	33	30	0	—	—	—	—	81	1∶1∶1	8.10（$P<0.05$）

注："—"表示无数据。

第二节　苹果自花结实基因与功能

苹果自花不结实性由位于S位点的S基因和S位点以外的非S基因共同控制。目前已明确部分基因功能及其调控通路，但系统性和整体性的调控网络仍不完善，不能局限于仅从自花不结实性角度进行相关研究，有必要从苹果自花结实种质评价、变异位点锚定，以及调控基因发掘与利用等方面完善自花不结实性调控网络，拓展自花不结实性理论，创制自花结实品种。

一、S因子基因变异与调控

若苹果自花结实性判定为花柱或花粉S因子变异的种质，可围绕S位点的花柱S因子基因*S-RNase*或花粉S因子基因*SFBB*开展研究。

（一）花柱S因子*S-RNase*基因变异

假设苹果自花结实品种（Sx*Sy*）为花柱侧S*x*因子变异，则可选择一个与其S基因型相同的自花不结实品种，克隆二者*Sx-RNase*基因及其启动子，以自花不结实*Sx-RNase*序列作为基准，比较分析自花结实品种Sx^{m}-*RNase*基因突变的位置（图5-6）。若判定为花柱侧S*y*因子变异，方法同上。目前，苹果中尚未发现花柱S因子*S-RNase*基因变异，但蔷薇科其他果树存在不同自然变异类型。

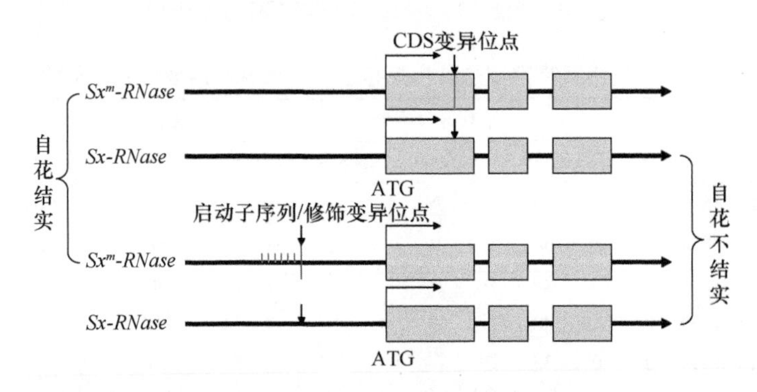

图5-6　苹果花柱*S-RNase*基因变异位置比对鉴定

1. *S-RNase*基因缺失

蔷薇科果树有性或无性繁殖过程中染色体可能发生S基因座DNA片段丢失，造成*S-RNase*转录活性丧失，引起自花结实。例如，‘奥嘎二十世纪’梨S4基因座丢失4.7kb片段，包含整个*S4-RNase*基因（图5-7），使其花柱S4-RNase蛋白缺失，无法抑制S4单元型花粉，造成自花结实。

2. *S-RNase*基因编码区（CDS）非同义突变

编码区非同义突变造成S-RNase氨基酸序列变异，导致S-RNase翻译提前终止、蛋白质含量降低或蛋白质结构改变，最终影响S-RNase细胞毒性作用。例如，‘鸭梨’芽

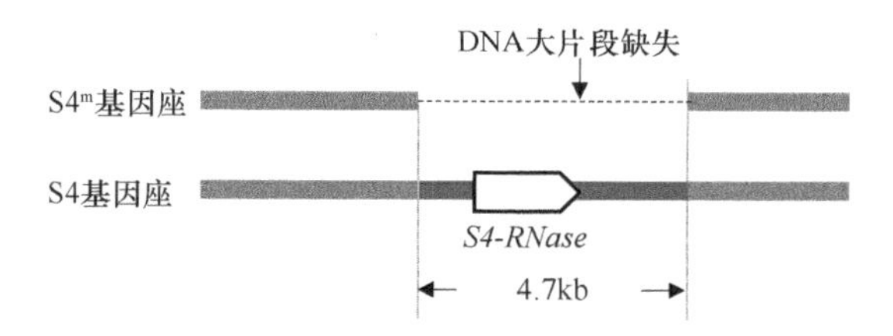

图 5-7　‘奥嘎二十世纪’梨花柱 *S4-RNase* 基因缺失（Sassa et al.，1997）

变‘闫庄梨’*S21-RNase* 基因序列第 182bp 处出现 1 个碱基颠换，造成 C2 结构域第 61 个氨基酸由原来的甘氨酸变为缬氨酸。因该变异位点紧邻第 60 个组氨酸活性位点，变异导致 S21-RNase 活性显著下降，失去抑制 S21 单倍型花粉的能力，造成自花结实（图 5-8）。此外，桃部分品种 *S2-RNase* 基因 C5 区域有 1 个碱基突变（G→A），由半胱氨酸变为酪氨酸，使得 S2-RNase 在花柱不能正常表达，导致自花结实。

3. *S-RNase* 启动子序列变异

S-RNase 启动子序列变异可能造成其基因启动元件缺失或增加，导致 *S-RNase* 基因表达受到抑制，致使其蛋白质含量下降，无法发挥抑制花粉管的细胞毒性作用。一般认为 ATG 前 2000bp 左右的“元件密集分布区”为启动子区域。迄今为止，蔷薇科果树中尚未发现 *S-RNase* 基因启动子序列突变类型。

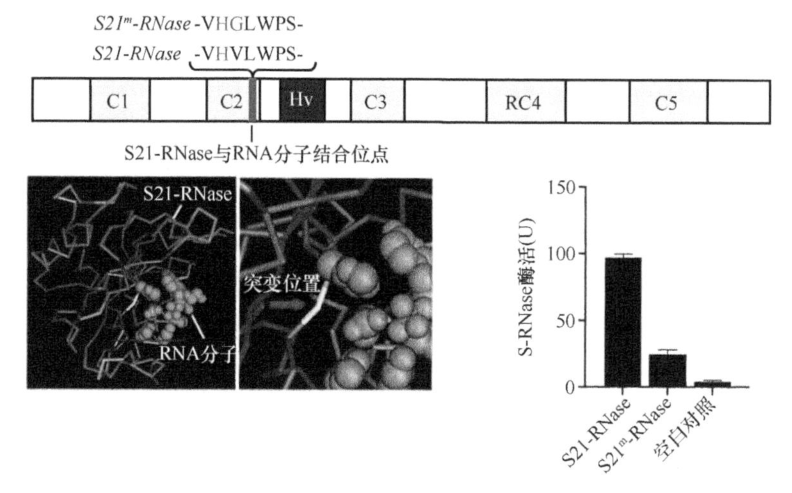

图 5-8　‘闫庄梨’花柱 *S21-RNase* 非同义突变

蓝色字母代表保守组氨酸位点；红色字母代表突变缬氨酸突变位点

4. *S-RNase* 启动子 DNA 表观修饰变异

S-RNase 启动子序列表观修饰（如甲基化、乙酰化、羟基化等）会造成启动元件变化，导致 *S-RNase* 基因表达受到抑制，蛋白质含量降低。杏‘布兰那’和‘索利塔’*Sf-RNase* 启动子区域的 4 个强甲基化修饰（CG 和 CNG 修饰），使 *Sf-RNase* 表达量大幅下降（图 5-9），进而造成其蛋白质含量下降，无法抑制 Sf 单元型花粉，导致自花结实。

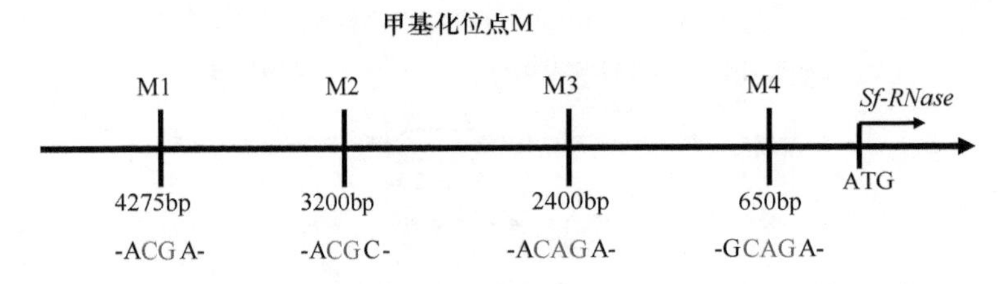

图 5-9　杏的花柱 *Sf-RNase* 启动子甲基化修饰变异（Fernández et al.，2014）
红色代表甲基化修饰序列

（二）花粉 S 因子 *SFBB* 基因变异

若苹果自花结实品种（S*x*S*y*）为花粉侧 S*x* 因子变异，则可选择一个与其 S 基因型相同的自花不结实品种，克隆二者 *Sx-SFBBn* 基因及其启动子，以自花不结实 *Sx-SFBBn* 序列作为基准，比较分析自花结实品种 *Sx*^{m}*-SFBBn* 基因突变位置；若判定为花粉侧 Sy 因子变异，方法同上。目前，虽然苹果中尚未发现花粉 S 因子 *SFBB* 基因变异，但蔷薇科其他果树存在该自然变异类型。

1. *SFBB* 基因缺失

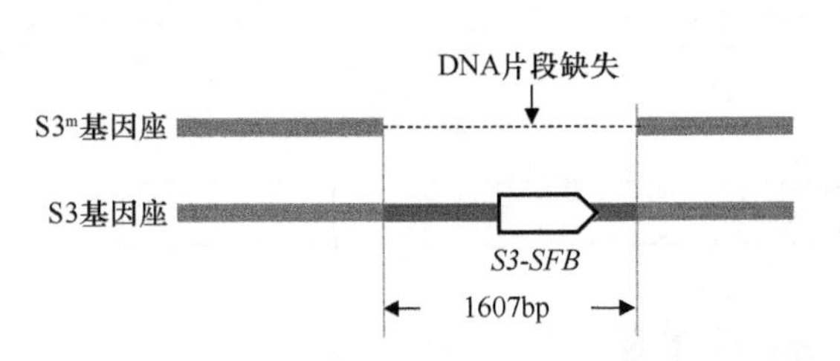

图 5-10　甜樱桃花粉 *S3-SFB* 缺失定位（Sonneveld et al.，2005）

与花柱 *S-RNase* 缺失类似，S 基因座花粉 *SFBB* 基因缺失，导致 *SFBB* 转录活性丧失，引起自花结实。甜樱桃自花结实品种‘JI2434’的 *S3-SFB* 基因经辐射诱变完全缺失（图 5-10）。花粉中缺少 SFB 蛋白，不能行使识别 S3-RNase 的功能，导致自花结实。

2. *SFBB* 基因编码区（CDS）变异

花粉 *SFBB* 基因 CDS 变异类型较多，包括 DNA 小片段缺失、DNA 非同义突变、DNA 片段插入等。甜樱桃‘斯坦拉’‘拉宾斯’等品种 *S4-SFB* 基因末端存在 4bp 缺失，导致 S4-SFB 翻译提前终止，蛋白失去“保护”S4-RNase 的功能，促使 SLFL2 识别并泛素化降解 S4-RNase，导致自花结实（图 5-11）。此外，欧洲杏‘Kronio’*S5-SFB* 基因序列存在一个碱基的非同义替换，导致 SFB 蛋白翻译提前终止；‘凯特’杏花粉 *Sc-SFB* 基因存在一个 358bp 插入，导致 SFB 蛋白翻译终止，使其 C 端缺少 Hva 和 Hvb 两个高变区，无法识别 S-RNase，导致自花结实（图 5-12）。

苹果每个 S 基因座包含多个 *SFBB* 基因，且每个 *SFBB* 之间同源性较高，克隆和比对分析 *SFBB* 较 *S-RNase* 更复杂。鉴定 *SFBB* 是否发生变异的前提是需要明确每个 S 基因座 *SFBB* 的种类和数量。目前有两种方法可获取 S 基因座 *SFBB* 信息：一种是构建 BAC

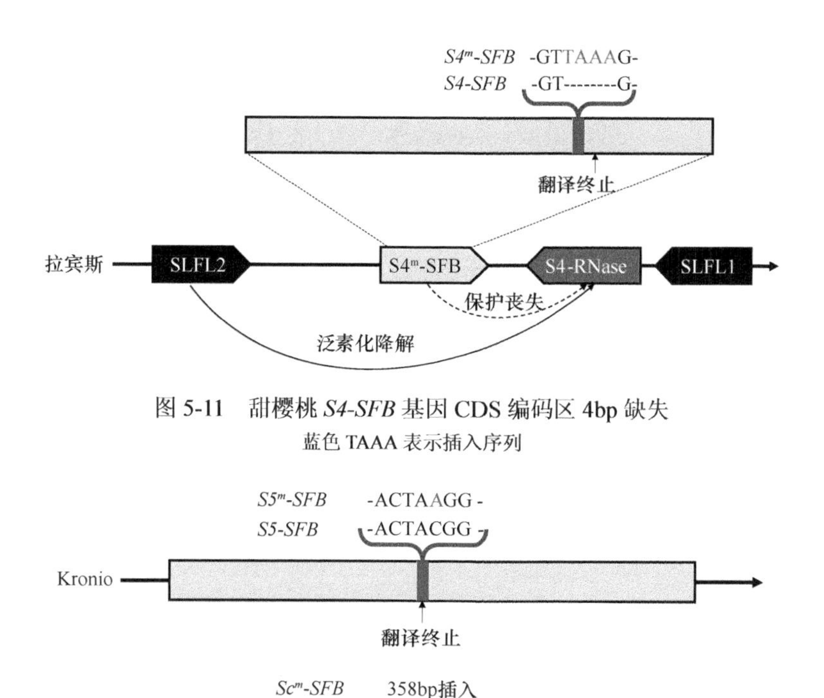

图 5-11　甜樱桃 *S4-SFB* 基因 CDS 编码区 4bp 缺失

蓝色 TAAA 表示插入序列

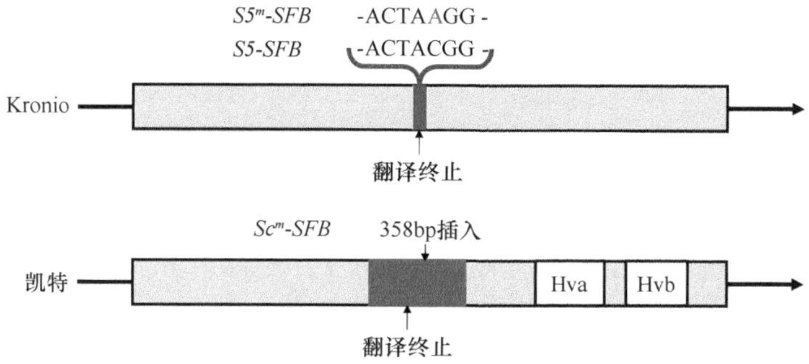

图 5-12　*SFB* 基因非同义突变和 DNA 片段插入（Ortega and Dicenta，2003）

红色代表突变序列

文库克隆法，其原理为通过建立细菌 DNA 文库，利用 *S-RNase* 探针将 S 基因座‘钓’出，然后测序获得 *SFBB* 信息；另一种是三代测序法，通过三代测序拼接整条单倍型染色体 DNA 信息，分析 *S-RNase* 周围 *SFBB* 的数量、分布、序列等信息。

二、非 S 因子基因变异与调控

若苹果自花结实性判定为花柱或花粉非 S 因子基因变异的种质，我们可以采用近等基因系（near-isogenic line，NIL）定位法或混合分组分析联合全基因组关联分析法定位其变异位点，探究变异位点关联基因对自花结实的调控作用。

（一）近等基因系定位法

以定位自花结实品种 A 的变异位点为例，选择一个自花不结实品种 B，通过不平衡杂交获得遗传背景为 B 但自花结实的近等基因系（图 5-13）。经重测序评估 F_1（B×A）、BC1（B×F_1）、BC2（B×BC1）、BC3（B×BC2）的遗传背景，选取 95%以上遗传背景为 B 且表现自花结实的株系，自交两代（BC3-F_1、BC3-F_2）使自花结实变异位点纯合，最后 B 回交 BC4（B×BC3-F_2）得到遗传背景为 B 但表现自花结实的近等基因系 NIL.B。该近等基因系除自花结实变异位点与 B 不同外，其他基因背景与 B 几乎相同。B 和 NIL.B 重测序，利用比较基因组学鉴定其自花结实变异位点。

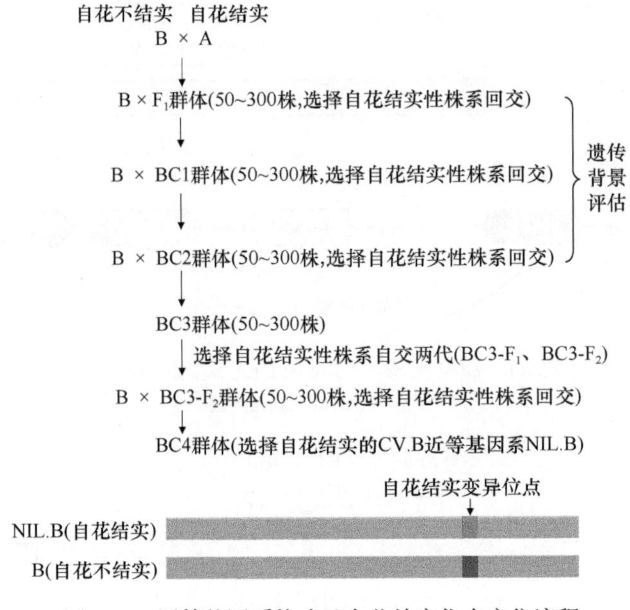

图 5-13 近等基因系构建及自花结实位点定位流程

近等基因系法定位精确，可信度高，且在苹果中仅能用于自花结实性状定位，很难用于其他性状基因发掘。原因在于构建近等基因系需自交至少两代以纯合变异位点，而大部分苹果往往自花不结实，无法完成自交。此外，苹果具有较长的童期或营养期，世代周期长，而理想的近等基因系往往需要经历数代自交和回交才能获得，即使有重测序评估遗传背景等手段辅助，也需要至少 7 个世代，时间较长。对苹果而言，近等基因系法理论上可行，但实际操作较困难。

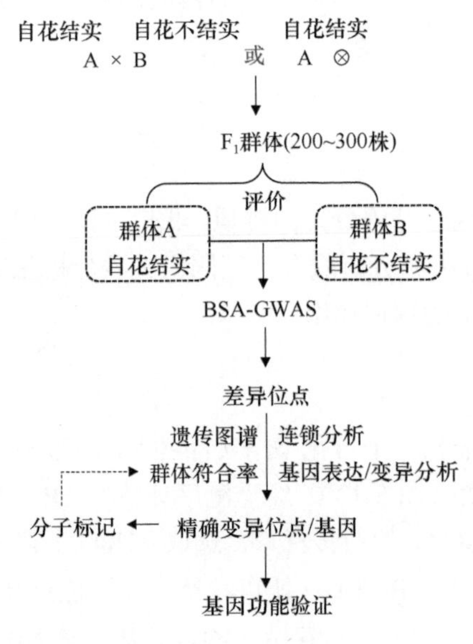

图 5-14 BSA-GWAS 法定位自花结实位点流程图

（二）混合分组分析与全基因组关联分析联合定位法（BSA-GWAS）

根据苹果基因组杂合度高的特点，我们依据“双假测交”原理，使用性状分离群体分组与全基因组关联分析相结合分析法定位自花结实性状。总体策略为构建自花结实分离群体、BSA-GWAS 分析差异位点、精细定位与基因筛选，以及自花结实基因功能验证（图 5-14）。

1. 构建自花结实分离群体

构建自花结实分离群体有两种方式：一种是利用自花结实品种 A 与自花不结实品种 B 杂交，获得 F_1 代性状分离群体；另一种是通过 A 自交获得。评价

F_1后代群体自花结实性，分成自花结实与不结实两组性状分离群体。F_1后代群体数量≥100株，每组分离群体（BSA）数量≥30株。

2. BSA-GWAS 分析差异位点

选取自花结实极端性状的分离群体重测序，全基因组关联分析与数量性状基因座（quantitative trait loci，QTL）联合定位自花结实位点。

（1）BSA 极端表型群体重测序

极端表型分离群体 DNA 基因组重测序，测序深度≥10×，获得高质量的单核苷酸多态性（SNP）和插入缺失（insertion-deletion，Indel）。利用 SNP 数据构建群体系统发育树，明确后代群体聚类关系，检验测序结果可靠性，以及群体用于分析自花结实性状的可用性。

（2）全基因组关联分析（GWAS）

设定等位基因 SNP 频率为 0.05 和 1，删除 SNP 位点缺失率＞10%的个体，采用广义线性模型（generalized linear model，GLM）全基因组 SNP 关联分析，将自花结实性状关联至基因组位置。

（3）QTL 定位

GWAS 分析初步定位到目标区域后，同步开展基于遗传图谱的 QTL 分析联合定位。可采用 SNP、Indel、简单重复序列（simple sequence repeat，SSR）等分子标记构建遗传图谱，依据标记与自花结实/不结实个体共分离情况定位自花结实位点。

（4）自花结实位点的精细定位与基因筛选

BSA-GWAS 和 QTL 将自花结实位点初步定位于染色体约 1Mb 大小的区域，此时需利用连锁不平衡区块分析、变异符合率、SNP 效应分析、基因表达等缩小范围，筛选自花结实性状的关键基因。

1）自花结实位点缩进。利用连锁不平衡区块分析和重组单株共分离分析，缩小定位区间。选取连锁不平衡区块与重组区间重叠的 SNP 或 Indel 变异位点，将变异与自花结实性状符合率＞70%的基因作为初级候选基因。

2）候选基因 SNP 变异效应分析。初步筛选出自花结实性候选基因后，我们可利用 SNP 变异效应分析进一步筛选自花结实变异。依据 SNP 变异对自花结实性状效应值大小，估算候选基因与自花结实性的关联性，并淘汰效应值在中位数以下的变异及关联基因。

3）候选基因功能注释。在确定候选基因后，我们需对候选基因进行功能注释，推测其在控制自花结实中可能发挥的功能。

4）候选基因验证与终选。若候选基因启动子区发生变异，我们需从基因表达量、启动子活性等方面进行验证，利用实时定量反转录 PCR（quantitative reverse transcriptase-mediated PCR，qRT-PCR）验证自花结实与不结实个体中候选基因表达差异是否符合变异规律；若为 CDS 编码区变异，则须从蛋白质的翻译过程、结构、活性等方面进行验证。

3. 自花结实基因功能验证

初步定位自花结实性基因后，下一步需要鉴定其生物学功能，探寻该基因控制苹果自花结实性的分子机制。一般需要通过明确该基因编码蛋白质定位、生物学功能、互作关系、转录调控关系、转基因功能等鉴定基因具体功能及其上下游调控网络。依据自花结实基因的不同性质，具体研究方案各异。

（三）自花结实位点定位与基因功能鉴定的实例

1. 控制‘寒富’的自花结实位点及关联基因

（1）构建‘寒富’自花结实分离群体

构建‘寒富’×‘岳帅’（自花授粉花序坐果率 0%）305 个 F_1 杂交后代分离群体以定位‘寒富’自花结实位点。F_1 代群体特征如下。

1）F_1 代群体自花授粉花序坐果率频率分布不符合正态分布（图 5-15）。

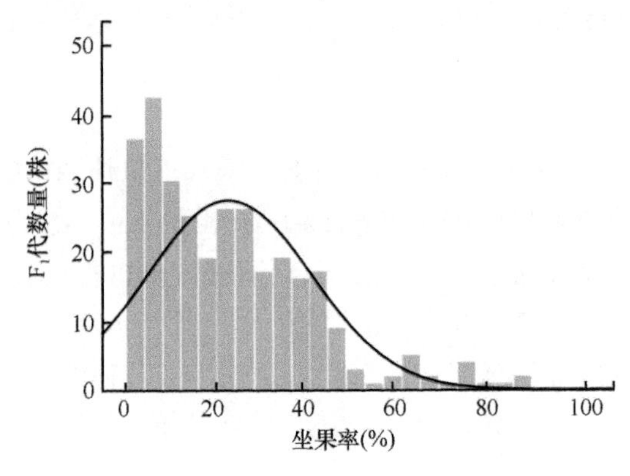

图 5-15 ‘寒富’×‘岳帅’F_1 代群体自花授粉花序坐果率频率分布

2）卡方检验显示自花授粉花序坐果率＞20%的后代（154 株）与坐果率＜20%的后代（151 株）比例符合 1∶1（χ^2=0.384；P＞0.05），推测‘寒富’自花结实性属于杂合显性变异。

3）F_1 代群体 S 基因型与自花结实性无显著关联（相关系数为 0.0023）（表 5-9）。

综上所述，该群体性状分离显著，适于定位‘寒富’自花结实位点。

表 5-9 ‘寒富’×‘岳帅’杂交后代性状分离极端单株（77 个）自花授粉花序坐果率和 S 基因型分析

极端单株的编号	花序坐果率（%）	S 基因型	极端单株的编号	花序坐果率（%）	S 基因型	极端单株的编号	花序坐果率（%）	S 基因型
17-105	85	S3S9	15-32	45	S1S3	14-143	2	S3S9
20-50	85	S3S9	17-77	45	S3S9	16-120	2	S1S3
19-112	81	S3S9	17-148	45	S1S3	18-113	2	S3S9
11-89	77	S1S3	19-12	45	S3S9	14-17	1	S1S3
20-26	75	S3S9	11-74	5	S1S3	12-93	1	S3S9
19-42	73	S1S3	11-133	5	S1S3	17-15	1	S3S9
12-59	72	S1S3	14-28	5	S3S9	18-88	1	S1S3

续表

极端单株的编号	花序坐果率（%）	S 基因型	极端单株的编号	花序坐果率（%）	S 基因型	极端单株的编号	花序坐果率（%）	S 基因型
20-64	72	S3S9	17-90	5	S3S9	20-63	1	S3S9
12-16	71	S3S9	12-17	4	S1S3	11-49	0	S3S9
12-51	67	S3S9	14-86	4	S3S9	12-88	0	S1S3
20-115	67	S3S9	14-134	4	S3S9	12-98	0	S3S9
11-39	64	S3S9	16-55	4	S3S9	12-136	0	S3S9
14-141	63	S3S9	17-4	4	S3S9	14-61	0	S1S3
16-22	62	S1S3	18-27	4	S3S9	14-73	0	S1S3
14-94	61	S3S9	19-47	4	S3S9	16-21	0	S1S3
12-58	60	S3S9	19-94	4	S1S3	16-26	0	S1S3
14-68	59	S1S3	19-118	4	S1S3	17-67	0	S3S9
20-29	57	S3S9	20-5	4	S3S9	17-150	0	S1S3
18-57	53	S1S3	12-31	3	S3S9	19-52	0	S1S3
20-7	50	S1S3	12-124	3	S1S3	19-74	0	S3S9
14-95	49	S1S3	14-113	3	S3S9	19-109	0	S3S9
17-143	48	S1S3	14-126	3	S3S9	20-2	0	S3S9
20-61	47	S3S9	14-130	3	S3S9	20-15	0	S3S9
13-64	46	S1S3	15-117	3	S3S9	20-20	0	S3S9
13-71	45	S3S9	15-151	3	S1S3	20-25	0	S3S9
14-148	45	S3S9	14-119	2	S3S9	—	—	—

（2）发掘‘寒富’自花结实位点

依据极端表型群体 BSA 重测序、全基因组关联分析（GWAS）、QTL 定位的逻辑顺序，发掘‘寒富’自花结实位点。

1）极端表型群体差异 SNP 和 Indel 筛选。分别对‘寒富’×‘岳帅’F_1后代群体中自花授粉的花序坐果率>45%的 31 株与<5%的 46 株两个极端性状分离群体进行 DNA 重测序（图 5-16），参考‘金冠’基因组，获取全基因组变异位点信息。设定最大碱基缺失率为 0.99，最小等位基因频率为 0.01，最大等位基因频率为 0.99，共得到 4 347 312 个 SNPs、1 592 654 个 Indels 和 99 128 个基因组结构性变异（structural variation，SV），均匀分布于 17 条染色体。后代群体 SNP 变异位于基因间区的 SNP 最多，占总数的 42.82%，其次是基因上游、基因下游和内含子区域，位于外显子和非翻译区（untranslated region，UTR）的 SNP 变异占比较小（表 5-10）。

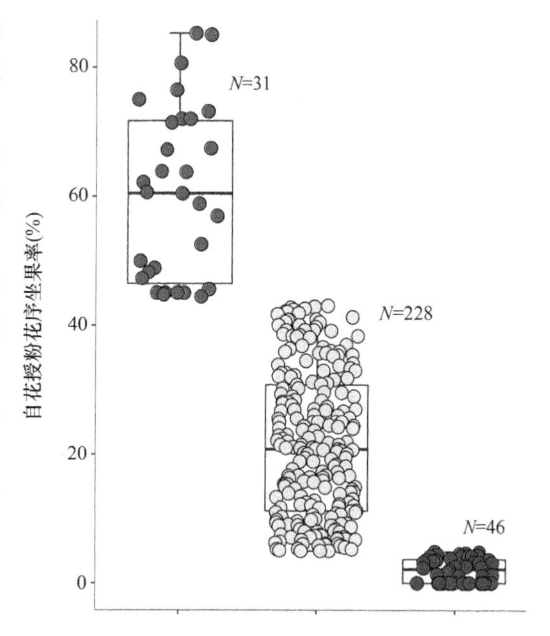

图 5-16　‘寒富’×‘岳帅’F_1群体分组

表 5-10 ‘寒富’×‘岳帅’全基因组 SNP 信息分析

SNP 位置	SNP 数量（个）	SNP 比例（%）
外显子	141 857	3.26
内含子	377 171	8.68
基因间区	1 861 678	42.82
基因上游	1 005 621	23.13
基因下游	960 662	22.10
UTR 区	323	0.01

2）‘寒富’自花结实位点定位。GWAS 分析‘寒富’×‘岳帅’F_1后代差异最显著的 SNP 变异位点为 4 号染色体（Chr4）的 S04_26752622。设定阈值$-\log_{10}(P)=25$时，关联自花结实位点于 Chr4 的 26.44～27.37Mb，该区域包含 121 个基因（图 5- 17）。QTL 构建重测序 Indel 分子标记遗传图谱，同样将‘寒富’自花结实位点定位于 4 号连锁群 26.16～27.43Mb，涵盖‘寒富’GWAS 的关联位置，确认‘寒富’自花结实位点位于 4 号染色体末端（图 5-18）。

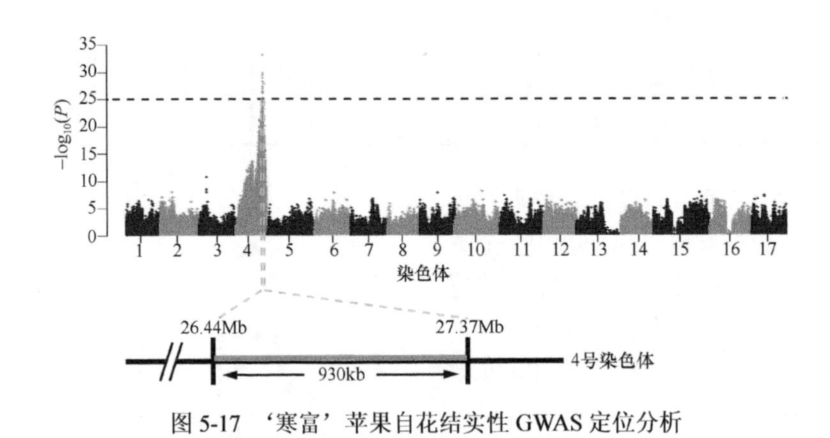

图 5-17 ‘寒富’苹果自花结实性 GWAS 定位分析

（3）‘寒富’自花结实关联基因 *PCHR* 确定

依据自花结实位点缩进（LD Block 分析+重组单株筛选）、自花结实候选基因 SNP 变异效应分析、候选基因表达验证、变异验证与终选的逻辑顺序精细定位‘寒富’自花结实关联基因。

1）LD Block 分析 Chr4 的 26.44～27.37Mb，该区间内 S04_26439141～S04_26885191 的 12 个 SNP 标记表现出连锁不平衡，大小为 446kb，与自花结实关联性强，包含 61 个功能基因（图 5-18）。

2）Indel 标记筛选出 19-12、20-15、15-151 共 3 个重组单株（图 5-19），计算后代群体 Indel_26445652～27244478 所有变异与自花结实性的关联符合率，筛选出启动子区、编码区、UTR 区变异符合率＞70%的 16 个初级候选基因（图 5-20）。

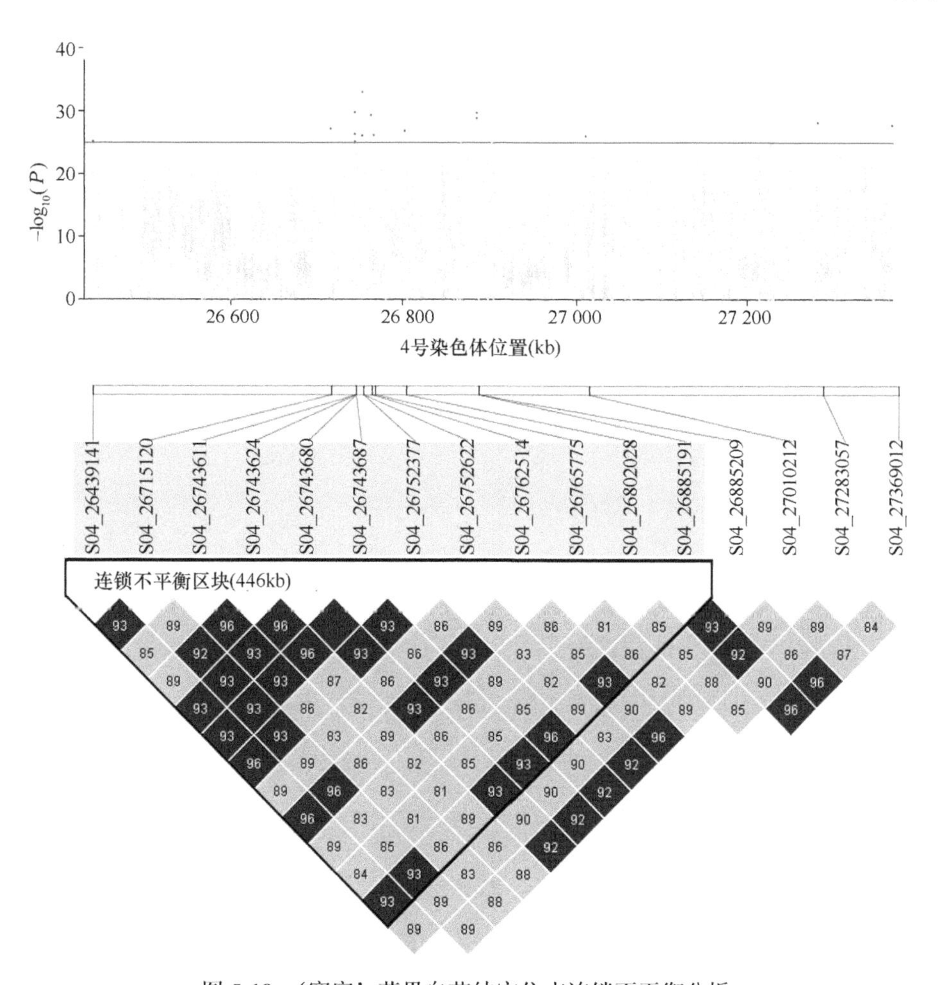

图 5-18 ‘寒富’苹果自花结实位点连锁不平衡分析

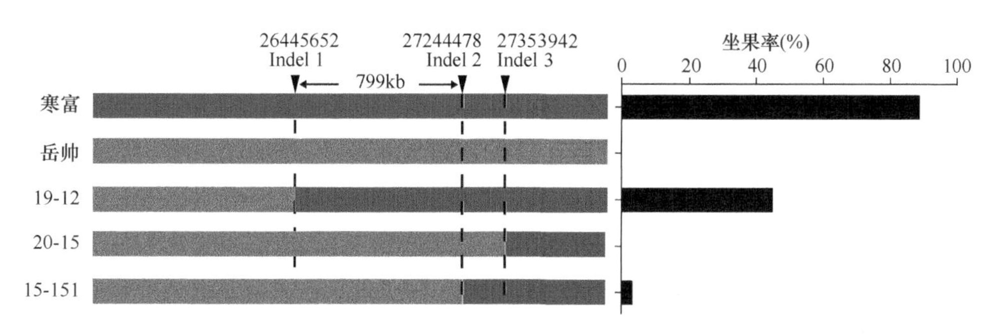

图 5-19 ‘寒富’苹果自花结实性重组单株 Indel 标记连锁分析

3）16 个候选基因 SNP 变异效应分析筛选出 3 个编码区变异基因、7 个启动子区域变异基因，二者取并集，最终获得 *HF15736*、*HF15744*、*HF15781*、*HF15784*、*HF15785*、*HF15787*、*HF15792* 和 *HF15793* 共 8 个自花结实性候选基因（图 5-21）。

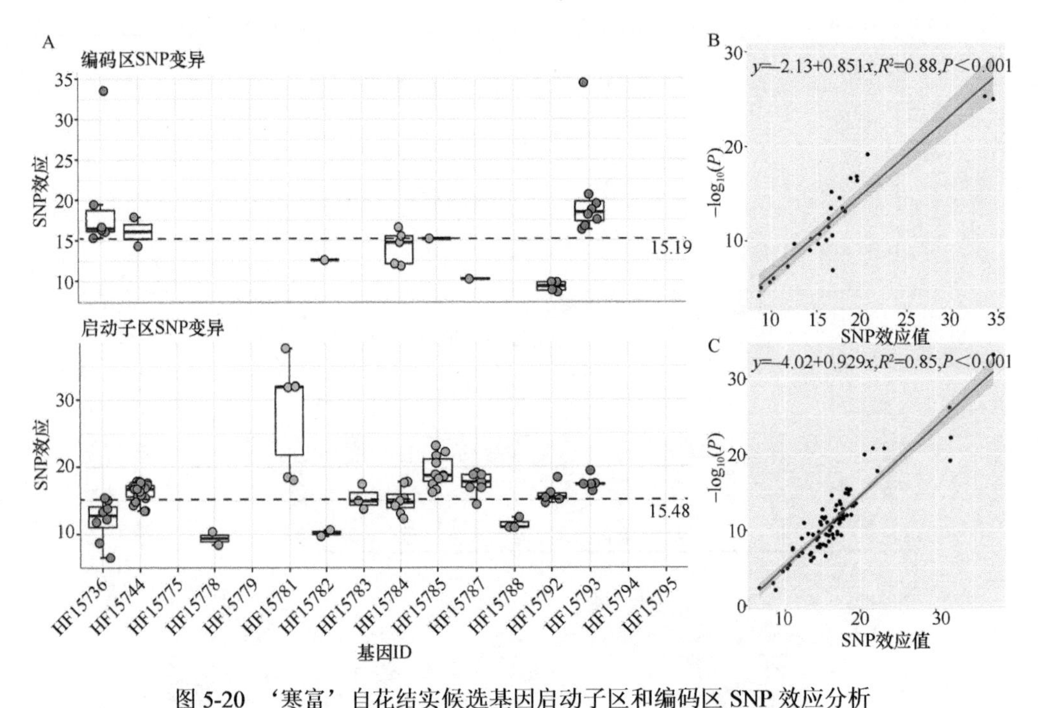

图 5-20 ‘寒富’自花结实候选基因启动子区和编码区 SNP 效应分析

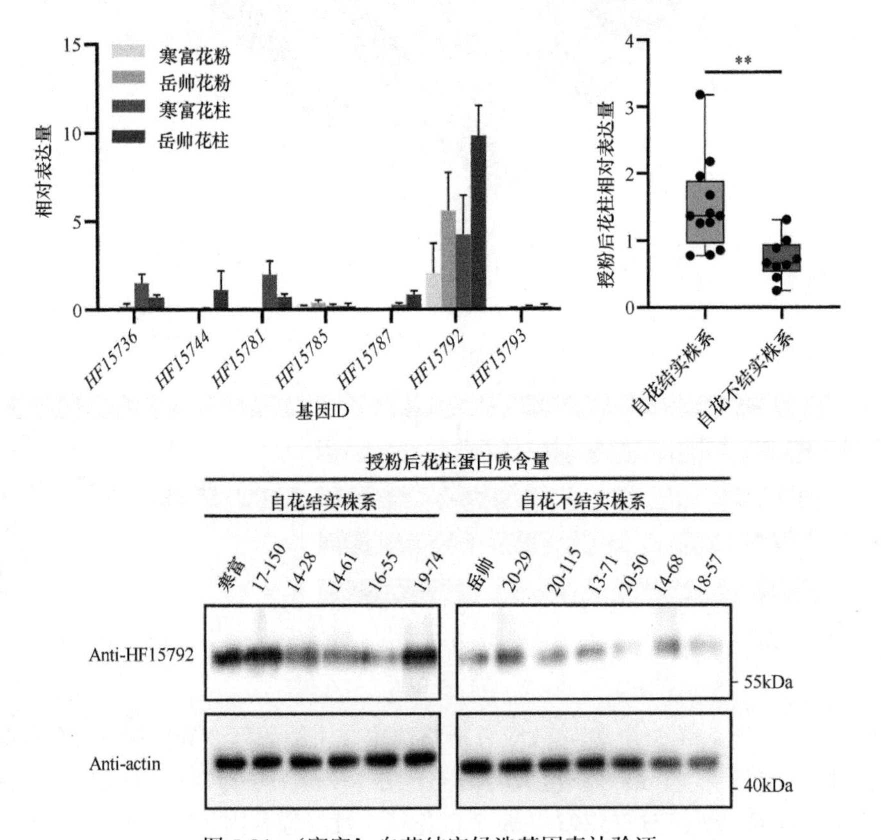

图 5-21 ‘寒富’自花结实候选基因表达验证

上左图. 8 个候选基因的组织表达（*HF15784* 未表达）；上右图. *HF15792* 在自花结实与自花不结实株系的授粉后花柱中基因的表达情况；下图. HF15792 蛋白在自花结实与自花不结实株系授粉后花柱中的含量

4）通过对 8 个候选基因在‘寒富’×‘岳帅’杂交后代中基因表达和蛋白质含量的分析，我们确定 *HF15792* 与‘寒富’自花结实性关联度高（图 5-21）。*HF15792* 启动子–1056bp 区域缺失一个碱基 T 后导致启动子活性显著降低（图 5-22，图 5-23），影响 *HF15792* 表达，进而可能导致‘寒富’自花结实。该变异可遗传至‘寒富’后代群体，且不同群体中该变异与自花结实性状的符合率为‘华红’×‘寒富’84.09%、‘寒富’×‘望香红’62.07%、‘望香红’×‘岳艳’77.78%和‘岳艳’×‘红色之爱’77.78%（图 5-22）。HF15792 蛋白的主要功能为结合细胞内游离钙离子，起到维持细胞内钙稳态的作用，即花粉管钙稳态调节因子（PCHR），其具体基因性质和生物学功能在第三章已详细介绍，此处不再赘述。

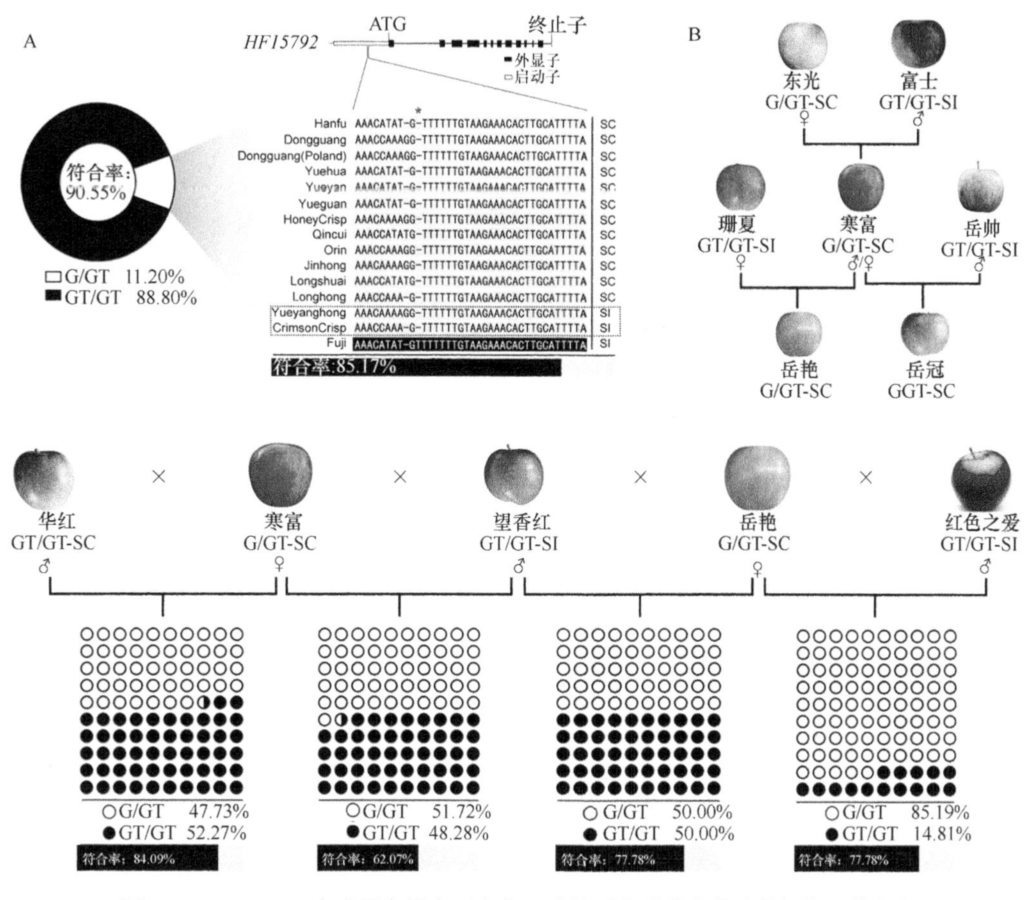

图 5-22　*HF15792* 启动子变异在‘寒富’及其后代群体中的遗传规律及符合率

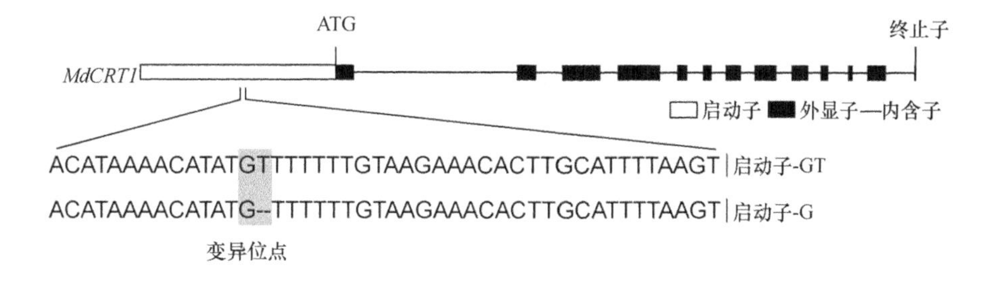

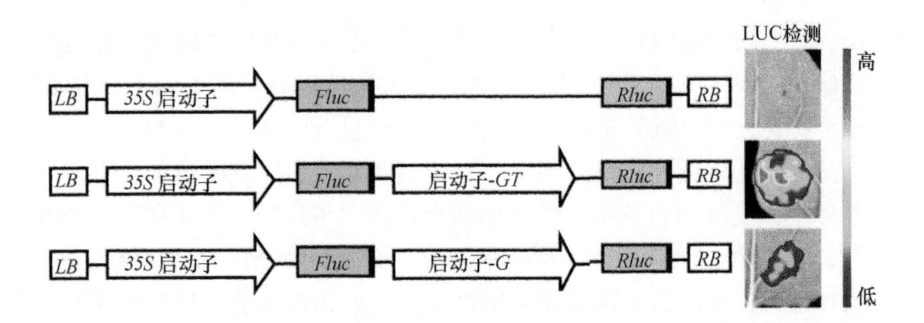

图 5-23　双萤光素酶系统检测‘寒富’自花结实候选基因启动子活性
上图. 基因启动子序列变异位置；下图. 烟草叶片双萤光素酶（luciferase，LUC）检测

（4）PCHR 调控苹果自花结实性机理

‘寒富’花粉管 PCHR 含量低于正常品种，自花授粉后花粉管内 PCHR 含量迅速上升，达到适宜花粉管伸长的含量，使花粉管内游离钙离子保持正常浓度梯度，驱动花粉管伸长（图 5-24）。

2. ‘惠’自花结实位点定位和基因功能鉴定

（1）构建‘惠’自花结实分离群体

构建‘惠’104 个自交 F_1 代性状分离群体，F_1 代群体自花授粉的花序坐果率频率分布不符合正态分布（图 5-25）。卡方检验显示自花授粉花序坐果率≥15%的后代（72 株）与坐果率＜15%的后代（28 株）的比例基本符合 3∶1（P＞0.05），推测‘惠’自花结实性属于杂合显性变异。F_1 代群体 S 基因型与自花结实性无显著关联（相关系数 0.0019）（表 5-11）。

该群体性状分离显著，适于定位‘惠’自花结实位点。

表 5-11　‘惠’自交后代极端 BSA 群体（52 个）自花授粉的花序坐果率和 S 基因型分析

自交后代	花序坐果率（%）	S 基因型	自交后代	花序坐果率（%）	S 基因型	自交后代	花序坐果率（%）	S 基因型
43-24	90	S2S9	46-39	34	S2S9	43-79	9	S2S9
46-7	85	S2S2	44-66	33	S2S9	46-60	7	S2S9
43-15	85	S2S9	45-4	33	S9S9	45-86	6	S2S2
45-61	81	S2S9	46-35	32	S2S2	43-107	5	S2S9
45-26	79	S9S9	43-118	31	S2S9	43-121	4	S2S9
44-32	60	S9S9	43-30	30	S2S2	44-63	4	S9S9
43-120	59	S2S9	46-68	27	S2S9	45-47	4	S2S9
44-88	57	S9S9	44-58	26	S9S9	46-44	2	S2S2
43-40	50	S2S9	43-9	25	S2S2	46-3	1	S2S9
43-3	44	S9S9	45-29	25	S2S9	43-49	0	S9S9
46-48	44	S2S9	46-75	21	S2S9	44-41	0	S2S2
46-58	44	S2S9	43-71	17	S9S9	44-67	0	S2S2
43-36	43	S2S9	45-80	17	S2S9	44-99	0	S2S9
43-68	42	S2S2	45-127	16	S2S9	44-107	0	S2S9
45-16	41	S9S9	43-51	15	S9S9	45-8	0	S2S9
45-57	38	S2S9	46-97	15	S2S9	45-74	0	S2S9
46-113	38	S2S2	44-81	13	S2S9	—	—	—
43-126	35	S2S9	16742	12	S9S9	—	—	—

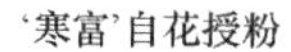

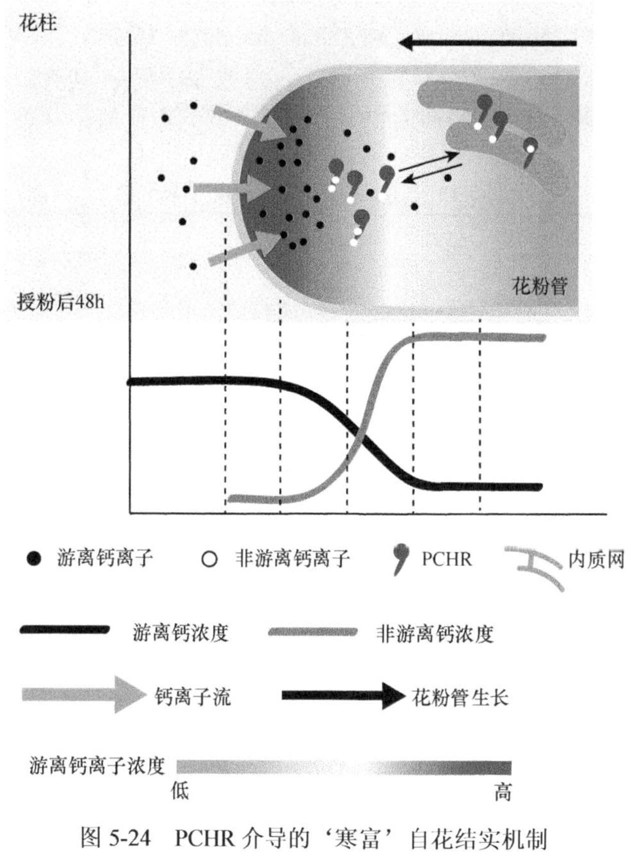

图 5-24　PCHR 介导的‘寒富’自花结实机制

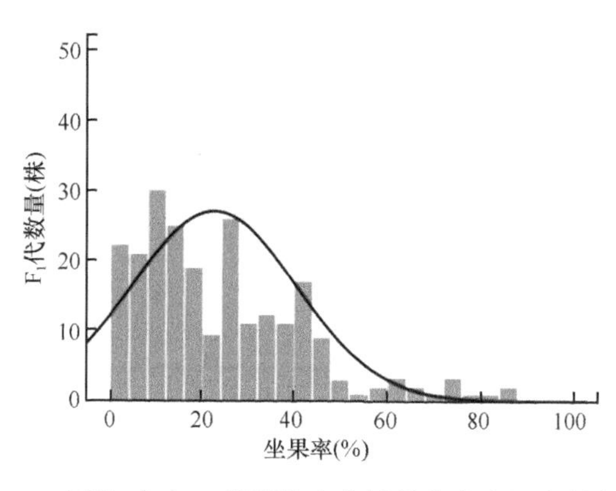

图 5-25　‘惠’自交 F_1 代群体自花授粉花序坐果率频率分布

（2）发掘‘惠’自花结实位点

依据极端表型群体 BSA 重测序、全基因组关联分析（GWAS）、QTL 定位的逻辑顺序，发掘‘惠’自花结实位点。

1）极端表型群体差异 SNP 和 Indel 筛选。‘惠’自交 F_1 代群体自花授粉的花序坐果率＞20%的 22 个和＜10%的 16 个极端性状分离群体 DNA 重测序，获取全基因组变异位点信息。设定最大碱基缺失率为 0.99，最小等位基因频率为 0.01，最大等位基因频率为 0.99，共得到 43 250 个 SNPs、36 388 个 Indels 和 16 465 个 SVs，均匀分布于 17 条染色体。后代群体 SNP 基因间区的最多，占总数 39.06%；其次是基因上游、基因下游及内含子区域；而位于外显子和 UTR 区的 SNP 变异占比较小（表 5-12）。

表 5-12 ‘惠’全基因组 SNP 信息分析

SNP 位置	SNP 数量（个）	SNP 比例（%）
外显子	43 250	3.95
内含子	64 014	5.85
基因间区	427 771	39.06
基因上游	273 611	24.98
基因下游	270 227	24.67
UTR 区	16 305	1.49

2）‘惠’自花结实位点定位。GWAS 分析‘惠’自交和‘惠’×‘长富 2’杂交 F_1 后代，差异最显著的 SNP 变异位点为 12 号染色体（Chr12）的 S12_26833684，设定阈值$-\log_{10}(P)=6$ 时，关联自花结实位点于 Chr12 的 20.34～23.08Mb，该区域包含 93 个基因（图 5-26）。QTL 构建重测序 Indel 分子标记遗传图谱，同样将‘惠’自花结实位点定位于 12 号连锁群上的 Indel_21.92（37.23cM）和 Indel_CH1219（43.33cM）两个标记之间，对应标记物理距离换算目标区间为 20.10～23.77Mb，涵盖‘惠’GWAS 关联位置，确认‘惠’自花结实位点位于第 12 号染色体末端。

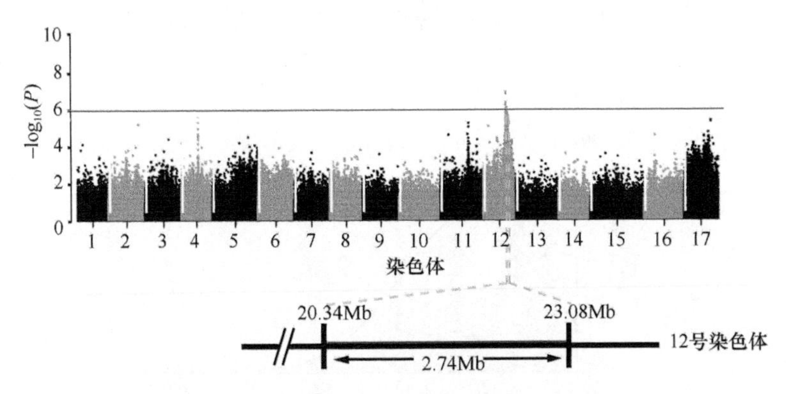

图 5-26 ‘惠’苹果自花结实性 GWAS 定位分析

第六章　苹果自花结实种质创制与应用

选育综合性状优良的苹果自花结实品种并产业化应用是自花结实性研究的终极目标。苹果自花结实品种选育主要有三种途径：一是自花结实自然变异以种内、种间和属间置换方式导入；二是基因工程靶向创制自花结实变异，改良自花不结实品种或砧木，砧木调控接穗自花结实；三是二倍体加倍创制自花结实新种质。目前苹果自花结实种质资源匮乏、遗传规律不明晰，缺乏系统的创制理论和方法，制约着自花结实育种工作。本章在自花结实种质鉴定和评价基础上，着重阐述自花结实性遗传规律、自花结实亲本选配原则、人为创制自花结实变异等，提出自然变异与人工变异高效创制自花结实的理念和方法，并应用于育种实践。

第一节　苹果自花结实品种选育

自花结实品种选育即以苹果自花结实种质资源为亲本，与另一亲本杂交创制自花结实优新品种或种质。苹果自花结实杂交育种的难点主要体现在三个方面：一是自花结实种质资源十分匮乏，亲本选择范围小，亲本选配难度大；二是自花结实性遗传规律尚不清晰；三是自花结实及重要经济性状缺乏预先选择的分子标记和方法，选择周期长、效率低。因此，在加大评价自花结实种质资源力度的基础上，我们急需明确自花结实性遗传规律和亲本选配原则，开发快速预选自花结实兼具优良性状的分子标记（图 6-1）。

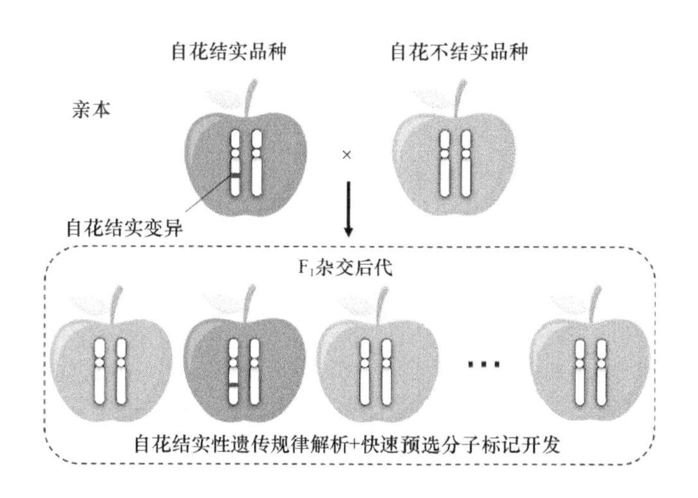

图 6-1　苹果自花结实性遗传规律解析与快速预选分子标记开发

一、苹果自花结实及重要性状遗传规律与预选分子标记

（一）苹果自花结实及重要性状遗传规律

1. 苹果自花结实性遗传规律

不同苹果品种，自花结实变异不同，自花结实性遗传规律和遗传能力也不同。因此，在选择杂交亲本之前，我们需要明确不同自花结实品种变异遗传规律及遗传力，为选择遗传力高的亲本杂交育种提供理论支撑。

苹果自花结实是由自花不结实种质发生变异后获得。鉴于短期迭代间多点微效变异造成自花结实这一事件发生的概率非常小，一般将自花结实变异认定为单点主效变异，即为显性假质量性状变异。依据此性状特征，测算遗传力时，选择自花不结实隐性纯合品种与自花结实显性杂合品种杂交，设定杂交后代自花授粉坐果率级次 n 为 0 级(–0%)、1 级（0%＜坐果率＜5%）、2 级（5%≤坐果率≤20%）、3 级（20%＜坐果率≤35%）、4 级（＞35%），x_n 为株数，传递力指数 D_s 代表品种自花结实遗传力。公式为

$$D_s = \frac{\sum x_n n}{\sum_1^n x_n \times \sum_1^n n}$$

例如，自花不结实隐性纯合品种‘富士’与自花结实显性杂合品种‘寒富’杂交，自花结实传递力指数为

$$D_s = \frac{43 \times 0 + 54 \times 1 + 44 \times 2 + 24 \times 3 + 36 \times 4}{201 \times (0 + 1 + 2 + 3 + 4)} = 0.178$$

通过计算自花结实传递力指数，我们发现：‘寒富’＞‘惠’＞‘岳艳’＞62-45＞‘珊夏’＞‘王林’（表 6-1）。依据传递力指数结果，自花结实亲本选配以 D_s＞0.15、优缺点互补、遗传背景差异大、交配亲和性高为宜。

表 6-1　苹果自花结实传递力指数 D_s 的测算

被测组合	杂交后代自花结实性级次及各级次株数						
	0 级(株)	1 级(株)	2 级(株)	3 级(株)	4 级(株)	被测总株数	传递力指数
寒富×富士	43	54	44	24	36	201	0.178
富士×寒富	37	24	21	31	23	136	0.185
惠×富士	29	23	35	15	12	114	0.163
富士×惠	44	78	44	14	36	216	0.163
岳艳×富士	26	33	23	15	12	109	0.158
富士×岳艳	13	10	30	11	22	86	0.222
62-45×富士	16	10	10	7	3	46	0.137
富士×珊夏	49	6	3	0	0	58	0.021
富士×王林	23	2	0	0	0	25	0.008

2. 苹果其他重要农艺性状的遗传规律

苹果其他重要性状，包括果实糖度、酸度、脆度、耐贮性、果皮色泽、抗病性、抗

寒性等，其中果实脆度、耐贮性、果皮色泽、斑点落叶病抗性为假质量性状，果实可溶性固形物含量、可滴定酸（titratable acidity，TA）含量、抗寒性为数量性状（图 6-2，表 6-2）。

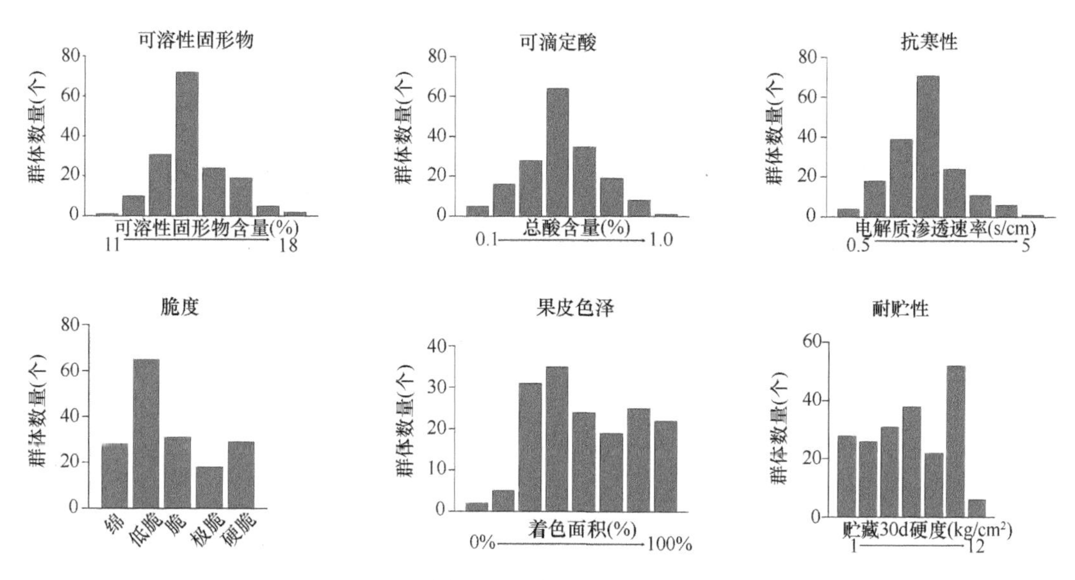

图 6-2　苹果几个重要农艺性状的遗传分析

表 6-2　苹果几个重要农艺性状的遗传特征

性状	性状性质	是否连续变异	控制位点	遗传效应	遗传力估算方式
可溶性固形物含量	数量	是	多点主效	加性效应	连续估算
可滴定酸含量	数量	是	多点主效	加性效应	连续估算
脆度	假质量	否	主效+多点微效	显隐性	分级估算
耐贮性	假质量	否	主效+多点微效	显隐性	分级估算
果皮色泽	假质量	否	主效+多点微效	显隐性	分级估算
斑点落叶病抗性	假质量	否	主效+多点微效	显隐性	分级估算
抗寒性	数量	是	多点主效	加性效应	连续估算

（二）苹果自花结实及重要性状预选分子标记

1. 苹果自花结实分子标记

（1）Ch04-518 变异谱系自花结实标记

Ch04-518 变异源自‘东光’‘寒富’及其关联品种。

1）标记位置。Indel Ch04-518 标记位于 4 号染色体 26 880 518～26 880 520bp 处。

2）标记特征。自花授粉坐果率高的单株 Indel Ch04-518 标记为 2bp（AG）缺失杂合变异（TAG/T）。自花授粉坐果率低的单株为不缺失纯合型（TAG/TAG）（图 6-3）。

3）标记选择准确性验证。利用 Indel Ch04-518 标记与田间自花授粉坐果率结果比较，苹果栽培品种选择准确率为 94.1%（32/34），‘珊夏’×‘寒富’杂交后代群体选择准确率为 78.1%（25/32）（表 6-3，表 6-4）。

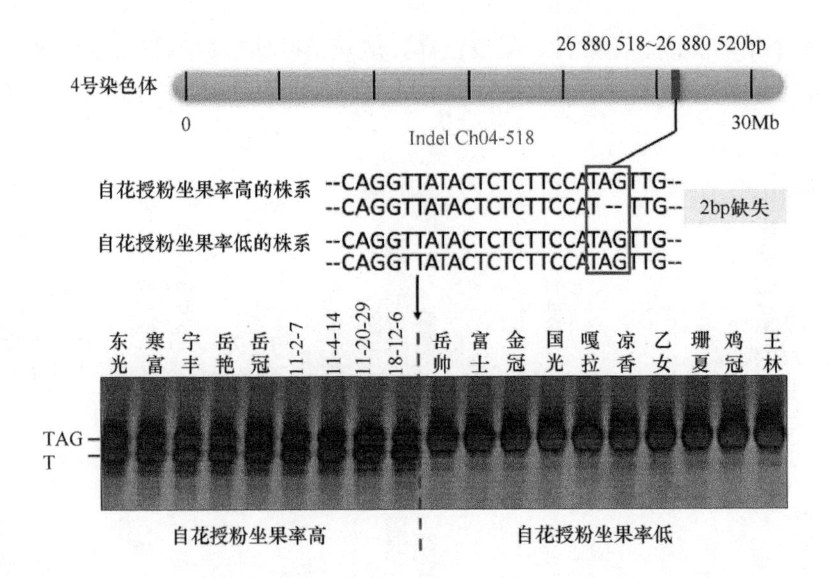

图 6-3　Ch04-518 变异谱系自花结实 Indel Ch04-518 标记的开发

表 6-3　苹果栽培品种 Indel Ch04-518 标记准确性验证

品种	自花授粉坐果率（%）	Indel Ch04-518	符合度	品种	自花授粉坐果率（%）	Indel Ch04-518	符合度	品种	自花授粉坐果率（%）	Indel Ch04-518	符合度
东光	75	TAG/T	√	王林	20	TAG/TAG	√	北斗	3	TAG/TAG	√
富士	0	TAG/TAG	√	紫云	20	TAG/T	×	美香	0	TAG/TAG	√
寒富	93	TAG/T	√	岱红	1	TAG/TAG	√	清明	7	TAG/TAG	√
岳帅	0	TAG/TAG	√	华冠	9	TAG/TAG	√	早红	5	TAG/TAG	√
岳华	68	TAG/TAG	×	世界一	0	TAG/TAG	√	伏锦	31	TAG/TAG	√
岳冠	26	TAG/T	√	贝拉	3	TAG/TAG	√	初秋	25	TAG/TAG	√
岳艳	99	TAG/T	√	发现	3	TAG/TAG	√	姬神	10	TAG/TAG	√
嘎啦	0	TAG/TAG	√	乔纳金	11	TAG/TAG	√	陆奥	12	TAG/TAG	√
凉香	0	TAG/TAG	√	鸡冠	7	TAG/TAG	√	国光	1	TAG/TAG	√
乙女	0	TAG/TAG	√	丰艳	7	TAG/TAG	√	金冠	0	TAG/TAG	√
望香红	0	TAG/TAG	√	澳洲青苹	4	TAG/TAG	√	—	—	—	—
珊夏	7	TAG/TAG	√	秋香	4	TAG/TAG	√	—	—	—	—

注：“√”表示标记与表型符合；“×”表示表型与标记不符合；“—”表示无内容。下同

4）标记鉴定方法。Indel Ch04-518 标记 PCR 扩增正向引物序列为 5′-CATGTGATACTCTCTGCCATATTGG-3′，反向引物序列为 5′-CAT/G/T/G/GAT/GAAT/GT/GGCTG/GCAT/G-3′。扩增最佳退火温度（Tm）为 56℃，循环数 32 个，DNA 模板量以 10～100ng 为宜。PCR 扩增产物用 6%聚丙烯酰胺凝胶电泳检测。

表 6-4　'珊夏'×'寒富'杂交后代群体 Indel Ch04-518 标记准确性验证

杂交后代	自花授粉坐果率（%）	Indel Ch04-518	符合度	杂交后代	自花授粉坐果率（%）	Indel Ch04-518	符合度	杂交后代	自花授粉坐果率（%）	Indel Ch04-518	符合度
SH1	43	TAG/T	√	SH12	40	TAG/T	√	SH23	0	TAG/TAG	√
SH2	0	TAG/TAG	√	SH13	14	TAG/T	×	SH24	1	TAG/T	×
SH3	27	TAG/T	×	SH14	0	TAG/TAG	√	SH25	2	TAG/TAG	√
SH4	27	TAG/TAG	√	SH15	0	TAG/TAG	√	SH26	2	TAG/TAG	√
SH5	0	TAG/TAG	√	SH16	0	TAG/TAG	√	SH27	4	TAG/TAG	√
SH6	3	TAG/TAG	√	SH17	0	TAG/TAG	√	SH28	0	TAG/T	×
SH7	50	TAG/T	√	SH18	50	TAG/T	√	SH29	79	TAG/T	√
SH8	53	TAG/T	√	SH19	0	TAG/TAG	√	SH30	25	TAG/TAG	√
SH9	0	TAG/TAG	√	SH20	38	TAG/T	√	SH31	52	TAG/TAG	×
SH10	8	TAG/T	×	SH21	7	TAG/TAG	√	SH32	0	TAG/TAG	√
SH11	30	TAG/T	×	SH22	6	TAG/TAG	√	—	—	—	—

（2）Ch12-311 变异谱系自花结实标记开发

Ch12-311 变异源自'惠'及其关联品种。

1）标记位置。Indel Ch12-311 位于 12 号染色体 29 820 311～29 820 314bp 处。

2）标记特征。自花授粉坐果率高的单株 Indel Ch12-311 标记为 3bp（CTT）插入杂合变异（TCCT/T）。自花授粉坐果率低的单株为无插入纯合型（T/T）（图 6-4）。

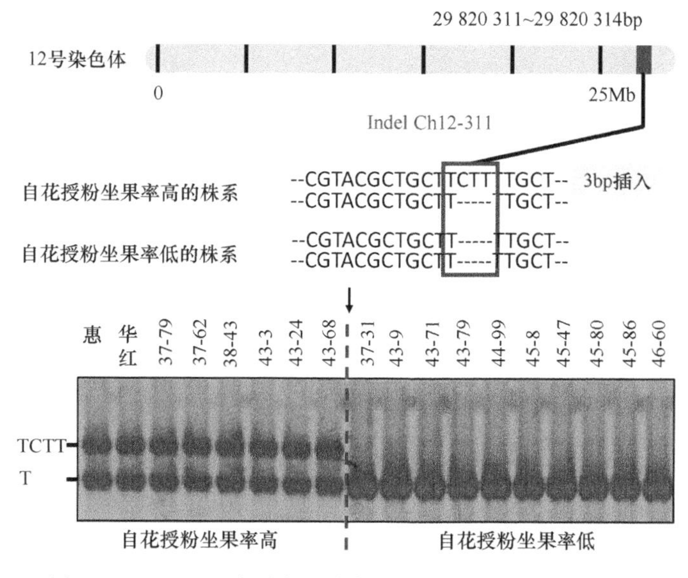

图 6-4　Ch12-311 变异自花结实 Indel Ch12-311 标记的开发

3）标记选择准确性验证。利用 Indel Ch12-311 与田间自花授粉坐果率结果比较，'惠'自交后代群体选择准确率为 73.6%（39/53），杂交后代群体选择准确率为 83.9%（26/31）（表 6-5，表 6-6）。

表 6-5 '惠'自交后代群体 Indel Ch12-311 标记验证

自交后代	自花授粉坐果率（%）	Indel Ch12-311	符合度	自交后代	自花授粉坐果率（%）	Indel Ch12-311	符合度	自交后代	自花授粉坐果率（%）	Indel Ch12-311	符合度
43-3	44	TCCT/T	√	44-41	0	T/T	√	45-74	0	T/T	√
43-9	25	T/T	√	44-58	26	T/T	√	45-80	17	T/T	√
43-15	85	T/T	×	44-63	4	TCCT/T	×	45-86	6	T/T	√
43-24	90	TCCT/T	√	44-66	38	TCCT/T	√	45-127	16	T/T	√
43-30	35	TCCT/T	√	44-67	0	T/T	√	46-3	1	T/T	√
43-36	42	T/T	×	44-81	12	T/T	√	46-7	85	T/T	×
43-40	50	TCCT/T	√	44-88	57	TCCT/T	√	46-35	31	T/T	√
43-49	0	T/T	√	44-99	0	T/T	√	中苹 7 号（46-39）	35	TCCT/T	√
43-51	14	T/T	√	44-107	0	TCCT/T	×	46-44	2	T/T	√
43-68	42	TCCT/T	√	45-4	36	TCCT/T	√	46-48	44	T/T	×
43-71	16	T/T	√	45-8	0	T/T	√	46-58	44	T/T	×
43-79	8	T/T	√	45-11	11	T/T	√	46-60	7	T/T	√
43-107	5	T/T	√	45-16	41	T/T	×	46-68	26	TCCT/T	×
43-118	30	TCCT/T	×	中苹 8 号（45-26）	78	TCCT/T	√	46-75	21	T/T	√
43-120	58	TCCT/T	√	45-29	25	T/T	√	46-97	14	TCCT/T	×
43-121	3	TCCT/T	×	45-47	4	T/T	√	46-113	38	T/T	×
43-126	35	T/T	×	45-57	38	TCCT/T	√	惠	62	TCCT/T	√
44-32	60	TCCT/T	√	45-61	80	TCCT/T	√	—	—	—	

表 6-6 '惠'×'长富 2'和'金冠'×'惠'杂交群体 Indel Ch12-311 标记验证

杂交后代	自花授粉坐果率（%）	Indel Ch12-311	符合度	杂交后代	自花授粉坐果率（%）	Indel Ch12-311	符合度	杂交后代	自花授粉坐果率（%）	Indel Ch12-311	符合度
'惠'×'长富 2'				37-8	0	T/T	√	37-62	77	TCCT/T	√
36-6	4	T/T	√	37-16	19	TCCT/T	×	38-2	54	T/T	×
36-7	13	T/T	√	37-20	7	T/T	√	38-10	20	T/T	√
36-17	20	T/T	√	37-31	0	T/T	√	38-20	0	T/T	√
36-37	24	T/T	√	37-39	53	TCCT/T	√	38-23	0	T/T	√
36-41	3	T/T	√	37-54	35	T/T	×	38-43	48	TCCT/T	√
36-42	14	T/T	√	37-62	76	TCCT/T	√	38-55	16	T/T	√
36-50	23	T/T	√	37-66	2	T/T	√	38-65	8	T/T	×
36-68	24	T/T	√	'中苹 5 号'（37-79）	75	TCCT/T	√	'金冠'×'惠'杂交后代			
36-90	18	T/T	√	37-116	0	T/T	√	华红	42	TCCT/T	√
36-111	3	T/T	√	37-120	20	T/T	√	华苹	3	T/T	√
37-1	28	T/T	√	37-54	35	T/T	×	华脆	0	T/T	√

4）标记鉴定方法。Indel Ch12-311 标记 PCR 扩增的正向引物序列为 5′-CTGACGCTGCTGCTGTGGCT-3′，反向引物为 5′-CTATCCACCACCCTGCAACT-3′。扩增最佳退火温度（Tm）为 60℃，循环数 30 个，DNA 模板量以 10～100ng 为宜。PCR 扩增产物用 6%聚丙烯酰胺凝胶电泳检测。

2. 苹果其他重要农艺性状分子标记

（1）抗寒性分子标记 SNP-Ch04CR01

1）标记位置。SNP-Ch04CR01 位于 4 号染色体 7 626 405bp 处。

2）标记特征。SNP-Ch04CR01 在抗寒性强单株中的形态为 A/C 杂合型，在抗寒性弱单株中为 A/A 纯合型（图 6-5）。

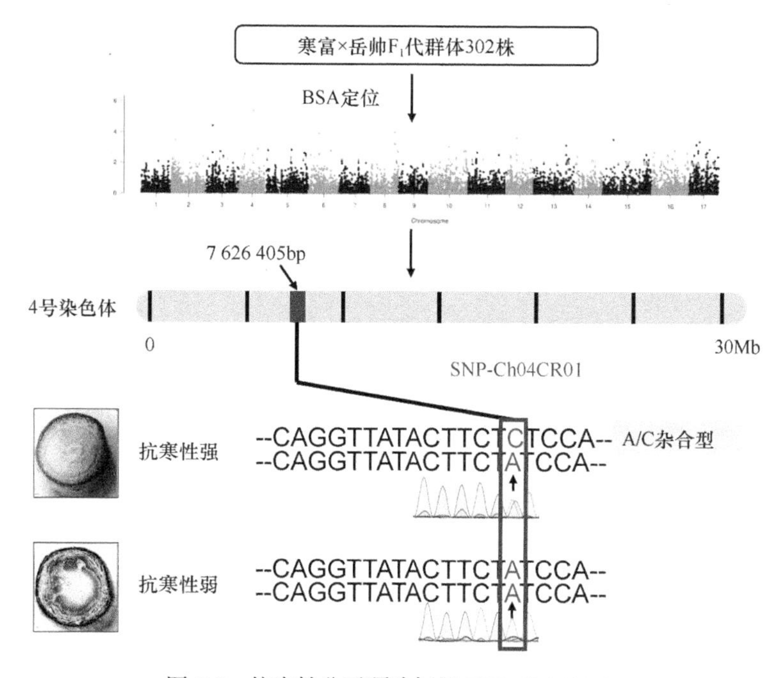

图 6-5　抗寒性分子预选标记 SNP-Ch04CR01

3）标记准确性验证。利用 SNP-Ch04CR01 与测得的单株枝条半致死温度的结果进行比较（枝条半致死温度越低，抗寒性越强，低于–38℃为较抗寒，高于–38℃为不抗寒），‘寒富’×‘岳帅’杂交后代群体的选择准确率为 23/33=69.7%（表 6-7）。

4）标记鉴定方法。SNP-Ch04CR01 的 PCR 扩增引物正向序列为 5′-TGTGTGCCCACCCGCTCAT-3′，反向序列为 5′-CCGCCCATTTGACTCCACC-3′。扩增最佳退火温度（Tm）为 55℃，循环数 30 个，DNA 模板量以 10～100ng 为宜。PCR 扩增产物经测序检测或通过竞争性等位基因特异性 PCR（kompetitive allele specific PCR，KASP）分型。

（2）斑点落叶病抗性分子标记 SNP-siR277

1）标记位置。SNP-siR277 位于 15 号染色体 24 774 735bp 处，即 *siRNA277* 启动子 1182bp 处。

表 6-7 ‘寒富’×‘岳帅’杂交后代群体 SNP-Ch04CR01 标记验证

杂交后代	枝条半致死温度（℃）	SNP-Ch04CR01	符合度	杂交后代	枝条半致死温度（℃）	SNP-Ch04CR01	符合度	杂交后代	枝条半致死温度（℃）	SNP-Ch04CR01	符合度
寒富	–47	A/C	√	19-47	–35	A/C	×	14-95	–40	A/A	×
14-61	–47	A/C	√	19-69	–35	A/A	√	14-141	–41	A/C	√
18-64	–47	A/C	√	15-32	–34	A/A	√	15-117	–35	A/A	√
14-86	–45	A/C	√	20-63	–34	A/C	×	16-120	–36	A/C	×
14-113	–45	A/A	×	16-55	–33	A/A	√	17-90	–35	A/A	√
14-28	–45	A/C	√	16-53	–33	A/A	√	18-57	–35	A/C	×
14-68	–45	A/C	√	17-67	–31	A/A	√	19-74	–36	A/A	√
11-49	–44	A/C	√	16-22	–30	A/A	√	19-104	–35	A/C	×
14-130	–44	A/A	×	17-15	–27	A/A	√	20-07	–36	A/C	×
11-133	–43	A/C	√	12-31	–41	A/A	×	17-04	–35	A/A	√
11-14	–42	A/C	√	12-58	–42	A/C	√	12-98	–42	A/C	√

2）标记特征。SNP-siR277 通过影响 *siRNA277* 的表达量，进而调控抗病蛋白含量来决定苹果斑点落叶病抗性。高抗株系 SNP-siR277 形态为 T/T 纯合型，抗病株系为 T/G 杂合型，感病株系为 G/G 纯合型（图 6-6）。

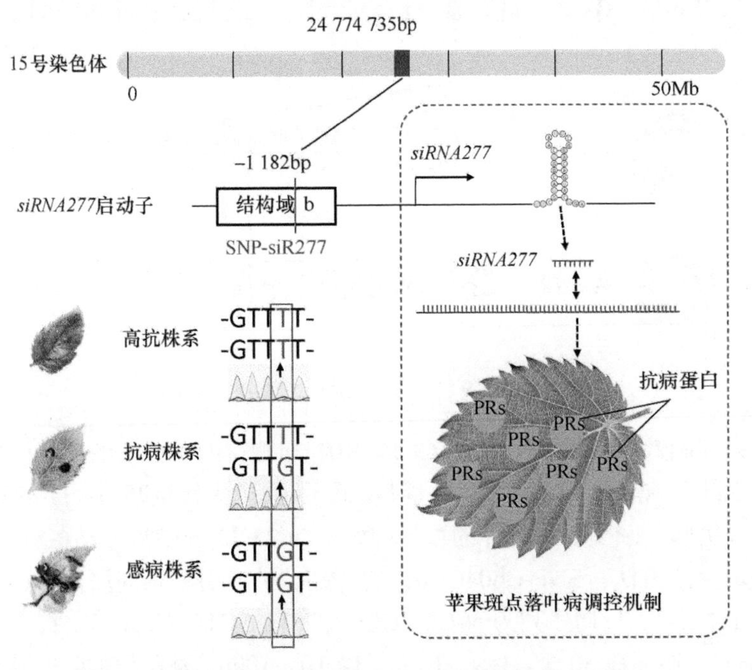

图 6-6 苹果斑点落叶病抗性分子预选标记 SNP-siR277

3）标记准确性验证。利用 SNP-siR277 与抗病性等级结果比较，苹果栽培品种群体选择准确率为 100%（表 6-8～表 6-11）。

表 6-8　苹果资源 SNP-siR277 标记验证

品种	抗病等级	SNP-siR277	符合度	品种	抗病等级	SNP-siR277	符合度	品种	抗病等级	SNP-siR277	符合度
寒富	高抗	T/T	√	Розмар	抗病	T/G	√	美奇拉	感病	G/G	√
Ⅱ8-19	高抗	T/T	√	鸡西	抗病	T/G	√	岳艳	感病	G/G	√
斯达克	高抗	T/T	√	Oldenbu	抗病	T/G	√	红金	感病	G/G	√
鸡冠	高抗	T/T	√	QinPu	抗病	T/G	√	罗马	感病	G/G	√
蜜金	高抗	T/T	√	артизаН	抗病	T/G	√	岳帅	感病	G/G	√
红香	高抗	T/T	√	金沙	抗病	T/G	√	维纳斯	感病	G/G	√
NGR15	高抗	T/T	√	Napoléo	抗病	T/G	√	黄魁	感病	G/G	√
Smith cider	高抗	T/T	√	嘎啦	抗病	T/G	√	伏帅	感病	G/G	√
国帅	高抗	T/T	√	美尔塔	抗病	T/G	√	槟子	感病	G/G	√
秦冠	抗病	T/G	√	岳冠	抗病	T/G	√	麻姑	感病	G/G	√
乔雅尔	抗病	T/G	√	长富 2	抗病	T/G	√	金冠	感病	G/G	√
60-4-4	抗病	T/G	√	Orely	抗病	T/G	√	—	—	—	—

表 6-9　'寒富'×'岳帅'杂交群体 SNP-siR277 标记验证

杂交后代	抗病等级	SNP-siR277	符合度	杂交后代	抗病等级	SNP-siR277	符合度	杂交后代	抗病等级	SNP-siR277	符合度
HY1	抗病	T/G	√	HY20	抗病	T/G	√	HY39	高抗	T/T	√
HY2	抗病	T/G	√	HY21	抗病	T/G	√	HY40	感病	G/G	√
HY3	高抗	T/T	√	HY22	抗病	T/G	√	HY41	抗病	T/G	√
HY4	抗病	T/G	√	HY23	抗病	T/G	√	HY42	感病	G/G	√
HY5	抗病	T/G	√	HY24	高抗	T/T	√	HY43	抗病	T/G	√
HY6	抗病	T/G	√	HY25	抗病	T/G	√	HY44	抗病	T/G	√
HY7	感病	G/G	√	HY26	高抗	T/T	√	HY45	高抗	T/T	√
HY8	抗病	T/G	√	HY27	高抗	T/T	√	HY46	抗病	T/G	√
HY9	抗病	T/G	√	HY28	抗病	T/G	√	HY47	抗病	T/G	√
HY10	抗病	T/G	√	HY29	感病	G/G	√	HY48	抗病	T/G	√
HY11	抗病	T/G	√	HY30	抗病	T/G	√	HY49	高抗	T/T	√
HY12	高抗	T/T	√	HY31	抗病	T/G	√	HY50	抗病	T/G	√
HY13	抗病	T/G	√	HY32	高抗	T/T	√	HY51	感病	G/G	√
HY14	抗病	T/G	√	HY33	抗病	T/G	√	HY52	抗病	T/G	√
HY15	抗病	T/G	√	HY34	感病	G/G	√	HY53	抗病	T/G	√
HY16	抗病	T/G	√	HY35	抗病	T/G	√	HY54	抗病	T/G	√
HY17	抗病	T/G	√	HY36	抗病	T/G	√	HY55	抗病	T/G	√
HY18	抗病	T/G	√	HY37	抗病	T/G	√	HY56	抗病	T/G	√
HY19	抗病	T/G	√	HY38	感病	G/G	√	—	—	—	—

表 6-10 ‘金冠’×‘富士’杂交群体 SNP-siR277 标记验证

杂交后代	抗病等级	SNP-siR277	符合度	杂交后代	抗病等级	SNP-siR277	符合度	杂交后代	抗病等级	SNP-siR277	符合度
JF1	抗病	T/G	√	JF21	抗病	T/G	√	JF41	感病	G/G	√
JF2	抗病	T/G	√	JF22	抗病	T/G	√	JF42	抗病	T/G	√
JF3	抗病	T/G	√	JF23	感病	G/G	√	JF43	抗病	T/G	√
JF4	抗病	T/G	√	JF24	抗病	T/G	√	JF44	抗病	T/G	√
JF5	感病	G/G	√	JF25	感病	G/G	√	JF45	感病	G/G	√
JF6	抗病	T/G	√	JF26	感病	G/G	√	JF46	感病	G/G	√
JF7	感病	G/G	√	JF27	抗病	T/G	√	JF47	抗病	T/G	√
JF8	感病	G/G	√	JF28	抗病	T/G	√	JF48	感病	G/G	√
JF9	抗病	T/G	√	JF29	抗病	T/G	√	JF49	感病	G/G	√
JF10	抗病	T/G	√	JF30	抗病	T/G	√	JF50	抗病	T/G	√
JF11	抗病	T/G	√	JF31	感病	G/G	√	JF51	感病	G/G	√
JF12	抗病	T/G	√	JF32	抗病	T/G	√	JF52	抗病	T/G	√
JF13	抗病	T/G	√	JF33	抗病	T/G	√	JF53	感病	G/G	√
JF14	感病	G/G	√	JF34	感病	G/G	√	JF54	感病	G/G	√
JF15	感病	G/G	√	JF35	感病	G/G	√	JF55	感病	G/G	√
JF16	感病	G/G	√	JF36	感病	G/G	√	JF56	感病	G/G	√
JF17	抗病	T/G	√	JF37	感病	G/G	√	JF57	抗病	T/G	√
JF18	感病	G/G	√	JF38	感病	G/G	√	JF58	感病	G/G	√
JF19	抗病	T/G	√	JF39	感病	G/G	√	JF59	感病	G/G	√
JF20	抗病	T/G	√	JF40	抗病	T/G	√	JF60	抗病	T/G	√

表 6-11 ‘岳冠’×‘绿苹’杂交群体 SNP-siR277 标记验证

杂交后代	抗病等级	SNP-siR277	符合度	杂交后代	抗病等级	SNP-siR277	符合度	杂交后代	抗病等级	SNP-siR277	符合度
YL1	抗病	T/G	√	YL17	感病	G/G	√	YL33	抗病	T/G	√
YL2	抗病	T/G	√	YL18	感病	G/G	√	YL34	抗病	T/G	√
YL3	抗病	T/G	√	YL19	抗病	T/G	√	YL35	抗病	T/G	√
YL4	抗病	T/G	√	YL20	感病	G/G	√	YL36	感病	G/G	√
YL5	抗病	T/G	√	YL21	抗病	T/G	√	YL37	抗病	T/G	√
YL6	抗病	T/G	√	YL22	抗病	T/G	√	YL38	感病	G/G	√
YL7	感病	G/G	√	YL23	抗病	T/G	√	YL39	抗病	T/G	√
YL8	感病	G/G	√	YL24	感病	G/G	√	YL40	抗病	T/G	√
YL9	抗病	T/G	√	YL25	抗病	T/G	√	YL41	感病	G/G	√
YL10	抗病	T/G	√	YL26	抗病	T/G	√	YL42	抗病	T/G	√
YL11	抗病	T/G	√	YL27	抗病	T/G	√	YL43	抗病	T/G	√
YL12	抗病	T/G	√	YL28	抗病	T/G	√	YL44	抗病	T/G	√
YL13	抗病	T/G	√	YL29	抗病	T/G	√	YL45	抗病	T/G	√
YL14	抗病	T/G	√	YL30	抗病	T/G	√	YL46	抗病	T/G	√
YL15	抗病	T/G	√	YL31	抗病	T/G	√	YL47	抗病	T/G	√
YL16	抗病	T/G	√	YL32	抗病	T/G	√	YL48	抗病	T/G	√

续表

杂交后代	抗病等级	SNP-siR277	符合度	杂交后代	抗病等级	SNP-siR277	符合度	杂交后代	抗病等级	SNP-siR277	符合度
YL49	感病	G/G	√	YL67	抗病	T/G	√	YL85	抗病	T/G	√
YL50	感病	G/G	√	YL68	抗病	T/G	√	YL86	抗病	T/G	√
YL51	抗病	T/G	√	YL69	感病	G/G	√	YL87	抗病	T/G	√
YL52	抗病	T/G	√	YL70	感病	G/G	√	YL88	抗病	T/G	√
YL53	感病	G/G	√	YL71	感病	G/G	√	YL89	感病	G/G	√
YL54	抗病	T/G	√	YL72	抗病	T/G	√	YL90	感病	G/G	√
YL55	抗病	T/G	√	YL73	抗病	T/G	√	YL91	抗病	T/G	√
YL56	感病	G/G	√	YL74	抗病	T/G	√	YL92	感病	G/G	√
YL57	感病	G/G	√	YL75	抗病	T/G	√	YL93	抗病	T/G	√
YL58	抗病	T/G	√	YL76	抗病	T/G	√	YL94	抗病	T/G	√
YL59	感病	G/G	√	YL77	抗病	T/G	√	YL95	抗病	T/G	√
YL60	感病	G/G	√	YL78	抗病	T/G	√	YL96	抗病	T/G	√
YL61	抗病	T/G	√	YL79	抗病	T/G	√	YL97	感病	G/G	√
YL62	抗病	T/G	√	YL80	抗病	T/G	√	YL98	抗病	T/G	√
YL63	感病	G/G	√	YL81	抗病	T/G	√	YL99	抗病	T/G	√
YL64	感病	G/G	√	YL82	感病	G/G	√	YL100	感病	G/G	√
YL65	抗病	T/G	√	YL83	感病	G/G	√	YL101	感病	G/G	√
YL66	感病	G/G	√	YL84	抗病	T/G	√	—	—	—	—

4）标记鉴定方法。SNP-siR277 的 PCR 扩增引物正向序列为 5′-GCTGTGAATGGATACAGGAACC-3′，反向序列为 5′-CCTGGCTCATGGCATGTTGG-3′。扩增最佳退火温度（Tm）为 55℃，循环数 30 个，DNA 模板量以 10～100ng 为宜。PCR 扩增产物经测序检测或通过 KASP 分型。

（3）苹果果实脆度分子标记 KASP-Ch12/6549

1）标记位置。果实脆度分子标记位于 12 号染色体 27 366 549bp 处。

2）标记特征。将转化的 KASP 标记后在苹果资源和‘寒富’×‘蜜脆’、‘凉香’×‘粉红女士’杂交群体验证，果实低脆/绵单株标记形态为 A/A、果实脆单株标记为 A/T、果实高脆单株标记为 T/T（图 6-7）。

3）标记准确性。与果实脆度结果相印证，结果表明，‘寒富’×‘蜜脆’杂交群体选择准确率为 75%，‘凉香’×‘粉红女士’杂交群体选择准确率为 72%（图 6-7）。

4）标记鉴定方法。KASP-Ch12/6549 的扩增引物为等位 6549FAM XF=GAAGGTGACCAAGTTCATGCTCAAATCACAGCTGACAACGCTT，等位 6549HEX YF=GAAGGTCGGAGTCAACGGATTCAAATCACAGCTGACAACGCTA，通用引物为 TGTTTCTGACTTGACAGACACGAC，荧光定量 PCR 扩增最佳退火温度（Tm）为 61℃，每个循环降低 0.6℃，循环数 26 个，DNA 模板量以 10～50ng 为宜，产物用荧光定量 PCR 分型。

（4）果实耐贮性分子标记 SSR-MdACS1 和 SNP-MdACS3a

1）标记位置。果实耐贮性分子标记 SSR-MdACS1 位于 15 号染色体 29 134 820～29 135 032bp 处；SNP-MdACS3a 位于 15 号染色体 16 168 385bp。

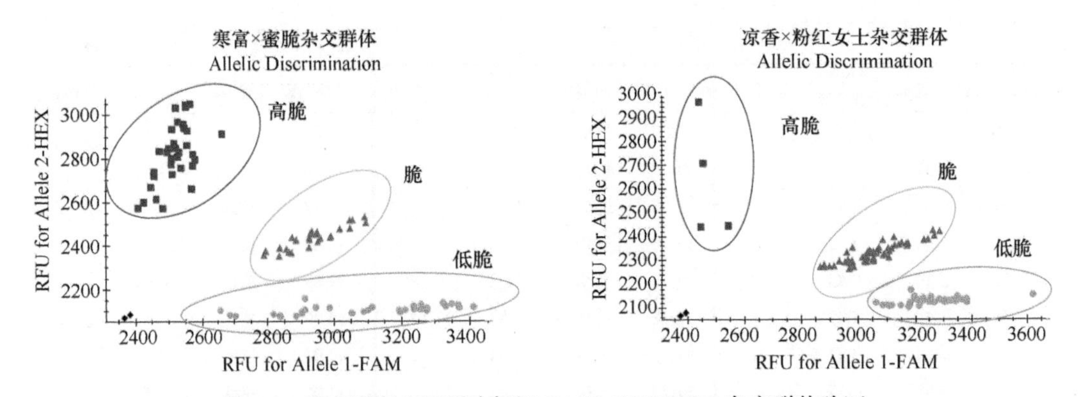

图 6-7 果实脆度分子预选标记 KASP-CH12/6549 杂交群体验证

蓝、绿、黄点状代表有效信号个体；黑色代表无信号个体

Allelic Discrimination. 等位差异；RFU for Allele 1. 等位位点 1 吸光值；RFU for Allele 2. 等位位点 2 吸光值；下同

2）标记特征。SSR-MdACS1 标记为 *MdACS1* 启动子 350bp 处一段 212bp 转座子插入；SNP-MdACS3a 在编码区第 306bp 处含有一个碱基突变，造成该位点甘氨酸突变为缬氨酸（G→V）。果实耐贮性选择分为两步：第一步通过 SSR-MdACS1 区分耐贮性，无转座子插入的纯合型果实不耐贮（*MdACS1* 基因型表示为 1-1/1-1），含转座子插入的杂合型果实耐贮（1-1/1-2），含转座子插入的纯合型果实极耐贮（1-2/1-2）；第二步通过 SNP-MdACS3a 区分相同 *MdACS1* 基因型的单株耐贮性，甘氨酸 G 代表耐贮基因型，缬氨酸 V 代表不耐贮基因型（图 6-8）。

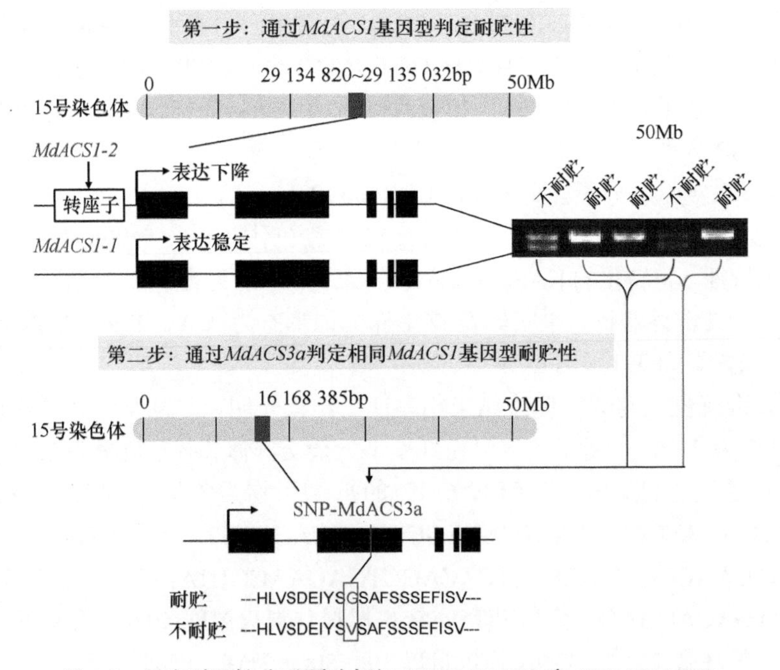

图 6-8 果实耐贮性分子预选标记 SSR-MdACS1 和 SNP-MdACS3a

3）标记准确性验证。利用 SSR-MdACS1 和 SNP-MdACS3a 与果实实际耐贮性结果比较，结果显示苹果栽培品种群体选择准确率为 100%（表 6-12，表 6-13）。

表 6-12　苹果栽培品种 SSR-MdACS1 和 SNP-MdACS3a 标记验证

品种	耐贮性	SSR-MdACS1	SNP-MdACS3a	符合度	品种	耐贮性	SSR-MdACS1	SNP-MdACS3a	符合度
寒富	耐贮	1/2	V/V	√	岳冠	耐贮	1/2	V/V	√
富士	极耐贮	2/2	G/G	√	岳华	耐贮	1/2	V/G	√
岳帅	耐贮	1/2	V/G	√	秦冠	极耐贮	2/2	G/G	√
元帅	耐贮	1/2	G/G	√	国光	耐贮	2/2	G/V	√
岩上	耐贮	2/2	G/G	√	红玉	耐贮	1/2	G/V	√
Hozuri	耐贮	2/2	G/G	√	王林	耐贮	2/2	G/V	√
Aori 4	耐贮	2/2	G/G	√	Gunma	不耐贮	2/2	V/V	√
Tsugaru	耐贮	1/2	G/G	√	Kitaro	耐贮	1/2	G/V	√
Himekami	耐贮	2/2	G/G	√	Slimred	耐贮	2/2	G/V	√
Kotaro	耐贮	1/2	G/V	√	Koukou	耐贮	1/2	G/V	√
金冠	耐贮	1/2	G/V	√	Hirodai 1	不耐贮	1/1	V/V	√
嘎啦	不耐贮	1/2	G/V	√	中苹 1 号	不耐贮	1/1	V/V	√
岳艳	不耐贮	1/1	G/V	√	Hatsuaki	不耐贮	1/1	V/V	√

表 6-13　‘望山红’×‘金冠’杂交群体 SSR-MdACS1 和 SNP-MdACS3a 标记验证

杂交后代	耐贮性	SSR-MdACS1	SNP-MdACS3a	符合度	杂交后代	耐贮性	SSR-MdACS1	SNP-MdACS3a	符合度
WJ1	耐贮	2/2	G/G	√	WJ22	耐贮	1/2	G/V	√
WJ2	耐贮	2/2	G/G	√	WJ23	耐贮	2/2	G/V	√
WJ3	耐贮	1/2	G/G	√	WJ24	耐贮	2/2	G/V	√
WJ4	耐贮	2/2	G/G	√	WJ25	耐贮	1/2	G/V	√
WJ5	耐贮	2/2	G/G	√	WJ26	耐贮	2/2	G/V	√
WJ6	耐贮	2/2	G/G	√	WJ27	不耐贮	2/2	V/V	√
WJ7	耐贮	1/2	G/G	√	WJ28	耐贮	1/2	G/V	√
WJ8	耐贮	2/2	G/G	√	WJ29	耐贮	2/2	G/V	√
WJ9	耐贮	1/2	G/V	√	WJ30	耐贮	1/2	G/V	√
WJ10	耐贮	1/2	G/V	√	WJ31	不耐贮	1/1	V/V	√
WJ11	耐贮	1/2	G/V	√	WJ32	不耐贮	1/1	V/V	√
WJ12	不耐贮	1/1	G/V	√	WJ33	不耐贮	1/1	V/V	√
WJ13	耐贮	1/2	G/G	√	WJ34	耐贮	2/2	G/V	√
WJ14	耐贮	2/2	G/G	√	WJ35	耐贮	1/2	G/V	√
WJ15	耐贮	2/2	G/G	√	WJ36	耐贮	2/2	G/V	√
WJ16	耐贮	2/2	G/G	√	WJ37	不耐贮	2/2	V/V	√
WJ17	耐贮	1/2	G/G	√	WJ38	耐贮	1/2	G/V	√
WJ18	耐贮	2/2	G/G	√	WJ39	耐贮	2/2	G/V	√
WJ19	耐贮	1/2	G/V	√	WJ40	耐贮	1/2	G/V	√
WJ20	耐贮	1/2	G/V	√	WJ41	不耐贮	1/1	V/V	√
WJ21	不耐贮	1/2	G/V	√	WJ42	不耐贮	1/1	V/V	√

4）标记鉴定方法。SSR-MdACS1 的 PCR 扩增引物正向序列为 5′-CCAAAATGCGCATGTTATCCAG-3′，反向序列为 5′-TCAGACCAGGCTACCTTTCATC-3′，扩增最佳退火温度（Tm）为 56℃，循环数 35 个，DNA 模板量以 10～100ng 为宜。PCR 扩增产物通过 1.5%琼脂糖凝胶电泳进行检测。SNP-MdACS3a 的 PCR 扩增引物正向序列为 5′-TGTATGCAGCCCTAGATATC-3′，反向序列为 5′-CCATCGATTATACAAACTGATTGTG-3′。扩增最佳退火温度（Tm）为 58℃，循环数 30 个，DNA 模板量以 10～100ng 为宜。PCR 扩增产物经测序检测或通过 KASP 分型。

（5）苹果果实可溶性固形物分子标记 KASP-CH05c06

1）标记位置。苹果果实可溶性固形物分子标记 SSR-CH05c06 位于 5 号染色体 14 884 327bp 处。

2）标记特征。将 SSR-CH05c06 转化为 KASP-CH05c06 后在杂交群体验证，可溶性固形物≤11%（即低糖）单株中 KASP-CH05c06 标记形态为 C/C、11%～15%（即中糖）单株标记为 C/T、≥15%（即高糖）单株标记为 T/T。

3）标记准确性验证。KASP-CH05c06 与果实可溶性固形物比较，结果表明，该标记在‘寒富’×‘蜜脆’杂交后代群体选择准确率为 81%，‘凉香’×‘粉红女士’杂交后代群体选择准确率为 83%（图 6-9）。

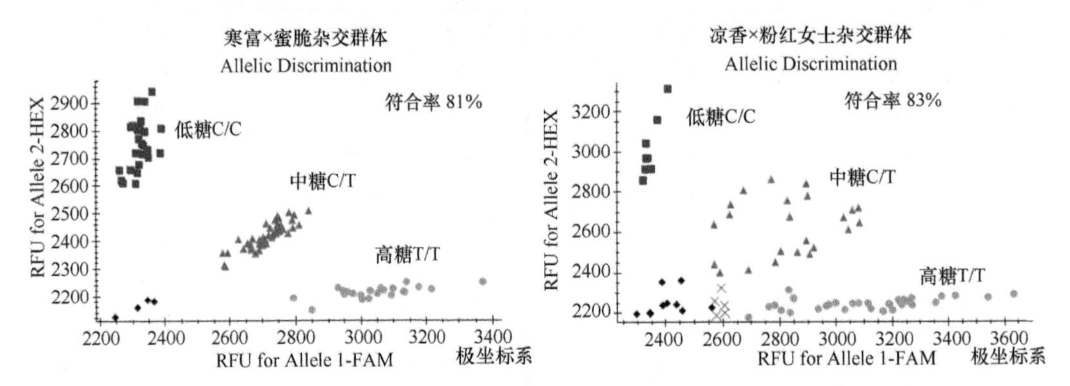

图 6-9 苹果果实可溶性固形物分子预选标记 KASP-CH05c06 杂交群体验证

蓝、绿、黄点状为有效信号个体；黑色为无信号个体；“×”为无法分辨个体

4）标记鉴定方法。KASP-CH05c06 扩增引物为 CH05c06 等位 FAM XF=GAAGGTGACCAAGTTCATGCTGGTTCATGGAAGCTGAAGACTATGT，CH05c06 等位 HEX YF=GAAGGTCGGAGTCAACGGATTGTTCATGGAAGCTGAAGACTATGC，CH05c06 通用引物为 5′-GAGTTGTATGTGATCACATTCGGG-3′。荧光定量 PCR 扩增最佳退火温度（Tm）为 55℃，每个循环降低 0.6℃，循环数 26 个，DNA 模板量以 10～50ng 为宜，产物用荧光定量 PCR 分型。

（6）果实可滴定酸分子标记 KASP-TA-3

1）标记位置。果实可滴定酸分子标记 SNP-TA-3 位于 2 号染色体 13 956 230bp 处。

2）标记特征。将 SNP-TA-3 转化为 KASP-TA-3 标记后在杂交群体验证，可滴定酸含量<0.3%单株 KASP-TA-3 标记形态为 C/C、0.3%～0.5%的单株标记为 C/A、>0.5%的单株标记为 A/A。

3）标记准确性验证。KASP-TA-3 与果实可滴定酸含量结果比较，结果显示：该标记在‘珊夏’×‘蜜脆’杂交后代群体的选择准确率为 64%，‘寒富’×‘蜜脆’杂交后代群体的选择准确率为 73%（图 6-10，表 6-14，表 6-15）。

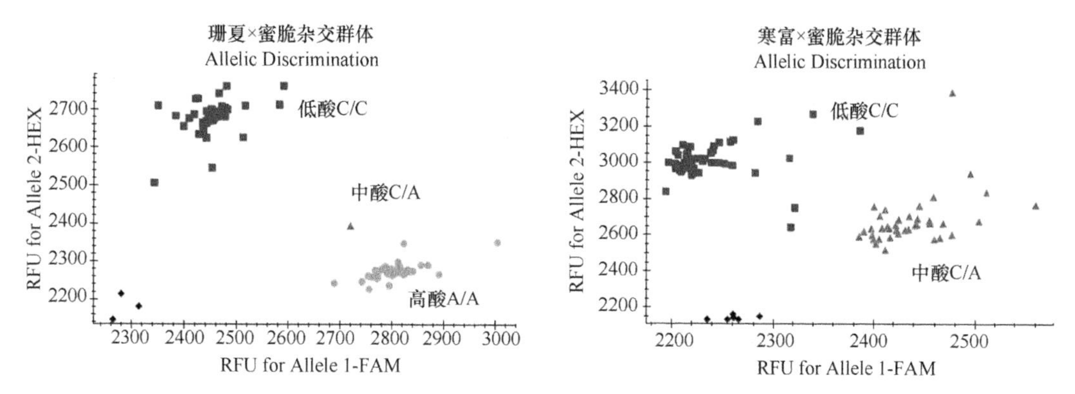

图 6-10　果实可滴定酸分子预选标记 KASP-TA-3 杂交群体验证

蓝、绿、黄点状代表有效信号个体；黑色代表无信号个体

表 6-14　‘珊夏’×‘蜜脆’杂交群体 KASP-TA-3 标记验证

杂交后代	TA 含量	SNP-TA-3	符合度	杂交后代	TA 含量	SNP-TA-3	符合度
5-92	低	C/C	√	3-9	高	A/A	√
5-69	低	C/C	√	5-32	低	C/C	√
3-9	低	C/C	√	4-43	低	C/C	√
4-72	低	C/C	√	1-50	低	C/C	√
5-54	高	A/A	√	4-3	低	C/C	√
2-47	高	A/A	√	3-85	低	C/C	√
4-20	低	C/C	√	4-100	低	C/C	√
5-48	高	A/A	√	4-88	高	A/A	√
3-44	低	C/C	√	3-104	低	C/C	√
2-89	低	C/C	√	1-27	高	A/A	√
4-97	高	C/A	√	1-60	低	C/C	√
3-65	低	C/C	√	2-4	低	C/C	√
3-102	高	A/A	√	5-97	低	C/C	√
2-46	低	C/C	√	3-99	高	A/A	√
5-83	中	C/A	√	3-32	低	C/C	√
2-92	高	A/A	√	4-10	中	C/A	√
3-55	高	A/A	√	1-107	中	C/A	√
1-118	高	A/A	√	4-95	高	A/A	√
4-56	低	C/C	√	2-7	高	A/A	√
5-3	高	A/A	√	4-19	低	C/C	√
4-86	低	C/C	√	4-76	高	A/A	√

4）标记鉴定方法。KASP-TA-3 扩增引物为 TA-3 等位 XF=GAAGGTGACCAAGTTCATGCTTCTTCCTCTTCTCCTTTGCCTTC，TA-3 等位 YF=GAAGGTCGGAGTCAACGGATTCTCTTCCTCTTCTCCTTTGCCTTA，TA-3 通用引物为 5′-GAGGGCCAAGAGAAATAGAAATGC-3′，荧光定量 PCR 扩增最佳退火温度（Tm）为 61℃，每个循环降低 0.6℃，循环数 36 个，DNA 模板量以 10～50ng 为宜，产物用荧光定量 PCR 分型。

表 6-15 ‘寒富’×‘蜜脆’杂交群体 KASP-TA-3 标记验证

杂交后代	TA 含量	SNP-TA-3	符合度	杂交后代	TA 含量	SNP-TA-3	符合度
9-11	低	C/C	√	8-63	低	C/C	√
10-75	中	C/A	√	6-101	中	C/A	√
10-95	低	C/C	√	8-27	中	C/A	√
10-117	中	C/A	√	8-70	中	C/A	√
7-88	中	C/A	√	10-83	中	C/A	√
7-3	低	C/C	√	10-14	低	C/C	√
9-118	低	C/C	√	10-89	低	C/C	√
8-56	低	C/C	√	10-5	中	C/A	√
9-110	中	C/A	√	10-78	低	C/C	√
7-120	中	C/A	√	9-109	中	C/A	√
10-21	中	C/A	√	7-12	中	C/A	√
10-6	低	C/C	√	10-50	中	C/A	√
9-28	低	C/C	√	7-56	中	C/A	√
9-8（好）	中	C/A	√	7-71	低	C/C	√
9-56	低	C/C	√	7-68	低	C/C	√
9-22	低	C/C	√	10-115	低	C/C	√
7-24	低	C/C	√	8-1	中	C/A	√
7-33	中	C/A	√	7-35	中	C/A	√
7-1	低	C/C	√	9-12	低	C/C	√
9-42	低	C/C	√	10-84	中	C/A	√
7-4	中	C/A	√	8-2	中	C/A	√

二、苹果自花结实优新品种选育

与辽宁省果树科学研究所合作开展第一、第二代自花结实育种工作。

（一）育种目标

总目标为育成自花结实、优质（果个适中、可溶性固形物含量高、风味浓、口感脆等）、耐贮、抗逆（抗寒、抗病等）优新品种。

（二）育种流程

我们采用基于分子标记预选的选育方法，可提升时效性及土地利用率。苹果自花结实育种 2.0 技术流程如图 6-11 所示。

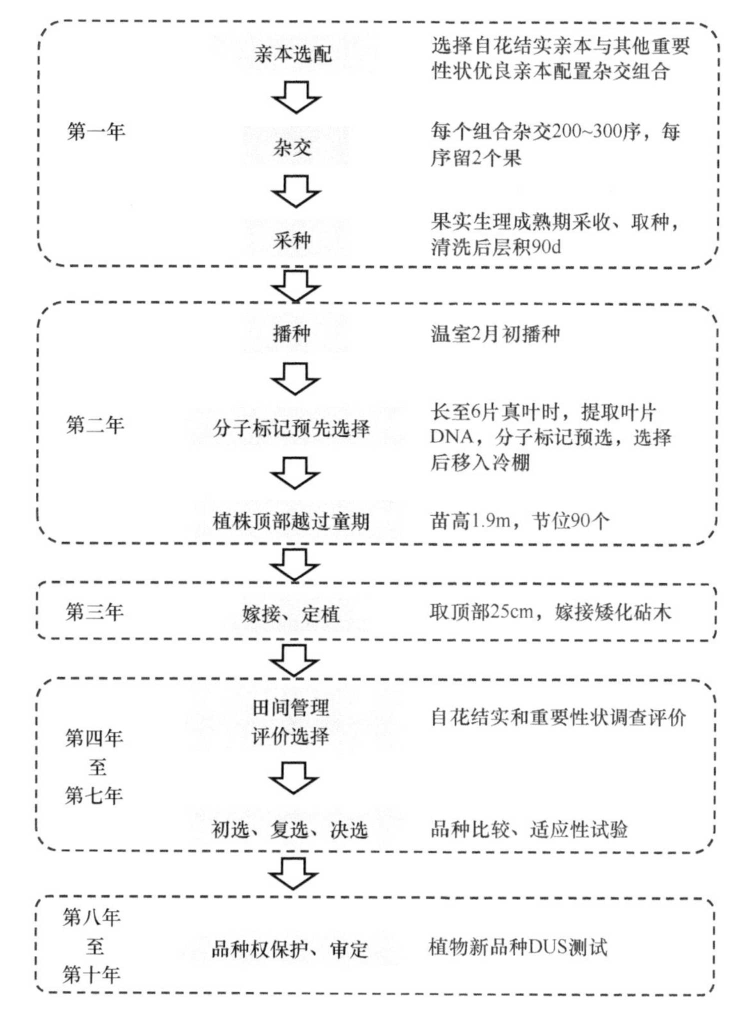

图 6-11　苹果自花结实育种 2.0 技术流程图

DUS 测试. 植物新品种特异性（distinctness），一致性（uniformity）和稳定性（stability）测试

（三）优系选育

1. 杂交组合选配

选择与自花结实品种优势互补的亲本配置杂交组合（表 6-16）。

表 6-16　苹果自花结实杂交互补的亲本选择

自花结实亲本	优点	缺点	互补亲本	优点	缺点
寒富	大果、丰产、抗病、抗寒、着色佳	脆度差，果肉绵	岳帅	丰产、脆甜、有香气	着色不佳
			华红	自花结实、酸甜适口、高桩	—
			粉红女士	色泽艳丽、松脆、耐贮	抗病性弱

续表

自花结实亲本	优点	缺点	互补亲本	优点	缺点
岳艳	大果、丰产、早熟、酸甜可口、着色佳、有香气	抗病性弱、不耐贮	蜜脆	自花结实、果肉极脆	苦痘病重
			秦脆	自花结实、果肉极脆、耐贮	苦痘病重
			信浓金	酸甜适口、耐贮	抗病性弱
岳华	大果、丰产、脆甜、耐贮、高桩	着色不佳	维纳斯黄金	果实香气浓、酸甜适口	果锈严重、抗病性弱
			鲁丽	果肉硬脆、甜酸适口、着色佳	—
			望香红	香气浓郁、耐贮	丰产性较差
惠	果皮薄、丰产	风味偏酸、耐贮性稍差、鲜食品质一般	富士	脆甜、耐贮	丰产性、抗病性弱

（1）Ch04-518 谱系

Ch04-518 谱系目前配置 18 个杂交组合，共获得杂种苗 1 万余株（表 6-17）。

表 6-17　苹果 Ch04-518 谱系杂交组合和杂种苗

杂交组合	杂交年份	播种数	杂种幼苗（株）	是否坐果
寒富×岳帅	2009	1800	1701	是
寒富×粉红女士	2014	2833	644	是
寒富×蜜脆	2014	1600	1435	是
岳艳×红色之爱	2015	810	233	是
岳艳×望香红	2015	1313	273	是
岳艳×62-45	2015	1337	136	是
62-45×岳艳	2015	1258	288	是
岳艳×维纳斯黄金	2019	815	566	否
岳艳×信浓金	2019	964	698	否
岳冠×秦脆	2020	2670	742	否
岳艳×秦脆	2020	2310	718	否
岳华×维纳斯黄金	2021	1527	868	否
岳华×粉红女士	2021	2600	683	否
岳华×蜜脆	2021	1790	614	否
岳华×秦脆	2021	2200	543	否
岳艳×鲁丽	2022	—	—	否
蜜脆×岳华	2022	—	—	否
蜜脆×岳艳	2022	—	—	否

（2）Ch12-311 谱系

Ch12-311 谱系目前配置 4 个杂交组合，共获得杂种苗 2838 株（表 6-18）。

表 6-18　苹果 Ch12-311 谱系杂交组合和杂种苗

杂交组合	杂交年份	播种数	杂种幼苗（株）	是否坐果
惠×长富 2	2007	630	281	是
长富 2×惠	2007	560	177	是
寒富×华红	2011	2331	2230	是
望香红×华红	2022	213	150	否

2. 杂种后代分子标记预选

（1）Ch04-518 谱系

以自花结实、可溶性固形物含量、可滴定酸含量、脆度等 9 个分子标记预选优良性状单株，研究人员在‘寒富’×‘岳帅’等 7 个杂交组合中共选择出符合≥5 个分子标记的单株 105 株（表 6-19～表 6-25）。

表 6-19　‘寒富’×‘岳帅’杂交组合分子标记预选

杂交群体	预选分子标记状态									优选分子标记个数
	Indel Ch04-518	KASP-Ch05c06	KASP-WBG90	KASP-Ch12/6549	SSR-MdACS1	SNP-MdACS3a	SNP-siRNA277	SNP-H162	SNP-Ch04CR01	
11-19-21	AAG/A	T/T	A/G	A/T	1-1/1-2	G/V	T/G	A/T	A/C	6
11-19-25	AAG/A	C/T	A/A	T/T	1-1/1-2	G/V	T/G	A/A	A/C	7
11-19-59	AAG/A	C/T	A/G	A/T	1-1/1-1	G/G	G/G	A/T	A/A	5
11-20-29	AAG/A	C/T	A/G	T/T	1-1/1-2	G/V	T/T	A/A	A/C	7
11-20-68	AAG/A	T/T	A/G	A/T	1-1/1-2	G/V	T/G	A/T	A/C	8
11-20-73	AAG/A	C/T	A/A	T/T	1-2/1-2	V/V	T/G	A/A	A/C	6
11-20-93	AAG/A	C/T	A/G	A/T	1-1/1-2	G/V	G/G	A/A	A/A	5
11-20-70	AAG/A	C/T	A/G	A/A	1-2/1-2	V/V	T/T	A/T	A/C	7

表 6-20　‘寒富’×‘蜜脆’杂交组合分子标记预选

杂交群体	预选分子标记状态									优选分子标记个数
	Indel Ch04-518	KASP-Ch05c06	KASP-WBG90	KASP-Ch12/6549	SSR-MdACS1	SNP-MdACS3a	SNP-siRNA277	SNP-H162	SNP-Ch04CR01	
18-08-01	AAG/A	T/T	A/G	T/T	1-1/1-2	G/V	T/G	A/T	A/C	8
18-08-30	AAG/A	C/T	A/A	T/T	1-2/1-2	G/V	T/G	A/A	A/C	7
18-09-08	AAG/A	C/T	A/G	A/T	1-1/1-1	G/G	G/G	A/T	A/A	8
18-09-41	AAG/A	C/T	A/G	T/T	1-1/1-2	G/V	T/T	A/A	A/C	7
18-09-44	AAG/A	T/T	A/G	A/T	1-1/1-2	G/V	T/G	A/T	A/C	8
18-09-49	AAG/A	C/T	A/A	A/T	1-1/1-2	G/V	T/G	A/T	A/C	8
18-09-58	AAG/A	T/T	A/G	T/T	1-2/1-2	G/V	T/G	A/A	A/C	7
18-09-59	AAG/A	C/T	A/A	A/T	1-1/1-1	G/G	G/G	A/T	C/C	5
18-09-61	AAG/A	C/T	A/G	T/T	1-1/1-2	G/V	T/T	A/A	A/C	8

续表

杂交群体	预选分子标记状态									优选分子标记个数
	Indel Ch04-518	KASP-Ch05c06	KASP-WBG90	KASP-Ch12/6549	SSR-MdACS1	SNP-MdACS3a	SNP-siRNA277	SNP-H162	SNP-Ch04CR01	
18-09-66	AAG/A	C/T	A/G	A/T	1-1/1-2	G/V	T/G	A/T	A/C	8
18-09-77	AAG/A	T/T	A/G	A/A	1-2/1-2	V/V	T/G	A/A	A/C	6
18-09-79	AAG/A	C/T	A/A	A/T	1-1/1-2	G/V	G/G	A/A	A/A	5
18-09-81	AAG/A	T/T	A/G	A/A	1-2/1-2	V/V	T/T	A/T	A/C	7
18-09-105	AAG/A	T/T	A/G	A/T	1-1/1-2	G/V	T/G	A/T	A/C	8
18-09-112	AAG/A	C/T	A/A	T/T	1-2/1-2	G/V	T/G	A/A	A/C	7
18-10-38	AAG/A	T/T	A/G	A/T	1-1/1-2	G/V	T/G	A/T	A/C	8
18-10-38	AAG/A	C/T	A/G	T/T	1-1/1-1	G/G	G/G	A/T	C/C	5
18-10-45	AAG/A	C/T	A/G	A/T	1-1/1-1	G/V	T/T	A/A	A/C	6
18-10-47	AAG/A	T/T	A/G	T/T	1-1/1-2	G/V	T/G	A/T	A/C	8
18-10-49	AAG/A	C/T	A/A	A/T	1-2/1-2	V/V	T/G	A/A	A/C	6
18-10-60	AAG/A	C/T	A/G	A/A	1-1/1-2	G/V	G/G	A/A	A/A	5
18-10-65	AAG/A	C/T	A/G	A/A	1-2/1-2	V/V	T/T	A/T	A/C	7
18-10-69	AAG/A	C/T	A/G	A/A	1-1/1-2	G/V	T/G	A/T	A/C	8
18-10-89	AAG/A	T/T	A/G	A/A	1-2/1-2	G/V	T/G	A/A	A/C	7
18-11-72	AAG/A	T/T	A/G	A/A	1-2/1-2	G/V	T/G	A/A	A/C	7

表 6-21 ‘寒富’×‘珊夏’杂交组合分子标记预选

杂交群体	预选分子标记状态									优选分子标记个数
	Indel Ch04-518	KASP-Ch05c06	KASP-WBG90	KASP-Ch12/6549	SSR-MdACS1	SNP-MdACS3a	SNP-siRNA277	SNP-H162	SNP-Ch04CR01	
18-14-18	AAG/A	T/T	A/G	A/A	1-1/1-2	G/V	T/G	A/A	A/C	7
18-14-19	AAG/A	C/T	A/A	A/T	1-2/1-2	G/V	T/G	A/A	A/C	7
18-14-25	AAG/A	C/T	A/G	A/A	1-1/1-1	G/G	T/G	A/T	A/A	5
18-14-27	AAG/A	C/T	A/G	A/A	1-1/1-2	G/V	T/T	A/A	A/C	7
18-14-31	AAG/A	T/T	A/G	A/T	1-1/1-2	G/V	T/G	A/T	A/A	7
18-14-34	AAG/A	C/T	A/A	A/A	1-2/1-2	V/V	T/G	A/A	A/C	6
18-14-36	AAG/A	T/T	A/G	T/T	1-1/1-2	V/V	G/G	A/A	A/A	5
18-14-45	AAG/A	T/T	A/G	A/T	1-1/1-1	G/G	T/G	A/T	A/A	6
18-14-48	AAG/A	C/T	A/A	T/T	1-1/1-2	G/V	T/T	A/A	A/C	7
18-14-49	AAG/A	C/T	A/G	A/T	1-1/1-2	G/V	T/G	A/T	C/C	8
18-14-55	AAG/A	C/T	A/G	A/A	1-2/1-2	G/V	T/G	A/A	A/C	7
18-14-78	AAG/A	T/T	A/G	A/T	1-1/1-1	V/V	T/G	A/T	A/A	5
18-14-81	AAG/A	C/T	A/A	A/A	1-1/1-2	G/V	T/G	A/T	A/C	8
18-14-93	AAG/A	C/T	A/G	A/T	1-2/1-2	G/V	T/G	A/A	A/C	7
18-14-108	AAG/A	C/T	A/G	T/T	1-1/1-1	G/G	G/G	A/T	A/A	5

表 6-22　‘岳艳’×‘望山红’杂交组合分子标记预选

杂交群体	预选分子标记状态									优选分子标记个数
	Indel Ch04-518	KASP-Ch05c06	KASP-WBG90	KASP-Ch12/6549	SSR-MdACS1	SNP-MdACS3a	SNP-siRNA277	SNP-H162	SNP-Ch04CR01	
18-16-08	AAG/A	C/T	A/A	A/T	1-1/1-2	G/V	T/G	A/T	A/C	8
18-16-10	AAG/A	T/T	A/G	T/T	1-2/1-2	G/V	T/G	T/T	A/C	7
18-16-23	AAG/A	T/T	A/G	A/T	1-1/1-1	V/V	G/G	A/T	C/C	5
18-16-25	AAG/A	T/T	A/G	A/A	1-1/1-2	G/V	T/T	A/A	A/C	7
18-16-39	AAG/A	T/T	A/G	A/T	1-1/1-1	G/V	G/G	A/T	A/A	5
18-16-47	AAG/A	C/T	A/A	A/A	1-1/1-2	G/V	T/T	A/A	A/C	7
18-16-49	AAG/A	T/T	A/G	A/T	1-1/1-2	V/V	T/G	A/T	C/C	7
18-16-50	AAG/A	T/T	A/G	A/T	1-2/1-2	G/V	T/G	A/A	A/C	7
18-16-55	AAG/A	C/T	A/A	A/T	1-1/1-1	V/G	T/G	A/T	A/A	6
18-16-61	AAG/A	C/T	A/G	T/T	1-1/1-2	G/V	T/G	A/T	A/C	8
18-25-63	AAG/A	C/T	A/G	A/T	1-2/1-2	G/V	T/G	A/A	A/C	7
18-25-65	AAG/A	C/T	A/G	A/A	1-1/1-2	G/G	G/G	A/T	A/A	7
18-25-71	AAG/A	T/T	A/G	A/A	1-1/1-1	G/G	G/G	A/T	A/A	6
18-25-97	AAG/A	C/T	A/A	A/T	1-1/1-2	G/V	G/G	A/A	A/A	5
18-25-99	AAG/A	C/T	A/G	A/A	1-2/1-2	V/V	T/T	A/T	A/C	7

表 6-23　‘岳艳’×‘红色之爱’杂交组合分子标记预选

杂交群体	预选分子标记状态									优选分子标记个数
	Indel Ch04-518	KASP-Ch05c06	KASP-WBG90	KASP-Ch12/6549	SSR-MdACS1	SNP-MdACS3a	SNP-siRNA277	SNP-H162	SNP-Ch04CR01	
18-24-10	AAG/A	T/T	A/G	A/A	1-2/1-2	V/V	T/G	A/T	A/A	6
18-24-20	AAG/A	T/T	A/G	A/T	1-2/1-2	G/V	T/G	A/A	A/A	6
18-24-22	AAG/A	T/T	A/G	A/A	1-1/1-1	G/G	G/G	A/T	A/A	5
18-24-31	AAG/A	C/T	A/A	A/T	1-1/1-2	G/V	T/T	A/A	A/C	7
18-24-33	AAG/A	T/T	A/G	A/A	1-1/1-1	G/G	G/G	A/T	A/A	5
18-24-37	AAG/A	T/T	A/G	A/A	1-1/1-2	G/V	T/T	A/A	A/C	6
18-24-38	AAG/A	C/T	A/A	A/T	1-1/1-2	G/V	T/G	A/T	C/C	8
18-24-45	AAG/A	C/T	A/G	A/A	1-2/1-2	G/V	T/G	A/A	A/C	7
18-24-49	AAG/A	C/T	A/G	A/A	1-1/1-1	V/V	T/G	A/T	A/A	5
18-24-61	AAG/A	T/T	A/G	A/A	1-1/1-2	G/V	T/G	A/T	A/C	8
18-24-66	AAG/A	C/T	A/A	A/A	1-2/1-2	G/V	T/G	A/A	A/C	7
18-24-92	AAG/A	C/T	A/G	A/A	1-1/1-1	G/G	G/G	A/T	A/A	6

（2）Ch12-311 谱系

以自花结实、可溶性固形物含量、可滴定酸含量、脆度等 9 个分子标记预选优良性状单株，研究人员在‘惠’×‘长富 2’等 3 个杂交组合中共选择出符合≥5 个分子标记的单株 36 个（表 6-26～表 6-28）。

表 6-24 '岳艳' × '秦脆' 杂交组合分子标记预选

杂交群体	预选分子标记状态									优选分子标记个数
	Indel Ch04-518	KASP-Ch05c06	KASP-WBG90	KASP-Ch12/6549	SSR-MdACS1	SNP-MdACS3a	SNP-siRNA277	SNP-H162	SNP-Ch04CR01	
YQ1	AAG/A	T/T	A/G	A/A	1-1/1-2	G/V	T/G	A/T	A/C	8
YQ2	AAG/A	T/T	A/G	A/A	1-2/1-2	G/V	T/G	A/A	A/C	7
YQ3	AAG/A	T/T	A/G	A/T	1-1/1-1	G/G	G/G	A/T	A/A	5
YQ4	AAG/A	C/T	A/A	A/T	1-1/1-2	G/V	T/T	A/A	A/C	7
YQ5	AAG/A	T/T	A/G	A/A	1-1/1-2	G/V	T/G	A/T	A/C	8
YQ6	AAG/A	T/T	A/G	A/T	1-2/1-2	V/V	T/G	A/A	A/C	6
YQ7	AAG/A	T/T	A/G	A/T	1-1/1-2	G/V	G/G	A/A	A/A	5
YQ8	AAG/A	T/T	A/G	A/T	1-2/1-2	V/V	T/T	A/T	A/C	7
YQ9	AAG/A	T/T	A/G	A/T	1-1/1-2	G/V	T/T	A/T	A/C	8
YQ10	AAG/A	C/T	A/A	A/T	1-2/1-2	G/V	T/G	A/A	A/C	7
YQ11	AAG/A	T/T	A/G	A/A	1-1/1-1	G/G	G/G	A/T	A/T	6
YQ12	AAG/A	T/T	A/G	A/A	1-1/1-1	V/V	T/T	A/A	A/C	5
YQ13	AAG/A	T/T	A/G	A/T	1-1/1-2	G/V	T/G	A/T	A/C	8
YQ14	AAG/A	C/T	A/A	A/A	1-2/1-2	V/V	T/G	A/A	A/C	6
YQ15	AAG/A	T/T	A/G	A/T	1-1/1-2	G/V	G/G	A/A	A/A	5
YQ16	AAG/A	T/T	A/G	A/A	1-1/1-2	G/V	T/G	A/T	A/C	8
YQ17	AAG/A	C/T	A/A	A/T	1-2/1-2	G/V	T/G	A/A	A/C	7
YQ18	AAG/A	C/T	A/G	A/A	1-1/1-1	G/G	G/G	A/T	A/A	5
YQ19	AAG/A	C/T	A/G	A/T	1-1/1-2	G/V	T/T	A/A	A/C	8
YQ20	AAG/A	T/T	A/G	A/A	1-1/1-2	G/V	T/G	A/T	A/C	8
YQ21	AAG/A	C/T	A/A	A/T	1-2/1-2	V/V	T/G	A/A	A/C	6
YQ22	AAG/A	C/T	A/G	A/A	1-1/1-2	G/V	G/G	A/A	A/A	5
YQ23	AAG/A	T/T	A/G	A/T	1-2/1-2	V/V	T/T	A/T	A/C	7

表 6-25 '岳冠' × '秦脆' 杂交组合分子标记预选

杂交群体	预选分子标记状态									优选分子标记个数
	Indel Ch04-518	KASP-Ch05c06	KASP-WBG90	KASP-Ch12/6549	SSR-MdACS1	SNP-MdACS3a	SNP-siRNA277	SNP-H162	SNP-Ch04CR01	
GQ1	AAG/A	T/T	A/G	A/T	1-1/1-1	G/V	T/G	A/T	A/C	7
GQ2	AAG/A	T/T	A/G	A/A	1-1/1-1	G/V	T/G	A/A	A/A	5
GQ3	AAG/A	C/T	A/A	A/T	1-1/1-1	G/G	G/G	A/T	A/A	5
GQ4	AAG/A	C/T	A/G	T/A	1-1/1-2	G/V	T/T	A/A	A/C	7
GQ5	AAG/A	C/T	A/G	A/A	1-1/1-2	G/V	T/G	A/T	A/C	8
GQ6	AAG/A	T/T	A/G	T/T	1-2/1-2	V/V	T/G	A/A	A/C	6
GQ7	AAG/A	C/T	A/A	A/T	1-1/1-2	G/V	G/G	A/A	A/A	5
GQ8	AAG/A	C/T	A/G	A/T	1-2/1-2	V/V	T/T	A/T	A/C	7

表 6-26　'惠' × '长富 2' 杂交组合分子标记预选

杂交群体	预选分子标记状态									优选分子标记个数
	Indel Ch12-311	KASP-Ch05c06	KASP-WBG90	KASP-Ch12/6549	SSR-MdACS1	SNP-MdACS3a	SNP-siRNA277	SNP-H162	SNP-Ch04CR01	
37-09	TCCT/T	T/T	A/G	A/A	1-1/1-2	G/V	G/G	A/T	A/C	6
37-19	TCCT/T	T/T	A/G	A/T	1-2/1-2	G/V	G/G	A/T	A/C	6
37-21	TCCT/T	C/T	A/A	A/A	1-1/1-1	G/G	G/G	A/T	A/A	5
37-25	TCCT/T	C/T	A/G	A/T	1-1/1-2	G/V	T/G	A/T	A/C	8
37-33	TCCT/T	C/T	A/G	A/A	1-2/1-2	V/V	T/T	A/T	A/C	7
37-39	TCCT/T	T/T	A/G	A/A	1-2/1-2	V/V	T/G	A/A	A/C	6
37-60	TCCT/T	C/T	A/A	A/T	1-1/1-2	G/V	G/G	A/A	A/A	5
中苹 5 号（37-79）	TCCT/T	C/T	A/G	A/T	1-1/1-2	G/V	T/T	A/A	A/C	7
37-81	TCCT/T	T/T	A/G	A/A	1-1/1-2	G/V	G/G	A/T	A/A	6
37-102	TCCT/T	C/T	A/G	A/T	1-2/1-2	V/V	T/T	A/A	A/A	8

表 6-27　'长富 2' × '惠' 杂交组合分子标记预选

杂交群体	预选分子标记状态									优选分子标记个数
	Indel Ch12-311	KASP-Ch05c06	KASP-WBG90	KASP-Ch12/6549	SSR-MdACS1	SNP-MdACS3a	SNP-siRNA277	SNP-H162	SNP-Ch04CR01	
38-12	TCCT/T	T/T	A/G	—	1-1/1-2	G/V	T/G	A/T	A/C	8
38-14	TCCT/T	T/T	A/G	—	1-2/1-2	G/V	T/G	A/A	A/A	6
38-19	TCCT/T	C/T	A/A	—	1-1/1-1	G/G	G/G	A/T	A/A	5
38-45	TCCT/T	C/T	A/G	A/T	1-1/1-2	G/V	T/G	A/T	A/C	8
38-47	TCCT/T	C/T	A/G	A/A	1-2/1-2	G/V	T/G	A/A	A/C	7
38-61	TCCT/T	T/T	A/G	A/T	1-1/1-1	G/G	G/G	A/T	A/A	5
38-72	TCCT/T	C/T	A/A	—	1-1/1-2	G/V	T/T	A/A	A/C	7
38-77	TCCT/T	C/T	A/G	A/T	1-1/1-2	G/V	T/G	A/T	A/C	8
38-81	TCCT/T	T/T	A/G	A/T	1-2/1-2	V/V	T/G	A/A	A/C	6
38-86	TCCT/T	C/T	A/A	A/A	1-1/1-2	G/V	G/G	A/A	A/A	5
38-92	TCCT/T	C/T	A/G	A/A	1-2/1-2	V/V	T/T	A/T	A/C	7

表 6-28　'寒富' × '华红' 杂交组合分子标记预选

杂交群体	预选分子标记状态									优选分子标记个数
	Indel Ch04-518	KASP-Ch05c06	KASP-WBG90	KASP-Ch12/6549	SSR-MdACS1	SNP-MdACS3a	SNP-siRNA277	SNP-H162	SNP-Ch04CR01	
11-26-01	AAG/A	T/T	A/G	—	1-1/1-2	G/V	T/G	A/T	A/C	8
11-26-09	AAG/A	C/T	A/A	—	1-2/1-2	G/V	T/G	A/A	A/C	7
11-26-18	AAG/A	C/T	A/G	—	1-1/1-1	G/G	G/G	A/T	A/A	5
11-26-29	AAG/A	C/T	A/G	—	1-1/1-2	G/V	T/T	A/A	A/C	6
11-26-33	AAG/A	T/T	A/G	—	1-1/1-2	G/V	T/G	A/T	C/C	8
11-26-35	AAG/A	C/T	A/A	—	1-2/1-2	G/V	T/G	A/A	A/C	7

续表

杂交群体	预选分子标记状态									优选分子标记个数
	Indel Ch04-518	KASP-Ch05c06	KASP-WBG90	KASP-Ch12/6549	SSR-MdACS1	SNP-MdACS3a	SNP-siRNA277	SNP-H162	SNP-Ch04CR01	
11-26-39	AAG/A	T/T	A/G	A/T	1-1/1-1	V/G	T/G	A/T	A/A	5
11-26-48	AAG/A	T/T	A/G	T/A	1-1/1-2	G/V	T/G	A/T	A/C	8
11-26-49	AAG/A	C/T	A/A	A/A	1-2/1-2	G/V	T/G	A/A	A/C	7
11-26-59	AAG/A	C/T	A/G	—	1-1/1-1	G/G	G/G	A/T	A/A	5
11-26-77	AAG/A	C/T	A/G	—	1-1/1-1	G/V	T/T	A/A	A/C	6
11-26-79	AAG/A	T/T	A/G	A/T	1-1/1-2	G/V	T/G	A/T	A/C	8
11-26-83	AAG/A	C/T	A/A	T/T	1-2/1-2	V/V	T/G	A/A	A/C	6
11-26-90	AAG/A	C/T	A/G	A/A	1-1/1-2	G/V	G/G	A/A	A/A	5
11-26-112	AAG/A	C/T	A/G	—	1-1/1-1	V/V	T/T	A/T	A/C	6

在以上预选获得的株系开花结果后，研究人员对其果实的品质、耐贮性、抗性等进行评价，目前共筛选获得6个自花结实优良单株（表6-29）。

表6-29　苹果自花结实优良单株性状特征

性状指标	Ch04-518 谱系				Ch12-311 谱系	
	中苹9号（18-12-25）	中苹10号（18-08-01）	中苹11号（18-25-71）	18-24-31	37-79	45-26
自花授粉坐果率（%）	48	65	56	59	66	45
可溶性固形物含量（%）	14	12	16	14	14.2	13.8
可滴定酸含量（%）	0.52	0.53	0.31	0.67	0.44	0.31
风味	甜酸	甜酸	甘甜	甜少酸	酸甜	甜少酸
脆度	脆	高脆	高脆	高脆	脆	脆
肉质结构	致密细	致密细	致密细	致密细	致密细	致密细
耐贮性	耐贮	耐贮	不耐贮	耐贮	耐贮	耐贮
斑点落叶病发病率（%）	11	43	40	46	28	30
顶花芽冻害率（%）	—	19	18	25	31	28
单果重（g）	300	320	220	200	200	185
果形指数（*L*/*D*）	0.94	0.87	0.89	0.92	0.86	0.84
轮纹病感病等级	2级	3级	3级	4级	2级	2级
丰产性	丰产	丰产	丰产	较丰产	丰产	丰产

注：*L*/*D*. 果实纵径和横径之比

（四）系谱关系

1. Ch04-518 自花结实品种/品系

（1）第一代自花结实优新品种/优系

以‘寒富’为自花结实亲本，本团队从‘寒富’×‘岳帅’杂交组合选育出‘岳华’‘岳冠’，从‘寒富’×‘珊夏’选育出‘岳艳’，从‘寒富’×‘蜜脆’选育出优新品种‘中苹 10 号’（18-8-1）（图 6-12，表 6-29，表 6-30）。

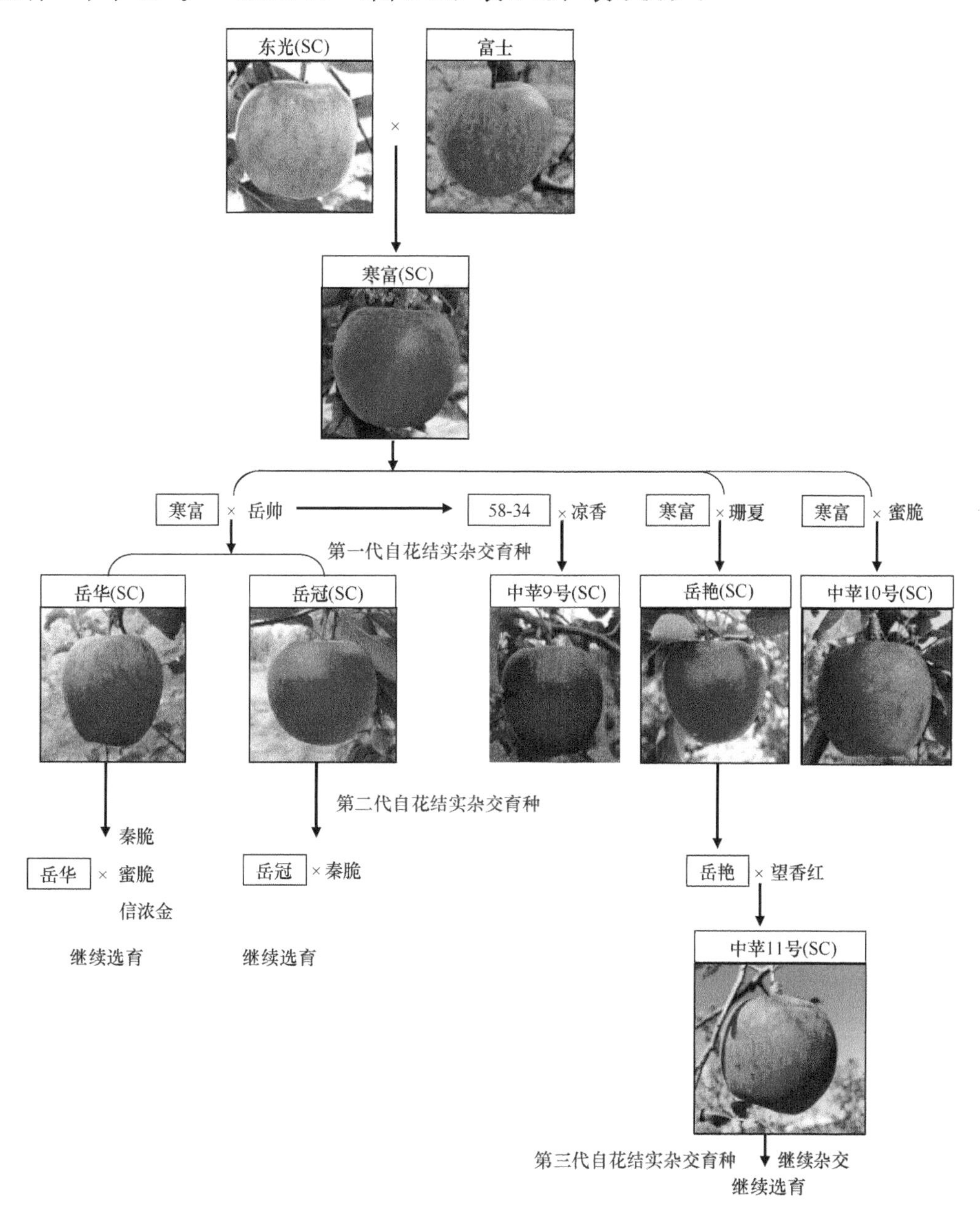

图 6-12　Ch04-518 自花结实变异优新品种系谱
SC. 自花结实

（2）第二代自花结实优新品种/优系

以‘岳艳’‘岳华’‘岳冠’为自花结实亲本，本团队从‘58-34’×‘凉香’中选育出‘中苹9号’（18-12-25），从‘岳艳’×‘望香红’选育出‘中苹11号’（18-25-71）以及优系18-25-13，从‘岳艳’×‘红色之爱’选育出优系18-24-31（图6-12，表6-29，表6-30）。

2. Ch12-311 自花结实品种/品系

（1）第一代自花结实优新品种/优系

以‘惠’为自花结实亲本，本团队从‘惠’×‘长富2’选育出‘中苹5号’（37-79），中国农业科学院果树研究所研究人员从‘金冠’×‘惠’选育出‘华红’（图6-13，表6-29，表6-30）。

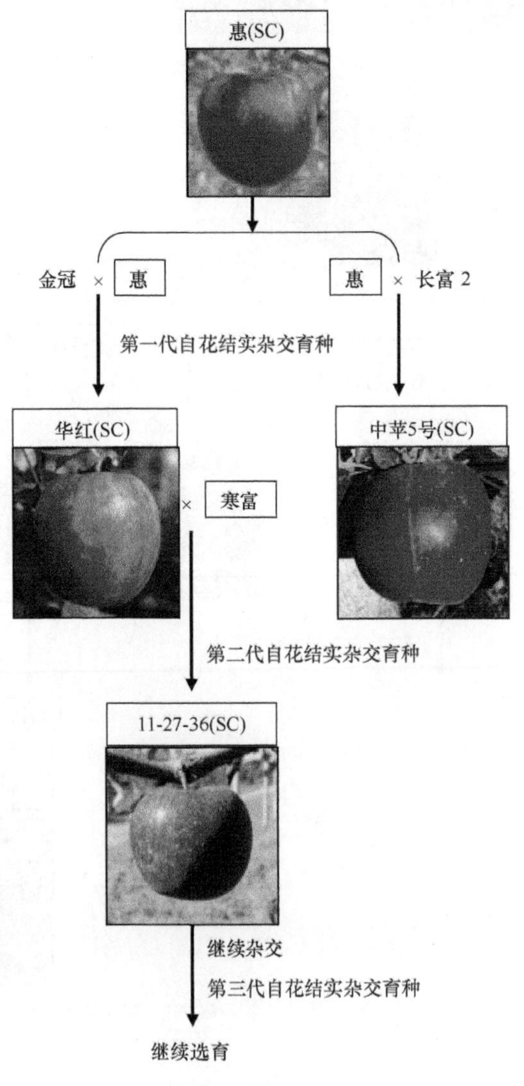

图6-13　Ch12-311 自花结实变异优新品种系谱

SC. 自花结实

表 6-30　苹果自花结实优良品种性状特征

性状指标	Ch04-518 谱系				Ch12-311 谱系	
	寒富	岳艳	岳冠	岳华	惠	华红
自花授粉坐果率（%）	88	67	39	77	69	36
可溶性固形物含量（%）	15	13.4	15.4	15.5	13.5	14.1
可滴定酸含量（%）	0.35	0.58	0.55	0.39	0.59	0.33
风味	酸甜	甜少酸	酸甜	甜少酸	酸甜	甜少酸
肉质结构	致密细	致密偏细	致密细	致密细	致密细	致密偏细
耐贮性	耐贮	耐贮	耐贮	耐贮	耐贮	耐贮
斑点落叶病发病率（%）	1	26	28	30	31	26
顶花芽冻害率（%）	5.8	1.0	1.3	1.6	35%	21%
单果重（g）	250	240	225	215	180	240
果形指数（*L/D*）	0.85	0.89	0.86	0.94	0.91	0.89
轮纹病感病等级	2 级	2 级	2 级	2 级	3 级	2 级
丰产性	丰产	丰产	丰产	丰产	丰产	丰产

（2）第二代自花结实优新品种/优系

以‘华红’为自花结实亲本，研究人员从‘华红’×‘寒富’选育出优系 11-27-36（图 6-13，表 6-29，表 6-30）。

三、苹果自花结实纯合系种质创制

苹果自花结实品种具备自花结实结种的能力，自花结实苹果也具有“先纯后杂”优势育种的潜力。

1. 基本策略

苹果自花结实品种多代自交产生性状稳定的纯合系，固定优良性状。纯合系相互杂交产生性状稳定的 F_1 代，可直接应用于生产（图 6-14）。

2. 自交纯合系遗传规律

（1）自交系纯合度计算

自交系纯合度和亲本杂合度成反比，亲本杂合度越高，自交系出现纯合体的概率越低，获得纯合体所需自交代数越高。若有 n 对基因杂合，则自交 r 代，纯合体出现的概率为

$$x=\left[\frac{(2^r-1)}{2^r}\right]^n\times 100\%$$

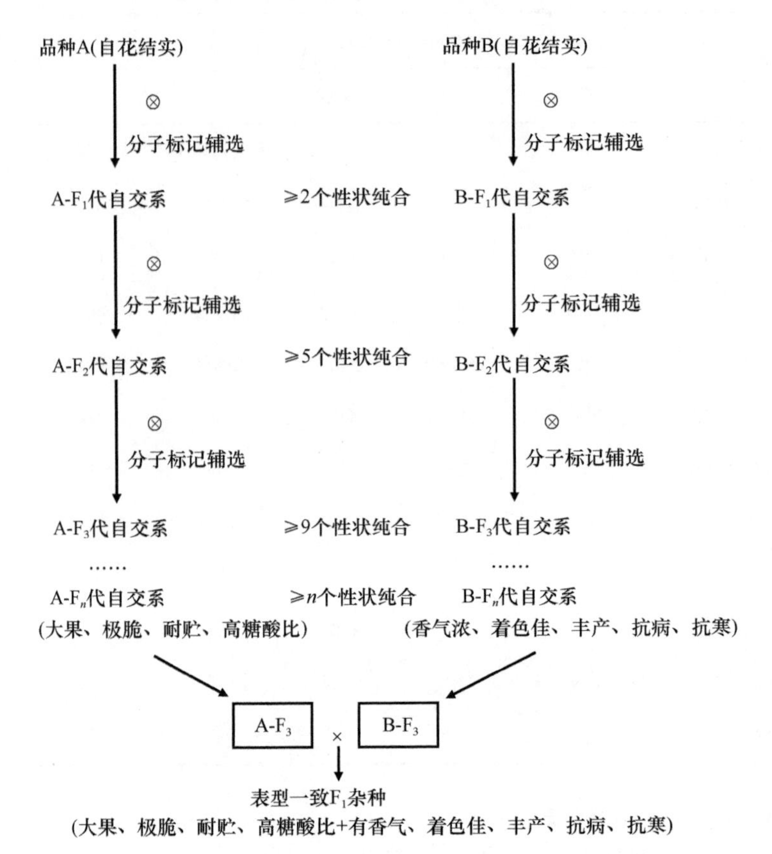

图 6-14 苹果自花结实品种自交纯合系育种流程

杂合基因越多，获得纯合系的概率越低，需要自交的代数也越长。若有 1 对基因杂合，则自交 1 代出现纯合体的概率为 50%，自交 2 代纯合体出现的概率为 75%，自交 3 代纯合体出现的概率为 87.5%。若有 5 对基因杂合，则自交 1 代出现纯合体的概率为 0.3%，自交 2 代纯合体出现的概率为 5.1%，自交 3 代纯合体出现的概率为 11.5%。在实际自交过程中，位点纯合的个体出现概率显著低于理论值（表 6-31）。

表 6-31 苹果自交 1 代后自花结实位点纯合率分析

自交亲本	纯合个体（株）	杂合个体（株）	后代数量（株）	理论纯合率（%）	实际纯合率（%）	卡方检验（χ^2）
惠	43	111	154	50	27.9	2.31
寒富	30	66	96	50	31.3	1.98
岳艳	106	271	377	50	28.2	2.08

（2）分子标记辅助选择

分子标记辅助选择可以极大提高纯合体选择效率，自交 1 代即可选出≥2 个性状纯合个体，自交 2 代可选出≥5 个性状纯合个体，自交 3 代即可选出≥9 个性状纯合个体。依次类推，依据所需纯合性状个数，确定自交代数。

3. 苹果自花结实纯合系育种

（1）Ch04-518 自花结实自交系

以‘岳艳’为自交亲本，自交获得第一代自交系 367 株。以自花结实、可溶性固形物含量、可滴定酸含量、脆度等 9 个分子标记预选优良性状单株，研究人员在‘岳艳’自交后代中共选择出符合≥3 个纯合标记的单株 6 个（表 6-32）。

表 6-32　‘岳艳’自交后代分子标记预选

自交后代	预选分子标记状态									优选分子标记个数
	Indel Ch04-518	KASP-Ch05c06	KASP-WBG90	KASP-Ch12/6549	SSR-MdACS1	SNP-MdACS3a	SNP-siRNA277	SNP-H162	SNP-Ch04CR01	
YY1	AAG/A	T/T	A/G	—	1-1/1-2	G/V	T/G	A/A	A/C	8
YY2	AAG/A	T/T	A/G	—	1-2/1-2	G/V	T/G	A/A	A/C	7
YY3	AAG/A	T/T	A/G	—	1-1/1-1	G/G	G/G	A/A	A/A	5
YY4	AAG/A	T/T	A/A	—	1-1/1-2	G/V	T/T	A/A	A/C	7
YY5	AAG/A	T/T	A/G	—	1-1/1-2	G/V	T/G	A/A	A/C	8
YY6	AAG/ AAG	T/T	A/G	—	1-2/1-2	V/V	T/G	A/A	A/C	6
YY7	AAG/A	T/T	A/G	—	1-1/1-2	G/V	G/G	A/A	A/A	5
YY8	AAG/A	T/T	A/G	—	1-2/1-2	V/V	T/T	A/A	A/C	7
YY9	AAG/A	T/T	A/G	—	1-1/1-2	G/V	T/T	A/A	A/C	8
YY10	AAG/A	T/T	A/A	—	1-2/1-2	G/V	T/G	A/A	A/C	7
YY11	AAG/A	T/T	A/G	—	1-1/1-1	G/G	G/G	A/A	A/T	6
YY12	AAG/A	T/T	A/G	—	1-1/1-1	V/V	T/T	A/A	A/C	5
YY13	AAG/A	T/T	A/G	—	1-1/1-2	G/V	T/G	A/A	A/C	8
YY14	AAG/A	T/T	A/A	—	1-2/1-2	V/V	T/G	A/A	A/C	6
YY15	AAG/A	T/T	A/G	—	1-1/1-2	G/V	G/G	A/A	A/A	5
YY16	AAG/ AAG	T/T	A/G	—	1-1/1-2	G/V	T/G	A/A	A/C	8
YY17	AAG/A	T/T	A/A	—	1-2/1-2	G/V	T/G	A/A	A/C	7
YY18	AAG/A	T/T	A/G	—	1-1/1-1	G/G	G/G	A/A	A/A	5
YY19	AAG/A	T/T	A/G	—	1-1/1-2	G/V	T/T	A/A	A/C	8
YY20	AAG/A	T/T	A/G	—	1-1/1-2	G/V	T/G	A/A	A/C	8
YY21	AAG/A	T/T	A/A	—	1-2/1-2	V/V	T/G	A/A	A/C	6
YY22	AAG/A	T/T	A/G	—	1-1/1-2	G/V	G/G	A/A	A/A	5
YY23	AAG/A	T/T	A/G	—	1-2/1-2	V/V	T/T	A/A	A/C	7

（2）Ch12-311 自花结实自交系

1）第一代自交系筛选：以‘惠’为自交亲本，自交获得第一代自交系 154 株。以自花结实、可溶性固形物含量、可滴定酸含量等 8 个分子标记预选优良性状单株，研究人员在‘惠’自交后代中共选择出符合≥2 个纯合标记的单株 3 个（图 6-15，表 6-33，表 6-34）。

2）第二代自交系筛选：以优株‘中苹 8 号’（45-26）和‘中苹 7 号’（46-39）分别为自交亲本，自交获得第二代自交系 342 株。以自花结实、可溶性固形物含量、可滴定酸含量等 8 个分子标记预选优良性状单株，研究人员在优株‘中苹 8 号’（45-26）自交后代中共选择符合≥3 个纯合标记的单株 14 株，在优株‘中苹 7 号’（46-39）自交后代中共选择符合≥3 个纯合标记的单株 15 株（图 6-15，表 6-35）。

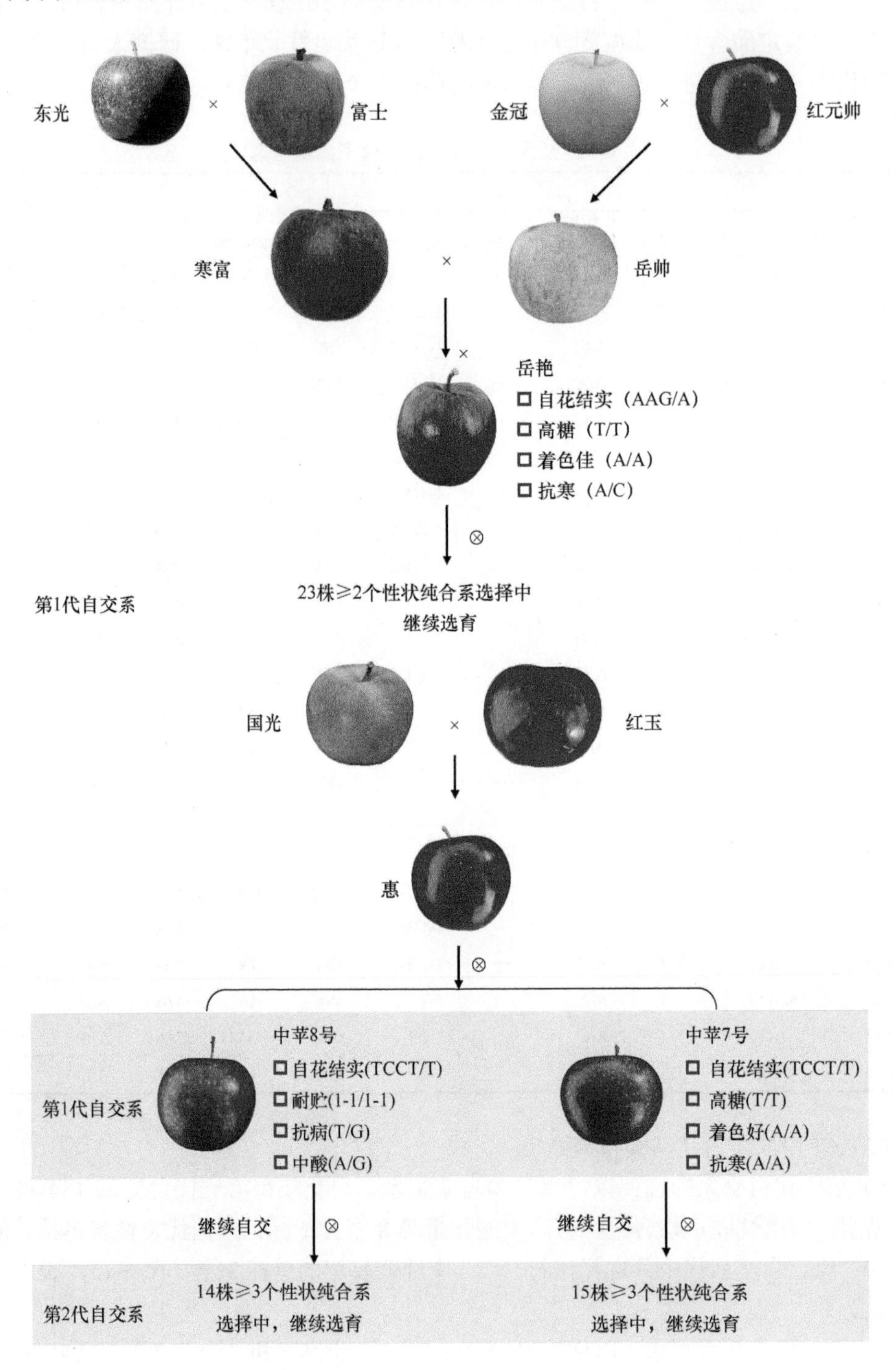

图 6-15　苹果自花结实自交系系谱及分子标记分析

表 6-33 ‘惠’自交后代分子标记预选

自交后代	预选分子标记状态								优选分子标记个数
	Indel Ch12-311	KASP-Ch05c06	KASP-WBG90	SSR-MdACS1	SNP-MdACS3a	SNP-siRNA277	SNP-H162	SNP-Ch04CR01	
45-09	TCCT/T	T/T	A/G	1-1/1-2	G/V	G/G	A/T	A/C	7
45-19	TCCT/T	T/T	A/G	1-2/1-2	G/V	G/G	A/T	A/C	7
中苹 8 号（45-26）	TCCT/T	C/T	A/A	1-1/1-1	G/G	G/G	A/T	A/C	5
45-27	TCCT/T	C/T	A/G	1-1/1-2	G/V	T/G	A/T	A/C	8
45-33	TCCT/T	C/T	A/G	1-2/1-2	V/V	T/T	A/T	A/C	7
46-7	TCCT/T	T/T	A/G	1-2/1-2	V/V	T/G	A/A	A/C	6
中苹 7 号（46-39）	TCCT/T	C/T	A/G	1-1/1-2	G/V	T/T	A/A	A/A	5
46-79	TCCT/T	C/T	A/G	1-1/1-2	G/V	T/T	A/A	A/C	7
46-81	TCCT/T	T/T	A/G	1-1/1-2	G/V	G/G	A/T	A/A	6
46-102	TCCT/T	C/T	A/G	1-2/1-2	V/V	T/T	A/A	A/A	5

表 6-34 ‘惠’自交后代优系性状特征测试

性状	CH12-311 谱系优新品种/优系			
	惠	中苹 8 号（45-26）	46-35	中苹 7 号（46-39）
自花授粉坐果率（%）	69	36	66	45
可溶性固形物含量（%）	13.5	14.1	14.2	13.8
可滴定酸含量（%）	0.59	0.33	0.44	0.31
风味	酸甜	甜少酸	酸甜	甜少酸
脆度	脆	脆	脆	脆
肉质结构	致密细	致密偏细	致密细	致密细
耐贮性	耐贮	耐贮	耐贮	耐贮
斑点落叶病发病率（%）	31	3	2	30
顶花芽冻害率（%）	35	21	31	28
单果重（g）	180	240	200	185
果形指数（*L/D*）	0.91	0.89	0.86	0.84
轮纹病感病等级	3 级	2 级	2 级	2 级
丰产性	丰产	丰产	丰产	丰产

表 6-35 苹果'中苹 8 号'（45-26）和'中苹 7 号'（46-39）自交组合分子标记预选

自交后代	预选分子标记状态								优选纯合分子标记个数
	Indel Ch12-311	KASP-Ch05c06	KASP-WBG90	SSR-MdACS1	SNP-MdACS3a	SNP-siRNA277	SNP-H162	SNP-Ch04CR01	
（45-26）-1	TCCT/TCCT	T/T	A/A	1-1/1-1	G/G	T/T	A/T	A/A	5
（45-26）-2	TCCT/T	C/C	A/A	1-1/1-1	G/G	T/T	T/T	A/C	4
（45-26）-3	TCCT/T	T/T	A/A	1-1/1-1	G/G	T/T	A/A	A/A	4
（45-26）-4	TCCT/TCCT	T/T	A/A	1-1/1-1	G/G	T/T	A/T	C/C	5
（45-26）-5	TCCT/T	T/T	A/A	1-1/1-1	G/G	T/T	T/T	C/C	4
（45-26）-6	TCCT/T	C/T	A/A	1-1/1-1	G/G	T/T	A/T	A/C	4
（45-26）-7	TCCT/TCCT	T/T	A/A	1-1/1-1	G/G	T/T	A/T	A/A	5
（45-26）-8	TCCT/T	T/T	A/A	1-1/1-1	G/G	T/T	A/A	A/C	4
（45-26）-9	T/T	T/T	A/A	1-1/1-1	G/G	T/T	T//T	A/A	4
（45-26）-10	TCCT/T	C/T	A/A	1-1/1-1	G/G	T/T	A/T	A/A	5
（45-26）-11	TCCT/T	T/T	A/A	1-1/1-1	G/G	T/T	A/T	A/C	4
（45-26）-12	TCCT/TCCT	T/T	A/A	1-1/1-1	G/G	T/T	A/A	A/C	4
（45-26）-13	TCCT/T	T/T	A/A	1-1/1-1	G/G	T/T	A/T	A/A	5
（45-26）-14	TCCT/T	T/T	A/A	1-1/1-1	G/G	T/T	A/T	A/C	4
（46-39）-1	TCCT/T	T/T	A/G	1-1/1-2	G/V	T/T	A/A	A/A	4
（46-39）-2	TCCT/TCCT	T/T	A/G	1-2/1-2	G/V	T/T	A/A	A/A	5
（46-39）-3	T/T	T/T	A/G	1-1/1-1	G/G	T/T	A/A	A/A	4
（46-39）-4	TCCT/T	T/T	A/G	1-1/1-1	V/V	T/T	A/A	A/A	4
（46-39）-5	TCCT/ TCCT	T/T	A/G	1-1/1-2	G/V	T/T	A/A	A/A	5
（46-39）-6	TCCT/T	T/T	A/G	1-2/1-2	V/V	T/T	A/A	A/A	4
（46-39）-7	TCCT/T	T/T	A/G	1-1/1-2	G/V	T/T	A/A	A/A	5
（46-39）-8	TCCT/T	T/T	A/G	1-1/1-2	G/V	T/T	A/A	A/A	4
（46-39）-9	TCCT/T	T/T	A/A	1-2/1-2	G/V	T/T	A/A	A/A	4
（46-39）-10	TCCT/TCCT	T/T	A/G	1-1/1-1	G/G	T/T	A/A	A/A	5
（46-39）-11	TCCT/T	T/T	A/G	1-1/1-2	G/V	T/T	A/A	A/A	4
（46-39）-12	TCCT/T	T/T	A/G	1-1/1-2	G/V	T/T	A/A	A/A	4
（46-39）-13	T/T	T/T	A/A	1-2/1-2	V/V	T/T	A/A	A/A	5
（46-39）-14	TCCT/T	T/T	A/G	1-1/1-2	G/V	T/T	A/A	A/A	4
（46-39）-15	TCCT/T	T/T	A/G	1-2/1-2	V/V	T/T	A/A	A/A	4

第二节　远缘杂交苹果自花结实种质创制

除种内常规杂交外，属间和种间等远缘杂交手段也是创制自花结实种质的重要途径。利用等位基因置换原理，将自花结实变异“替换”至苹果自花不结实品种中，产生自花结实远缘杂种，再与苹果回交去除远缘种质不良性状，获得苹果自花结实优新品种(图6-16)。

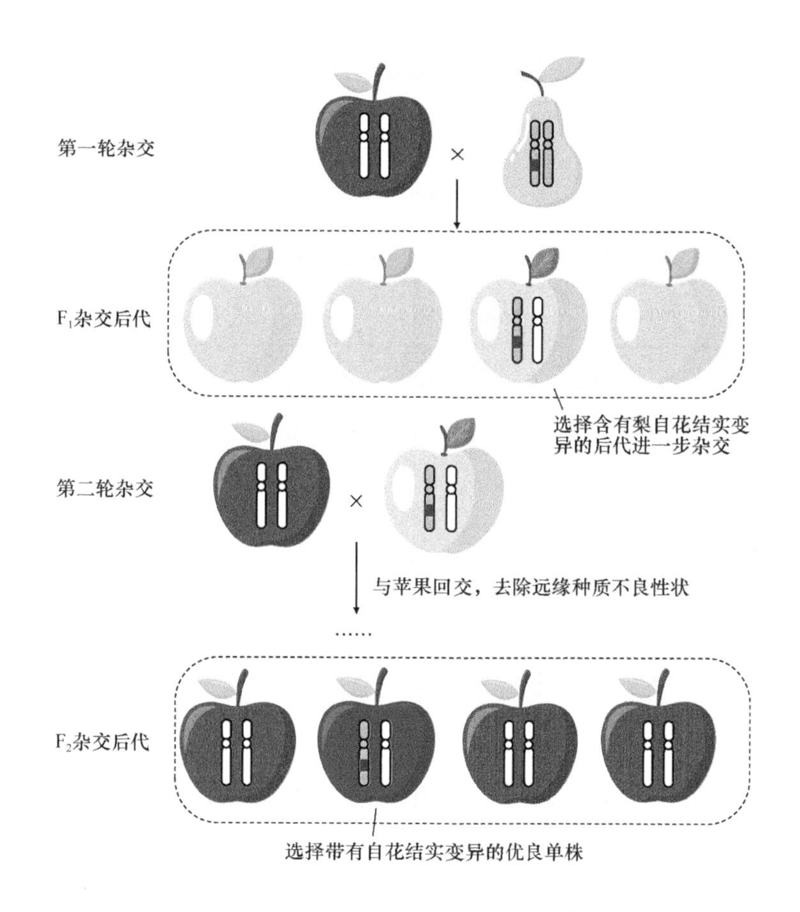

图6-16　远缘杂交自花结实苹果选育示意图

一、属间自花结实变异导入

（一）属间自花结实变异筛选

1. 属间远缘杂交亲和性种质资源选择原则

苹果隶属蔷薇科苹果亚科苹果属，多为二倍体，含17对染色体（$2n=2x=34$）。依据亲缘关系近、杂交亲和、染色体匹配、含自花结实变异等原则，确定苹果远缘杂交最适亲本为梨（表6-36）。

表 6-36　苹果远缘杂交亲本选择

物种	种属关系	染色体数量（条）	与苹果杂交成功的报道	是否有自花结实变异
梨	苹果亚科梨属	$2n=2x=34$	较多	√
山楂	苹果亚科山楂属	$2n=2x=34$	较少	×
枇杷	苹果亚科枇杷属	$2n=2x=34$	无	√
桃	李亚科桃属	$2n=2x=16$	无	√
杏	李亚科杏属	$2n=2x=16$	无	√

注：“√”表示有自花结实变异；“×”表示无自花结实变异

2. 梨自花结实变异纯合系创制

（1）闫庄梨-鸭梨花柱自花结实突变（YanZhuang-yali style self-fruitness mutation，YZSSFM）纯合系创制

1）YZSSFM 来源。YZSSFM 源于‘鸭梨’（S21S34）芽变品种‘闫庄梨’（$S21^{m}S34$），其自花授粉花序坐果率为 57%～71%，具备自花结实能力（表 6-37）。

表 6-37　‘闫庄梨’和‘鸭梨’自花授粉的花序坐果率分析

授粉组合	授粉年份	授粉花序数	坐果花序数	花序坐果率（%）
鸭梨×鸭梨	2006	66	6	9
	2009	76	8	11
	2013	50	1	2
闫庄梨×闫庄梨	2006	51	29	57
	2009	84	60	71
	2013	88	62	70

2）YZSSFM 特征。与‘鸭梨’相互授粉的试验证明，YZSSFM 源于花柱侧（表 6-38）。

表 6-38　‘闫庄梨’与‘鸭梨’相互授粉的花序坐果率分析

授粉组合	授粉年份	授粉花序数	坐果花序数	花序坐果率（%）
闫庄梨×鸭梨	2006	111	44	40
	2009	78	39	50
	2013	100	42	42
鸭梨×闫庄梨	2006	50	1	2
	2009	82	7	9
	2013	68	4	6

‘闫庄梨’自交后代中仅存在 S21S21 纯合体和 S21S34 杂合体，不存在 S34S34 纯合体（图 6-17，表 6-39），证明 YZSSFM 源于 S21 等位基因。

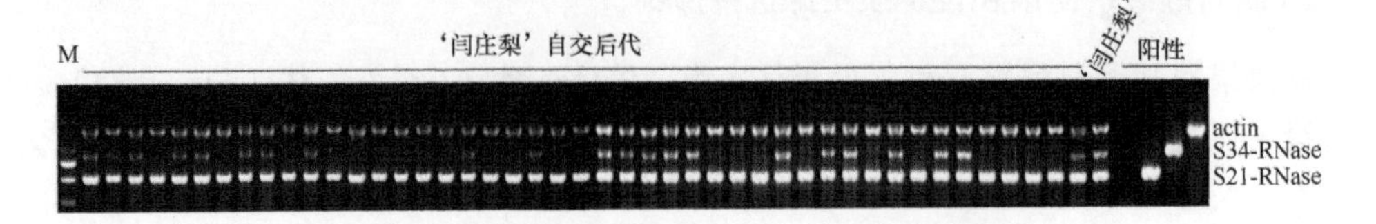

图 6-17　‘闫庄梨’自交后代 S 等位基因 PCR 鉴定

表 6-39　'闫庄梨'自花结实后代 S 基因型分离比

组合	总数（株）	后代 S 基因型分布（株）			期望比例	卡方检验（χ^2）
		S21S21	S21S34	S34S34		
自交群体	42	22	20	0	1∶1	0.02

比较'闫庄梨'与'鸭梨'花柱 S 决定子基因 *S21-RNase* 的 cDNA 序列，研究人员发现在其第 182bp 处存在 1 个单碱基颠换，造成 C2 结构域第 61 个氨基酸由原来的甘氨酸颠换为缬氨酸（G→V）（图 6-18）。

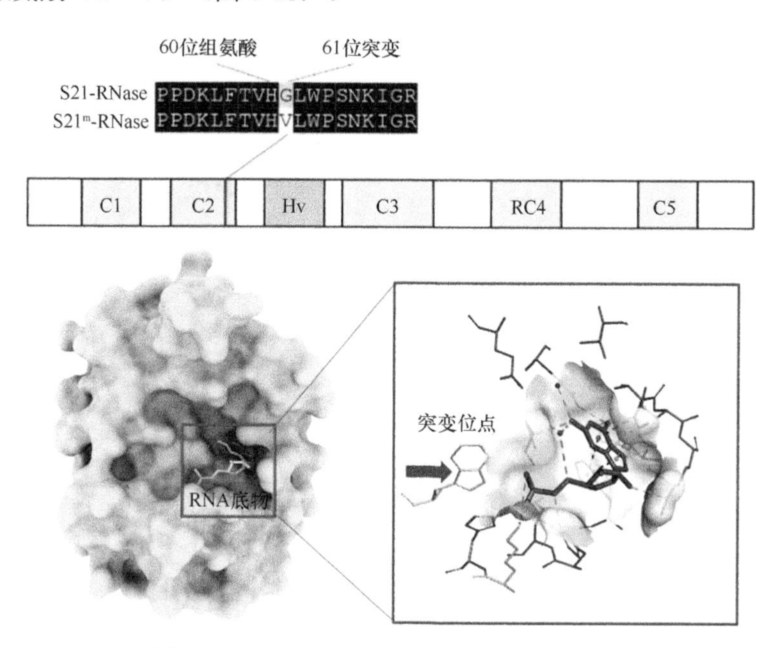

图 6-18　YZSSFM 变异位点及其三维结构分析

上图. 突变位置；下图. 突变位点三维结构

3）G→V 颠换与自花结实。YZSSFM 变异是由 S21^{m}-RNase 突变导致的，主要有三方面的证据。

（A）G→V 颠换的 S21^{m}-RNase 酶活下降。YZSSFM 位点与 S-RNase 保守活性位点第 60 位组氨酸（H60）紧密相邻，影响 H60 为核心的底物结合口袋活性，致使 S-RNase 与 RNA 底物结合能力减弱，S-RNase 降解 RNA 酶活性降低（图 6-19）。

（B）G→V 颠换的 S21^{m}-RNase 与自花授粉坐果率极相关。'闫庄梨'自交、杂交的含 S21^{m}-RNase 后代的自花授粉坐果率均＞35%，而含 S21-RNase 后代的自花授粉坐果率均＜15%（表 6-40），二者关联性 r^2=1（P＜0.001）。

（C）G→V 颠换的 S21^{m}-RNase 矮牵牛转化验证。将 S21-RNase 的 H60 相邻甘氨酸突变为缬氨酸（G→V）后转入自花不结实矮牵牛（S3LS3L），突变的 S21^{m}-RNase 超表达株系（S3LS3LS21^{m}）不能拒斥自我花粉管，自花结实（图 6-19）。

4）YZSSFM 纯合系（S21^{m}S21^{m}）。'闫庄梨'自花授粉，获得 22 株 S21^{m}S21^{m} 纯合体。通过评价果实品质、抗性等性状，研究人员筛选出 3 株 S21^{m}S21^{m} 纯合体，均自花结实（图 6-20，表 6-41）。果实较‘闫庄梨’略小，其果形指数、可溶性固形物含量、可滴定酸含量、风味等与‘闫庄梨’无明显差异（表 6-42）。

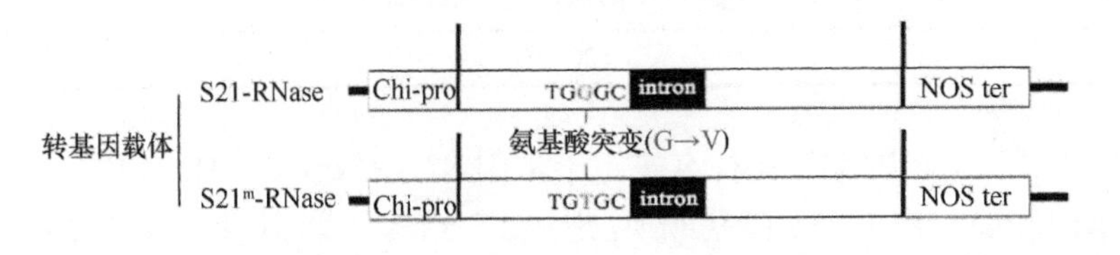

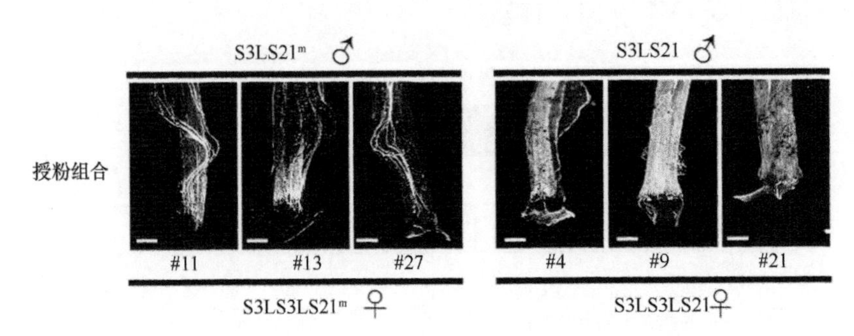

图 6-19 S-RNase（G→V）变异导致矮牵牛自花结实

上图. 突变与未突变 S-RNase 转基因载体；下图. 转基因载体授粉组合

表 6-40 ‘闫庄梨’自交和杂交后代自花授粉坐果率分析

后代编号	S 基因型	亲本	自花授粉花序坐果率（%）
1-1	$S21^mS21^m$	闫庄梨（$S21^mS34$）×闫庄梨（$S21^mS34$）	74.1
1-3	$S21^mS34$	闫庄梨（$S21^mS34$）×闫庄梨（$S21^mS34$）	75
1-4	$S21^mS21^m$	闫庄梨（$S21^mS34$）×闫庄梨（$S21^mS34$）	70
1-27	$S21^mS21$	闫庄梨（$S21^mS34$）×鸭梨（S21S34）	58
1-30	$S21^mS34$	闫庄梨（$S21^mS34$）×鸭梨（S21S34）	39
1-31	$S21^mS34$	闫庄梨（$S21^mS34$）×鸭梨（S21S34）	48
2-16	$S19S21^m$	闫庄梨（$S21^mS34$）×锦丰（S19S34）	48
2-18	$S19S21^m$	闫庄梨（$S21^mS34$）×锦丰（S19S34）	61
1-26	S21S34	闫庄梨（$S21^mS34$）×鸭梨（S21S34）	3
1-28	S21S34	闫庄梨（$S21^mS34$）×鸭梨（S21S34）	0
1-32	S21S34	闫庄梨（$S21^mS34$）×鸭梨（S21S34）	14
1-33	S21S34	闫庄梨（$S21^mS34$）×鸭梨（S21S34）	6
2-1	S19S34	闫庄梨（$S21^mS34$）×锦丰（S19S34）	9
2-3	S19S34	闫庄梨（$S21^mS34$）×锦丰（S19S34）	9
2-15	S19S34	闫庄梨（$S21^mS34$）×锦丰（S19S34）	11

（2）金坠梨-鸭梨花粉自花结实突变（JinZhui-yali pollen self-fruitness mutation，JZPSFM）纯合系创制

1）JZPSFM 来源。JZPSFM 源于‘鸭梨’芽变品种‘金坠梨’（S21S34-NS），其自花授粉花序坐果率为 62%～78%，具有自花结实能力（表 6-43）。

2）JZPSFM 特征。与‘鸭梨’相互授粉的试验证明，JZPSFM 源于花粉侧（表 6-44）。

‘金坠梨’自交后代和‘鸭梨’×‘金坠梨’杂交后代均存在 S21S21、S21S34 和 S34S34 三种基因型（图 6-21，表 6-45），证明 JZPSFM 源于非 S 因子。

3）JZPSFM 功能解析。‘金坠梨’花粉母细胞第一次减数分裂时，染色体未正常排布于赤道板两侧，致使单价体滞后；第二次减数分裂时，染色体发生不均等分离，导致小孢子发育异常，花粉育性下降（图 6-22，表 6-46）。

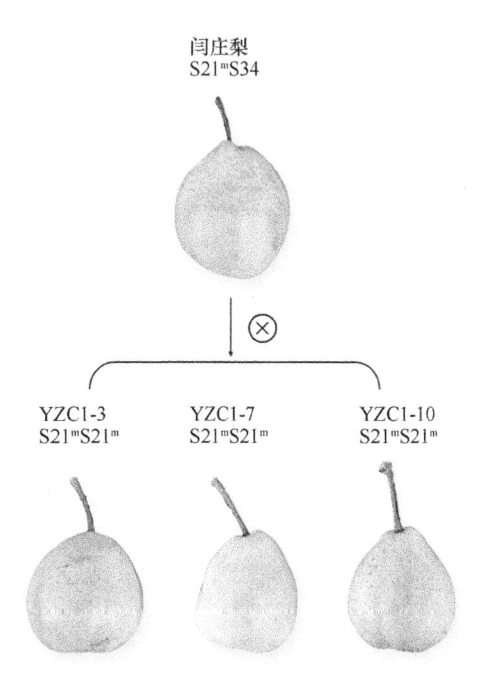

图 6-20　YZSSFM 纯合体鉴定

表 6-41　‘闫庄梨’S21^{m}S21^{m} 纯合系自花授粉坐果率分析

株系	S 基因型	自花授粉花序数	坐果花序数	自花授粉结实率（%）
YZC1-3	S21^{m}S21^{m}	55	22	40
YZC1-6	S21^{m}S21^{m}	45	20	44
YZ1-15	S21^{m}S21^{m}	36	20	56
YZ1-18	S21^{m}S21^{m}	48	23	48
YZ1-21	S21^{m}S21^{m}	43	29	67
YZ1-30	S21^{m}S21^{m}	89	29	33
YZ1-35	S21^{m}S21^{m}	72	30	42

表 6-42　YZSSFM 纯合体性状特征分析

性状	YZSSFM 纯合体			
	闫庄梨	YZC1-3	YZC1-7	YZC1-10
单果重（g）	269	215	233	226
果形指数（*L*/*D*）	1.09	1.17	1.14	1.10
可溶性固形物含量（%）	10.9	11.1	10.8	10.7
可滴定酸含量（%）	0.11	0.09	0.1	0.14
风味	微甜	微甜	微甜	微甜偏淡
硬度（kg/cm^2）	3.4	3.3	3.5	3.3
丰产性	极丰产	丰产	丰产	极丰产

表 6-43 ‘金坠梨’自花授粉的花序坐果率分析

授粉组合	授粉年份	授粉花序数	坐果花序数	花序坐果率（%）
金坠梨×金坠梨	2006	96	75	78
	2009	100	72	72
	2013	101	62	61

表 6-44 ‘金坠梨’与‘鸭梨’相互授粉花序坐果率分析

授粉组合	授粉年份	授粉花序数	坐果花序数	花序坐果率（%）
金坠梨×鸭梨	2006	96	8	8
	2009	72	2	3
	2013	96	1	1
鸭梨×金坠梨	2006	88	68	77
	2009	100	78	78
	2013	59	37	63

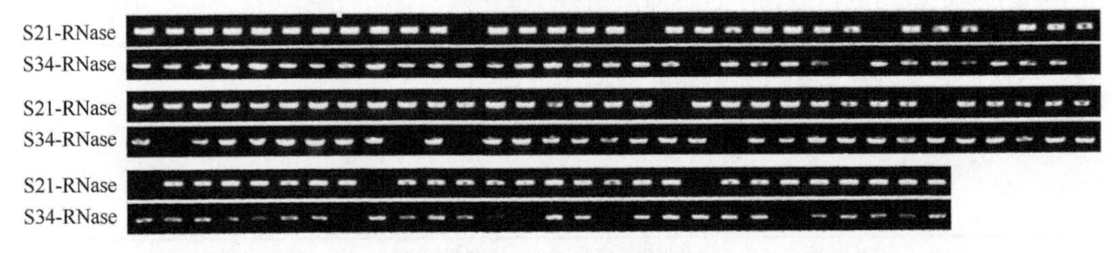

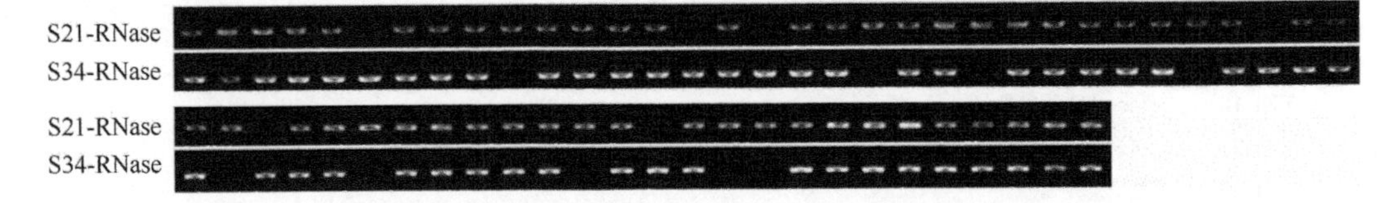

图 6-21 ‘金坠梨’自交与‘鸭梨’×‘金坠梨’杂交后代 S 基因型 PCR 鉴定

表 6-45 ‘金坠梨’自交与‘鸭梨’×‘金坠梨’杂交后代 S 基因型分离比

组合	总数（株）	后代 S 基因型分布（株）			期望比例	卡方检验（P 值）
		S21S21	S21S34	S34S34		
‘金坠梨’自交	94	11	74	9	1∶2∶1	31.11（P<0.01）
‘鸭梨’×‘金坠梨’	59	9	44	6	1∶2∶1	14.56（P<0.01）

表 6-46 ‘金坠梨’花粉母细胞异常减数分裂细胞统计

减数分裂时期	总细胞数	异常细胞数	异常发育现象	异常细胞占比（%）
分裂中期 I	625	283	单价体滞后	45
分裂后期 I	731	172	单价体滞后	24
分裂中期 II	563	169	单价体滞后	30
分裂后期 II	612	244	染色体不均等分离	40

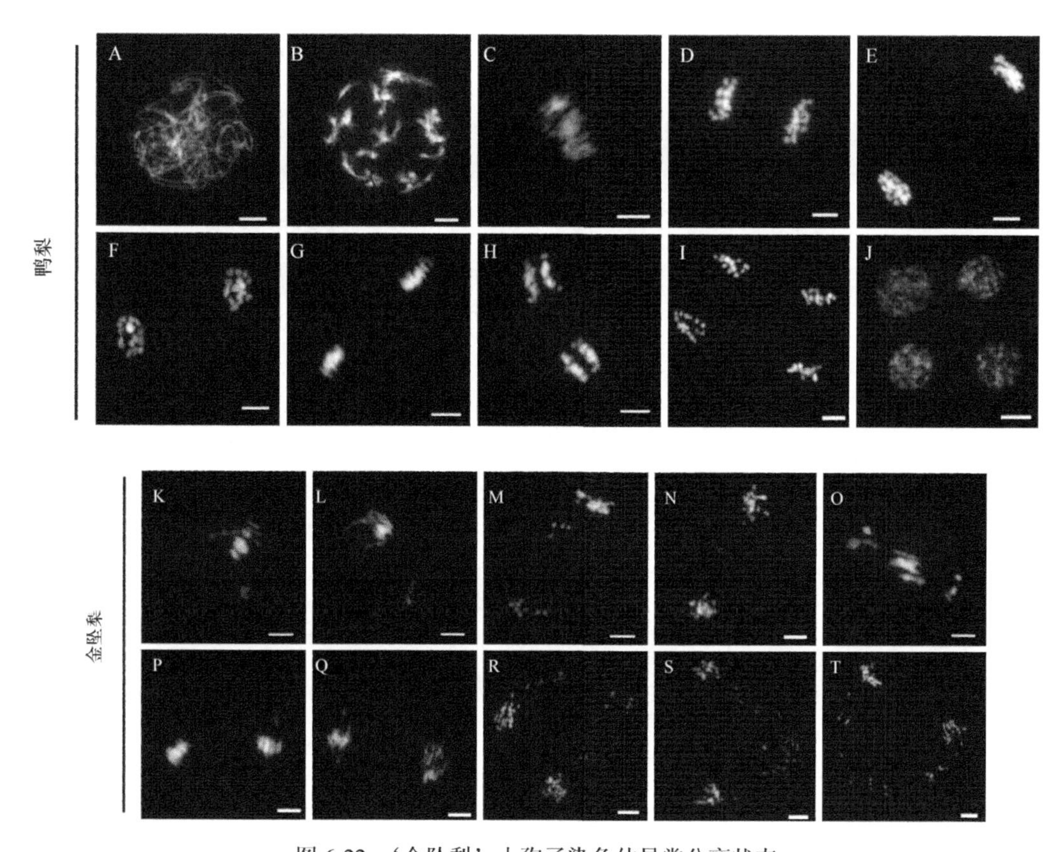

图 6-22　‘金坠梨’小孢子染色体异常分离状态

A～C. 大孢子母细胞期；D～H. 二分体时期；I～J. 四分体时期

K～M. 大孢子母细胞期（孢原细胞染色体状态异常）；N～R. 四分体时期（染色体桥联会失败）；S～T. 四分体时期（染色体弥散）。图中比例尺均为 2μm

‘金坠梨’自交后代 S21S21-NS、S21S34、S34S34-NS 株系染色体数目均为 34 条，其花粉母细胞异常减数分裂并未导致后代染色体数目异常（图 6-23）。

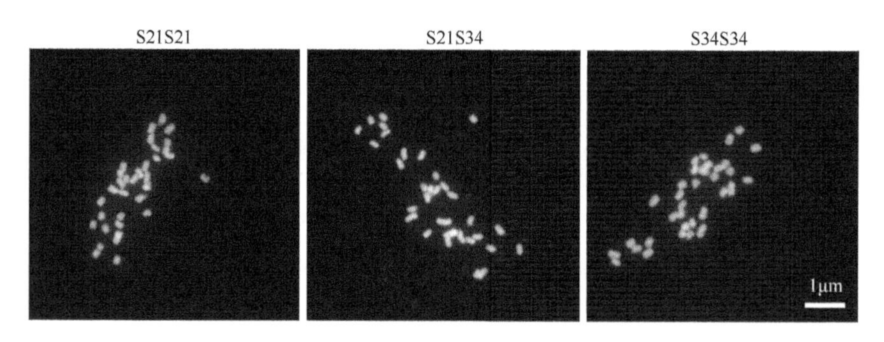

图 6-23　‘金坠梨’自交后代染色体数目观察

4）JZPSFM 纯合系。‘金坠梨’自花授粉，获得 11 株 S21S21 纯合体、9 株 S34S34 纯合体。通过评价果实品质、抗性等性状，研究人员筛选出 3 株 S21S21 纯合体、3 株 S34S34 纯合体，均为自花结实（图 6-24，表 6-47）。部分纯合系果实较‘金坠梨’略小，果形指数、可溶性固形物含量、可滴定酸含量、风味等与‘金坠梨’无明显差异，

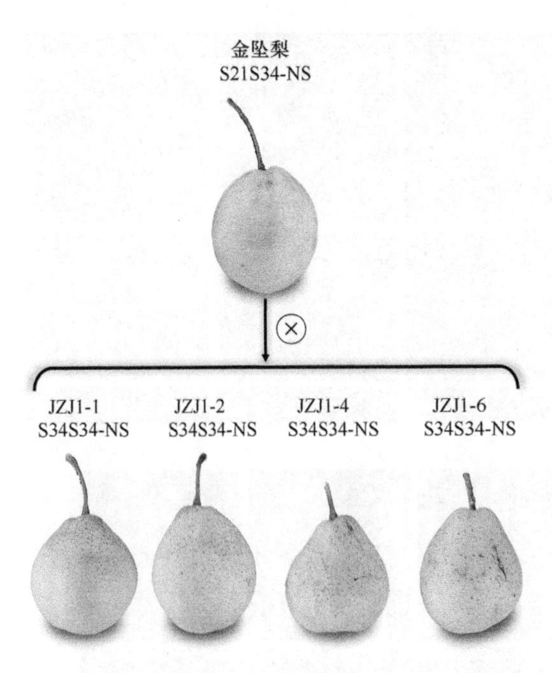

图 6-24 JZPSFM 纯合体鉴定

个别纯合系风味偏淡，糖度、酸度下降（表 6-48）。

（二）属间远缘杂交自花结实种质创制

1. 远缘杂交组合选配

苹果自花不结实品种与梨 YZSSFM/JZPSFM 配置杂交组合（表 6-49）。

（1）苹果×梨 YZSSFM 杂交组合

目前配置 18 个苹果与梨 YZSSFM 杂交组合，共获得杂种苗 241 株。

（2）苹果×梨 JZPSFM 杂交组合

目前配置 16 个苹果与梨 JZPSFM 杂交组合，共获得杂种苗 219 株（表 6-50）。

2. 远缘杂种鉴定

（1）苹果×梨杂种形态鉴定

评价部分远缘杂种一年生枝、叶片、花、果实等的性状，器官形态表现为母本苹果特征（图 6-25，图 6-26，表 6-51，表 6-52）。杂交后代遗传多样性丰富，有超亲和返祖现象。由于目前结果株系较少，性状表现有待进一步研究。

表 6-47 JZPSFM 纯合体自花授粉坐果率分析

株系	S 基因型	自花授粉花序数	坐果花序数	自花授粉结实率（%）
JZJ1-1	S21S21	97	75	77
JZJ1-6	S21S21	51	29	57
JZJ1-15	S21S21	92	48	52
JZJ1-18	S34S34	96	44	46
JZJ1-23	S34S34	82	62	76
JZJ1-35	S34S34	110	50	45

表 6-48 JZPSFM 纯合体性状特征测试

性状	JZPSFM 纯合体				
	金坠梨	JZJ1-1	JZJ1-2	JZJ1-4	JZJ1-6
单果重（g）	277	220	213	221	244
果形指数（*L*/*D*）	1.21	1.11	1.10	1.09	1.08
可溶性固形物含量（%）	10.9	11.1	10.8	8.7	10.7
可滴定酸含量（%）	0.11	0.14	0.15	0.06	0.11
风味	微甜	微甜	微甜	微甜	微甜偏淡
硬度（kg/cm^2）	3.4	3.1	4	4.2	3.3
丰产性	极丰产	极丰产	丰产	极丰产	极丰产

表 6-49　苹果×梨 YZSSFM 远缘杂交组合

苹果×梨	杂交年份	播种数	杂种苗（株）	是否坐果
富士×闫庄梨	2017	34	1	是
富士×YZC1-21	2017	8	0	是
金冠×闫庄梨	2017	5	0	是
金冠×YZC1-21	2017	3	1	是
寒富×闫庄梨	2017	7	2	是
寒富×YZC1-21	2017	16	1	是
望山红×闫庄梨	2018	90	10	是
金冠×闫庄梨	2018	14	10	是
望山红×闫庄梨	2019	80	41	否
金冠×闫庄梨	2019	125	78	否
58-34×闫庄梨	2010	32	7	否
望山红×闫庄梨	2020	50	43	否
金冠×YZC1-21	2020	172	6	否
岳帅×闫庄梨	2021	141	41	否
岳阳红×闫庄梨	2022	—	—	—
岳阳红×YZC1-21	2022	—	—	—
富士×闫庄梨	2022	—	—	—
富士×YZC1-21	2022	—	—	—

表 6-50　苹果×梨 JZPSFM 远缘杂交组合

苹果×梨	杂交年份	播种数	杂种苗（株）	是否坐果
富士×金坠梨	2017	9	0	是
富士×JZJ1-1	2017	7	0	是
金冠×金坠梨	2017	17	0	是
金冠×JZJ1-1	2017	13	1	是
寒富×金坠梨	2017	5	4	是
寒富×JZJ1-1	2017	6	1	是
望山红×金坠梨	2018	29	2	是
金冠×金坠梨	2018	14	10	是
望山红×金坠梨	2019	92	61	否
金冠×金坠梨	2019	90	69	否
58-34×金坠梨	2010	136	69	否
金冠×金坠梨	2020	94	2	否
岳阳红×金坠梨	2022	—	—	否
岳阳红×JZJ1-1	2022	—	—	否
富士×金坠梨	2022	—	—	否
富士×JZJ1-1	2022	—	—	否

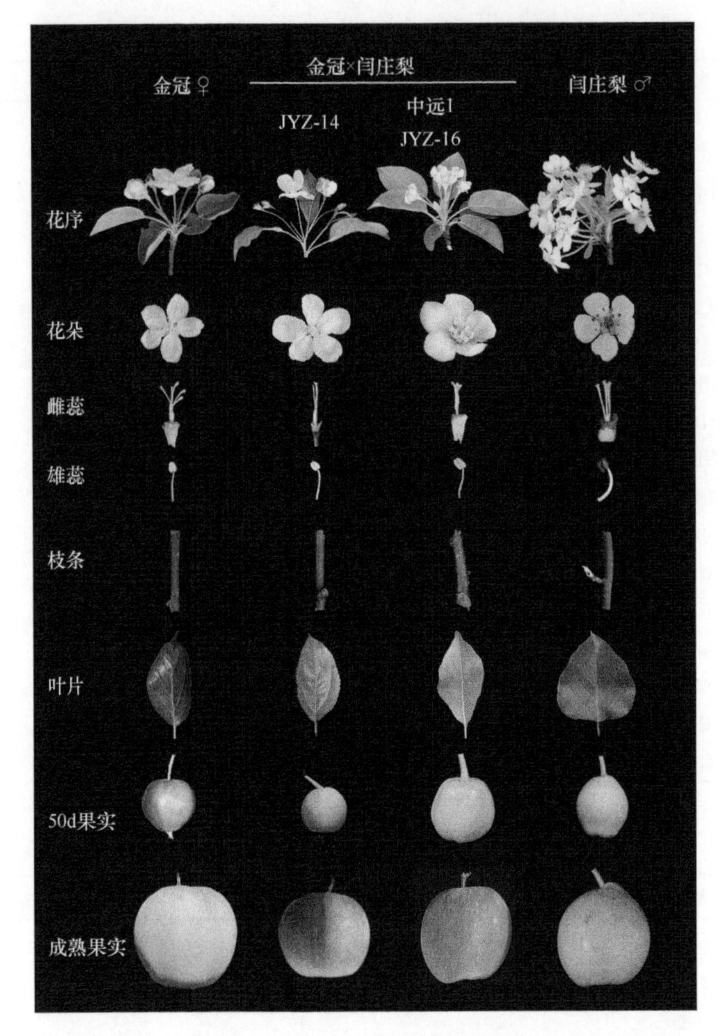

图 6-25 ‘金冠’×‘闫庄梨’远缘杂种与亲本形态比较

表 6-51 ‘金冠’×‘闫庄梨’远缘杂种性状测试

器官	性状	金冠	闫庄梨	远缘杂种	
				18-6	18-8
花	花着生方式	合生	螺旋着生	合生	合生
	花蕾颜色	淡粉	白	白	淡粉
	花瓣形状	卵圆	圆	卵圆	心形
	花药颜色	黄	红	黄	黄
	花柱基部	合生	离生	合生	合生
叶片	叶片颜色	深绿	浅绿	深绿	深绿
	叶缘锯齿	钝	锐	钝	钝
	叶基形状	阔楔形	截形	阔楔形	阔楔形
	叶尖形状	渐尖	急尖	渐尖	渐尖
枝条	皮孔大小	小	大	小	小
	色泽	暗褐	黄褐	暗褐	暗褐

续表

器官	性状	金冠	闫庄梨	远缘杂种	
				18-6	18-8
果实	单果重（g）	211	234	102	95
	果实形状	圆	纺锤	卵圆	圆
	横径位置	近中部	近中部	近中部	近中部
	果形指数	—	—	—	—
	果皮底色	黄	绿	不可见	褐黄
	果皮盖色	粉红	无	红	粉红
	盖色面积	极小	无	极大	较小
	盖色深浅	中	无	深	浅
	果面光粗度	光滑	光滑	粗糙	光滑
	果锈数量	无	少	无	无
	果点大小	小	大	小	小
	果点密度	疏	密	疏	疏
	果实萼片	脱落	脱落	宿存	脱落

表 6-52　‘望山红’×‘闫庄梨’远缘杂种性状测试

器官	性状	望山红	闫庄梨	远缘杂种		
				18-1	18-2	18-9
花	花着生方式	合生	螺旋着生	合生	合生	合生
	花蕾颜色	淡粉	白	白	淡粉	白
	花瓣形状	卵圆	圆	卵圆	心形	卵圆
	花药颜色	黄	红	黄	黄	黄
	花柱基部	合生	离生	合生	合生	合生
叶片	叶片长度	—	—	—	—	—
	叶片宽度	中	宽	中	窄	窄
	叶片长宽比	—	—	—	—	—
	叶片颜色	深绿	浅绿	深绿	深绿	深绿
	叶缘锯齿	钝	锐	钝	钝	钝
	叶基形状	阔楔形	截形	阔楔形	阔楔形	阔楔形
	叶尖形状	渐尖	急尖	渐尖	渐尖	急尖
枝条	皮孔大小	小	大	小	小	小
	色泽	暗褐	黄褐	暗褐	暗褐	暗褐
果实	单果重	—	—	—	—	—
	果实形状	圆	纺锤	卵圆	圆	卵圆
	横径位置	近中部	近中部	近中部	近中部	近中部
	果形指数	—	—	—	—	—
	果皮底色	黄	绿	不可见	黄	黄
	果皮盖色	粉红	无	红	粉红	粉红
	盖色面积	极大	无	极大	极大	极大

续表

器官	性状	望山红	闫庄梨	远缘杂种		
				18-1	18-2	18-9
	盖色深浅	中	无	深	浅	中
	果面光粗度	—	—	—	—	—
	果锈数量	无	少	无	无	无
	果点大小	小	大	小	小	小
	果点密度	疏	密	疏	疏	疏
	果实萼片	脱落	脱落	宿存	脱落	宿存

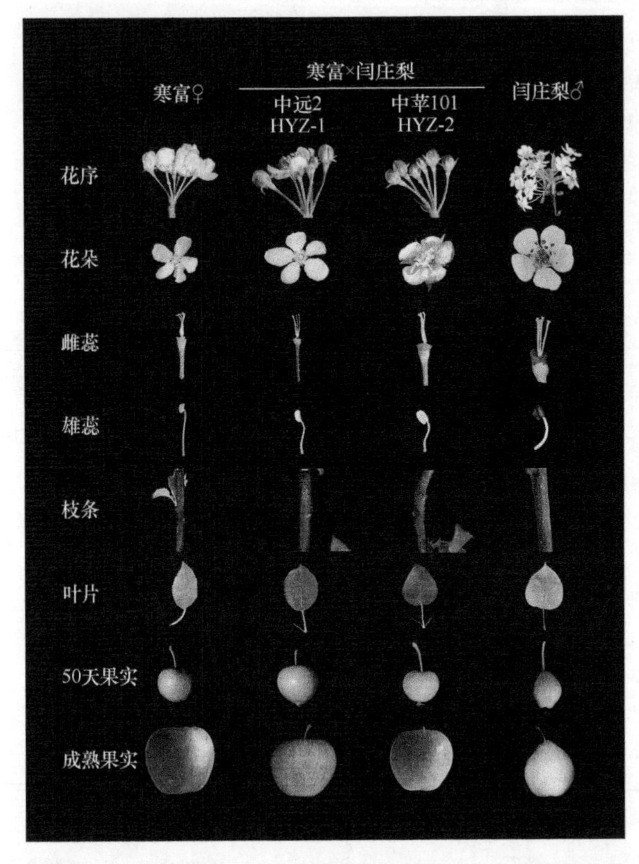

图 6-26 ‘望山红’×‘闫庄梨’远缘杂种与亲本形态比较

（2）苹果×梨杂种简单重复序列（simple sequence repeat，SSR）标记鉴定

设计的 16 对 SSR 引物（表 6-53），在苹果和梨中仅能扩增出 1 个条带，在苹果×梨杂种后代中均能扩增出 2 个条带。其中 M/P-SSR1 在苹果中扩增片段为 221bp，在梨中为 405bp; M/P-SSR2 在苹果中无 PCR 扩增产物，在梨中扩增片段为 255bp; M/P-SSR3 在苹果中扩增片段为 515bp，高于梨的 240bp；M/P-SSR4 在苹果中扩增片段为 271bp，高于梨的 110bp；M/P-SSR5 在苹果中扩增片段为 120bp，低于梨的 371bp；M/P-SSR6 在苹果中扩增片段为 263bp，低于梨的 419bp；M/P-SSR7 在苹果中不能扩增出片段，在梨中扩增片段为 703bp; M/P-SSR8 在苹果中不能扩增出片段，在梨中扩增片段为 745bp;

表 6-53　苹果×梨远缘杂种鉴定的 SSR 引物序列

引物名称	引物序列	Tm（℃）	扩增循环数	鉴定方式
M/P-SSR1	F：AATACTAATCCTTTTTGCTAA R：TCCATTCAATCTGTCTCGGTC	58	32	电泳
M/P-SSR2	F：ACTCACAAGTCCTTCCGCA R：TCCACAATGTCCCCCAGA	55	35	电泳
M/P-SSR3	F：TGATGGACAAGTGGAAGTGC R：GTTTGACAGTAGAACTGAACGACAAA	58	32	电泳
M/P-SSR4	F：TCCCACCTTACGTACGTACA R：TGAGCTATACCTTTCGTGCAA	60	32	电泳
M/P-SSR5	F：AGGAGAGAGGGAGAGATTGGA R：ACATCATTCTCAAAGGGCCCA	54	32	电泳
M/P-SSR6	F：TGAATGGCAGCAGCACGA R：GCTCCTCGCCAGTGAGAA	55	32	电泳
M/P-SSR7	F：TCCTGCTTCAAGGTCGTTTCA R：CCATGATGCATGAACCCCCT	55	32	电泳
M/P-SSR8	F：TTGTGGGGCACAGCTCAC R：CACGCCGAGTCTGCCTAG	55	35	电泳
M/P-SSR9	F：ACAAAGGACGCCAAAGCA R：TGACAGTCAGCATCTCCAACA	57	35	电泳
M/P-SSR10	F：GCTGCCAGCAGTTCTTGT R：CACCAACAAGAACTGCTGGC	58	35	电泳
M/P-SSR11	F：GAGACAGTGACAATTTTCGCA R：TGTGGGGTATGAGGGTAGCT	57	35	电泳
M/P-SSR12	F：ACTGCAGAGCGCCCTTTT R：GTCCAGCAGGCACCAGAA	60	35	电泳
M/P-SSR13	F：AAGACCAGCCACGAAGCC R：GCTTCCACTCCAACCCCC	59	35	电泳
M/P-SSR14	F：CGGCTTTGGGACGGTTGA R：CCTGTTTCAGGTGCAAACTGA	58	32	电泳
M/P-SSR15	F：TGCGGAAAGATGGAGTAGGT R：GCCACGTACTGTACTGAAACC	55	35	电泳
M/P-SSR16	F：ACCTCCCATATGCCAGTGC R：AGGCAGCAGGAACAAGCA	58	32	电泳

M/P-SSR9 在苹果中扩增片段为 194bp，低于梨的 1990bp；M/P-SSR10 在苹果中不能扩增出片段，在梨中扩增片段为 297bp；M/P-SSR11 在苹果中扩增片段为 101bp，低于梨的 297bp；M/P-SSR12 在苹果中扩增片段为 125bp，低于梨的 314bp；M/P-SSR13 在苹果中扩增片段为 244bp，低于梨的 487bp；M/P-SSR14 在苹果中扩增片段为 221bp，低于梨的 468bp；M/P-SSR15 在苹果中扩增片段为 197bp，低于梨的 449bp；M/P-SSR16 在苹果中不能扩增出片段，在梨中扩增片段为 239bp（图 6-27）。目前共鉴定出苹果×梨远缘杂种 36 个（表 6-54，表 6-55）。

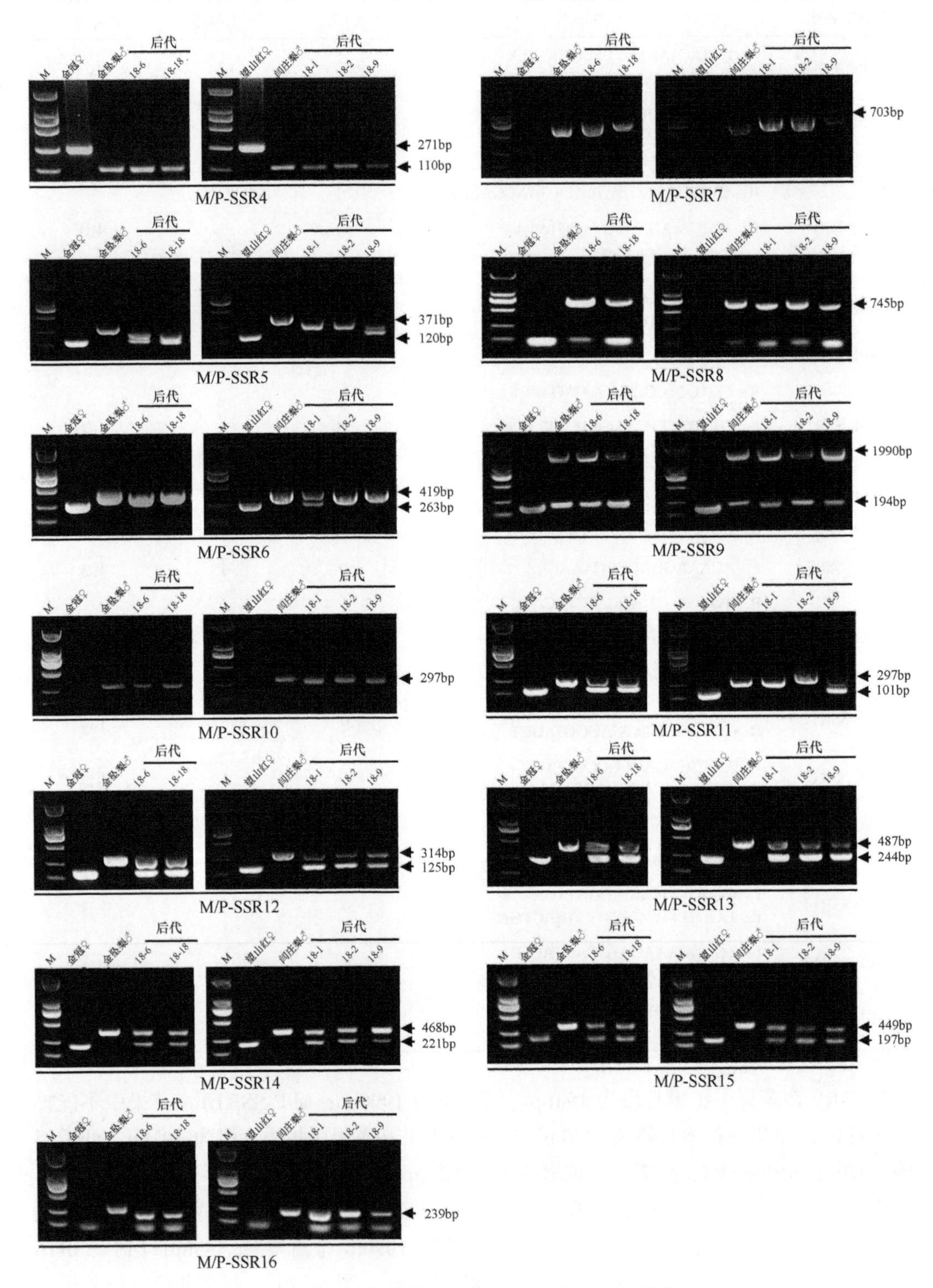

图 6-27　苹果和梨远缘杂种 SSR 引物 PCR 鉴定

表 6-54　苹果'金冠'×梨远缘杂种鉴定

组合	杂交后代	基因型	M/P-SSR1	M/P-SSR2	M/P-SSR3
金冠×金坠梨（S2S3×S21S34）	18-6	S3S34	+	+	+
	18-8	S3S34	+	+	+
	18-14	S3S21	–	+	+
	18-16	S2S34	–	+	+
	19-8	S3S34	+	–	–
	19-16	S2S21	+	+	+
金冠×闫庄梨（S2S3×S21^{m}S34）	18-2	S3S34	+	+	+
	18-6	S3S21^{m}	–	+	–
	18-9	S2S34	+	+	+
	18-10	S3S34	+	+	–
金冠×YZ1-1（S2S3×S21^{m}S21^{m}）	20-1	S2S21^{m}	–	+	–
	20-3	S2S21^{m}	–	–	+
	20-4	S2S21^{m}	–	+	–

注："+"表示有此特异性标记，"－"表示无此特异性标记。下同

表 6-55　苹果'望山红'×梨远缘杂种鉴定

组合	杂交后代	基因型	M/P-SSR1	M/P-SSR2	M/P-SSR3
望山红×金坠梨（S1S9×S21S34）	19-1	S1S21	+	–	–
	19-2	S9S34	–	+	+
	19-5	S1S34	+	+	–
	19-6	S1S34	–	+	–
	19-16	S9S21	–	–	+
	19-19	S1S34	–	+	–
	19-25	S9S34	–	–	+
	19-29	S1S21	–	–	+
	19-37	S9S34	+	–	+
	19-38	S1S21	+	–	–
	19-39	S1S21	+	–	–
望山红×闫庄梨（S1S9×S21^{m}S34）	18-1	S1S21^{m}	+	+	+
	18-2	S1S21^{m}	+	+	+
	18-6	S1S21^{m}	–	–	+
	18-9	S9S34	+	+	+
	20-1	S1S34	–	–	–
	20-3	S1S34	+	+	–
	20-14	S1S34	–	+	–
	20-19	S1S34	–	+	+
	20-27	S1S34	–	+	–
	20-29	S1S34	–	+	–
	20-31	S1S21^{m}	–	–	+
	20-37	S1S34	–	+	–

（3）苹果×梨杂种基因组原位杂交（genomic in situ hybridization，GISH）鉴定

A. 苹果×梨

依据苹果、梨基因组差异序列，分别设计苹果、梨特异性探针，利用染色体免疫荧光杂交鉴定苹果×梨杂种。鉴定出‘望山红’×‘闫庄梨’后代18-1、18-2和18-9的染色体总数$2n=2x=34$，其中1/2（$n=17$）源自梨，另外1/2源自苹果（图6-28）。二者没有发生染色体交换。

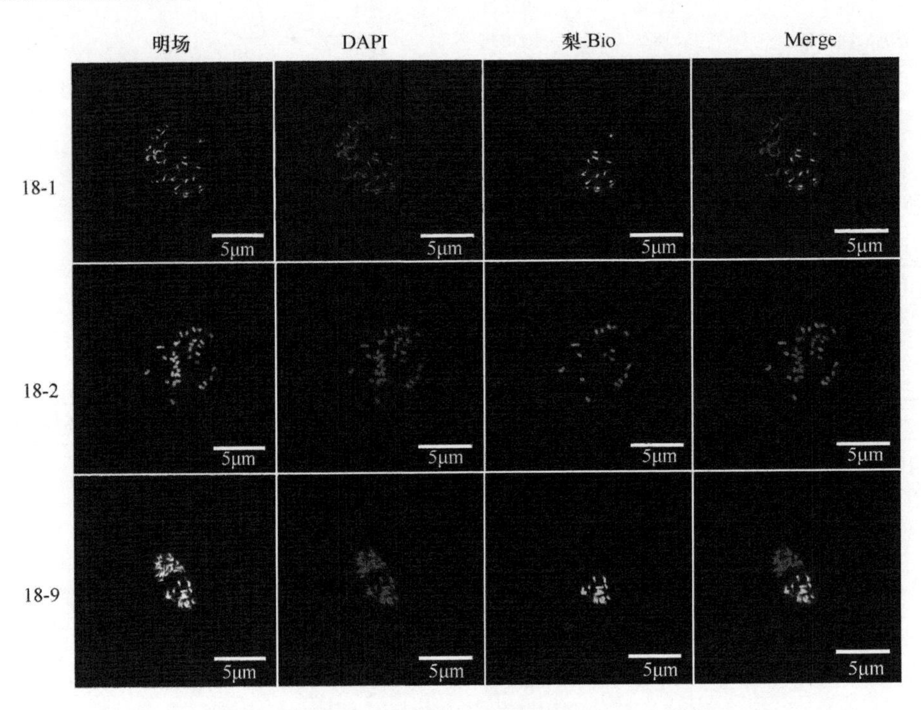

图6-28 苹果×梨杂种根尖细胞染色体GISH鉴定

DAPI. 4',6-二脒基-2-苯基吲哚；明场、蓝色荧光（DAPI染色）代表全染色体（$2n=2x=34$）；绿色荧光、蓝色荧光代表染色体梨组分；叠加场（Merge）为绿色荧光与蓝色荧光叠加；Bio为生物素

B.（苹果×梨）×苹果

18-1×岳冠、18-2×岳冠染色体总数$2n=2x=34$，减数分裂过程中发生了染色体交换（图6-29黄色箭头）。

（4）苹果×梨杂种S基因型鉴定

利用苹果、梨S-RNase特异性引物鉴定远缘杂种S基因型，研究人员共鉴定出携带梨特异S-RNase株系23株，其中有10株杂种未鉴定到梨*S-RNase*基因，可能是梨S位点未交换至苹果基因组中。

同时设计YZSSFM、JZPSFM特异性引物，PCR扩增结果经SNP分型或1.5%凝胶电泳检测，鉴定远缘杂种YZSSFM与JZPSFM（表6-54，表6-55）。目前共鉴定出YZSSFM 6株，而JZPSFM为花粉非S因子变异，具体变异位点还需进一步研究。

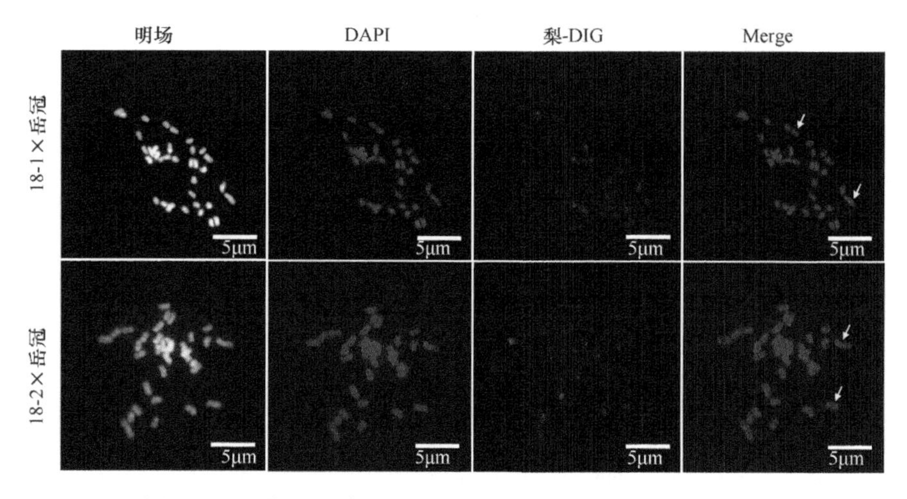

图 6-29　（苹果×梨）×苹果杂种根尖细胞染色体 GISH 鉴定

明场、蓝色荧光（DAPI 染色）代表全染色体（$2n=2x=34$）；红色荧光、蓝色荧光代表染色体梨组分；叠加场（Merge）为红色荧光和蓝绿色荧光叠加；黄色箭头代表发生交换部位；DIG 为地高辛

3. 远缘杂种自花结实性评价

通过调查已开花株系自花授粉的花序坐果率，我们已获得自花结实株系 4 株（表 6-56）。

表 6-56　苹果×梨远缘杂种自花授粉坐果率分析

组合	株系	授粉年份	基因型	授粉花序数	坐果花序数	自花授粉花序坐果率（%）
金冠×金坠梨（S2S3×S21S34）	18-6	2022	S2S34	10	1	10
金冠×闫庄梨（S2S3×$S21^mS34$）	18-8	2022	$S2S21^m$	16	4	25
		2023	$S2S21^m$	75	36	48
望山红×闫庄梨（S1S9×$S21^mS34$）	18-1	2023	$S1S21^m$	50	12	24
	17-2	2023	$S9S21^m$	150	55	36.7
	18-2	2022	$S1S21^m$	10	1	10
	18-9	2022	S9S34	10	0	0

4. 苹果×梨远缘杂种品种/品系

以苹果品种为母本、梨品种为父本进行远缘杂交，本团队从‘寒富×闫庄梨’选育出苹果×梨远缘杂种新品种‘中远 101’，从‘望山红×闫庄梨’中选育出‘中远 102’（图 6-30，表 6-57）。

（三）属间远缘杂交生殖障碍

梨自花结实性变异导入苹果存在生殖障碍，包括受精前和受精后两个方面。

1. 受精前障碍——杂交不亲和性

苹果栽培品种与白梨、沙梨杂交亲和性较好，与秋子梨、西洋梨、新疆梨杂交亲和性差；野生苹果山定子与西洋梨杂交亲和性好，与白梨、沙梨杂交亲和性差。此外，正反交对亲和性的影响也很大，苹果×梨亲和性较好，梨×苹果亲和性差（表 6-58）。

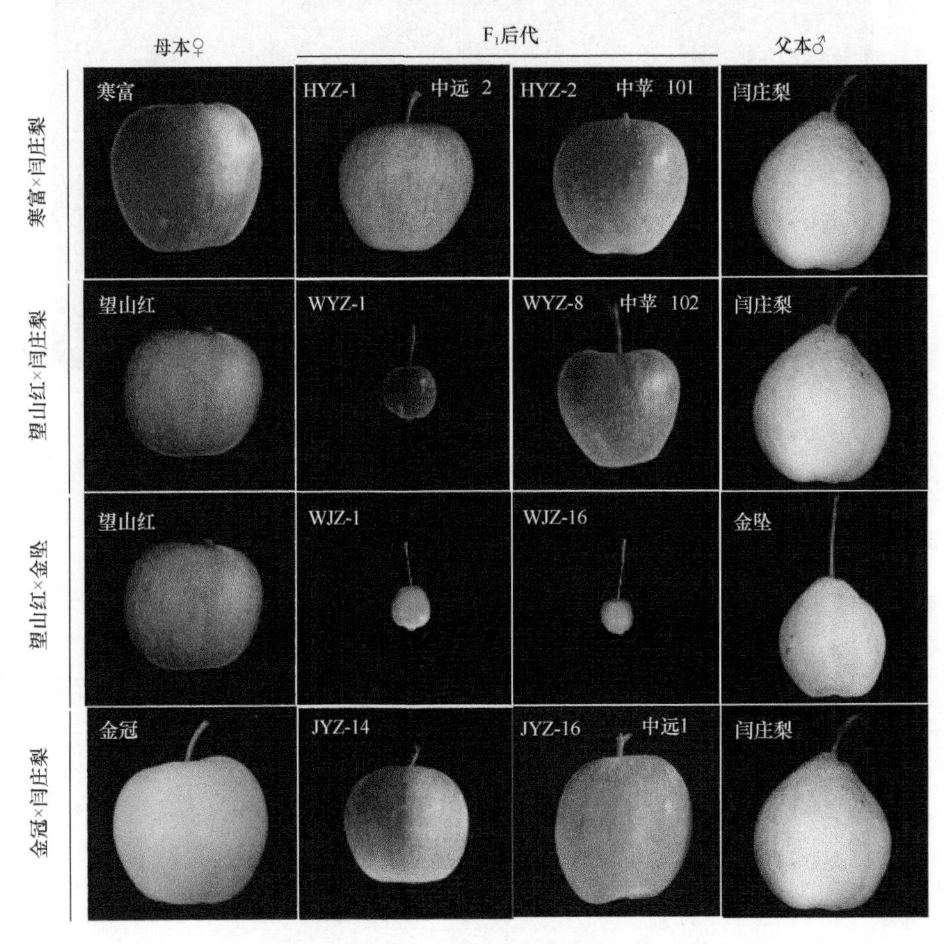

图 6-30 苹果×梨远缘杂种果实形态

表 6-57 苹果×梨远缘杂种优良品种/品系性状特征

编号	平均单果重（g）	平均横径（mm）	平均纵径（mm）	平均果实硬度（kg/cm^2）	平均可溶性固形物（SSC）（%）	平均酸度（TA）（%）
寒富	327.47	90.73	80.62	8.73	13.77	0.47
望山红	179.19	72.75	61.90	9.83	12.50	0.69
金冠	211.03	77.49	70.83	10.97	13.33	0.44
中苹 101	106.13	62.17	53.89	11.10	15.10	0.12
中苹 102	161.61	69.66	64.20	11.50	14.40	0.49
中远 1	259.72	84.33	73.45	11.34	13.93	0.49
中远 2	250.64	86.68	71.21	10.97	14.77	0.54
WYZ-1	26.93	35.19	34.04	11.47	16.50	0.44
WJZ-1	30.23	35.44	34.55	11.21	17.00	0.47
WJZ-16	28.90	35.12	34.33	11.24	16.53	0.39
JYZ-14	204.73	73.85	69.85	11.77	13.87	0.51

表 6-58　苹果与梨杂交亲和性分析

远缘组合	授粉花朵数	坐果数	坐果率（%）	种子数
富士×秋荣（沙梨）	200	93	46.5	121
富士×闫庄梨（白梨）	400	154	38.2	174
富士×金坠梨（白梨）	400	103	25.1	163
富士×康弗伦斯（西洋梨）	400	1	0.25	0
富士×南果梨（秋子梨）	400	0	0	0
富士×库尔勒香梨（新疆梨）	400	0	0	0
山定子×康弗伦斯（西洋梨）	100	24	24	48
山定子×闫庄梨（白梨）	200	0	0	0
南果梨（秋子梨）×寒富	200	0	0	0

远缘杂交授粉 4d 后花粉管生长至子房并到达珠孔，释放两个精核细胞分别与卵细胞和中央细胞的两个极核发生双受精，形成胚和胚乳。利用石蜡切片观察胚和胚乳不同时期发育状态，可进一步辅助鉴定远缘杂交结实件。远缘花粉授粉后 2d 可观察到 8 核胚囊，3d 花粉管生长至胚囊，4d 花粉管破裂于胚囊内释放两个精细胞，5d 一个精细胞向卵细胞靠近，另一个精细胞向极核靠近，在 6d 时可分辨出受精成功与否，即雌配子与雄配子结合形成合子与初生胚乳核为受精成功，反之，雌配子与雄配子无法识别结合而导致卵细胞与极核退化为受精失败。受精成功的胚在 7d 时初生胚乳核与合子进行第一次分裂，8d 胚乳核分裂为多个游离胚乳核，9d 合子分裂为多细胞团，12d 球形胚形成，15d 发育为心形胚，20d 以后心形胚逐渐变大，进行正常发育（图 6-31）。

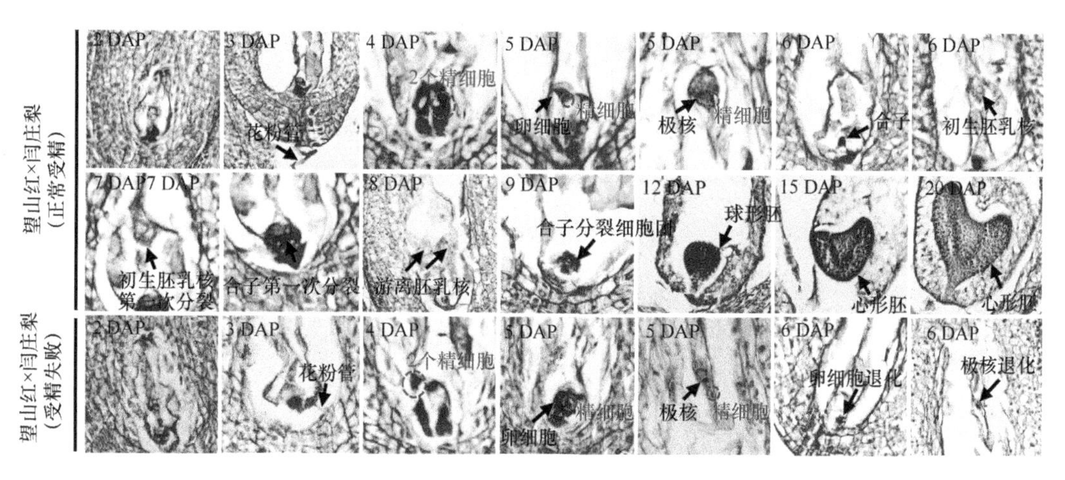

图 6-31　远缘杂交授粉后种胚发育状态

DAP 代表授粉后天数，2 DAP 代表授粉后 2d，类似余同

2. 受精后障碍——杂种不育性

苹果和梨杂交后获得的远缘杂种常出现不育的情况，主要表现如下。

1）杂种胚乳发育不正常，无法给幼胚提供充足的养分，影响幼胚发育。

2）能得到包含杂种胚的种子，但大部分种子不能发芽，种子萌发率低（表6-59）。

表6-59　苹果和梨远缘杂交种子萌发率分析

远缘组合	种子数	种子萌发数	种子萌发率（%）
富士×闫庄梨	566	99	17.5
金冠×闫庄梨	579	54	9.3
金冠×S基因纯合体	178	19	10.7

3）杂交种子能发芽，但在苗期出现发育迟缓、发育停滞（早夭）、发育不良的现象（图6-32，表6-60）。

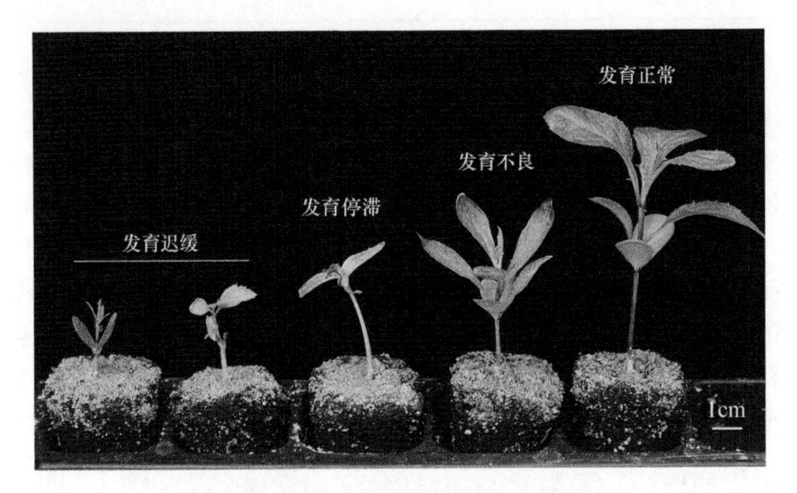

图6-32　苹果×梨远缘杂种幼苗发育状态

表6-60　苹果和梨远缘杂种幼苗发育状态分析

远缘组合	种子萌发数	发育迟缓苗数	发育停滞苗数	发育不良苗数
富士×闫庄梨	99	12	15	7
金冠×闫庄梨	154	23	25	9
金冠×纯合体	103	12	23	11

4）杂种植株抗性差。一些杂种在高接后表现出极强的感病性。

二、种间自花结实变异导入

目前，生产上栽培的苹果多为单果重≥150g的栽培苹果（*Malus domestica*），但在我国东北寒地（黑龙江省、吉林省等）多栽培单果重＜100g的小苹果。田间自花授粉试验证明，小苹果具有自花结实能力（表6-61）。因此，利用苹果种间远缘杂交可将小苹果自花结实变异导入栽培苹果。自花结实的小苹果果实性状如图6-33所示。

小苹果自花结实的变异位点尚待明晰，其鉴定方法也有待进一步开发。

表 6-61 小苹果自花授粉坐果率分析

品种/品系名	授粉年份	授粉地点	授粉花序数（个）	坐果花序数	自花授粉坐果率（%）
七月鲜（K9）	2022	哈尔滨市	100	66	66
	2023	通辽市	72	24	33
黄太平	2022	哈尔滨市	100	79	79
	2023	通辽市	88	64	73
红太平	2023	通辽市	88	50	57
金红（123）	2023	通辽市	88	62	70
铃铛果	2023	通辽市	102	82	80
秋露	2022	哈尔滨市	100	59	59
1112	2022	哈尔滨市	100	61	61
K43-1	2022	牡丹江市	100	63	63
塞外红	2022	哈尔滨市	200	62	31
	2023	通辽市	178	26	15
象牙黄	2023	通辽市	104	54	52
沈农 2 号	2023	通辽市	50	32	64
新苹红	2023	通辽市	52	44	85
山大 1	2022	牡丹江市	100	44	44
山大 2	2022	牡丹江市	100	56	56

图 6-33 自花结实的小苹果果实性状

第三节 苹果基因工程自花结实种质创制

除自然变异杂交育种外，还可利用基因编辑等手段靶向创制自花结实变异。靶向创制自花结实种质总体思路，一是优良品种自花结实遗传改良，二是改良砧木进而调控接穗品种自花结实。

一、苹果品种基因工程自花结实种质创制

（一）改良自花结实性的相关基因

1. 基因沉默/敲除

本节所述基因沉默/敲除的基因具体指维持、辅助自花不结实系统，抑制花粉管伸长

的基因，包括花柱 *S-RNase*、花粉 *ABCF*、*HF15792* 等（表 6-62）。

表 6-62　用于改良苹果自花结实性的基因资源

基因名称	基因性质	基因功能
S-RNase	花柱 S 基因	具有细胞毒性，抑制花粉管伸长
ABCF	花粉非 S 基因	帮助花柱 S-RNase 进入花粉管
PPa	花粉非 S 基因	S-RNase 结合 PPa 导致花粉管 tRNA 氨酰化受阻、蛋白质合成受到抑制
D1	花粉非 S 基因	D1 结合 S-RNase 帮助花粉管抵御“细胞毒性”
HF15792	自我识别非 S 基因	HF15792 帮助 S-RNase 折叠

2. 基因超表达

本节所述基因超表达的基因具体指能维持花粉管伸长、抵御自花不结实性的基因，如花粉 *PPa*、*D1* 等（表 6-62）。

（二）转基因

苹果自花结实转基因方法，包括叶盘农杆菌侵染法和花粉微渗透法。

1. 叶盘农杆菌侵染法

（1）转基因流程

苹果转基因流程如图 6-34 所示。

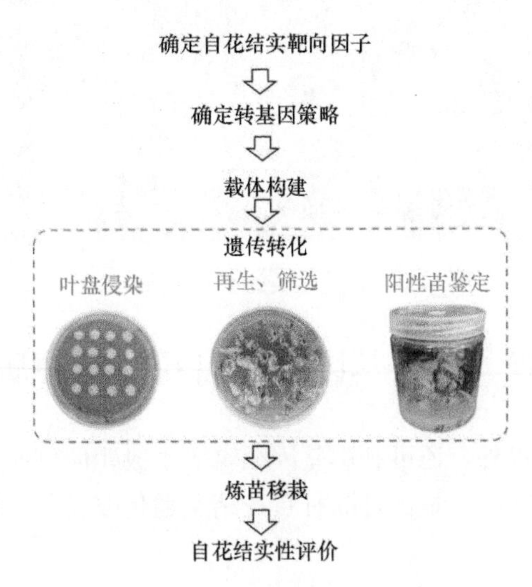

图 6-34　苹果转基因流程

（2）转基因载体

A. 沉默载体

pK7GWIWG2D 载体沉默 *S-RNase*、*ABCF* 和 *HF15792*。组成型强启动子 35S 驱动 *S-RNase* 的保守区 C2（153～366bp）沉默元件，组成型强启动子 35S 驱动 *ABCF* 的 GAD 区（912～1050bp）沉默元件，组成型强启动子 35S 驱动 *HF15792* 的 Lectin 区（1135～

1349bp）（图 6-35A）。

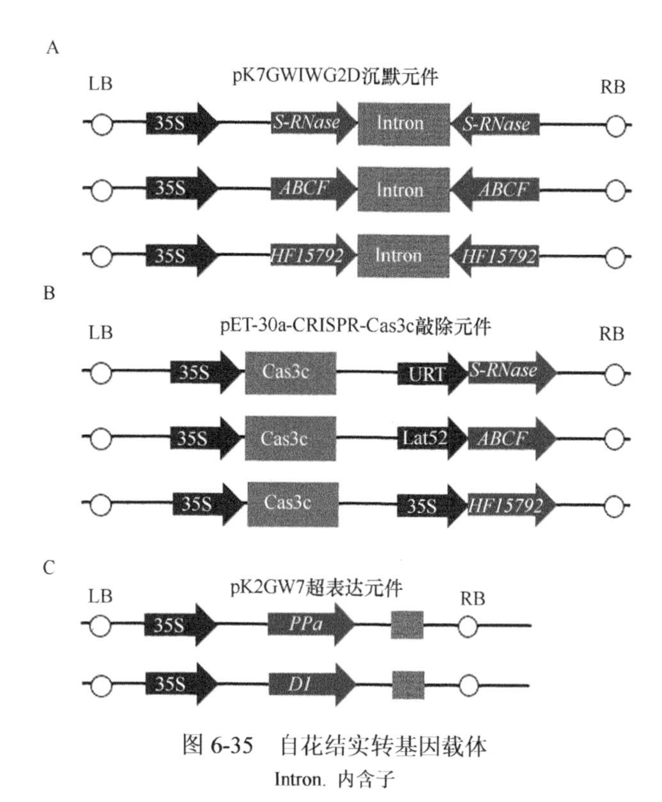

图 6-35　自花结实转基因载体

Intron. 内含子

B. 基因敲除载体

pET-30a-CRISPR-Cas3c 载体敲除 *S-RNase*、*ABCF* 和 *HF15792*。花柱特异启动子 URT 驱动 *S-RNase* 保守区 C2（340～362bp）SgRNA 敲除元件；花粉特异启动子 Lat52 驱动 *ABCF* 的 GAD 区（946～970bp）SgRNA 敲除元件；组成型强启动子 35S 驱动 *HF15792* 的 Lectin 区（1731～1753bp）SgRNA 敲除元件（图 6-35B）。

C. 超表达载体

pK2GW7 超表达载体过量表达 *D1* 和 *PPa*。组成型强启动子 35S 驱动 *D1* 和 *PPa* 全长序列超表达元件（图 6-35C）。

（3）转基因株系鉴定

A. 沉默株系鉴定

1）鉴定引物：利用特异性引物（表 6-63）PCR 扩增鉴定抗性筛选出的转基因株系，确定阳性植株。

表 6-63　阳性沉默株系鉴定引物信息

引物名称	引物序列	Tm（℃）	扩增循环数（个）	鉴定方式
Sil-S-RNase	F：AATACTAATCCTTTTTGCTAA R：TCCATTCAATCTGTCTCGGTC	58	32	琼脂糖凝胶电泳
Sil-ABCF	F：TTATGTTACATTATTACATTCAACG R：AGACTCACCTAGGATCCAAATAC	55	30	琼脂糖凝胶电泳
As-ABCF	F：GAGAAACTAAGACCCGCAAGAATG R：CTCAACTCGGTCAGGTCCATCA	58	32	琼脂糖凝胶电泳

2）DNA/Southern blotting 鉴定：鉴定得到发夹 *S-RNase* 沉默（Sil-S-RNase）阳性株系 5 株，发夹 *ABCF*（Sil-ABCF）阳性株系 4 株，反义 *ABCF*（As-ABCF）阳性株系 2 株（图 6-36）。

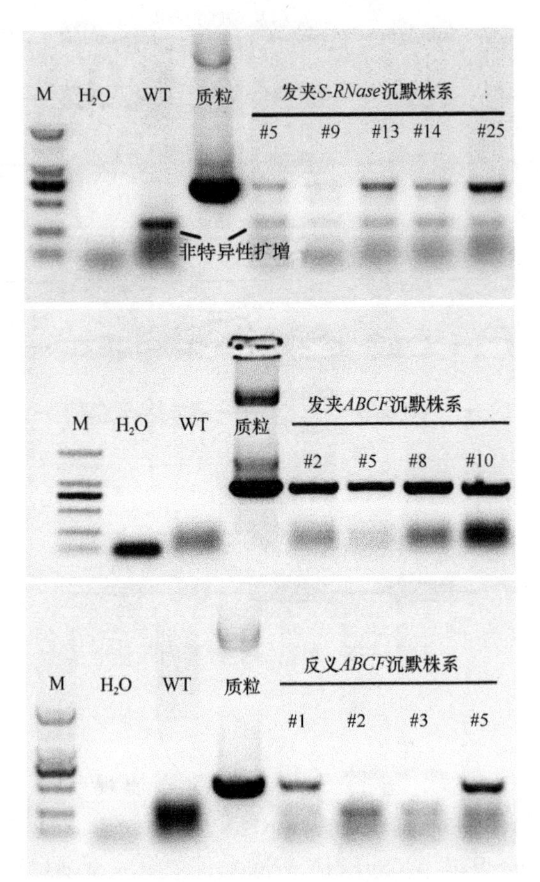

图 6-36　Sil-S-RNase、Sil-ABCF、As-ABCF 转基因沉默株系 DNA 水平检测

3）生长状态：苹果自花结实调控的沉默株系 Sil-S-RNase、Sil-ABCF 所有株系生长势良好，As-ABCF 田间生长势良好，与非转基因植株相比，其枝条、叶片等表型均未发生明显变化，自花结实能力待开花后予以鉴定（图 6-37）。

B. 基因敲除株系鉴定

1）靶点和鉴定引物：根据靶点设计特异性引物（表 6-64），扩增筛选出的转基因株系，鉴定阳性植株。

表 6-64　CRISPR 敲除阳性株系的 PCR 鉴定引物信息

引物名称	引物序列	Tm（℃）	扩增循环数（个）	鉴定方式
GE-S-RNase	F：TACAGCTAGAGTCGAAGTAG R：GCGGCCGCACTAGTGATATCAC	58.5	32	琼脂糖凝胶电泳
GE-ABCF	F：TACAGCTAGAGTCGAAGTAG R：TCTATGTACACATTGTCTGG	51	32	琼脂糖凝胶电泳
GE-HF15792	F：TACAGCTAGAGTCGAAGTAG R：GCCCAAACATGATACTGTAT	52	32	琼脂糖凝胶电泳

2）DNA/Southern blotting 鉴定：目前鉴定得到 *S-RNase* 阳性株系 12 株，其中编辑成功株 2 株，编辑效率为 16.7%（2/12）（图 6-38）。

图 6-37　苹果 Sil-S-RNase、Sil-ABCF、As-ABCF 转基因株系生长状态

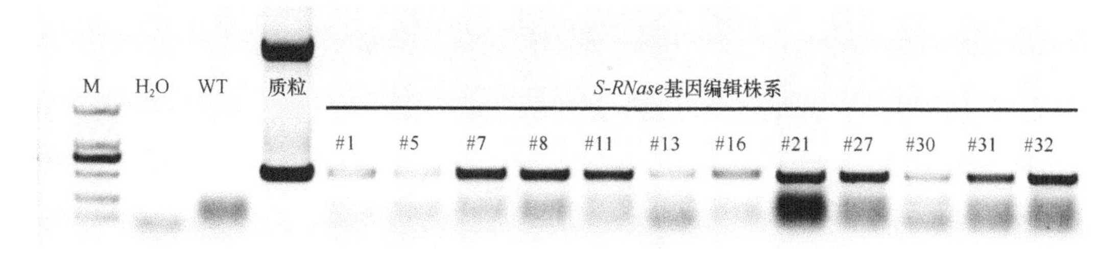

图 6-38　苹果 *S-RNase* 基因敲除株系 DNA 水平检测

3)生长状态:苹果自花结实调控基因敲除株系 *S-RNase* 所有株系生长势良好(图 6-39)。

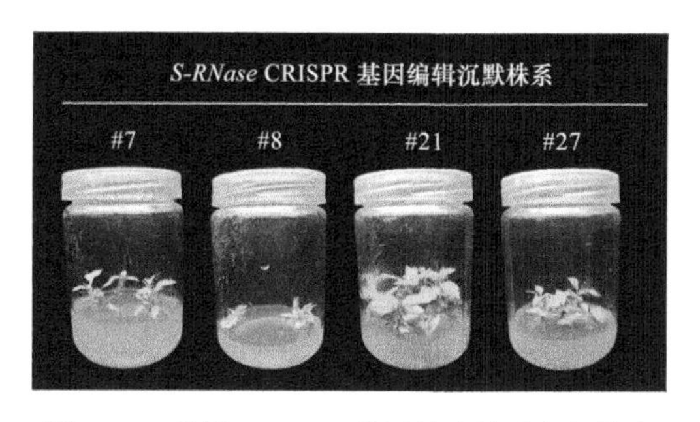

图 6-39　苹果 *S-RNase* 基因敲除株系生长状态

C. 超表达株系鉴定

1）鉴定引物：利用特异性引物（表 6-65）PCR 扩增鉴定抗性筛选出的转基因株系，确定阳性植株。

表 6-65 基因超表达 PCR 鉴定引物信息

引物名称	引物序列	Tm（℃）	扩增循环数（个）	鉴定方式
OE-PPa	F：TCCTTCGCAAGACCCTTCCTC R：AGATAGATTTGTAGAGAGAGACTGG	60	32	琼脂糖凝胶电泳
OE-D1	F：TCCTTCGCAAGACCCTTCCTC R：AGATAGATTTGTAGAGAGAGACTGG	60	32	琼脂糖凝胶电泳

2）DNA/Southern blotting 鉴定：鉴定得到 OE-D1 阳性株系 3 株，OE-PPa 阳性株系 2 株（图 6-40 上，图 6-41，表 6-66）。

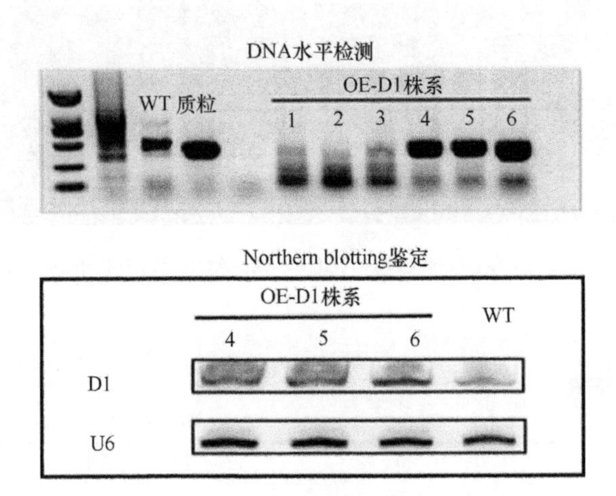

图 6-40 苹果 OE-D1 转基因株系 DNA/Northern blotting 水平检测

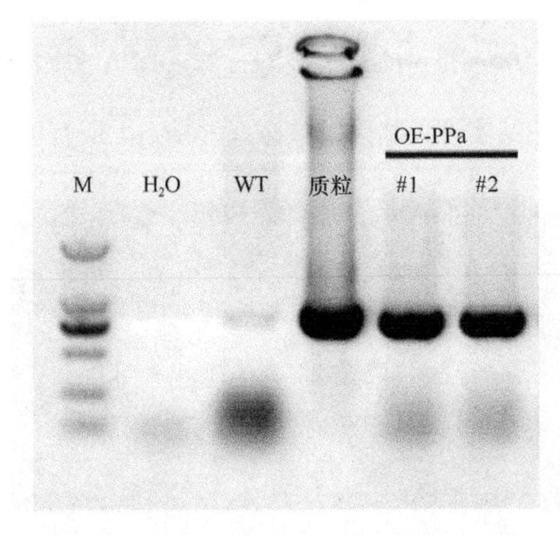

图 6-41 苹果 OE-PPa 转基因株系 DNA/Southern blotting 水平检测

3）RNA/Northern blotting 鉴定：利用特异性引物（表 6-67）扩增筛选出的转基因株系，鉴定阳性植株 RNA 水平变化。OE-D1-4、OE-D1-5、OE-D1-6 中 D1 在 35S 组成型启动子驱动下，其 RNA 水平在叶片中显著提升（图 6-40 下）。

表 6-66　苹果 OE-D1、OE-PPa 转基因株系统计

转基因株系	DNA 水平	RNA 水平	拷贝数
OE-D1-4	+	+	—
OE-D1-5	+	+	—
OE-D1-6	+	+	—
OE-PPa-1	+	—	—
OE-PPa-2	+	—	—

注：“+”表示已鉴定为阳性，“—”表示未鉴定

表 6-67　转基因苹果 PCR 鉴定

引物名称	引物序列	Tm（℃）	扩增循环数(个)	鉴定方式
Sil-S-RNase	F：ATGATATATATGGTTACGATGGT R：CGTTTGAGACGCCGTGG	54	32	琼脂糖凝胶电泳
Sil-ABCF	F：GACCCAGCTTTCTTGTACA R：CAAGCGATAGATTGTCGCAC	55	32	琼脂糖凝胶电泳
Pro-PPa	F：ATGGCTTCTGAAGATCAAAGTGAAG R：TTATCGCCTTAAGGTGAGCATTATG	57	32	琼脂糖凝胶电泳
Pro-D1	F：ATGGAGCATTCTATGCGTCTT R：TTAGCACTTTTTGTTGCACATGC	57	32	琼脂糖凝胶电泳

4）田间生长状态：苹果自花结实调控的超表达 OE-D1 和 OE-PPa 所有株系在田间生长势良好，与非转基因植株相比，其枝条、叶片等表型均未发生明显变化，其自花结实能力需开花后予以鉴定（图 6-42）。

图 6-42　苹果 OE-D1 与 OE-PPa 转基因植株田间苗生长状态

2. 花粉微渗透法

（1）总体操作流程

苹果花粉微渗透法转基因操作流程共分 6 步（图 6-43）。①将新鲜花粉转移至充分吸附“菌液+转化缓冲液”的转化膜上；②真空抽滤 10min；③抽滤完成的花粉转移至硝酸纤维素膜（NC 膜），4℃低温干燥直至花粉完全变干；④转化后花粉田间授粉；⑤授粉果实管理（套袋保果）；⑥采收果实、取种，待种子休眠结束播种催芽，转基因鉴定阳性株系。

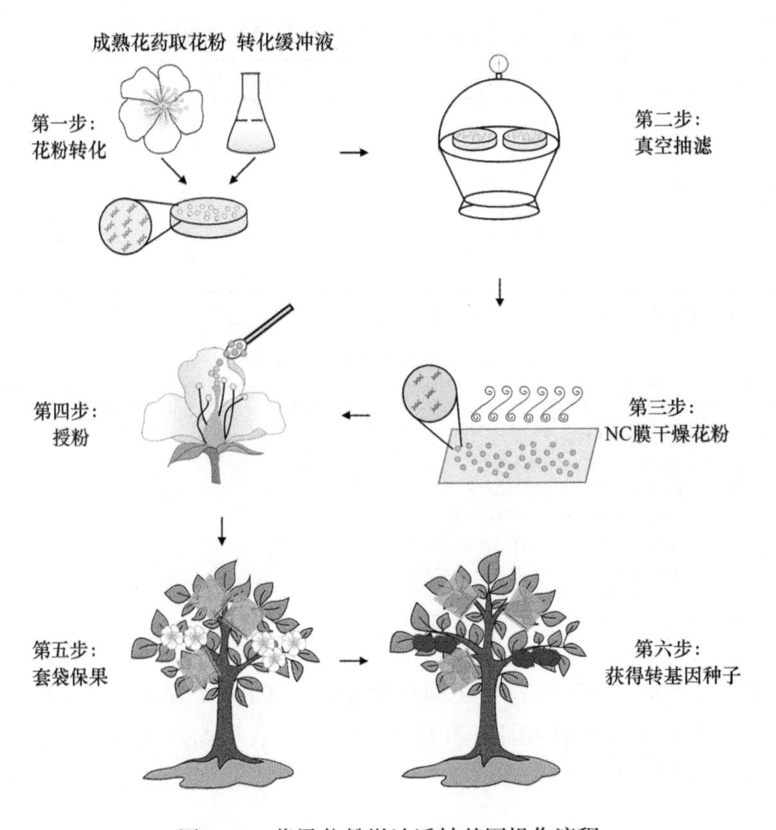

图 6-43 苹果花粉微渗透转基因操作流程

（2）转基因载体构建

花粉微渗透法适用载体为含L臂与R臂的稳定转基因载体，其中目标基因要用Lat52花粉特异性表达启动子驱动效果最佳（图 6-44）。

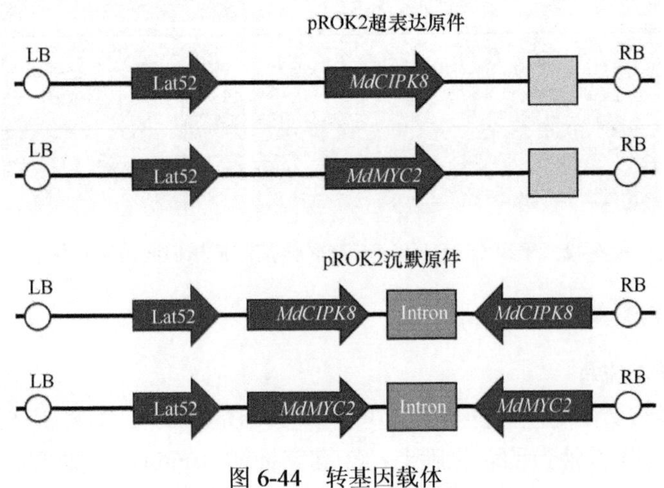

图 6-44 转基因载体

（3）田间授粉

利用获得的转基因花粉进行田间自花授粉，花粉微渗透转基因共进行 6 个处理，分别是非转基因花粉（对照）、转空载体花粉、*MdMYC2* 干扰花粉、*MdMYC2* 超表达花粉、*MdCIPK8* 干扰花粉、*MdCIPK8* 超表达花粉（图 6-45）。

图 6-45　转基因花粉田间授粉

（4）转基因授粉坐果情况

授粉后观察子房膨大情况，研究人员发现在授粉后 30d 时 *MdMYC2* 干扰花粉、*MdCIPK8* 超表达花粉授粉的子房明显膨大（图 6-46）。统计坐果率，发现空载花粉、*MdMYC2* 超表达花粉、*MdCIPK8* 干扰花粉的坐果情况与对照基本一致，即杂交不亲和。而 *MdMYC2* 干扰花粉、*MdCIPK8* 超表达花粉授粉坐果率显著提高，即杂交亲和(图 6-46，表 6-68）。

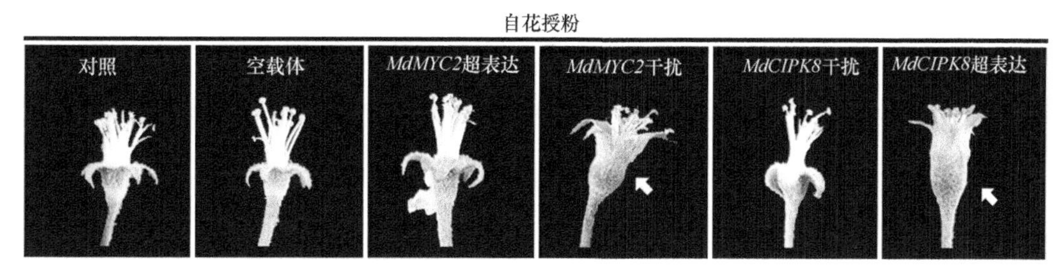

图 6-46　自花授粉子房发育情况

鉴定转化成功的阳性植株时，只有取果实种子后，等待萌发幼苗再取叶片鉴定转基因是否成功。花粉微渗透法获得的转基因株系均为杂合子，须自交或杂交才能获得目标位点纯合的株系。

表 6-68 转基因授粉坐果情况

花粉处理	授粉花朵数	坐果数	自花授粉坐果率（%）
对照	100	3	3
空载体	100	2	2
MdMYC2 超表达	100	4	4
MdMYC2 干扰	100	48	48
MdCIPK8 干扰	100	5	5
MdCIPK8 超表达	100	60	60

二、基于苹果砧木基因工程的接穗自花结实性调控改良

嫁接是苹果最主要的无性繁殖方式。砧木主要作用是增强接穗品种的抗性。目前发现砧穗间存在信息交流，砧木影响接穗品种发育、果实品质等性状；接穗也影响砧木根系发育、营养吸收等。砧穗间存在可移动的小分子，包括 RNA、蛋白质、激素等。因此，利用砧穗相互影响的特性，可通过操控砧木调控接穗品种的自花结实性（图 6-47）。

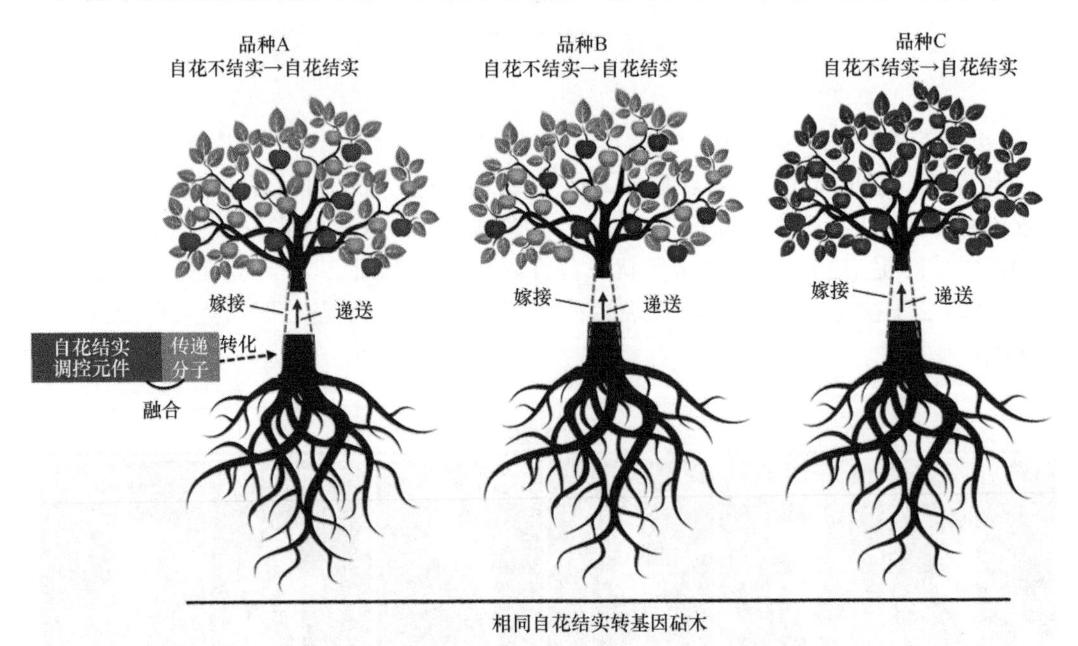

图 6-47 苹果砧木转基因调控接穗品种自花结实性

（一）改良策略

1. 策略

依据自花结实调控元件的砧穗间传递能力，分为以下两种改良策略。

1）自花结实调控元件在砧穗间传递能力强时，直接转化将调控元件转至砧木；但目前尚未鉴定到传递能力强的自花结实调控元件。

2）自花结实调控元件在砧穗间传递能力弱或不传递时，则需要借助另一砧穗间传递能力强的小分子——“运载工具”，搭载自花结实调控元件，转化砧木，依靠“运载工具”将自花结实调控元件递送至接穗品种。

2. 优点

一种转基因砧木可与无数接穗品种分别嫁接获得自花结实能力。转基因砧木仅递送必要调控元件至接穗品种，比直接转化接穗品种在生物安全性方面更可靠。

（二）“运载工具”特征

1. RNA 类

RNA 类“运载工具”一般具备 tRNA 类似 RNA 二级结构、多聚嘧啶基序等特征，目前筛选到的 RNA 类“运载工具”有 $tRNA^{Met}$、$tRNA^{Gly}$、GAI、WoxT1、HMGR1 等。$tRNA^{Met}$ 和 $tRNA^{Gly}$ 传递核心区域为 23～52bp 茎环区，GAI 传递核心区域为 435～466bp 多聚嘧啶区，WoxT1 传递核心区域为 763～806bp 多聚嘧啶区、HMGR1 传递核心区域为 1313～1342bp 多聚嘧啶区（表 6-69）。

表 6-69　植物砧穗间“运载工具”特征

传递分子	传递性质	核心元件	传递部位
$tRNA^{Met}$	RNA 传递	$tRNA^{Met}$ 茎环	韧皮部
$tRNA^{Gly}$	RNA 传递	$tRNA^{Gly}$ 茎环	韧皮部
GAI	RNA 传递	CUCU	韧皮部
WoxT1	RNA 传递	CUCU	韧皮部
HMGR1	RNA 传递	CUCU	—
SUB1	蛋白质传递	—	木质部
N4	蛋白质传递	—	木质部

2. 小肽类

目前筛选到的小肽类“运载工具”有 SUB1、N4 等（表 6-69）。

（三）转基因

利用砧穗间可传递的 RNA 分子融合不可传递的自花结实基因，将自花结实元件由砧木递送至接穗品种，改变其自花结实性，创制自花结实砧穗组合。

1. 转基因流程

1）叶盘农杆菌侵染法将传递片段转化至砧木品种，获得转基因株系（图 6-48A～C）。

2）接穗品种嫁接至转基因砧木株系（图 6-48D）。

3）待接穗品种开花后，自花授粉，统计坐果率（图 6-48E、F）。

2. 转基因载体

（1）传递反义片段载体

将 CTCT+tRNA^{Met} 传递元件和反义 S-RNase、反义 ABCF 片段构建至 pCAMBIA1300 载体，组成型强启动子 35S 驱动传递反义片段元件（图 6-49）。

（2）传递发夹片段载体

将 S-RNase 发夹元件、ABCF 发夹元件构建至 pFGC5941 载体，组成型强启动子 35S 驱动传递发夹片段元件（图 6-49）。

图 6-48　苹果自花结实砧木转基因流程

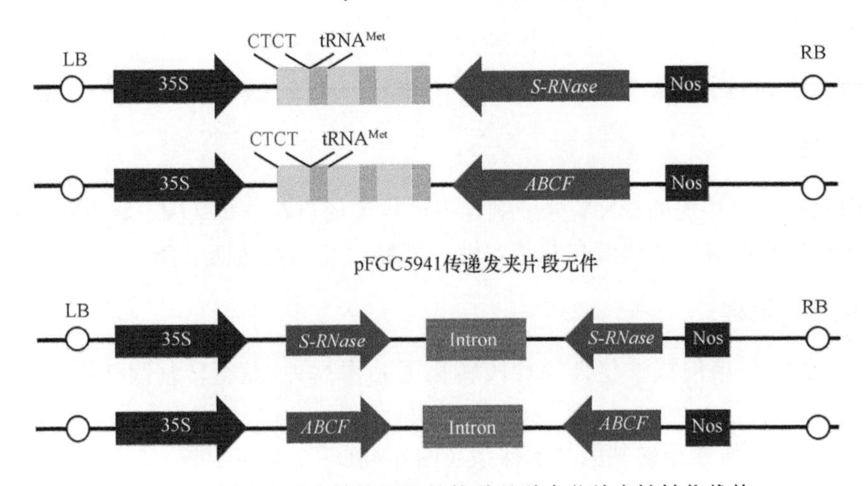

图 6-49　矮牵牛砧木转基因调控接穗品种自花结实性转化载体

3. 转基因株系鉴定

DNA/RNA 鉴定

A. 鉴定引物

利用特异性引物（表 6-70）PCR 扩增鉴定抗性筛选出的转基因株系，确定阳性植株。

表 6-70　转基因株系 PCR 鉴定

引物名称	引物序列	Tm（℃）	扩增循环数（个）	鉴定方式
As-S-RNase	F：TCCAGGGACAATGTGATGAGTTC R：GCAAGCCAAAACCTACATACACTAC	58	32	琼脂糖凝胶电泳
As-ABCF	F：GAATCACTTGGATCTGGATGCTG R：CGTAACCCTTCCCTGAGAGAC	58	30	琼脂糖凝胶电泳
Sil-S-RNase	F：TCCAGGGACAATGTGATGAGTTC R：GCAAGCCAAAACCTACATACACTAC	58	32	琼脂糖凝胶电泳
Sil-ABCF	F：GAATCACTTGGATCTGGATGCTG R：CGTAACCCTTCCCTGAGAGAC	58	30	琼脂糖凝胶电泳

B. 鉴定结果

鉴定得到 Sil-S-RNase 阳性株系 4 株，其中 Sil-S-RNase-1 与 Sil-S-RNase-3 这 2 个株系花柱 S-RNase 的 RNA 水平抑制显著（图 6-50）。

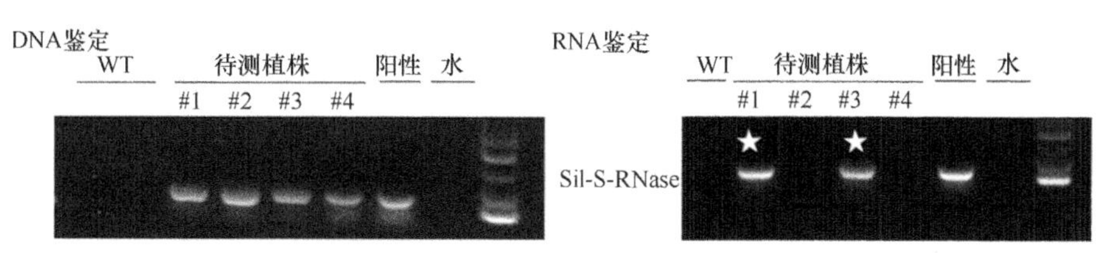

图 6-50　矮牵牛 Sil-S-RNase 转基因株系 DNA 与 RNA 鉴定

鉴定得到 Sil-ABCF 阳性株系 3 株，其中 Sil-ABCF-2 花粉中 ABCF 的 RNA 水平抑制显著（图 6-51）。

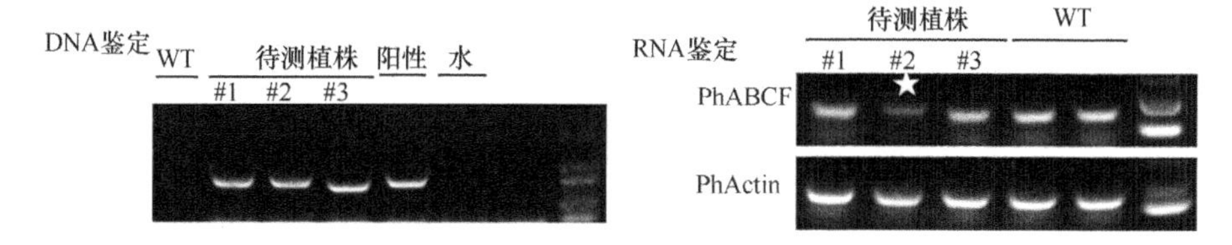

图 6-51　矮牵牛 Sil-ABCF 转基因株系 DNA 与 RNA 鉴定

Ph. 矮牵牛

4. 嫁接传递性鉴定

（1）鉴定方法

鉴定方法主要有 3 种：①取砧木叶片，反转录 PCR（reverse transcription PCR，RT-PCR）鉴定转基因砧木 *Sil-S3L-RNase* 与 *Sil-ABCF* 发夹结构；②取接穗的茎和叶片，RT-PCR 鉴定接穗叶片 *Sil-S3L-RNase* 与 *Sil-ABCF* 发夹结构；③取接穗的花，RT-PCR 鉴定花柱 *PhS3-RNase* 及花粉 *PhABCF* 表达量（图 6-52）。

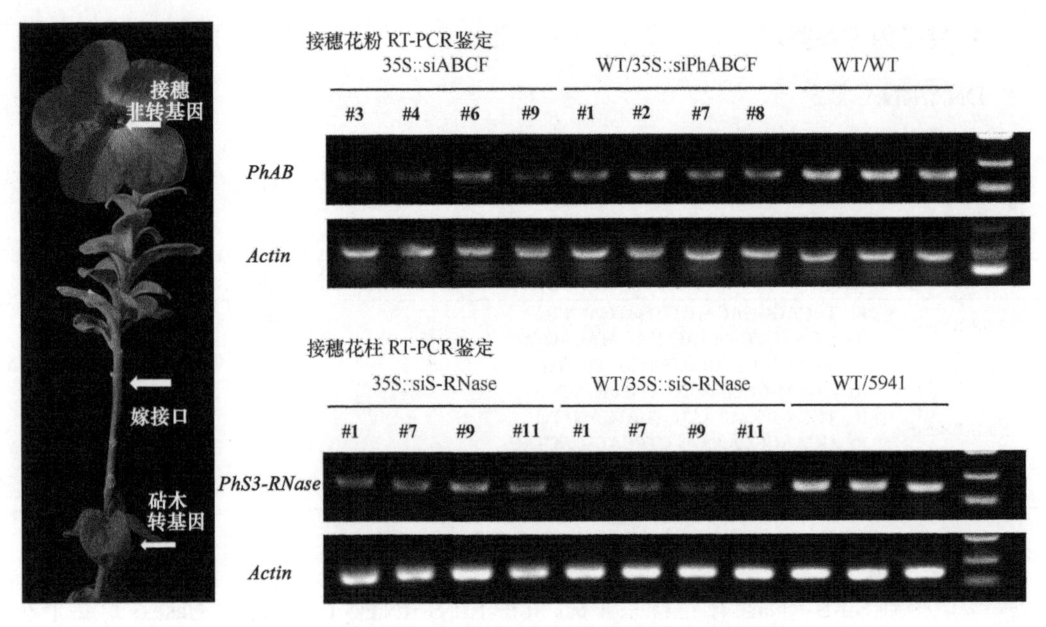

图 6-52　矮牵牛 *Sil-RNase* 与 *Sil-ABCF* 传递效率鉴定

（2）鉴定结果

共嫁接 *Sil-ABCF* 15 株，其中 *Sil-ABCF* 发夹结构成功传递株系 4 株，传递效率 26.7%；共嫁接 *Sil-S3L-RNase* 20 株，其中 *Sil-S3L-RNase* 发夹结构成功传递株系 4 株，传递效率 20%（图 6-52）。

5. 接穗品种自花结实性评价

矮牵牛接穗自花结实性改良：矮牵牛转基因砧木嫁接非转基因接穗，*Sil-S3L-RNase* 发夹结构传递成功的 4 株中，自花结籽率为 42%～60%；*Sil-ABCF* 发夹结构传递成功的 4 株中，自花结籽率为 14%～42%。自花不结籽的矮牵牛在嫁接了转基因株系后，自花结实能力显著改良（图 6-53，表 6-71）。

图 6-53　矮牵牛 *Sil-S3L-RNase* 与 *Sil-ABCF* 传递改良接穗自花结籽率比较

表 6-71　自花不结实矮牵牛嫁接 *Sil-S3L-RNase* 和 *Sil-ABCF* 转基因株系结籽率分析

组合（接穗/砧木）	株系	结籽花朵数	总花朵数	结籽率（%）	平均结籽率（%）
WT/*Sil-S3L-RNase*	#1	6	10	60	54
	#7	3	7	43	
	#9	6	11	55	
	#11	4	7	57	
WT/*Sil-ABCF*	#1	3	11	27	29
	#2	1	7	14	
	#7	3	7	43	
	#8	2	6	33	

第四节　苹果二倍体同源加倍自花结实种质创制

自花不结实的二倍体苹果经染色体加倍获得的同源四倍体具备自花结实能力，这种现象在植物界具有普遍性。染色体同源加倍亦可有效创制自花结实种质。

一、苹果同源四倍体创制

（一）同源四倍体诱导

1. 秋水仙素诱导

秋水仙素可阻碍有丝分裂过程中同源染色体分离，进而造成细胞染色体加倍。

2. 诱导方法

（1）组培诱导法

从继代 30d 苹果组培苗顶部剪取叶片，用刀片在叶背划出 3～4mm 伤口，在含秋水仙素的液体培养基［2mg/L TDZ（噻苯隆）+0.5mg/L NAA（α-萘乙酸）+（15～120）mg/L 秋水仙素+4.43g/L MS 培养基，pH=5.8］暗培 1d，然后在含秋水仙素的固体培养基［2mg/L TDZ+0.5mg/L NAA+（15～120）mg/L 秋水仙素+4.43g/L MS+7g/L 琼脂，pH=5.8］暗培 5d，转入不含秋水仙素的固体培养基（2mg/L TDZ+0.5mg/L NAA+4.43g/L MS+7g/L 琼脂，pH=5.8）暗培 14d，将诱导出的不定芽转入继代培养基［1mg/L 6BA（6-苄氨基嘌呤）+ 0.2mg/L IAA（3-吲哚乙酸）+0.1mg/L GA_3（赤霉素）+ 4.43g/L MS 培养基+7g/L 琼脂，pH=5.8］培养至成苗（图 6-54）。

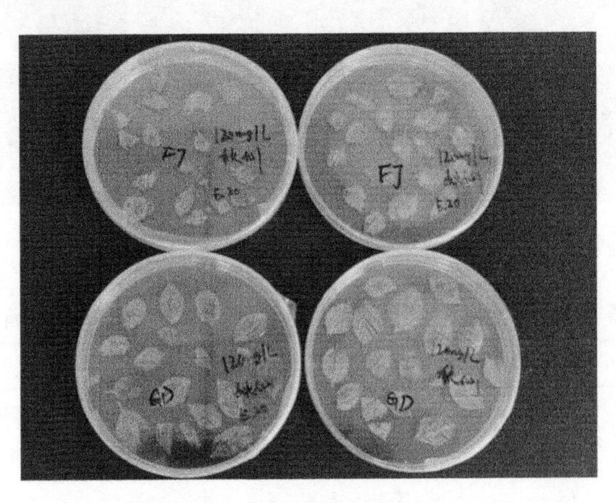

图 6-54　秋水仙素诱导外植体

（2）幼苗秋水仙素点蘸法

将含有 0.1%～0.5%的秋水仙素溶液的脱脂棉球放置在继代 21d 的苹果组培苗顶芽或侧芽顶端（图 6-55），每处理 2d 更换一次棉球，反复处理 6 次，处理完成后摘除棉球继续在组培瓶内培养至成苗。

图 6-55　秋水仙素点蘸处理苹果组培苗

（二）同源四倍体鉴定

1. 倍性鉴定

用流式细胞仪检测植株倍性，横坐标表示荧光信号相对强度值，纵坐标表示细胞数。例如，二倍体‘寒富’荧光通道值为 40 时有峰值出现，四倍体‘寒富’荧光通道值为 100 时有峰值出现，二者荧光强度值呈倍数递增（图 6-56）。

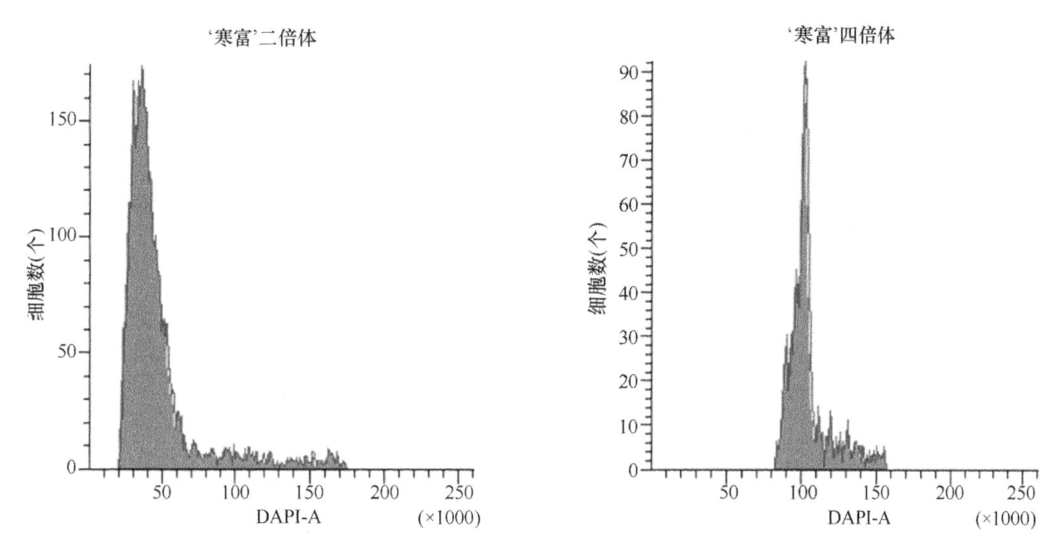

图 6-56　二倍体‘寒富’与四倍体‘寒富’倍性分析

DAPI-A. 荧光信号相对强度值

2. 形态学鉴定

（1）花器官形态及花粉育性

同源四倍体部分花器官显著大于二倍体，具体表现为花瓣增大、花柱变长，花丝长度在两个倍性间虽无显著差异，但花直径明显变大。同源四倍体花药较二倍体增大，同源四倍体花粉粒横轴较二倍体增大约 20%、纵轴较二倍体增大约 5%，但花粉多表现为畸形，正常花粉占比仅 11.5%，远低于二倍体的 58.8%。同源四倍体的花粉萌发率（约 13%）也显著低于二倍体（约 68%）（图 6-57）。

（2）花粉壁构造

同源四倍体花粉外壁较二倍体厚约 25.7%，花粉内壁较二倍体厚 22.5%，但花粉管壁厚度二者无显著差异（图 6-57），说明二倍体花粉加倍后花粉管壁厚度未发生明显变化。一般认为花粉管壁是 S-RNase 进入花粉管的位置，同源四倍体花粉管壁功能与二倍体可能不存在差异。

二、苹果同源四倍体自花结实评价

1. 同源四倍体自花结实表现

‘富士’等二倍体品种自花不结实，加倍为同源四倍体后获得了较强的自花结实能力（表 6-72）。

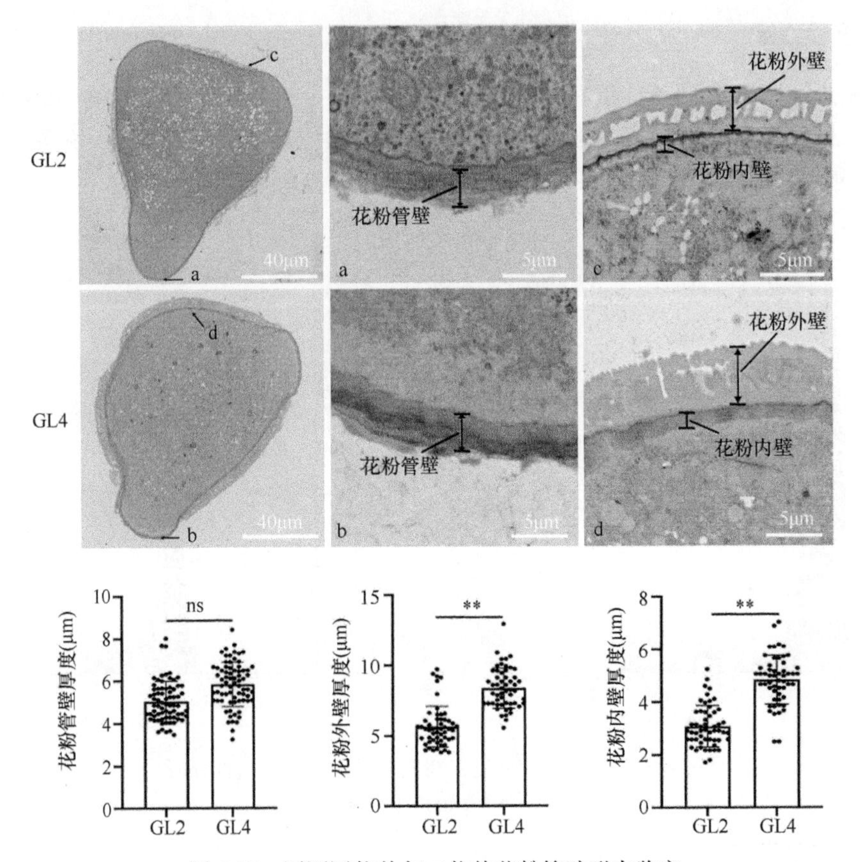

图 6-57 同源四倍体与二倍体花粉管壁形态鉴定

上部分图是扫描电镜图片，下部分图是统计数据。a～d 表示位置关系；GL2 表示嘎啦二倍体，GL4 表示嘎啦四倍体，ns 表示无显著差异，**表示显著差异。下坐标图中黑点表示单个数据，柱状图上下线表示误差线

表 6-72 二倍体苹果与其同源四倍体苹果自花坐果率比较

二倍体品种	自花授粉坐果率（%）	同源四倍体品种	自花授粉坐果率（%）
富士	0	天星	89.7
金冠	0	大金冠	78.1
斯巴坦	0	斯巴坦 4	75.0
红玉	5.0	沃德红玉	66.7
旭	1.0	早生旭	58.9

2. 同源四倍体自花结实遗传规律

二倍体苹果（二倍体）及其同源四倍体相互授粉时，同源四倍体花粉给二倍体花柱授粉花序坐果率均不低于 54%，表现为亲和；反之，用二倍体花粉给同源四倍体花柱授粉平均花序坐果率则均高于 9%，表现为不亲和（图 6-58，表 6-73）。同源四倍体花柱侧能拒斥二倍体花粉，其自花不结实功能未被破坏；然而同源四倍体花粉能在二倍体花

柱正常生长，获得了某种抵御花柱拒斥的能力。因此，同源四倍体自花结实源于花粉侧。

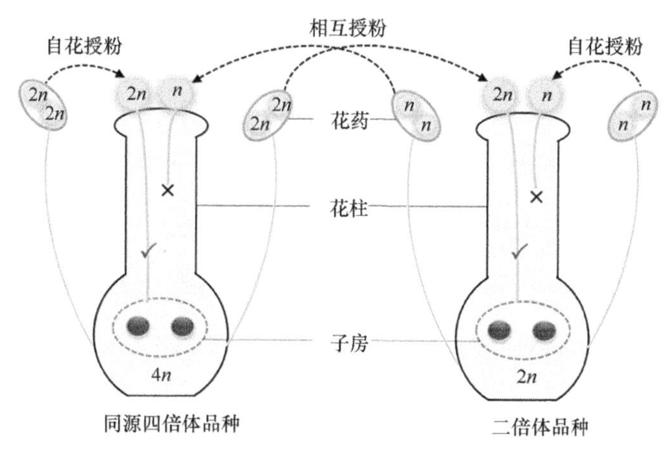

图 6-58　苹果同源四倍体与二倍体相互授粉示意图

表 6-73　苹果同源四倍体与其二倍体相互授粉坐果率调查

授粉组合	年份	花序数	坐果序数	花序坐果率（%）	平均种子数
二倍体×同源四倍体	2017	103	82	79.6	5.5
	2018	100	54	54	4.9
	2020	50	32	64	4.0
同源四倍体×二倍体	2017	101	9	8.9	5.1
	2018	100	9	9	3.6
	2020	50	2	4	3.2

3. 同源四倍体自花结实机制

（1）花粉 S 基因型

‘新世界’（S1S3）×同源四倍体（S2S2S5S5）杂交，后代群体 S 基因型包含 S1S2S2、S2S2S3、S1S5S5、S3S5S5、S1S2S5、S2S3S5 六种类型（图 6-59，表 6-74），而‘望山红’（S1S9）×同源四倍体（S2S2S5S5）杂交，后代群体 S 基因型也包含 S1S2S2、S2S2S9、S1S5S5、S5S5S9、S1S2S5、S2S5S9 六种类型（表 6-75）。因此，同源四倍体 2n 花粉包含纯合型 S2S2、S5S5 花粉和杂合型 S2S5 花粉。

苹果二倍体×同源四倍体后代群体 S 基因型包含 S2S2S2、S2S2S5、S2S5S5、S5S5S5 四种类型，判定这四种类型花粉自花授粉时均能在花柱正常伸长，完成受精结籽（表 6-76）。

（2）自花结实原因探索

异硫氰酸荧光素（FITC）荧光观察二倍体和同源四倍体花粉管对 S-RNase 的吸收情况，S-RNase 进入同源四倍体培养 60min 后，二倍体花粉管相对荧光强度为（3.93±0.57）AU，同源四倍体花粉管相对荧光强度为（4.05±1.46）AU，二者无显著差异（图 6-60）。不管是四倍体 2n 花粉还是二倍体 n 花粉，吸取花柱 S-RNase 的能力均一致，其自花结实能力不同，可能是花粉管中与 S-RNase 相互作用的机制存在差异所致。

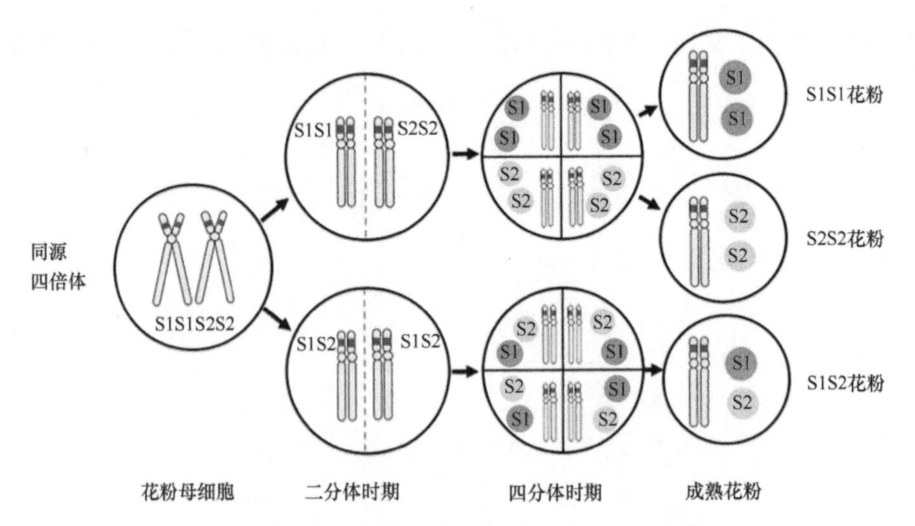

图 6-59　苹果同源四倍体花粉 S 基因分配示意图

表 6-74　'新世界'及其同源四倍体杂交后代 S 基因型鉴定

授粉组合	后代 S 基因型及数量（个）						
	S1S2S2	S1S2S5	S1S5S5	S2S2S3	S2S3S5	S3S5S5	总数
新世界（S1S3）×同源四倍体（S2S2S5S5）	9	18	16	22	7	20	92

表 6-75　'望山红'及其同源四倍体杂交后代 S 基因型鉴定

授粉组合	后代 S 基因型及数量（个）						
	S1S2S2	S1S2S5	S1S5S5	S2S2S9	S2S5S9	S5S5S9	总数
望山红（S1S9）×同源四倍体（S2S2S5S5）	16	8	21	12	9	15	81

表 6-76　苹果二倍体×同源四倍体后代群体 S 基因型鉴定

授粉组合	后代 S 基因型及数量（个）			
	S2S2S2	S2S2S5/S2S5S5	S5S5S5	总数
二倍体（S2S5）×同源四倍体（S2S2S5S5）	6	53	11	70

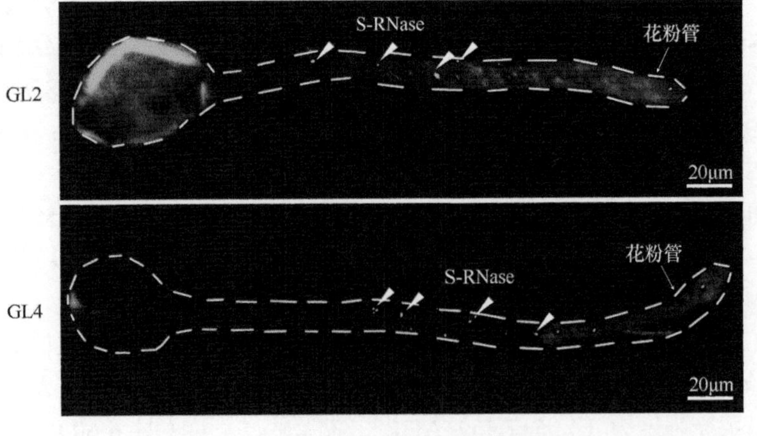

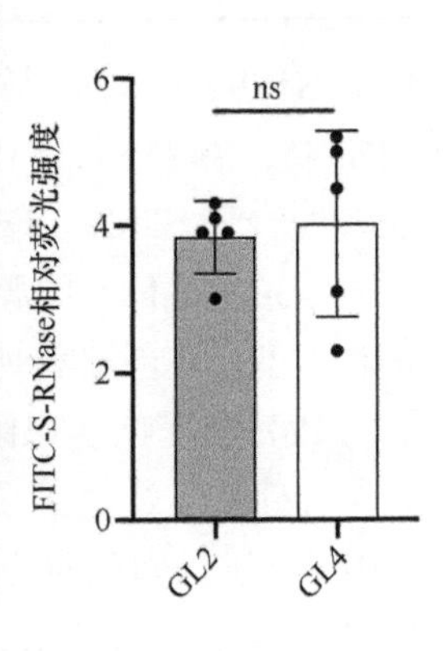

图 6-60　苹果二倍体与同源四倍体花粉吸收 S-RNase 蛋白含量比较

绿色荧光代表 FITC 标记的 S-RNase 蛋白分子

第七章　苹果自花结实品种生产应用

相较苹果自花不结实品种的异花传粉，自花结实品种具有不依赖虫媒传粉、无需人工干预、能规避恶劣环境引发的授粉坐果不良等优点，省工省力，生产成本低，土地利用率高，优势明显，应用前景广阔。目前苹果自花结实品种在世界其他国家尚无大面积生产和栽培，仅在我国东北等省区有大面积推广应用。本章主要介绍苹果自花结实品种的花果特性、果实坐果与品质调控、生产成本等内容，并以此为依据制定生产技术规程，供生产者参考。

第一节　苹果自花结实品种的花果特性与果实品质

本节重点介绍苹果自花结实与不结实品种的花果特性、果实品质形成等方面的异同点。

一、花果特性

（一）自花结实品种成花能力强

苹果自花结实品种成花能力强，相同树形下单株花序数量较自花不结实品种多。7～9 年生纺锤形自花结实的‘寒富’‘岳冠’‘岳艳’‘岳华’单株花序数均高出同龄同树形自花不结实的‘富士’‘嘎啦’‘金冠’‘王林’9%～35%；12～15 年生小冠疏层形自花结实的‘寒富’‘惠’的单株花序数分别高出同龄同树形自花不结实的‘国光’6%～45%（表 7-1）。

表 7-1　2022～2023 年苹果自花结实与不结实品种单株花序和花朵数调查

品种	自花授粉花序坐果率（%）	自花结实性	树形	树龄（年）	单株花序数	单株花朵数
富士	1	不结实	纺锤形	8	83	463
嘎啦	5	不结实	纺锤形	8	92	458
金冠	3	不结实	纺锤形	7	101	556
王林	10	不结实	纺锤形	9	103	505
秦脆	40	结实	纺锤形	8	83	489
岳艳	69	结实	纺锤形	8	112	605
岳华	70	结实	纺锤形	8	106	492
岳冠	40	结实	纺锤形	8	105	567
寒富	89	结实	纺锤形	9	113	631
			小冠疏层形	12	202	930
国光	3	不结实	小冠疏层形	15	139	601
惠	69	结实	小冠疏层形	13	148	654

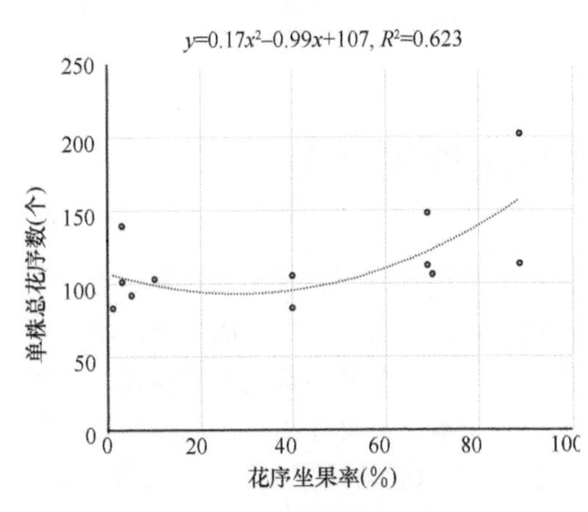

图 7-1 苹果自花授粉花序坐果率与单株总花序数相关性分析

苹果自花授粉后花序坐果率与单株总花序数呈显著正相关（斯皮尔曼相关系数 ρ=0.623*，*为 P<0.05），回归方程为二阶曲线关系（图 7-1），自花授粉花序坐果率越高，单株总花序数越多。

（二）自花结实品种坐果能力强

自花结实品种较自花不结实品种更易坐果。同一果园内‘蜜脆’‘寒富’‘岳艳’‘岳华’‘岳冠’‘惠’等自花结实品种自然授粉后花序坐果率和花朵坐果率高出‘富士’‘嘎啦’‘岳阳红’‘金冠’等自花不结实品种的1%～118%（表 7-2）。

苹果自花结实品种接受自我或异我花粉均能结实，而自花不结实品种仅接受异我花粉时才能结实。自然授粉下自花结实品种坐果成功概率高于自花不结实品种，在花期遭遇低温时表现更明显。自花授粉的花序坐果率与自然授粉的花序坐果率呈显著正相关（斯皮尔曼相关系数 ρ=0.620*，*为 P<0.05），自花授粉花序坐果率越高，自然授粉花序坐果率也越高，品种也越容易坐果。

表 7-2 2022～2023 年苹果自花结实与不结实品种自然授粉坐果能力比较

自花不结实品种	花序坐果率（%）	花朵坐果率（%）	自花结实品种	花序坐果率（%）	花朵坐果率（%）
富士	45	40	蜜脆	66	50
嘎啦	51	45	寒富	98	89
岳阳红	47	42	岳艳	82	78
金冠	61	50	岳华	85	78
王林	62	51	岳冠	89	81
红玉	65	50	惠	84	76

目前生产上苹果授粉树配置方式主要有 4 种（图 7-2）。按图 7-2 所示①、②、③和④配置授粉树，自花不结实‘富士’在自然授粉条件下的花序坐果率分别为 92%、63%、60%和 3%，而自花结实品种‘寒富’的花序坐果率分别为 97%、90%、92%和 78%，‘岳华’的花序坐果率分别为 99%、92%、93%、65%（表 7-3）。自花结实品种在完全不配置授粉树的情况下，坐果率均>35%，可正常生产。

二、果实品质

（一）自花结实品种内在品质

‘寒富’等 9 个苹果自花结实品种自花授粉与异花授粉的果实硬度、可溶性固形物含量、可滴定酸含量等无显著差异（表 7-4，$P<0.001\sim0.05$），自花授粉与异花授粉并不影响果实内在品质。

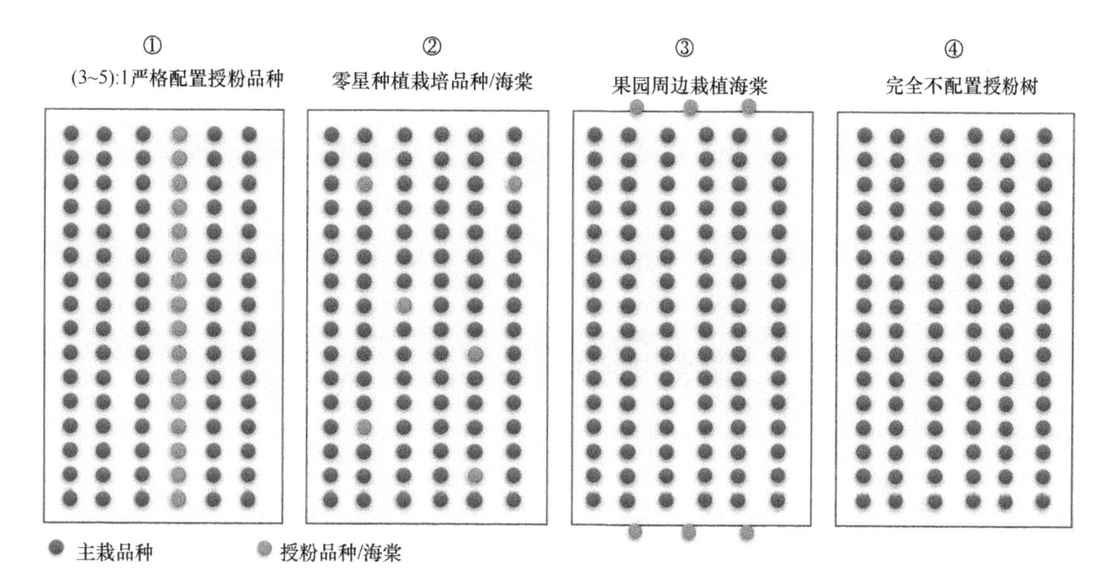

图 7-2　我国苹果授粉树配置方式示意图

表 7-3　2022～2023 年苹果自花结实与不结实品种不同授粉树配置下的花序坐果率（%）调查

授粉树配置模式	富士	寒富	岳华
（3～5）：1 严格配置授粉品种	92	97	99
零星种植栽培品种/海棠	63	90	92
果园周边栽植海棠	60	92	93
完全不配置授粉树	3	78	65

表 7-4　苹果自花与异花授粉果实内在品质比较

品种	果实硬度（kg/cm^2）		可溶性固形物含量（%）		可滴定酸含量（%）	
	自花授粉	异花授粉	自花授粉	异花授粉	自花授粉	异花授粉
寒富	7.4	7.5	13.9	13.9	0.3	0.3
惠	6.3	6.4	12.8	12.7	0.6	0.5
岳艳	7.1	7.4	14.5	14.8	0.4	0.4
岳冠	10.1	9.7	16.1	15.5	0.5	0.5
岳华	10.3	10.1	15.2	15	0.3	0.3
蜜脆	9.6	9.2	14.4	14.4	0.3	0.4
秦脆	9.4	9.3	15.2	14.9	0.4	0.5
中苹 1 号	6.1	6.2	12.1	12.3	0.4	0.3
弘大 1 号	7.1	7.4	11.8	11.4	0.3	0.3

（二）自花结实品种外在品质

1. 果实发育动态

自花结实品种整个生长期内，自花授粉和异花授粉果实的纵、横径及果形指数生长动态均表现出“S”形生长曲线，自花授粉果实的纵径和横径生长始终略低于异花授粉。无论自花或异花授粉，果形指数在果实发育前期均高于 1，而进入膨大期后，果形指数降低（<1），直至果实成熟采收（图 7-3）。

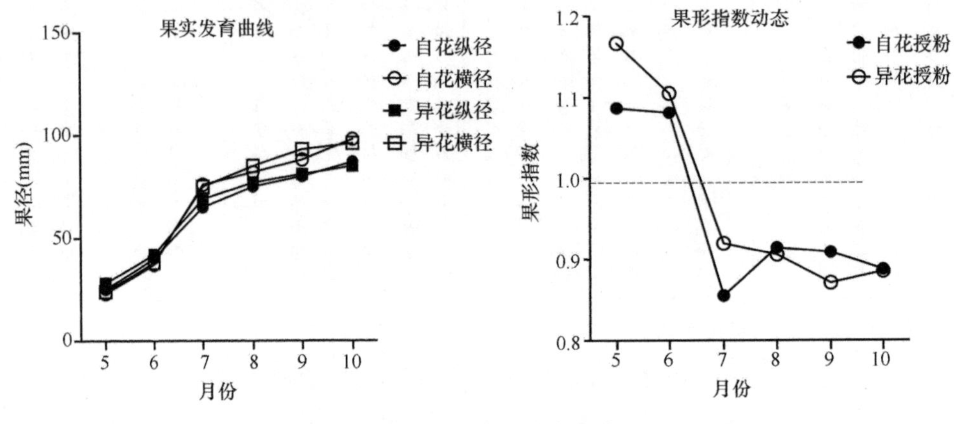

图 7-3　果实生长动态曲线

2. 单果重

‘寒富’等 9 个苹果自花结实品种自花授粉果实单果重略低于异花授粉果实 5%～34%（表 7-5，$P<0.05$）。大果形（单果重>150g）品种自花授粉结实不影响正常生产。

表 7-5　苹果自花与异花授粉果实平均单果重比较

品种	平均单果重（g）		方差
	自花授粉	异花授粉	
寒富	322	342	$P<0.01$
惠	173	192	$P<0.05$
岳艳	223	235	$P<0.01$
岳冠	192	208	$P<0.05$
岳华	212	244	$P<0.01$
蜜脆	267	290	$P<0.01$
秦脆	205	230	$P<0.05$
中苹 1 号	224	251	$P<0.01$
弘大 1 号	209	316	$P<0.01$

3. 偏斜果率

利用果实偏斜指数 DD 判定偏斜果，计算公式为 $DD=2(R\times H-r\times h)/(R\times H+r\times h)\times 100\%$。其中，$H$ 和 R 分别表示果实大果面的高度和大果面至果心中心的长度，h

和 r 分别表示小果面的高度和小果面至果心中心的长度（图 7-4）。根据果实偏斜指数将苹果果形分为三个等级：DD≤15%为端正果；15%＜DD≤35%为斜果；DD＞35%为畸形果（图 7-5）。斜果有一定的商品价值，而畸形果商品价值较低，斜果和畸形果统称为偏斜果，俗称“歪屁股果”。

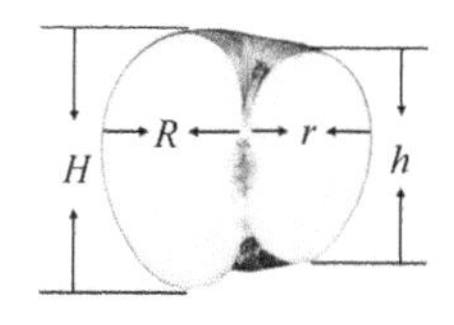

图 7-4　苹果果实偏斜指数计算示意图

DD≤15%　　15%<DD≤35%　　DD>35%

图 7-5　苹果不同偏斜程度果实分级

依据上述标准，研究人员发现自花结实品种自花授粉较异花授粉偏斜果率稍高（表 7-6）。‘寒富’‘岳艳’等品种自花授粉后果实偏斜指数 DD≤15%的果实（即端正果）平均占比为 38.4%，显著低于异花授粉的 74%；而自花授粉后斜果（15%＜DD≤35%）比例为 45.4%，高于异花授粉的 22.2%；自花授粉后畸形果（DD＞35%）平均占比也高于异花授粉（表 7-6）。自花结实苹果自花与异花授粉后果实的偏斜果率存在差异。

表 7-6　自花结实苹果自花与异花授粉的果实斜果与畸形果比例比较

品种	斜果比例（%）		畸形果比例（%）	
	自花授粉	异花授粉	自花授粉	异花授粉
寒富	47	21	21	6
岳艳	37	19	18	5
岳冠	41	25	11	3
岳华	44	22	19	3
中苹 1 号	58	24	12	2

第二节　苹果自花结实品种果形调控

目前培育的部分自花结实品种自花授粉后仍存在不端正果略多的问题，未来尚需利用现代育种手段从根本上加以解决。针对当前生产上已应用的部分自花结实品种，生产人员需辅以适宜措施，良种良法配套使用，才能保证优质生产。

一、苹果果实种子与果形的关系

目前自花结实苹果自花授粉偏斜果比例略高于异花授粉，果实种子数较少。确定种子数与偏斜果之间是否存在关联性，以及增加种子数或降低偏斜果率，是保证自花结实品种优质生产的关键。

（一）种子数与单果重、偏斜果率的关系

自花授粉的果实平均种子数和有种子的心室数均显著低于异花授粉果实。其中，自花授粉果实平均单果种子数为1.9～3.1个，明显少于异花授粉的6.1～8.1个；此外，自花授粉有种子心室数为2～3个，异花授粉有种子心室数为4～5个，二者存在显著性差异（表7-7）。

表7-7　自花结实苹果自花与异花授粉果实种子数与有种子心室数比较

品种	单果种子数		有种子心室数	
	自花授粉	异花授粉	自花授粉	异花授粉
寒富	2.9	6.1	2	5
惠	2.3	6.9	2	5
岳艳	2.4	7.1	3	5
岳冠	2.2	7.2	2	5
岳华	3.1	8.1	2	5
中苹1号	1.9	7.6	3	4
弘大1号	2.8	7.4	2	5

分析果实种子数与单果重之间的关系，不难发现，果实种子数和单果重呈正相关。随着种子数增加，单果重也呈线性增加，线性方程为 y=31.53x+285.7（r^2=0.956）（图7-6）；而种子数和果实偏斜指数之间存在负相关，线性方程为 y=–0.022x+0.3267（r^2=0.725），随着种子数不断增加，果实偏斜指数随之降低，果形也趋于端正。

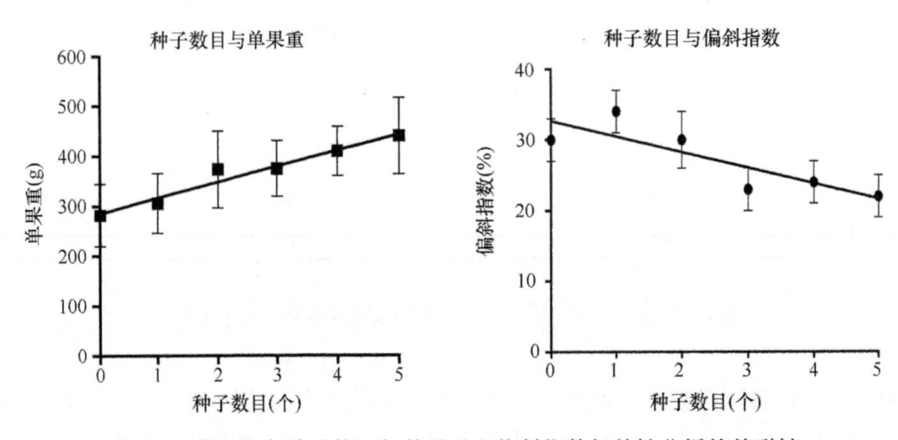

图7-6　苹果果实种子数目与单果重和偏斜指数相关性分析的关联性

苹果花的雌蕊包含5个柱头，每个柱头连接一个心室，该柱头受精成功则对应心室产生种子。研究人员分别保留苹果花1个、2个、3个、4个、5个柱头再授粉，获得的果实种子数和有种子心室数依次递增，此时果实单果重也随之增加。‘寒富’1～5个柱头分别授粉后，果实种子平均数分别为2.5粒、3.3粒、6.3粒、8.0粒和9.0粒，有种子心室平均数分别为1.5个、3.3个、4.5个、4.6个和4.7个，果实平均单果重分别为217.5g、

246.5g、271.9g、315.2g 和 331.4g（图 7-7，表 7-8），证明种子数正调控果实单果重。

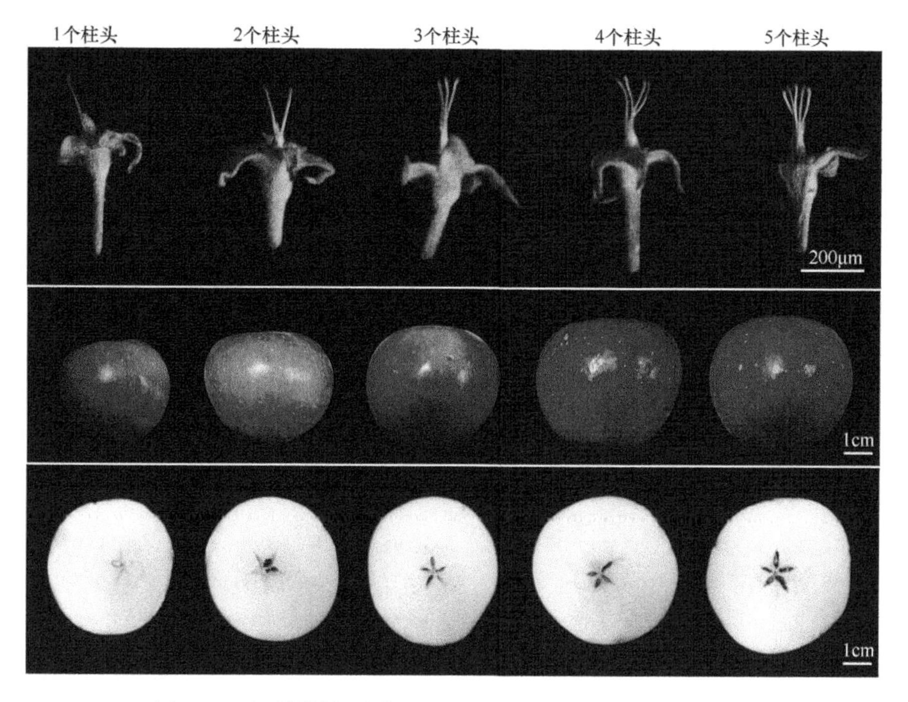

图 7-7　不同授粉柱头数对苹果果实形状和心室发育的影响

表 7-8　不同授粉柱头数对苹果果实心室和种子数及单果重的影响

柱头数	平均有种子心室数	平均种子数	平均单果重（g）
1 个柱头	1.5	2.5	217.5
2 个柱头	3.3	3.3	246.5
3 个柱头	4.5	6.3	271.9
4 个柱头	4.6	8.0	315.2
5 个柱头	4.7	9.0	331.4

随着授粉柱头数增加，果实种子数、有种子心室数和单果重依次递增，偏斜果率与果实平均偏斜指数逐渐递减。保留 1 个柱头的偏斜果率高达 65%、果实偏斜指数为 40%；保留 2 个柱头的偏斜果率为 40%、果实偏斜指数为 26%；保留 3 个柱头的偏斜果率降至 20%、果实偏斜指数降至 20%，而分别保留 4 个、5 个柱头的偏斜果率与偏斜指数均无显著差异（表 7-9）。

表 7-9　不同授粉柱头数对偏斜果率及偏斜指数的影响

柱头数	偏斜果率（%）	果实偏斜指数（%）
1 个柱头	65	40
2 个柱头	40	26
3 个柱头	20	20
4 个柱头	15	14
5 个柱头	15	15

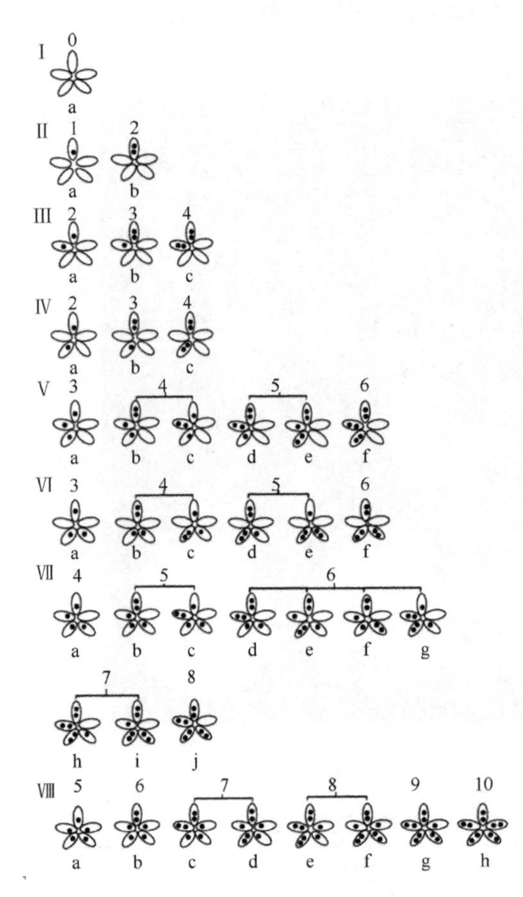

图 7-8 苹果果实种子分布类型

（二）种子分布与单果重、偏斜果率的关系

除种子数对果形有影响外，种子分布也影响果实形状。依据有种子心室数及种子的分布，研究人员将苹果果实分为Ⅰ～Ⅷ共 8 种类型（图 7-8）。在种子数相同、分布不同的情况下，果实偏斜情况也存在差异。以图 7-8 种子数相同但分布不同的Ⅲa 与Ⅳa、Ⅴa 与Ⅵa、Ⅴb 与Ⅵb、Ⅴc 与Ⅵc 为例，Ⅲa 和Ⅳa 种子数均为 2 粒，种子数相同，Ⅲa 有种子的心室相邻，而Ⅳa 有种子的心室相隔，分布较Ⅲa 更均匀，Ⅲa 和Ⅳa 两种分布的偏斜果率分别为 76.5%和 66.7%，Ⅲa 高于Ⅳa；Ⅴa 和Ⅵa 均有 3 粒种子，但其偏斜果率分别为 66.7%和 28.6%，Ⅴa 高于Ⅵa；均有 4 粒种子的Ⅴb 和Ⅵb 偏斜果率分别为 60%和 54.5%，Ⅴc 和Ⅵc 偏斜果率分别为 50.6%和 33.3%。种子分布与偏斜果率的相关性规律为当种子数相同时，种子在心室分布越均匀，果实偏斜果率越低，果实越端正（图 7-9）。

（三）预测模型

依据果实种子数和分布与偏斜果率的关联性，可预测果实发生偏斜的概率。

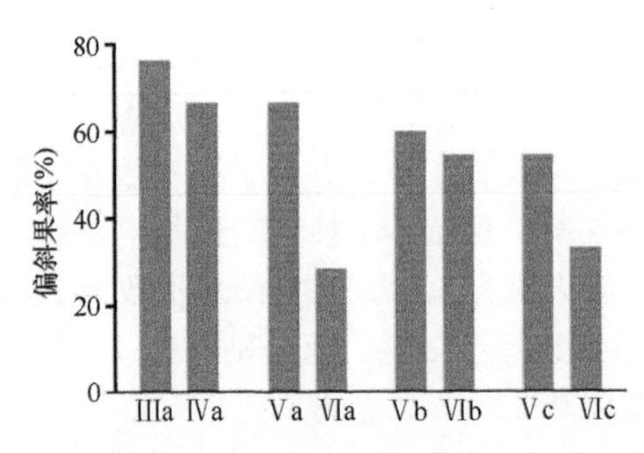

图 7-9 苹果果实种子数相同分布不同的偏斜果率比较

利用“作用力规化法”将种子分布“数值化”。按逆时针定义心室顺序为 1～5，假设心室中种子对果实发育的作用力为 F_n（n 取 1、2、3、4、5），作用力 F_n 大小由每个心室对应果肉质量表示。通过统计分析发现，当‘寒富’自花授粉后心室中种子数为 0 个、1 个和 2 个时，果肉平均质量分别为 24g、34g 和 40g。为方便计算，心室种子数分别为 0 个、1 个、2 个时的对应果肉质量分别取值 2、3、4。借助物理学中力的合成法则

计算合力大小，可推导出计算合力 F 的公式：

$$F=\sqrt{\left[F_1+\sum_{2}^{n}+F_n\cos(n-1)\times 72\right]^2+\left[\sum_{2}^{n}\sin(n-1)\times 72\right]^2}\quad (n\geqslant 2)$$

F 表示从第 1 个有种子心室至第 n 个有种子心室影响果实发育的作用合力，总种子数为 2 个、3 个、4 个、5 个、6 个和 7 个时，种子对果实发育的合力与偏斜果率的关联性 r^2 值分别为 0.985、0.075、0.730、0.615、0.025 和 0.867。种子数、种子分布与偏斜果率呈强正相关，种子分布越均匀，种子对果实发育的合力越小，偏斜果率越低（图 7-10）。

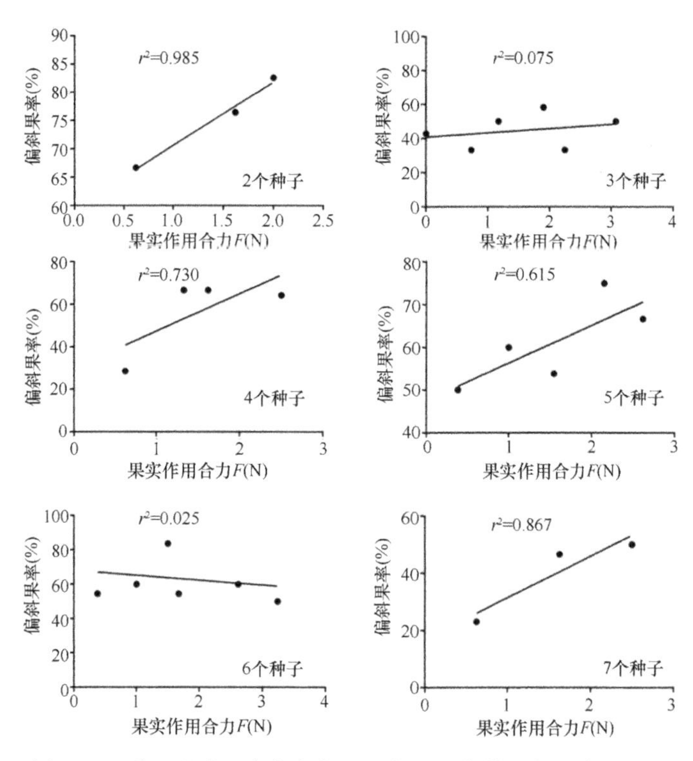

图 7-10　种子影响果实发育作用合力 F 与偏斜果率相关性分析

设种子数为变量 x，果实受到的合力 F 为变量 y，偏斜果率为变量 z，构建 x、y 和 z 的数学模型，得到线性方程 $z=65.556-4.539x+6.830y$（$P<0.05$），模型如图 7-11 所示。根据方程可以看出，种子数越多，果实发育受到合力 F 越小，偏斜果率越低。当种子数相同而分布不同时，分布越均匀即合力 F 越小，偏斜果率 z 也越小；反之，种子数相同分布越不均匀，合力 F 越大，z 越大，即偏斜果率越大。合力相同即种子在心室分布相同时，种子数越多，偏斜果率越低。

该数学模型不仅适用于自花授粉结实偏斜果率的计算，也同样适用于异花授粉的偏斜果率计算。异花授粉的‘寒富’和‘富士’偏斜果种子数及种子对果实作用力的关系也验证了以上数学模型的正确性（表 7-10）。例如，Ⅱb 这种类型实际观察偏斜果率为 75%，而根据模型推导出的理论偏斜果率为 70.1%；同样，Ⅲa 实际偏斜果率为 58.3%，理论偏斜果率为 67.5%等。T 检验 Sig 值＞0.05，理论值和实际偏斜果率调查值没有显著差异。因此，根据种子数和种子对果肉的合力 F 构建的偏斜果率预测数学模型是可靠准确的。

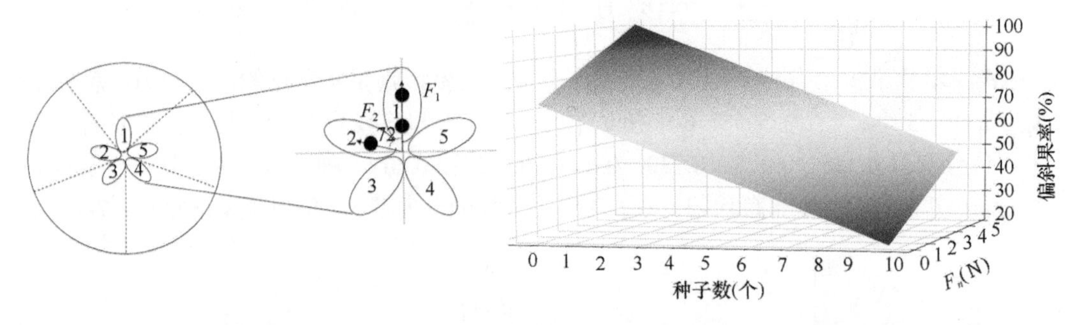

图 7-11 苹果果实种子分布与合力 F 关联性示意图（左图）与偏斜果率预测数学模型（右图）

表 7-10 ‘寒富’和‘富士’苹果理论偏斜果率计算值与实际偏斜果率比较

种子分布类型	合力 F（N）	种子数	端正果数	偏斜果数	果实总数	理论偏斜果率（%）	实际偏斜果率（%）
Ⅰa	0	0	7	7	14	65.6	50
Ⅱa	1	1	13	11	24	67.9	45.8
Ⅱb	2	2	3	9	12	70.1	75
Ⅲa	1.62	2	5	7	12	67.5	58.3
Ⅲb	2.5	3	5	12	17	69	70.6
Ⅲc	3.24	4	1	2	3	69.5	66.7
Ⅳa	0.62	2	9	2	11	60.7	18.2
Ⅳb	1.33	3	1	3	4	61	75
Ⅳc	1.24	4	1	2	3	55.9	66.7
Ⅴa	1.62	3	4	4	8	63	50
Ⅴb	2.62	4	2	3	5	65.3	60
Ⅴc	1.68	4	1	2	3	58.9	66.7
Ⅴd	3.08	5	0	1	1	63.9	100
Ⅴe	2.24	5	0	1	1	58.2	100
Ⅵa	0.62	3	2	0	2	56.2	0
Ⅵb	0.38	4	1	1	2	50	50
Ⅵc	1.54	4	3	1	4	57.9	25
Ⅵd	0.73	5	0	1	1	47.9	100
Ⅵe	2.24	5	1	0	1	58.2	0
Ⅵf	1.24	6	2	0	2	46.8	0
Ⅶa	1	4	3	2	5	54.2	40
Ⅶb	1.18	5	2	0	2	50.9	0
Ⅶc	1.9	5	2	0	2	55.8	0
Ⅶd	2.15	6	1	1	2	53	50

续表

种子分布类型	合力 F（N）	种子数	端正果数	偏斜果数	果实总数	理论偏斜果率（%）	实际偏斜果率（%）
Ⅶi	1.33	7	1	1	2	42.9	50
Ⅷa	0	5	1	1	2	42.9	50
Ⅷb	1	6	3	0	3	45.2	0
Ⅷc	1.62	7	3	1	4	44.9	25
Ⅷd	0.62	7	2	0	2	38	0
Ⅷe	1.07	8	4	4	8	36.6	50
Ⅷf	0.62	8	1	1	2	33.5	50
Ⅷg	1	9	5	4	9	31.5	44.4
Ⅷh	0	10	4	4	8	20.2	50

（四）偏斜果成因

1. 果肉细胞大小不均——以‘寒富’为例

偏斜果大果面横向中轴靠近表皮的果肉细胞较小果面对应细胞排列更紧密，大小均一的细胞数量占比高，排列整齐；偏斜果小果面对应的果肉细胞虽排列紧凑，但形状不规则细胞数较多、细胞尺寸较大，果面均一性差。大果面正常细胞（图 7-12 标粉细胞）占细胞总数的比例为 55%，显著高于小果面正常细胞比例 25%（图 7-12，表 7-11），并且大果面果肉细胞平均面积为 24 007.9μm^2，显著高于小果面的 22 167.9μm^2。从细胞数看，大果面细胞数为（4180±127）/mm^2 显著低于小果面的（4556±166）/mm^2。由此可知，偏斜果的小果面发育不良是由果肉细胞膨大异常所致。

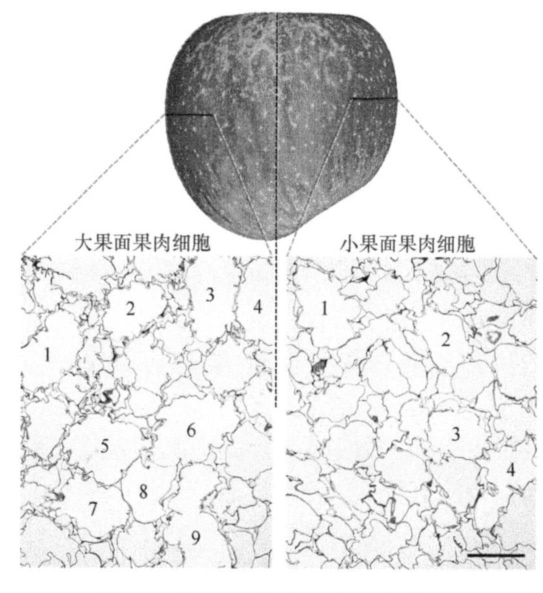

图 7-12　‘寒富’苹果果实偏斜果大、小果面果肉细胞比较

表 7-11 ‘寒富’苹果果实大果面与小果面单位面积细胞分布比较

细胞尺寸（μm^2）	类型	每平方毫米细胞所占比例（%）	
		大果面	小果面
≥28 000	超大细胞	10	6
20 000（含）～28 000	正常细胞	55	25
＜20 000	小细胞	35	69

2. 内源激素含量不同

果肉细胞大小受内源激素的控制，种子数和分布位置不同（图 7-13），果肉内源激素的含量也存在差异。

（1）赤霉素（gibberellin，GA）

1）5 个心室内种子分别为 0 个（Ⅰ）、1 个（Ⅱ）和 2 个（Ⅲ）时，紧邻心室对应果肉 $GA_{1+3+4+7}$ 含量分别为 0.113ng/g FW、1.380ng/g FW 和 11.042ng/g FW。随心室种子数增多，果肉 GA 含量逐渐递增（表 7-12）。

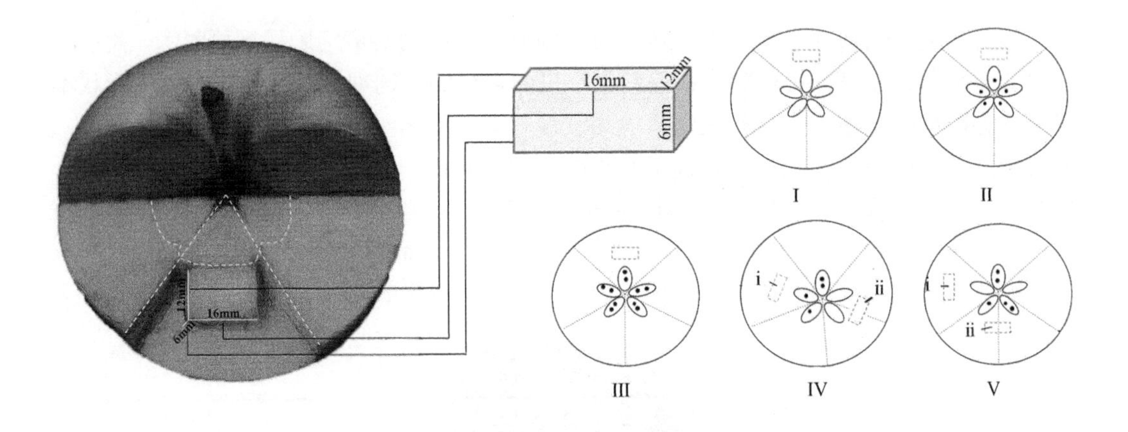

图 7-13 不同种子数、分布类型果肉内源激素测定取样示意图

2）紧邻 3 个心室有种子（Ⅳ-ⅰ）和 2 个心室无种子（Ⅳ-ⅱ）时，有种子一侧果肉 $GA_{1+3+4+7}$ 含量为 7.647ng/g FW，无种子一侧果肉 $GA_{1+3+4+7}$ 含量为 0.661ng/g FW，有种子一侧果肉 GA 含量显著高于无种子一侧（表 7-12）。

3）相邻 2 个心室有种子、对应心室无种子果肉（Ⅴ-ⅰ）$GA_{1+3+4+7}$ 含量为 7.51ng/g FW，显著低于相邻 2 个有种子心室交界方向果肉（Ⅴ-ⅱ）$GA_{1+3+4+7}$ 含量 7.957ng/g FW。

综上所述，心室种子数不同，对应的果肉 $GA_{1+3+4+7}$ 含量关系为Ⅰ＜Ⅳ-ii＜Ⅱ＜Ⅴ-ii＜Ⅴ-i＜Ⅳ-i＜Ⅲ≪种子，心室有种子一侧果肉的 GA 含量高于心室无种子一侧果肉，且均远小于种子 $GA_{1+3+4+7}$ 含量。Ⅴ-i 对应心室虽没有种子，但其 GA 含量仅略低于Ⅳ-ⅰ，其原因可能为相邻心室种子释放的 GA 扩散。

表 7-12 ‘寒富’苹果果实种子和不同类型果肉 GA 含量比较

果肉类型	GA_1（ng/g FW）	GA_3（ng/g FW）	GA_4（ng/g FW）	GA_7（ng/g FW）	$GA_{1+3+4+7}$（ng/g FW）
Ⅰ	0.022	0.012	0.061	0.018	0.113
Ⅱ	0.087	0.033	0.810	0.45	1.380
Ⅲ	0.688	0.134	0.810	9.41	11.042
Ⅳ- i	0.092	0.067	0.078	7.41	7.647
Ⅳ- ii	0.092	0.061	0.078	0.43	0.661
Ⅴ- i	0.483	0.066	0.078	7.33	7.957
Ⅴ- ii	0.192	0.168	0.078	6.41	6.848
种子	32.9	16.12	4.932	43.3	97.252

（2）其他激素［吲哚乙酸（IAA）、反式玉米素核苷（TZR）、异戊烯基腺苷（IPA）和脱落酸（ABA）］

类型Ⅰ、Ⅱ、Ⅲ、Ⅳ-i、Ⅳ-ii、Ⅴ-i、Ⅴ-ii 的果肉 IAA、TZR、IPA 和 ABA 含量均显著低于种子相应激素含量，但不同类型果肉之间 IAA、TZR、IPA 和 ABA 含量无显著性差异（表 7-13），由此可见，调控果肉细胞膨大的主要调节因子为 GA，IAA、TZR、IPA、ABA 对果肉膨大调控作用较弱。

表 7-13 ‘寒富’苹果果实种子和不同类型果肉 IAA、TZR、IPA 和 ABA 含量比较

果肉类型	IAA（ng/g FW）	TZR（ng/g FW）	IPA（ng/g FW）	ABA（ng/g FW）
Ⅰ	0.462	0.013	0.061	4.83
Ⅱ	0.488	0.014	0.061	4.63
Ⅲ	0.592	0.016	0.063	5.41
Ⅳ- i	0.422	0.013	0.061	4.93
Ⅳ- ii	0.418	0.014	0.062	4.73
Ⅴ- i	0.592	0.016	0.068	5.42
Ⅴ- ii	0.502	0.016	0.078	5.31
种子	132.956	16.048	4.932	63.03

（3）果胶甲酯酶

赤霉素可以调控果胶甲酯酶的活性，进而影响果肉细胞大小。测定Ⅰ、Ⅱ、Ⅲ三种种子类型分布的果肉果胶甲酯酶活性，心室有 2 个种子的Ⅲ类型果肉的果胶甲酯酶活性最高；其次是心室有 1 个种子的Ⅱ类型果肉，为 14.86μg/(h·g)；心室 0 个种子的Ⅰ类型果肉最低，为 10.15μg/(h·g)（表 7-14）。三种类型的果胶甲酯酶活性与 $GA_{1+3+4+7}$ 含量的变化趋势相符。

表 7-14 ‘寒富’苹果不同类型果肉的果胶甲酯酶含量比较

果肉类型	果胶甲酯酶活性[μg/(h·g)]
Ⅰ	10.15
Ⅱ	14.86
Ⅲ	28.93

综上所述，种子中合成果实发育所需的 GA，并释放到心室对应的果肉，促进果肉细胞膨大。无种子（种子败育）心室对应的果肉 GA 含量低于有种子心室对应的果肉，导致果肉细胞膨大出现异常，果实发育为偏斜果（图 7-14）。

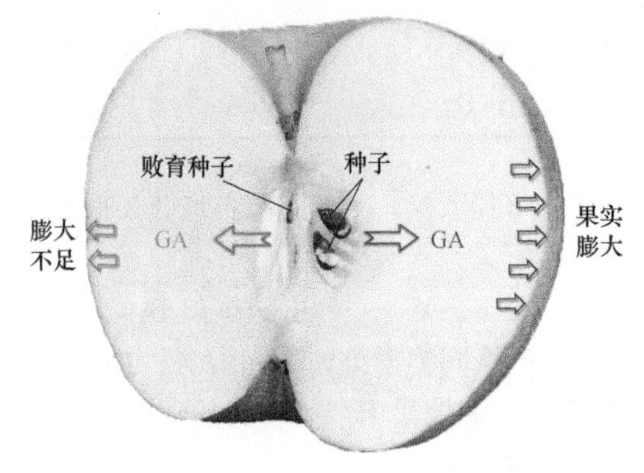

图 7-14 苹果果实内种子合成 GA 调控果实膨大示意图

二、坐果与果实外观品质调控

（一）“高桩靓果剂”生物制剂

依据影响果实偏斜的主要激素，研究人员研发出了生物制剂“高桩靓果剂”（图 7-15）。高桩靓果剂的母液含 5%的有效成分，置于干燥避光、低于 25℃处储存，保质期 2 年。

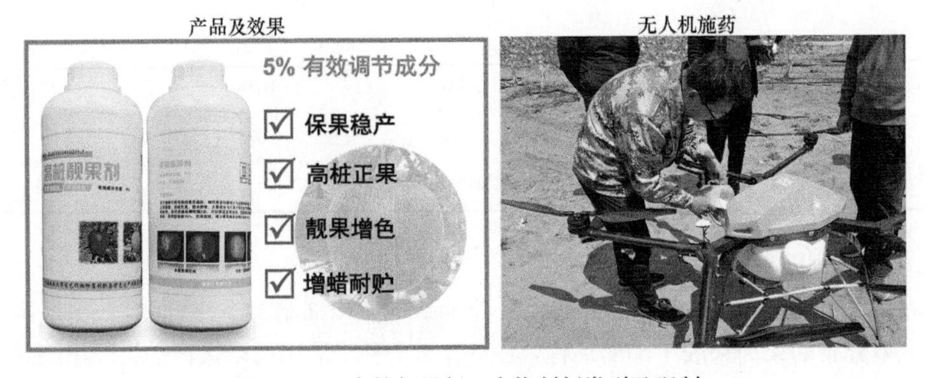

图 7-15 “高桩靓果剂”生物制剂类型及配制

（二）“高桩靓果剂”施用方法

喷施前，将高桩靓果剂按 1000×稀释倍数混合。第一次喷施应选择盛花期（中心花开放 80%～90%）喷施开放花朵，间隔 12～14d 后第二次喷施幼果（图 7-16），施药时应选择晴朗无风的上午。注意喷施前须严格清洗施药工具，避免其他化学药剂污染。

图 7-16　人工喷施“高桩靓果剂”生物制剂

（三）“高桩靓果剂”调控效果

1. 果实外观品质

（1）提升端正果率、减少偏斜果

“高桩靓果剂”处理后，‘寒富’、‘富士’和‘王林’果实较未处理果实端正果率分别由 32%、44%和 72%提升至 63%、75%和 89%，平均偏斜指数 DD 值分别为 16%、17%和 9%，较未处理果实分别降低 11%、12%和 14%。

（2）增加萼洼宽度和果形指数

“高桩靓果剂”处理的‘寒富’、‘富士’和‘王林’果实，萼洼宽度分别增加 19.1%、6.7%和 7.8%，果形指数分别提高 0.07、0.05 和 0.11，果形较未处理果实更高桩、端正、美观。

（3）提升单果重

“高桩靓果剂”处理的‘寒富’、‘富士’和‘王林’果实较未处理果实的平均单果重分别提升 22.8%、8.05%和 7.33%（图 7-17，表 7-15）。

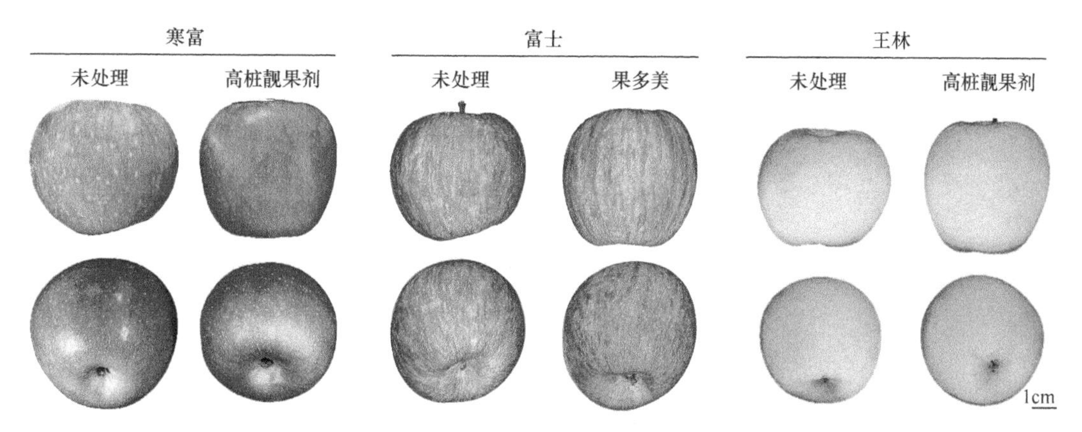

图 7-17　“高桩靓果剂”对苹果果实外观品质的影响

表 7-15 “高桩靓果剂”对苹果果实外观品质调整效果比较

品种	品质指标	未处理	“高桩靓果剂”处理
寒富	单果重（g）	277.3	340.4
	端正果率（%）	32	63
	偏斜指数（%）	27	16
	萼洼宽度（mm）	36.7	43.7
	果形指数	0.86	0.93
富士	单果重（g）	228.5	246.9
	端正果率（%）	44	75
	偏斜指数（%）	29	17
	萼洼宽度（mm）	38.9	41.5
	果形指数	0.87	0.92
王林	单果重（g）	248.2	266.4
	端正果率（%）	72	89
	偏斜指数（%）	23	9
	萼洼宽度（mm）	37.2	40.1
	果形指数	0.86	0.97

2. 果实耐贮性

（1）“高桩靓果剂”可提升果实常温储藏能力

未处理的‘寒富’果实采收后常温下储藏至第 15 天时果皮出现皱缩失水现象，至第 35～40 天果皮完全变色变质；而“高桩靓果剂”处理果实直至第 30 天才出现轻微失水现象，第 40 天时果实依然保持原有的色泽和水分，常温储藏能力显著强于未处理果实（图 7-18）。“高桩靓果剂”处理的果实失水率显著低于未处理果实（图 7-19），失水率低 26.6%。

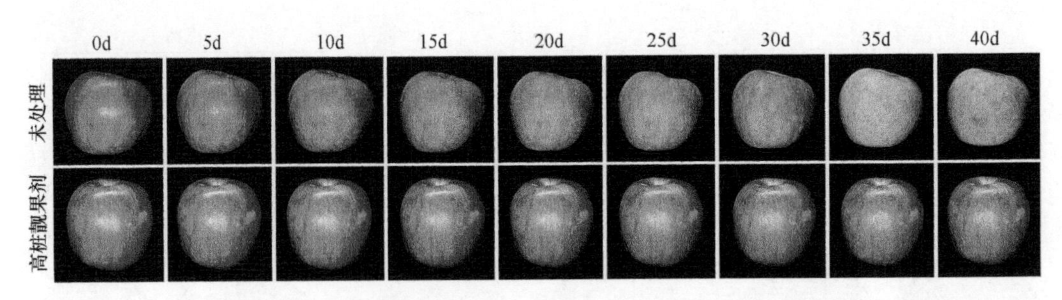

图 7-18 “高桩靓果剂”对‘寒富’果实常温储藏能力的影响

（2）“高桩靓果剂”可增厚果实蜡质层

“高桩靓果剂”处理的‘寒富’果皮蜡质层厚度为（28±3.5）μm，显著高于未处理果实的果皮蜡质层（21.5±3.2）μm，增幅达30%（图7-20）。

“高桩靓果剂”处理与未处理果实果皮角质层厚度分别为10.16μm和10.18μm，单位面积皮孔密度分别为4.53个和4.39个，均无显著性差异。

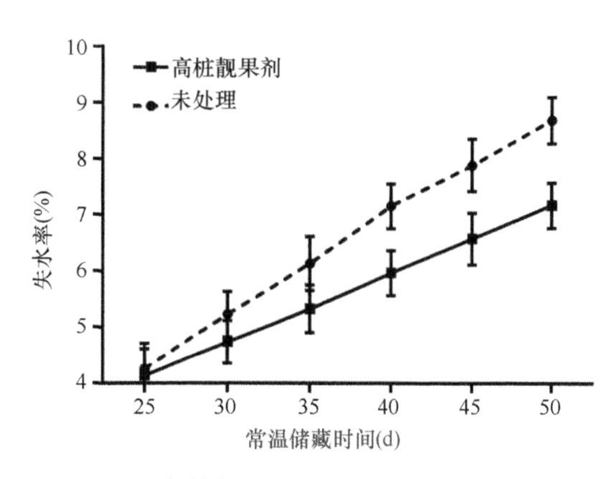

图7-19　“高桩靓果剂”对‘寒富’果实失水率的影响

（3）增加果实果柄长度

“高桩靓果剂”处理的‘寒富’、‘富士’和‘王林’果实的果柄长度较未处理果实有所增加，增幅分别为19.3%、13.9%和9.24%（表7-16）。

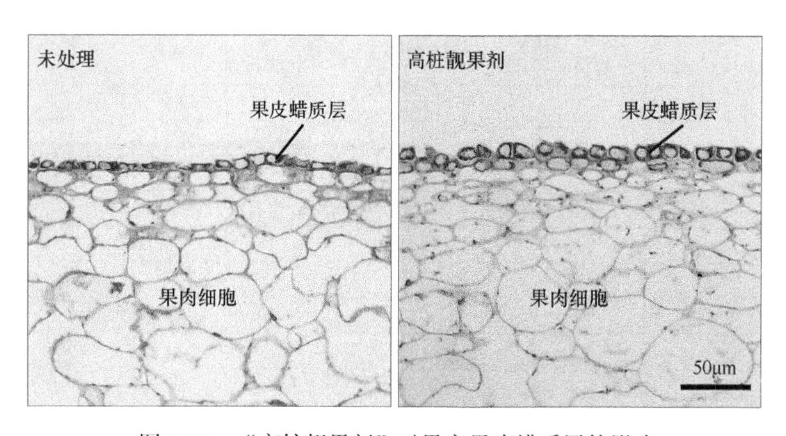

图7-20　“高桩靓果剂”对果实果皮蜡质层的影响
红色代表果皮蜡质层；黄色代表果肉细胞

表7-16　“高桩靓果剂”对苹果果柄长度的影响

处理	果柄长度（mm）		
	寒富	富士	王林
未处理	20.95	23.17	22.18
高桩靓果剂	24.99	26.39	24.23

第三节　苹果授粉生产成本

依据授粉树配置情况，我国苹果园大体分为两类：一类严格配置授粉品种，依靠野生访花昆虫或租养蜜蜂/壁蜂进行异花传粉，极少辅以人工授粉；另一类不配置或不严格配置授粉品种，仅在果园内部零星混栽其他品种或在果园周边栽植海棠，采用人工点粉或自然授粉。不同授粉方式对坐果和果实品质影响较大，生产成本和损耗也各异。

一、我国苹果授粉方式

我国苹果产区主要包括环渤海湾产区、黄土高原产区、东北寒地产区、西南冷凉产区和新疆产区，其中环渤海湾产区和黄土高原产区面积和产量分别占全国的 84.22%和 89.12%。

环渤海湾传统产区的山东省、河北省和辽宁省严格配置授粉品种果园占比分别为 98%、66.8%和 52.5%。这类果园主要以自然授粉和租养蜜蜂/壁蜂授粉为主，人工授粉所占比例较小。山东省和河北省未配置授粉树的果园较少，仅分别占总面积的 0.8%和 7.1%；相比之下，辽宁省此类果园占比较高，达到30%左右。

黄土高原产区有相当比例的果园（22.1%～63.3%）不配置或不严格配置授粉品种，这部分果园多在果园内零星混栽其他品种，或果园周边、道边栽植海棠。黄土高原产区几乎不采用租养蜜蜂/壁蜂授粉。陕西省、河南省人工授粉投入较低，主要依赖野生访花昆虫自然授粉；甘肃省人工授粉比例较高，达 15.2%（表 7-17）。

表 7-17　我国环渤海湾和黄土高原苹果产区授粉方式调查

苹果产区	省份	严格配置授粉品种	不或不严格配置授粉品种	自然授粉	租养蜜蜂/壁蜂	人工授粉	比例（%）	总面积（万亩）	授粉树面积（万亩）
环渤海湾产区	山东省	+		+			63.9	234.15	39.0
		+			+		25.2	92.11	15.4
		+				+	8.9	32.55	5.4
			+	+			0.8	2.96	0.3
			+			+	1.2	4.44	0.4
	辽宁省	+		+			34.5	70.62	11.8
		+			+		18	36.85	6.1
			+			+	16.1	32.96	0.3
			+	+			30	0.61	0.0
			+		+		1.4	2.87	0.0
	河北省	+		+			44.3	83.26	13.9
		+			+		22.5	42.29	7.0
			+			+	16	30.07	3.0
			+	+			7.1	13.34	1.3
黄土高原产区	陕西省	+		+			35.2	324.51	54.1
			+	+			63.3	583.56	29.2
			+			+	1.5	13.83	0.7
	甘肃省	+		+			46.5	168.14	28.0
			+	+			38.3	138.49	6.9
			+			+	15.2	54.96	2.7
	河南省	+		+			76.4	136.72	22.8
		+				+	1.2	2.15	0.1
			+	+			22.1	39.55	2.6
合计								2141	251.3

注：“+”表示使用此种授粉方式；空白表示不使用此种授粉方式；比例指的是果园使用此种授粉方式的面积占比

二、苹果授粉成本和损耗

（一）授粉成本

1. 授粉成本要素构成

授粉成本指生产中实际用于授粉的各项支出，即在市场上购买和租用所需要生产要素的实际支出。自然授粉基本没有授粉成本投入，人工授粉成本包括购买花粉、授粉工具及雇工成本，蜜蜂/壁蜂授粉包括租用、购买蜜蜂/壁蜂成本。

各省购买花粉、雇工及租养蜜蜂/壁蜂的价格略有不同。苹果精花粉价格为60～110元/10g，按1∶（5～10）与石松粉混合后授粉（图7-21），每亩需要7～10g花粉；粗花粉为苹果花烘干后研磨得到，单价约100元/500g，每亩需使用300～500g。购买花粉成本为40～100元/亩。花期雇工价格为每天100～150元/人，每亩需2个雇工，授粉雇工成本为200～300元/亩。租养蜜蜂/壁蜂价格为150～250元/6000个工蜂，每亩需约600个工蜂，租养蜜蜂/壁蜂成本为15～25元/亩（表7-18）。

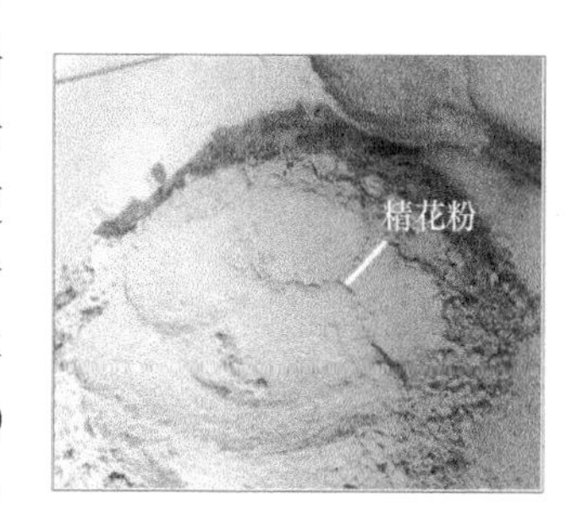

图7-21　授粉用苹果花粉

表7-18　单位面积苹果授粉要素成本分析

省份	花粉成本（元/亩）	雇工成本（元/亩）	租养蜂成本（元/亩）	要素相对密集度
山东省	40	300	15	0.13
辽宁省	50	200	25	0.25
河北省	67.5	240	15	0.34
陕西省	50	300	—	0.33
甘肃省	100	240	—	0.36
河南省	45	200	—	0.23

注：“—”表示暂时无数据

2. 授粉成本核算

依据各省授粉要素单价及授粉方式，计算各省每年授粉成本，其中自然授粉果园授粉成本为0元，租养蜜蜂/壁蜂果园成本为单一租养成本，人工授粉果园成本为雇工+购买花粉。依据各省果园类型和占比，计算果园授粉成本：

果园授粉总成本=单位面积授粉成本（元/亩）×面积（万亩）

估算环渤海湾产区山东省、河北省、辽宁省和黄土高原产区陕西省、甘肃省、河南省6省授粉总成本约为6.1亿元/年（表7-19）。

表 7-19 环渤海湾和黄土高原苹果产区授粉方式及成本核算

苹果产区	省份	果园类型	面积（万亩）	单位面积授粉成本（元/亩）	总成本（万元）
环渤海湾产区	山东省	严格配置授粉品种+自然授粉	234.15	0	0
		严格配置授粉品种+租用蜜蜂/壁蜂	92.11	15	1 381.65
		严格配置授粉品种+人工授粉	32.55	340	11 067
		不或不严格配置授粉品种+自然授粉	2.96	0	0
		不或不严格配置授粉品种+人工授粉	4.44	340	1 509.6
	辽宁省	严格配置授粉品种+自然授粉	70.62	0	0
		严格配置授粉品种+租用蜜蜂/壁蜂	36.85	25	921.25
		不或不严格配置授粉品种+人工授粉	32.96	250	8240
		不或不严格配置授粉品种+自然授粉	0.61	0	0
		不或不严格配置授粉品种+租用蜜蜂/壁蜂	2.87	250	717.5
	河北省	严格配置授粉品种+自然授粉	83.26	0	0
		严格配置授粉品种+租用蜜蜂/壁蜂	42.29	15	634.35
		不或不严格配置授粉品种+人工授粉	30.07	0	0
		不或不严格配置授粉品种+自然授粉	13.34	267.5	3568.45
黄土高原产区	陕西省	严格配置授粉品种+自然授粉	324.51	0	0
		不或不严格配置授粉品种+自然授粉	13.83	350	4 840.5
		不或不严格配置授粉品种+人工授粉	583.56	0	0
	甘肃省	严格配置授粉品种+自然授粉	168.14	0	0
		不或不严格配置授粉品种+自然授粉	138.49	0	0
		不或不严格配置授粉品种+人工授粉	54.96	340	18 686.4
	河南省	严格配置授粉品种+自然授粉	136.72	0	0
		严格配置授粉品种+人工授粉	39.55	240	9 492
		不或不严格配置授粉品种+自然授粉	2.15	0	0
合计					61 058.7

（二）授粉相关损失

1. 坐果损失

果园坐果损失分为两个方面：一是因授粉树配置不当造成坐果减少，平均每年损失2.2%～5.6%；二是因花期低温（气温＜6℃）和大风（风速＞4 级）等极端天气影响蜂类出巢访花而造成坐果减少。近年来，各省花期极端天气频繁，果园坐果损失也逐年增多，平均每年损失 4%～11.4%，成为制约果园经济效益的重要因素（表 7-20）。综合两方面坐果损失，果园坐果总收益损失为

果园坐果总收益损失=［单位面积产量×（极端天气坐果损失比例+授粉树配置不当坐果损失比例）］×果实单价×总面积

由此估算，环渤海湾产区的山东省、河北省、辽宁省和黄土高原产区的陕西省、甘肃省、河南省 6 省，因坐果减少造成的总收益损失约为 188.3 亿元/年（表 7-20）。

表 7-20　每年因极端天气和授粉树配置不当引起苹果园坐果损失的测算

省份	花期极端天气频率（次/年）	极端天气坐果损失比例（%）	授粉树配置不当坐果损失比例（%）	单位面积产量（kg/亩）	单位坐果损失量（kg/亩）	果实单价（元/kg）	单位坐果损失（元/亩）	总面积（万亩）	坐果总收益损失（万元/年）
山东省	4.2	4	2.2	2 725.8	169.00	4.5	760.5	369.9	281 309.0
辽宁省	3.6	6.1	3.2	1 375.5	127.92	3.6	460.5	204.7	94 264.4
河北省	2.3	10.5	5.6	1 511.6	243.37	3.2	778.8	187.9	146 336.5
陕西省	2.1	11.4	4	1 581.1	243.49	3.8	925.3	921.9	853 034.1
甘肃省	2.8	9.2	3.8	1 335.4	173.60	4.4	763.8	361.7	276 266.5
河南省	3.1	8.8	3	2 813.8	332.03	3.9	1 294.9	178.9	231 657.6
合计									1 882 868.1

2. 偏斜果损失

生产上授粉受精不良会造成偏斜果比例增多，导致果农收益损失。采用如下公式计算：

偏斜果收益损失=单位面积产量×偏斜果比例×（端正果价格–偏斜果价格）

不同省份、不同品种、不同年份苹果售价浮动较大。经调查统计，偏斜果价格较端正果价格平均低约 1.78 元/kg。严格配置授粉树时，果园偏斜果率为人工授粉＜蜜蜂/壁蜂授粉＜自然授粉；不或不严格配置授粉树时，果园偏斜果率为人工授粉＜自然授粉，自然授粉偏斜果率高约三成，对果园收益影响甚大（表 7-21）。各省不同授粉方式果园比例各异，偏斜果收益损失约为 122.65 亿元/年。

表 7-21　各省不同授粉方式下苹果偏斜果率比较

苹果产区	省份	果园类型	面积（万亩）	平均单产（kg/亩）	偏斜果率（%）	偏斜果数量（万 t）
环渤海湾产区	山东省	严格配置授粉品种+自然授粉	234.15	2943.8	8.3	57.21
		严格配置授粉品种+蜂类授粉	92.11	2498.1	17.5	40.27
		严格配置授粉品种+人工授粉	32.55	2735.4	7.1	6.32
		不或不严格配置授粉品种+自然授粉	2.96	1937.5	31.9	1.83
		不或不严格配置授粉品种+人工授粉	4.44	2244.1	11.1	1.11
	辽宁省	严格配置授粉品种+自然授粉	70.62	1553.1	9.3	10.20
		严格配置授粉品种+蜂类授粉	36.85	1438	19.2	10.17
		不或不严格配置授粉品种+人工授粉	32.96	1135.4	8	2.99
		不或不严格配置授粉品种+自然授粉	0.61	1357.4	31	0.26

续表

苹果产区	省份	果园类型	面积（万亩）	平均单产（kg/亩）	偏斜果率（%）	偏斜果数量（万 t）
环渤海湾产区	辽宁省	不或不严格配置授粉品种+租用蜜蜂/壁蜂	2.87	873	11.1	0.28
	河北省	严格配置授粉品种+自然授粉	83.26	1618.9	10.2	13.75
		严格配置授粉品种+租用蜜蜂/壁蜂	42.29	1404.2	9.9	5.88
		不或不严格配置授粉品种+人工授粉	30.07	915.4	25.9	7.13
		不或不严格配置授粉品种+自然授粉	13.34	1437.7	13.1	2.51
黄土高原产区	陕西省	严格配置授粉品种+自然授粉	324.51	1581.1	18.2	93.38
		不或不严格配置授粉品种+自然授粉	583.56	938	35.5	194.32
		不或不严格配置授粉品种+人工授粉	13.83	1392	10	1.93
	甘肃省	严格配置授粉品种+自然授粉	168.14	1335.42	12.2	27.39
		不或不严格配置授粉品种+自然授粉	138.49	737.5	23.8	24.31
		不或不严格配置授粉品种+人工授粉	54.96	1246.13	7.4	5.07
	河南省	严格配置授粉品种+自然授粉	136.72	2813.8	6.8	26.16
		严格配置授粉品种+人工授粉	2.15	1329	29.6	0.85
		不或不严格配置授粉品种+自然授粉	39.55	2348.42	9.9	9.20
合计			2140.99			542.52

3. 授粉品种和主栽品种效益差

授粉品种的经济价值往往低于主栽品种，各省授粉品种有所区别（表 7-22），授粉品种面积各异。山东省、河北省、河南省严格配置授粉品种的果园，授粉品种与主栽品种按 1∶5 配置；不严格配置授粉品种的果园，授粉品种与主栽品种按 1∶（10～15）配置。而陕西省、甘肃省、辽宁省严格配置授粉品种的果园，授粉品种与主栽品种按 1∶7 配置；不严格配置授粉品种果园，授粉品种与主栽品种按 1∶（30～100）配置，由此估算出各省授粉品种面积。通过调查各省不同苹果品种售卖价格，研究人员估算严格配置授粉品种果园主栽品种与授粉品种平均价格差为 0.63 元/kg，则：

授粉品种与主栽品种总效益差=授粉品种栽培面积（万亩）×
［授粉品种产量（kg/亩）×授粉品种与主栽品种平均价格差（元/kg）+
授粉品种与主栽品种产量差（kg/亩）×主栽品种价格］

根据上述公式估算结果表明主栽品种与授粉品种总效益差为山东省＞陕西省＞河南省＞甘肃省＞辽宁省＞河北省（表 7-23）。

表 7-22　‘富士’授粉品种及比例调查统计

省份	品种 1/比例（%）	品种 2/比例（%）	品种 3/比例（%）	其他品种比例（%）
陕西省	嘎啦/41.67	秦冠/32.14	秦冠和嘎啦/7.14	19.05
山东省	嘎啦/40.63	维纳斯黄金/25.00	嘎啦和红星/7.81	26.56
甘肃省	秦冠/56.31	嘎啦/27.33	金冠/4.59	11.77
河北省	金冠/38.10	王林/28.57	红星/9.52	23.81
河南省	美八/37.50	金冠/25.00	新红星/12.50	25.00
辽宁省	金冠/55.56	国光/22.22	王林/11.11	11.11

表 7-23　各省严格配置授粉品种苹果园面积和单产调查统计

省份	授粉品种栽培面积（万亩）	授粉品种产量（kg/亩）	主栽品种产量（kg/亩）	授粉品种与主栽品种产量差（kg/亩）	授粉品种与主栽品种平均价格差（元/kg）	主栽品种价格（元/kg）	授粉品种与主栽品种总效益差（万元）
山东省	59.8	2 180.64	2 725.8	545.16	0.63	4.5	228 856
辽宁省	23.4	1 100.4	1 375.5	275.1	0.63	3.6	39 396.5
河北省	20.9	1 209.28	1 511.6	302.32	0.63	3.2	36 141.8
陕西省	54.1	1 264.88	1 581.1	316.22	0.63	3.8	108 119.4
甘肃省	28	1 068.32	1 335.4	267.08	0.63	4.4	51 749.4
河南省	22.8	2 251.04	2 813.8	562.76	0.63	3.9	82 374.6

综上所述，估算出环渤海湾产区和黄土高原产区 6 省因授粉问题造成的总损失约为 365.60 亿元/年（表 7-24）。

表 7-24　环渤海湾和黄土高原苹果产区授粉总损失分析

<table>
<tr><th>苹果产区</th><th>省份</th><th>果园类型</th><th>果园面积（万亩）</th><th>总坐果收益损失（万元/年）</th><th>偏斜果收益损失（万元/年）</th><th>授粉品种与主栽品种总效益差（万元/年）</th><th>总损失（万元/年）</th></tr>
<tr><td rowspan="7">环渤海湾产区</td><td rowspan="5">山东省</td><td>严格配置授粉品种+自然授粉</td><td>234.15</td><td rowspan="5">281 309.0</td><td>119 132.48</td><td rowspan="5">228 856</td><td rowspan="5">717 451.3</td></tr>
<tr><td>严格配置授粉品种+租用蜜蜂/壁蜂</td><td>92.11</td><td>71 676.15</td></tr>
<tr><td>严格配置授粉品种+人工授粉</td><td>32.55</td><td>11 252.53</td></tr>
<tr><td>不或不严格配置授粉品种+自然授粉</td><td>2.96</td><td>3 256.45</td></tr>
<tr><td>不或不严格配置授粉品种+人工授粉</td><td>4.44</td><td>1 968.65</td></tr>
<tr><td rowspan="2">辽宁省</td><td>严格配置授粉品种+自然授粉</td><td>70.62</td><td rowspan="2">94 264.4</td><td>31 015.89</td><td rowspan="2">39 396.5</td><td rowspan="2">210 279.9</td></tr>
<tr><td>严格配置授粉品种+租用蜜蜂/壁蜂</td><td>36.85</td><td>31 963.21</td></tr>
</table>

续表

苹果产区	省份	果园类型	果园面积（万亩）	总坐果收益损失（万元/年）	偏斜果收益损失（万元/年）	授粉品种与主栽品种总效益差（万元/年）	总损失（万元/年）
环渤海湾产区	辽宁省	不或不严格配置授粉品种+人工授粉	32.96	94 264.4	11 430.56	39 396.5	210 279.9
		不或不严格配置授粉品种+自然授粉	0.61		920.44		
		不或不严格配置授粉品种+租用蜜蜂/壁蜂	2.87		1 288.92		
	河北省	严格配置授粉品种+自然授粉	83.26	146 336.5	27 495.74	36 141.8	250 870.1
		严格配置授粉品种+租用蜜蜂/壁蜂	42.29		14 935.99		
		不或不严格配置授粉品种+人工授粉	30.07		19 621.51		
		不或不严格配置授粉品种+自然授粉	13.34		6 338.51		
黄土高原产区	陕西省	严格配置授粉品种+自然授粉	324.51	853 034.1	218 782.42	108 119.4	1 640 369.5
		不或不严格配置授粉品种+自然授粉	583.56		456 514.44		
		不或不严格配置授粉品种+人工授粉	13.83		3 919.09		
	甘肃省	严格配置授粉品种+自然授粉	168.14	276 266.5	74 319.87	51 749.4	482 437.5
		不或不严格配置授粉品种+自然授粉	138.49		66 737.02		
		不或不严格配置授粉品种+人工授粉	54.96		13 364.75		
	河南省	严格配置授粉品种+自然授粉	136.72	231 657.6	30 015.83	82 374.6	354 611.5
		严格配置授粉品种+人工授粉	2.15		1 165.64		
		不或不严格配置授粉品种+自然授粉	39.55		9 397.81		
合计			2 140.99	1 882 868.1	1 226 513.9	546 637.7	3 656 019.7

第四节 苹果自花结实品种优质高效生产技术规程[①]

1. 范围

本规程规定了自花结实苹果的产地要求、园地规划、品种选择、定植建园、轻简化整形修剪、花果管理、水肥一体化综合管理等要求。

本规程适用于苹果自花结实品种优质高效生产。

① 本规程现未发表，仅供同行参考。

2. 规范性引用文件

下列文件中的条款通过本标准的引用而成为本标准的条款。凡是注明日期的引用文件，其随后所有的修改单（不包括勘误的内容）或修订版均不适用于本标准。凡是不注明日期的引用文件，其最新版本适用于本标准。

GB 3095 环境空气质量标准

GB 5084 农田灌溉水质标准

GB 15618 土壤环境质量 农用地土壤污染风险管控标准（试行）

GB 9847 苹果苗木

NY/T 441 苹果生产技术规程

DB21/T 3192 苹果园行间生草技术规程

3. 产地要求与园地规划

3.1 产地要求

果园土壤环境质量、环境空气质量和灌溉水质应分别符合 GB 15618、GB 3095 和 GB 5084 的规定。

3.2 园地规划

按照 NY/T 441 相关要求执行。

4. 品种与砧木选择

4.1 品种选择

选取采收前自花授粉花序坐果率≥35%的苹果品种。1 月份平均气温–12℃～–10℃、极端低温低于–20℃的寒地，应选用‘寒富’‘岳艳’‘岳华’‘岳冠’‘华红’等抗寒性强的自花结实苹果品种，或‘黄太平’‘秋露’‘龙丰’等自花结实的小苹果品种。

4.2 砧木选择

4.2.1 山地乔化砧木选择

坡度 10°～15°的丘陵岗地、15°～30°的山坡瘠薄地和浅滩沙地等水源条件差的地区宜采用乔砧栽培，可选用山定子、八棱海棠和平邑甜茶等砧木。

4.2.2 平地矮化砧木选择

水源充足的 5°～10°低缓丘陵坡地或平肥地宜采用矮化栽培，可选用以八棱海棠为基砧嫁接 SH6、SH38、SH40 和 M9-T337 等矮化中间砧木，或直接栽植矮化自根砧木。寒冷地区宜选用自花结实品种/GM256/山定子的砧穗组合。

5. 定植与建园

5.1 苗木选择与生产目标

气候干旱或土壤条件较差的地块宜用乔化砧苗木；气候寒冷、土壤条件较好的地块宜用矮化中间砧苗木。

5.1.1 一年生苗木建园

苗木质量应符合 GB 9847 的规定。乔砧栽培 4 年结果，6 年丰产，产量稳定在 3500kg/667m^2；矮化栽培 3 年结果，5 年丰产，产量稳定在 3000kg/667m^2。

5.1.2 大苗建园

参照《寒富苹果矮化中间砧大苗建园技术规程》（DB21/T 2806—2017）标准执行，果园提前 1～2 年进入丰产期，盛果期每年产量变幅不超过 20%，树体干断面积（主干高度 1/2 处）产量大于 0.8kg/m^2 的为丰产树。

5.2 定植

5.2.1 定植时期

可春栽或秋栽。春季宜在土壤解冻后尽早栽植，秋季宜在落叶后至土壤封冻前进行。

5.2.2 定植密度

乔砧栽培植株行距一般为（3～4）m×（4～6）m，矮砧栽培为（1.5～2）m×（3～3.5）m。

5.2.3 定植方式及定植后管理

参照 NY/T 441 的规定执行。

6. 轻简化整形修剪

6.1 山地乔砧树形

宜采用小冠疏层形。

6.2 平地矮砧树形

平地矮砧树宜采用自由纺锤形。树体中心干直立，干高 0.6～1.0m，枝展 1.0～1.5m，树高 3.0～4.0m。中心干螺旋着生 10～15 个主枝，相邻主枝间距离为 15～20cm，螺旋式插空排列。主枝角度为 80°～90°，下部主枝略长，为 1.0～1.5m；上部主枝渐短。

7. 花果管理

7.1　花期管理

盛花期（85%花序开放时），以清水 10 000∶1 比例稀释“苹果坐果灵”生物制剂，均匀喷施于花朵，注意喷施距离应保持在 20cm 以上，防止损伤柱头，保障自花坐果。

7.2　疏花定果

7.2.1　化学疏果

当 50%～60%的果实直径为 6～8mm 时，喷施第一次疏果剂；50%～60%的果实直径 10～15mm 时，喷施第二次。疏果药剂选择三十烷醇、6-苄基腺嘌呤和萘乙酸等的混合制剂。

7.2.2　人工辅助疏果

化学疏果后，人工辅助疏果，最终每亩留果量 1.5 万～2 万个。

7.3　果形调整

盛花期（85%花序开放时），第一次施用“高桩靓果剂”生物制剂，每亩施用量 5～10g。喷施 12～14d 后的幼果期第二次施用，剂量相同。选择无风雨天气的上午 8～11 时或下午 2～5 时喷施为宜。

8. 免套袋轻简化管理

8.1　果园生草

8.1.1　草种选择

参照 DB21/T 3192 的规定，可选用本土草种或商品化草种单播或混播。本土草种宜选用稗属、马唐属、早熟禾属等；商品化草种宜选用黑麦草、红车轴草、紫苜蓿、早熟禾和白车轴草等。

8.1.2　播种时期

播种时期宜选择春末夏初，温暖地区或越冬性较强的草种可秋播，干旱地区宜雨季趁墒播种。

8.1.3　播种量

播种量应依据自然生草情况适当调整，一般为黑麦草 25g/m^2、红车轴草 6g/m^2、紫苜蓿 3g/m^2、早熟禾 15g/m^2、白车轴草 6g/m^2 等。

8.1.4　刈割管理

宜在选留草种高度达到 40cm，拟淘汰草种（如藜、苋菜、苘麻等）抽生花序之前刈割，留茬高度15cm左右。每年刈割4～6次为宜，刈割后的草覆盖行间或树行、树盘。

8.2　水肥一体化

果园以有机肥为基肥，以使果园土壤有机质含量达3%以上。

萌芽至开花期宜采用高氮、低磷、低钾配方肥料；开花至坐果期宜采用高氮、中磷、中钾配方肥料；坐果至采收期宜采用低氮、低磷、高钾配方肥料；果实着色期宜采用低氮、低磷、高钾配方肥料；果实采收后宜采用氮、磷、钾平衡型配方肥料。肥随水走，少量多次。监测土壤墒情，在萌芽期、幼果期、果实膨大期及土壤封冻前灌水。萌芽期浇水要早，封冻水应浇透。

8.3　果面增色

叶面喷施硅钙为主的多元素复合肥。转色期追施亚磷酸钾等，促进果实着色。

参 考 文 献

李天忠，加藤直幹，奥野智旦. 2005. 红星苹果花柱 S-核酸酶的分离与纯化. 农业生物技术学报, 13(5): 568-571.

李洋，刘春生，于杰，等. 2017. 苹果 S 基因型数据库的建立与使用. 中国果树, (5): 5-8.

龙慎山，李茂福，韩振海，等. 2010. 苹果两个新 *S*-RNase 基因克隆与 46 个品种 S 基因型的 PCR 分析. 农业生物技术学报, 18(2): 265-271.

小森貞男. 2001. リンゴの交雑不和合性に関する研究. 東京農工大学博士学位论文.

Broothaerts W, Keulemans J, Van Nerum I. 2004. Self-fertile apple resulting from S-RNase gene silencing. Plant Cell Reports, 22(7): 497-501.

Fernández i Martí A, Gradziel T M, Socias i Company R. 2014. Methylation of the S_f locus in almond is associated with *S*-RNase loss of function. Plant Molecular Biology, 86(6): 681-689.

Gu Z Y, Li W, Doughty J, et al. 2019. A gamma-thionin protein from apple, MdD1, is required for defense against *S*-RNase-induced inhibition of pollen tube prior to self/non-self recognition. Plant Biotechnology Journal, 17(11): 2184-2198.

Igic B, Kohn J R. 2001. Evolutionary relationships among self-incompatibility RNases. Proceedings of the National Academy of Sciences of the United States of America, 98(23): 13167-13171.

Ishimizu T, Shinkawa T, Sakiyama F, et al. 1998. Primary structural features of rosaceous S-RNases associated with gametophytic self-incompatibility. Plant Molecular Biology, 37(6): 931-941.

Li W, Meng D, Gu Z Y, et al. 2018. Apple *S*-RNase triggers inhibition of tRNA aminoacylation by interacting with a soluble inorganic pyrophosphatase in growing self-pollen tubes *in vitro*. New Phytologist, 218(2): 579-593.

Meng D, Gu Z Y, Li W, et al. 2014. Apple MdABCF assists the transportation of *S*-RNase into pollen tubes. The Plant Journal, 78(6): 990-1002.

Minamikawa M, Kakui H, Wang S, et al. 2010. Apple *S* locus region represents a large cluster of related, polymorphic and pollen-specific F-box genes. Plant Molecular Biology, 74(1-2): 143-154.

Ortega E, Dicenta F. 2003. Inheritance of self-compatibility in almond: breeding strategies to assure self-compatibility in the progeny. Theoretical and Applied Genetics, 106(5): 904-911.

Sassa H. 2016. Molecular mechanism of the S-RNase-based gametophytic self-incompatibility in fruit trees of Rosaceae. Breeding Science, 66(1): 116-121.

Sassa H, Hirano H, Nishio T, et al. 1997. Style-specific self-compatible mutation caused by deletion of the S-RNase gene in Japanese pear (*Pyrus serotina*). The Plant Journal, 12(1): 223-227.

Sonneveld T, Tobutt K R, Vaughan S P, et al. 2005. Loss of pollen-*S* function in two self-compatible selections of *Prunus avium* is associated with deletion/mutation of an *S* haplotype-specific F-box gene. The Plant Cell, 17(1): 37-51.

Wang S H, Kakui H, Kikuchi S, et al. 2012. Interhaplotypic heterogeneity and heterochromatic features may contribute to recombination suppression at the *S* locus in apple (*Malus*×*domestica*). Journal of Experimental Botany, 63(13): 4983-4990.

Yang Q, Meng D, Gu Z Y, et al. 2018. Apple *S*-RNase interacts with an actin-binding protein, MdMVG, to reduce pollen tube growth by inhibiting its actin-severing activity at the early stage of self-pollination induction. The Plant Journal, 95: 41-56.

（粗体文献为李天忠教授团队发表）